普通高等教育材料类专业“十三五”规划教材
国家级精品课程配套教材

金属塑性加工原理

JINSHU SUXING JIAGONG YUANLI

杨扬　主编

化学工业出版社
·北京·

本书是国家级精品教学资源共享课程“金属塑性加工原理”的配套教材。本书详细介绍了金属塑性加工的特点及其分类、金属塑性变形基础理论、塑性加工对金属组织结构与性能的影响规律、金属塑性加工过程中的织构与各向异性、金属在塑性加工过程中的塑性行为、金属塑性加工过程中的摩擦与润滑、金属塑性加工过程中的不均匀变形与残余应力、金属塑性加工过程中的断裂，以及金属塑性加工过程中的强韧性控制等知识。

本书既可作为材料加工工程以及材料成形及控制工程专业的本科生教材，也可供相关专业的研究生、教师及现场工程技术人员参考使用。

图书在版编目（CIP）数据

金属塑性加工原理/杨扬主编. —北京：化学工业出版社，2016.5（2023.3 重印）
普通高等教育材料类专业“十三五”规划教材　国家级精品课程配套教材
ISBN 978-7-122-26849-5

Ⅰ.①金…　Ⅱ.①杨…　Ⅲ.①金属压力加工-高等学校-教材　Ⅳ.①TG301

中国版本图书馆 CIP 数据核字（2016）第 082347 号

责任编辑：王听讲　　文字编辑：丁建华
责任校对：宋　玮　　装帧设计：韩　飞

出版发行：化学工业出版社（北京市东城区青年湖南街 13 号　邮政编码 100011）
印　　装：涿州市般润文化传播有限公司
787mm×1092mm　1/16　印张 16¾　字数 433 千字　　2023 年 3 月北京第 1 版第 2 次印刷

购书咨询：010-64518888　　售后服务：010-64518899
网　　址：http：//www. cip. com. cn
凡购买本书，如有缺损质量问题，本社销售中心负责调换。

定　　价：45.00 元

前 言

在国内高等院校教学中，大都将金属加工成形理论分为“金属塑性加工原理”和“金属塑性加工力学”两门课程讲授。

本书是在国家级精品教学资源共享课程“金属塑性加工原理”（教高司函 ［2013］ 132号）建设项目的资助下，由编者根据材料加工工程专业多年的教学实践经验编写的。本书主要内容包括：金属塑性加工的特点及其分类、金属塑性变形基础理论、塑性加工对金属组织结构与性能的影响规律、金属塑性加工过程中的织构与各向异性、金属在塑性加工过程中的塑性行为、金属塑性加工过程中的摩擦与润滑、金属塑性加工过程中的不均匀变形与残余应力、金属塑性加工过程中的断裂，以及金属塑性加工过程中的强韧性控制等知识。

本教材与同类图书比较，突出了以下特点。

（1） 宏观规律与微观机理的耦合和多学科知识的融合：基于位错理论、塑性力学、织构理论、断裂理论以及摩擦学等基础知识，阐明塑性加工过程中的一些基本概念、基本规律。

（2） 现代和传统的结合：在讲授本课程的传统内容的基础上，将剧烈塑性变形、织构、现代摩擦学、强韧化等新成果引入教材，力图反映当代科学技术的新进展。

（3） 注重理论在工程实践中的运用：在教材中大量列举相关理论在金属塑性加工的科研与生产中的应用案例，从而为优化塑性加工工艺和提高金属制品质量，研发新的加工技术和新型金属材料提供理论指导。

（4） 本书是国家精品课程“金属塑性加工原理”配套教材，相关的共享教学资源网址为： http： //www. icourses. cn/coursestatic/course 6716. html。

全书由中南大学杨扬教授主编。全书共分 8 章，绪论以及第 1、 2、 4、 6 章由杨扬教授编写，第 5、 7、 8 章由中南大学赵明纯教授编写，第 3 章由中南大学唐建国副教授编写。全书由杨扬教授统稿。

本教材是为 60 学时的“金属塑性加工原理”课程编写的，为了开拓学生的知识层面，在编写的深度和广度上有一定拓展，部分内容可供学生自主学习，讲授时可按学时等具体要求取舍。本书也可供金属材料其他专业的教学、科研、生产和设计工作者参考。

鉴于学识水平有限，难免存在疏漏或不妥之处，恳请读者指正。

编者

2016 年 5 月

目录

绪论 1

0.1 金属塑性加工的特点及其在国民经济中的地位 …… 1
0.2 金属塑性加工的分类 …… 1
0.3 金属塑性加工的系统观 …… 4
0.4 金属塑性加工相关理论发展概况 …… 6
0.5 金属塑性加工技术的发展方向 …… 7
0.6 本课程的主要内容和教学任务 …… 8

第1章 金属塑性变形基础理论 10

1.1 金属的塑性变形机制 …… 10
1.1.1 滑移 …… 10
1.1.2 孪生 …… 20
1.1.3 扭折带和形变带 …… 26
1.1.4 扩散塑性变形机理 …… 28
1.1.5 晶界滑动 …… 35
1.1.6 变形机制图 …… 37
1.2 金属单晶体的塑性变形 …… 39
1.2.1 面心立方金属单晶体的塑性变形 …… 39
1.2.2 体心立方金属的塑性变形 …… 41
1.2.3 六方结构金属的塑性变形 …… 41
1.3 金属多晶体的塑性变形 …… 41
1.3.1 晶界的影响 …… 41
1.3.2 晶粒取向的影响 …… 41
1.3.3 织构强化 …… 44
1.3.4 晶粒大小对金属多晶体流变应力的影响 …… 44
1.3.5 多晶体的软化机制 …… 46
1.4 合金的塑性变形 …… 47
1.4.1 固溶体合金的塑性变形 …… 48

1.4.2 多相合金的塑性变形 …… 54

第2章 塑性加工对金属组织结构与性能的影响规律 57

2.1 塑性加工的主要工艺参数及其影响 …… 57
2.1.1 主要工艺参数 …… 57
2.1.2 热效应对塑性加工的影响 …… 59
2.1.3 变形温度、变形速度以及变形程度对流变应力的影响 …… 60
2.2 冷加工对金属组织结构与性能的影响规律 …… 63
2.2.1 冷加工金属的组织结构特征 …… 63
2.2.2 冷加工后金属性能的变化 …… 68
2.2.3 冷加工特点 …… 72
2.2.4 加热对冷变形金属的组织结构与性能的影响 …… 73
2.3 热加工对金属的组织结构与性能的影响 …… 84
2.3.1 热加工中的软化过程 …… 84
2.3.2 热加工对金属的组织与性能的影响 …… 88
2.3.3 热加工的特点 …… 91
2.4 温加工对金属的组织结构与性能的影响 …… 92
2.5 剧烈塑性变形对金属组织结构与性能的影响 …… 95
2.5.1 细化晶粒的剧烈塑性变形方法 …… 95
2.5.2 剧烈塑性变形金属的组织特征与演变机理 …… 99
2.5.3 剧烈塑性变形对金属性能的影响 …… 101
2.6 形变热处理 …… 103
2.6.1 时效型合金的形变热处理 …… 104
2.6.2 马氏体转变型合金的形变热处理 …… 107

第3章 金属塑性加工过程中的织构与各向异性 113

3.1 晶体取向与织构 …… 113
3.1.1 晶体取向 …… 113
3.1.2 织构与取向分布函数 …… 118
3.2 塑性变形织构 …… 119
3.2.1 位错滑移与晶体取向的演变 …… 119
3.2.2 实际金属塑性加工过程中织构 …… 122
3.2.3 影响应变织构的因素 …… 125
3.3 织构与各向异性 …… 126

第4章 金属在塑性加工过程中的塑性行为 129

4.1 金属的塑性和塑性指标 …… 129
4.1.1 塑性的概念 …… 129
4.1.2 塑性指标及测量方法 …… 131

4.2 影响金属塑性的因素 …… 132
4.2.1 影响金属塑性的内部因素 …… 132
4.2.2 影响金属塑性的外部因素 …… 136
4.3 金属材料的可成形性 …… 142
4.3.1 块料的可成形性 …… 142
4.3.2 板料的可成形性 …… 143
4.4 超塑性 …… 144
4.4.1 超塑性变形的宏观特征 …… 144
4.4.2 超塑性分类 …… 145
4.4.3 超塑性的力学特征 …… 147
4.4.4 超塑性变形机理 …… 148
4.4.5 实现超塑性的条件 …… 149
4.4.6 超塑变形的应用 …… 151

第5章 金属塑性加工过程中的摩擦与润滑 154

5.1 塑性加工中摩擦的特点及作用 …… 154
5.1.1 塑性加工中摩擦的特点 …… 154
5.1.2 塑性加工中摩擦的作用 …… 155
5.2 塑性加工中摩擦的分类及机理 …… 156
5.2.1 摩擦的常见分类 …… 156
5.2.2 按润滑状态分类的摩擦 …… 156
5.2.3 摩擦的机理 …… 157
5.2.4 塑性加工时接触表面摩擦力的计算 …… 157
5.3 摩擦系数的影响因素和测定方法 …… 158
5.3.1 摩擦系数 …… 158
5.3.2 摩擦系数的影响因素 …… 159
5.3.3 摩擦系数的测定方法 …… 161
5.4 塑性加工中摩擦导致的磨损 …… 164
5.4.1 磨损的分类 …… 164
5.4.2 表征材料磨损性能的参量 …… 164
5.4.3 磨损失效过程 …… 164
5.4.4 影响磨损的因素 …… 165
5.5 塑性加工中的润滑目的和分类 …… 166
5.5.1 润滑的目的 …… 166
5.5.2 润滑的分类 …… 166
5.6 塑性加工中的润滑机理 …… 168
5.6.1 流体力学原理 …… 168
5.6.2 吸附机制 …… 169
5.7 塑性加工中的润滑剂 …… 169
5.7.1 润滑剂的分类和作用 …… 169
5.7.2 金属塑性成形中对润滑剂的基本要求 …… 170

5.7.3 金属塑性成形中常用的润滑剂 …… 171
5.7.4 润滑剂中的添加剂 …… 173
5.7.5 先进润滑剂 …… 174
5.8 金属塑性加工中常用的摩擦系数和润滑方法的改进 …… 175
5.8.1 金属塑性加工中常用的摩擦系数 …… 175
5.8.2 润滑方法的改进 …… 176
5.9 金属塑性加工中摩擦与润滑的实践应用 …… 176
5.9.1 锻造工艺中的摩擦与润滑 …… 176
5.9.2 轧制工艺中的摩擦与润滑 …… 177
5.9.3 挤压工艺中的摩擦与润滑 …… 180
5.9.4 拉拔工艺中的摩擦与润滑 …… 184

第6章 金属塑性加工过程中的不均匀变形与残余应力 188

6.1 金属质点流动的基本规律 …… 188
6.2 均匀变形与不均匀变形 …… 189
6.3 不均匀变形的影响因素和典型现象 …… 190
6.4 不均匀变形的后果与对策 …… 194
6.5 残余应力 …… 199
6.5.1 基本应力、附加应力和工作应力 …… 199
6.5.2 残余应力 …… 200

第7章 金属塑性加工过程中的断裂 213

7.1 断裂的物理本质 …… 213
7.1.1 理论断裂强度 …… 213
7.1.2 断裂强度的裂纹理论 …… 214
7.1.3 裂纹的萌生和扩展 …… 215
7.2 断裂的基本类型 …… 218
7.2.1 按断裂应变分类 …… 218
7.2.2 按断口形貌分类 …… 218
7.2.3 按断裂路径分类 …… 218
7.2.4 按断裂面的取向分类 …… 218
7.2.5 按服役条件分类 …… 219
7.3 断口特征分析 …… 219
7.3.1 断口宏观特征分析 …… 219
7.3.2 断口微观特征分析 …… 220
7.4 韧性断裂 …… 220
7.4.1 韧性断裂的表现形式 …… 220
7.4.2 杯锥韧性断裂的断裂过程 …… 221
7.4.3 韧窝断口及其形成模型 …… 221
7.4.4 韧性断裂的特点 …… 222

7.5 脆性断裂 …… 223
7.5.1 解理断裂的特点 …… 223
7.5.2 准解理断裂的特点 …… 224
7.5.3 沿晶断裂的特点 …… 224
7.6 韧性-脆性转变 …… 225

第8章 金属塑性加工过程中的强韧性控制 230

8.1 金属强度 …… 230
8.1.1 强度的概念 …… 230
8.1.2 强度的分类 …… 230
8.1.3 工程意义上的强度及其意义 …… 231
8.1.4 理论上提高强度的方式 …… 231
8.2 金属的塑性变形与屈服现象 …… 231
8.2.1 塑性变形 …… 231
8.2.2 屈服现象 …… 233
8.2.3 影响屈服强度的因素 …… 234
8.3 金属的强化机制与途径 …… 237
8.3.1 变形强化 …… 237
8.3.2 细晶强化 …… 240
8.3.3 固溶强化 …… 241
8.3.4 第二相强化 …… 242
8.3.5 其他强化方式 …… 245
8.3.6 强化方式控制的应用 …… 245
8.4 金属的韧性和对韧性的评价 …… 246
8.4.1 金属的韧性 …… 246
8.4.2 韧性的评价 …… 246
8.5 韧化原理及工艺 …… 247
8.5.1 影响韧性的因素 …… 247
8.5.2 改善金属材料韧性的途径 …… 250
8.5.3 韧化工艺 …… 250
8.6 金属材料的强韧化实践 …… 252
8.6.1 钢铁材料的强韧化 …… 252
8.6.2 铝合金材料的强韧化 …… 253
8.6.3 镁合金材料的强韧化 …… 253
8.6.4 铜合金材料的强韧化 …… 255
参考文献 …… 257

绪论

金属塑性加工是材料制备过程中的一个必要环节，是金属加工的主要方法之一，90%以上的金属制品是塑性加工成形的。金属制品的主要制备方法有铸造，粉末冶金，塑性加工如锻造、冲压、轧制、拉拔、挤压，特种加工如爆炸加工、电磁加工、激光加工等，焊接，切削加工如车、铣、刨、磨、钻、铰、插等。金属塑性加工或者塑性成形是指金属锭坯在外力作用下产生塑性变形，变形不仅能使其断面的形状和尺寸改变，而且也能改变其组织与性能。金属经铸造或粉末冶金成锭以后，通常要进行各种塑性加工，以获得具有一定形状、尺寸和力学性能的板材、管材、棒材或线材、型材。

0.1 金属塑性加工的特点及其在国民经济中的地位

金属塑性加工与其他加工方法相比，主要具有如下优点。

① 变形/性。即在改变金属材料的形状/尺寸的同时，能改善组织性能，如减轻偏析、致密结构、细化晶粒等，从而提高材料的综合力学性能。

② 材料利用率高。由于塑性成形主要靠金属塑性状态下的体积转移，故不需切除大量的多余金属，所以金属废屑少、利用率高。

③ 生产效率高。这体现在塑性成形可采用高的加工速度，以及可采用连续化的生产方式，因此特别适用于大批量生产。

正由于金属塑性加工具有上述特点，在工业领域塑性加工被用于：一是改变金属材料的几何形状，即简单坯料（方、圆、扁坯）通过工具的作用，产生塑性变形而成为一个几何学上复杂的产品（如板/带/条/箔，管/棒/线/型，异型如杯/罐等深冲制品，各种工/槽/扁/角/轨/钢管等型钢），其复杂性体现在有时需要很高的尺寸精度、很低的表面粗糙度、良好的板形、高精度的厚度偏差等；二是改善金属材料的性能，在塑性变形过程中控制变形条件如变形量、变形温度、变形速度、变形区几何学等，控制产品的组织结构（细化晶粒等）、应力分布、外观形状和尺寸等，提高制品的力学性能（强度/韧性）以及其他物理性能和化学性能。在传统的金属材料生产中，钢制品总产量的90%以上以及有色金属制品总产量的70%以上，都是由塑性加工方法加工成材。因此，金属塑性加工在国民经济与国防建设中占有举足轻重的地位。

0.2 金属塑性加工的分类

(1) 按加工时工件的受力和变形方式分类

金属塑性加工方法主要有轧制、挤压、锻压、拉拔和冲压等。

① 轧制。将金属坯料通过一对旋转轧辊的间隙（各种形状），因受轧辊的压缩使材料截

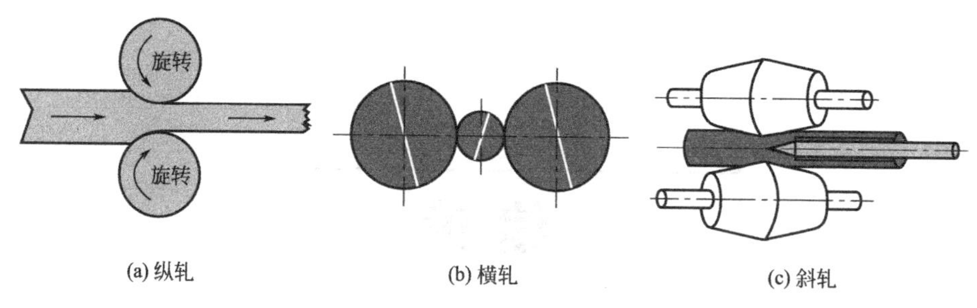

图 0-1　轧制示意图

面减小，长度增加的塑性变形过程。主要用来生产板材、型材、管材。轧制按轧件运动方式又可分为纵轧、横轧、斜轧（图 0-1）。

a. 纵轧：金属在两个旋转方向相反的轧辊之间通过，并在其间产生塑性变形的过程［图 0-1（a）］。主要生产板带材、型线材。

b. 横轧：轧件变形后运动方向与轧辊轴线方向一致［图 0-1（b）］。主要生产圆形断面的各种轴类回转体。横轧包括以下基本类型。

（a）齿轮横轧：带齿形的轧辊与圆形坯料在对滚中，实现局部连续成形，轧制成齿轮。这种横轧的变形主要在径向进行，轴向变形很小。

（b）螺旋横轧：螺旋横轧又称螺纹滚压，两个带螺纹的轧辊（滚轮），以相同的方向旋转，带动圆形坯料旋转，其中一个轧辊径向进给，将坯料轧制成螺纹。这种横轧的变形主要在径向进行。

（c）楔横轧：两个带楔形模的轧辊，以相同的方向旋转，带动圆形坯料旋转，坯料在楔形模的作用下，轧制成各种形状的台阶轴。这种横轧的变形主要为径向压缩和轴向延伸。

c. 斜轧：轧件在旋转方向相同、纵轴线相互交叉（或倾斜）的两个或三个轧辊之间沿自身轴线边旋转、边变形、边前进的轧制［图 0-1（c）］。斜轧是介于纵轧和横轧之间的一种轧制方式。斜轧成形主要分三类。

（a）无缝钢管生产中应用的斜轧，包括斜轧穿孔、斜轧延伸、均整和斜轧定径。

（b）孔型斜轧，其特点是轧辊表面上带有变高度、变螺距的轧槽，能轧制出长度上变断面的回转体产品，如钢球轧制、丝杠轧制等。

（c）仿形斜轧，它借助于液压或机械的仿形板控制三个旋转的锥形轧辊，作相对于轧件中心的径向运动以完成变断面轴的轧制。仿形斜轧主要用来生产比较长的变断面轴产品，如纺织锭杆、刀剪、手术器械等毛坯料。

② 挤压。金属在挤压缸中在推力的作用下，从模孔中挤出的塑性变形过程。挤压分为正挤压和反挤压（图 0-2）。挤压的方法可生产管、棒、型材。

③ 锻压。金属坯料在锻压机械的压力作用下，产生压缩塑性变形的过程（图 0-3）。锻压可用于生产棒、饼、环、条材等制品。锻压可分为模锻、自由锻、特种锻造等。

a. 模锻：模锻又分为开式模锻和闭式模锻。金属坯料在具有一定形状的锻模膛内受压变形而获得锻件［图 0-3（a）］，模锻一般用于生产重量不大、批量较大的零件。

b. 自由锻：指在上、下砧之间直接对坯料施加外力，使坯料产生变形而获得所需的几何形状及内部质量的锻件的加工方法［图 0-3（b）］。自由锻的基本工序包括镦粗、拔长、冲孔、切割、弯曲、扭转、错移及锻接等。

c. 特种锻造：特种锻造包括辊锻、楔横轧、径向锻造、液态模锻等锻造方式，这些方式都比较适用于生产某些特殊形状的零件。

④ 拉拔。金属坯料在拉力作用下，从小于坯料断面的模孔中拉出的塑性变形过程（图

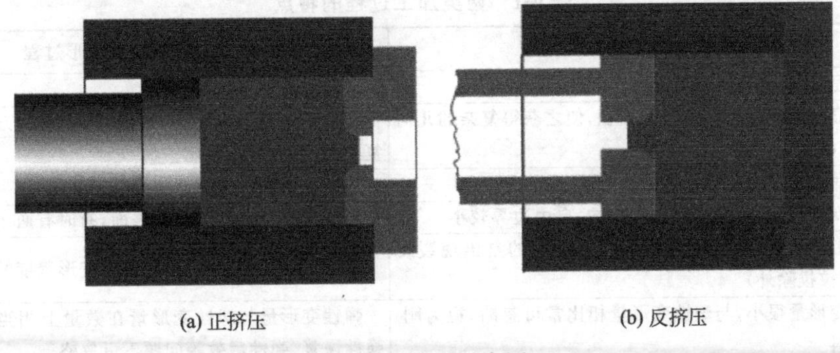

图 0-2　挤压示意图

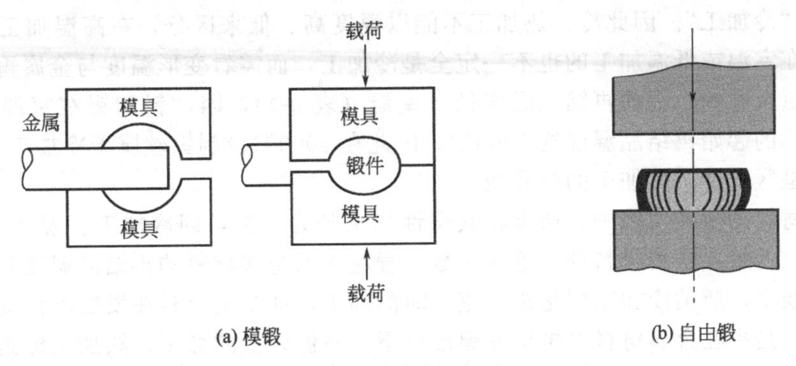

图 0-3　锻压示意图

0-4)。拉拔可用于生产线材、丝材、管材和型材等断面小的长制品。

⑤ 冲压（拉深）。金属板料在外力作用下冲入凹模的塑性变形过程（图 0-5）。可用于生产各种环形件和壳体。

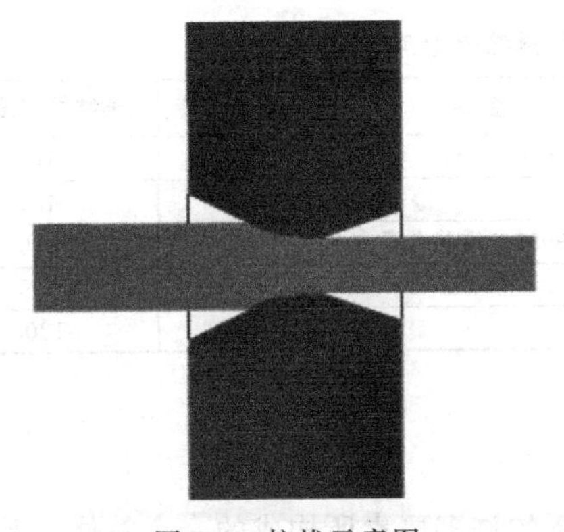

图 0-4　拉拔示意图

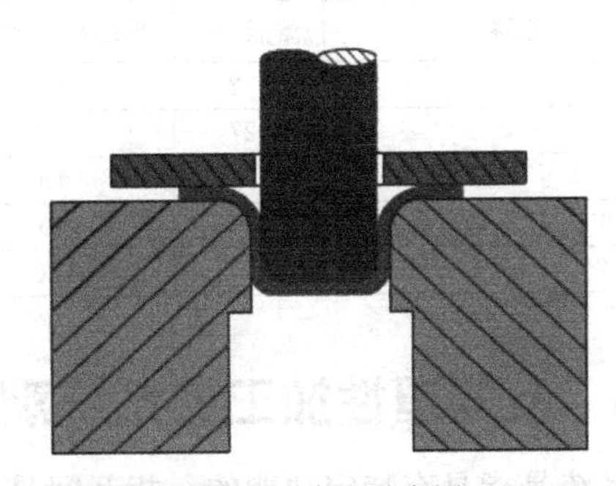

图 0-5　冲压示意图

（2）按金属坯料形状分类

按金属坯料形状，分为块状金属的加工过程（如轧制、拉拔、挤压、锻造等），以及板状金属的加工过程（如冲压、深冲、辊弯、旋压等）。这两类加工过程的特点如表 0-1 所示。

（3）按加工时工件的温度特征分类

按加工时工件的温度特征，可分为冷加工、温加工、热加工。

表 0-1 两类加工过程的特点

序号	块状金属成形过程	片(板)状金属成形过程
1	坯料呈块状:方坯、扁、圆	坯料呈片状:板、片
2	通过显著地减少坯料的横截面积,使之获得复杂的几何形状、性能	坯料的厚度基本不变,通过弯曲、拉延方式,使之获得复杂的几何形状、性能
3	应力状态和应变状态通常是三维的	应力状态和应变状态类型是平面的
4	塑性变形区内,接触边界占主要的,自由边界较小	至少有一个表面为自由表面,有时有两个自由表面
5	主变形为压缩应力,限制最大变形程度的是出现裂纹(丝材的拉拔除外)	主变形是拉伸应力,限制最大变形程度的是塑性失稳
6	弹性变形量很小,与塑性变形量相比常可忽略,视为刚-塑性材料	弹性变形量与塑性变形量在数量上相当而不可忽略,弹性恢复、弹性后效等问题不可忽略

理论上把再结晶温度以上的加工（变形）称为“热加工（变形）”，把低于再结晶温度的加工称为“冷加工”。因此冷、热加工不能以温度高、低来区分，在高温加工的不一定全是热加工。在室温或低温加工的也不一定全是冷加工，而需看变形温度与金属再结晶温度的关系。低熔点金属铅、锡的再结晶温度低于室温（表 0-2），因此铅和锡在室温下的加工属于热加工。钨的起始再结晶温度约 1200℃，因此在 1000℃拉制钨丝属于冷加工。由此可见，再结晶温度是区分冷、热加工的分界线。

在金属材料的生产实践中，通常将其塑性加工分为三类，即冷加工、温加工、热加工。由于除了少数低熔点金属材料外，绝大多数工程应用的金属材料的再结晶温度高于室温，因此在工程实践中，所谓冷加工即是指在室温时的加工，即金属材料在发生塑性变形时不对其加热；温加工是指在金属材料的再结晶温度以下、室温以上的加工；热加工即是金属材料的再结晶温度以上的加工。在工程上，也有学者根据变形温度和熔点的比，将 $T/T_m<0.2$ 的变形温度称为冷变形，$T/T_m\approx0.3\sim0.4$ 的变形温度称为温变形，$T/T_m\approx0.6\sim0.8$ 的变形温度为热变形，温变形温度范围对于黑色金属约为 200～850℃；对于奥氏体不锈钢为 200～400℃；对于铝为室温至 250℃；铜及其合金是室温至 350℃。

金属材料的冷加工、温加工、热加工各有其特点，在后续予以详细介绍。

表 0-2 某些金属的熔点和再结晶温度

金属	熔点/℃	再结晶温度/℃	金属	熔点/℃	再结晶温度/℃
Sn	232	−4	黄铜(60Cu-40Zn)	900	475
Pb	327	−4	Fe	1538	450
Zn	420	10	Ni(99.999%,质量分数)	1455	370
Al(99.999%,质量分数)	660	80	Mo	2610	900
Cu(99.999%,质量分数)	1085	120	W	3410	1200

0.3 金属塑性加工的系统观

系统是指具有特定功能的，相互间具有有机联系的许多要素所构成的一个整体。系统的特点在于整体性、相关性、目的性。系统工程的主要任务是根据总体协调的需要，运用科学技术方法，对系统的构成要素等进行分析研究，借以达到最优化设计、最优控制和最优管理的目标。金属塑性加工系统工程，是把组成塑性加工过程的各个相对独立部分视为一个系统，来进行过程综合以实现系统最优化。

当然也可以把金属材料生产制备的加工-结构-性能-效能各要素，视为一个大系统来进行分析研究和过程综合，借以达到最优化设计、最优化控制的目的。金属材料的加工-结构-性能-效能各要素相互影响的关系，如图 0-6 所示。

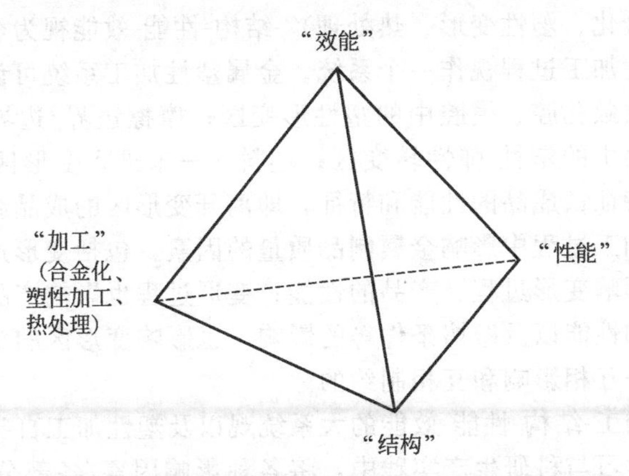

图 0-6 金属材料的加工 -结构-性能-效能之间的关系

对于金属材料而言，“加工”的主要方法有以下几种。

① 合金化（又称化学冶金）。即通过改变材料的化学成分（即添加或者减少某些化学元素），来改善材料性能。

② 热处理（物理冶金）。是指在不改变材料的化学成分的情况下，主要通过控制材料的加热、冷却、相变等物理手段改变材料的组织结构，从而改变材料的性能。

③ 塑性加工（力学冶金）。即通过力的作用使材料产生塑性变形而改变几何形状和改善性能，这正是塑性加工（力学冶金）的基本特征。

“结构”是指材料系统内各组成单元之间的相互联系和相互作用方式。从尺度上结构分为宏观结构、显微结构、亚微观结构、微观结构等不同的层次。在金属材料的塑性加工过程中，通常关注的是晶粒尺寸、形状、取向，晶体缺陷以及多相组织中的各相分布（如第二相粒子的尺寸、形状、分布、体积含量等）。

“性能”对于金属结构材料主要指力学性能，如弹性、塑性、韧性、强度/硬度等，当然也关注其物理性能、化学性能等。影响金属性能主要有以下因素。

① 结构。如原子结构、晶体结构、微观组织结构、滑移（滑移系、各向异性等）。

② 缺陷。如点缺陷（空位、间歇、杂质原子）、线缺陷（位错）、面缺陷（晶界）、体缺陷［孔洞、掺杂物（如氧化物、碳化物、硫化物）］。

③ 晶界。性能取决于晶粒尺寸，如：大晶粒金属的强度和塑性较低，拉伸后表面粗糙等。

“效能”是指金属材料在服役过程中表现出来的行为，所谓服役过程涉及载荷与应力、机械接触、温度变化、腐蚀环境等，行为则包括承载能力、可靠性、持久性、安全性、使用寿命等。效能是材料变为实用的桥梁，是材料科学与工程成为跨学科的纽带。

本教材主要讨论的是金属材料的塑性加工各工艺参数对结构-性能（效能）的影响规律与机制。金属在承受塑性加工时，不仅要产生塑性变形使金属获得所需的最终形状，而且还会使其组织结构和性能发生改变；如果对已发生了塑性变形的金属进行加热，金属的组织和性能又会发生变化。材料的化学成分一定时，组织结构是由加工工艺（如冷加工、热加工、热处理、形变热处理等）决定的，组织结构的改变必然导致性能（效能）的改变。为了更充分发挥工艺改变组织结构的作用，可以适当调整化学成分（合金化）以获得更好的效果。因此，塑性变形是调整优化组织结构和性能（效能）的一个重要手段，分析这些过程的实质，了解各种影响因素及规律，对设计和优化金属材料的塑性加工工艺，控制材料的组织和性能，具有重要意义。

既可将加工（合金化、塑性变形、热处理）-结构-性能-效能视为金属材料制备加工的大系统，也可将金属塑性加工过程视作一个系统。金属塑性加工系统可认为由塑性形变区——载荷作用下的工具与收敛孔腔、模腔中的塑性形变区；摩擦边界/边界条件——塑性变形与刚性工具间的界面材料中的塑性-弹性转变区；坯料——未进入变形区的金属，反映加工条件下变形物体的性能特征；成品的性能和特征，即离开变形区的成品组织性能和特性等要素构成。金属材料塑性加工过程中影响金属制品质量的因素，包括变形过程的诸多方面，例如坯料的几何学和性能影响变形过程、产品的性能；变形过程也影响产品的几何学和性能；边界条件受坯料几何学和性能以及摩擦条件等的影响，也影响变形区的金属流动和产品的几何学和性能。各个要素是互相影响和互相制约的。

建立金属材料的加工-结构-性能-效能的大系统观以及塑性加工自身的系统观，有利于在金属塑性加工的理论学习与科研生产实践中，将各种影响因素/各部分视作既是各自独立的子系统，又是互相渗透和制约的为达到一个统一目标的综合体，对其进行过程综合、整体设计或者分析工艺参数，实现金属加工工艺和金属制品质量最优化。

0.4 金属塑性加工相关理论发展概况

金属塑性加工理论是一门基于金属塑性变形的物理学、物理-化学、金属学与力学基础上的应用技术理论。

发现金属材料的塑性并利用其加工金属制品可追溯至2000多年前的青铜器时代，但是对金属材料的塑性变形的微观机理的认识，则是与20世纪30年代位错概念的提出分不开的。金属学的研究始于19世纪中叶，塑性变形物理的研究则始于20世纪20年代物理学家探明晶体结构的奥秘之后，当时的科学家们掌握了金属单晶体技术，开展了单晶体塑性变形规律性的研究，通过实验研究阐明了塑性变形的晶体学特征。金属为什么能够塑性变形？为什么不改变化学成分，仅依靠塑性变形就能大幅度地改变性能？为什么完整晶体屈服强度的理论值比实测值高出千倍以上？这些导致20世纪30年代中期位错理论应运而生，**位错理论的提出与发展历程**如下：1907年沃尔特拉（Volterra）提出了位错的概念；1926年弗兰克尔发现理论晶体模型刚性切变强度与实测临界切应力的巨大差异，理论计算值为$G/30$，而实际屈服强度比理论值低3～4个数量级；1934年波朗依（M. Polanyi，1891—1976）、泰纳（G. Taylor，1886—1975）、奥罗万（E. Orowan，1902—1989）几乎同时提出了位错的模型；1939年柏格斯（J. M. Burgers）提出用柏氏矢量表征位错；1947年，柯垂耳（Cottrel）提出溶质原子与位错的交互作用并解释了低碳钢的屈服现象；1947年，肖克莱（Shockley）描绘了面心立方形成扩展位错的过程；1950年，弗兰克（Frank）和瑞德（Read）同时提出位错增殖机制；1956年，门特（Menter）直接在电镜观察了铂钛青花晶体中位错的存在，赫希（Hirsch）等应用相衬法在TEM中直接观察到了晶体中的位错。位错理论被实验所证实及其发展完善，奠定了晶体塑性变形微观理论的基础。

作为塑性成形理论的重要基础的塑性理论的形成与发展也经历了一百多年的历史。在此其间提出的一些经典理论与方法，如法国工程师屈雷斯加（H. Tresca）1864年提出最大剪应力屈服准则，米塞斯（Von Mises）于1913年提出的Mises屈服准则，M. Levy 1871年提出了Levy-Mises应力应变增量关系，B. Saint-Venant在1870年提出的应力应变速率方程，A. Reuss在1930年提出的弹塑性应力应变关系，H. Hencky、H. Geringer、Cauchy、Rieman等于1940年提出的滑移线法，A. A. Mapkob、R. Hill、W. Pragar等于1950年提出的极值分析方法，小林史郎、C. H. Lee等1970年提出的刚-塑性有限元解析法等，这些奠定了塑性力学的理论基础。

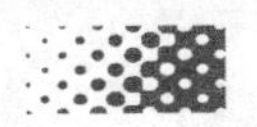

与塑性成形过程紧密相关的摩擦和润滑，也既是一个古老的话题，又富有新的内涵。人类在长期生活、生产实践中很早就觉察摩擦和润滑的重要性。达.芬奇早在1508年提出了摩擦力与载荷成正比的定律。但对摩擦和润滑的本质和规律的深入研究和系统认识，则始于20世纪中叶。摩擦学（Triboloby）作为一门新兴边缘学科的提出和形成是在1966年。塑性成形过程的摩擦和润滑既重要又复杂，且具有一系列特点，往往直接影响加工过程的能耗和产品质量。因此摩擦和润滑已成为塑性加工理论的重要组成部分。

随着科学技术的迅猛发展，金属材料织构及各向异性的研究开发、剧烈塑性变形理论等正在成为塑性成形加工理论的重要组成部分。

金属材料加工制备的各个环节，都会产生不同类型的织构。例如，金属凝固过程中的选择生长，会形成铸造织构；金属塑性加工时，由于各晶粒发生定向转动，因而形成变形织构；变形后的金属在加热过程中会生成再结晶织构。金属材料织构的普遍性及其对材料性能的重要影响，以及利用金属材料的各向异性是改善传统金属材料的一个重要手段，因此金属材料各向异性的开发研究已成为当前材料领域一个极为重要的发展方向。取向分布函数自20世纪60年代问世以来，其发展和应用使传统的织构概念在一定程度上得到了更新，并使材料织构的定量分析成为可能。

纳米结构材料所具有的独特性能及应用前景引起了学界和制造业的广泛关注和浓厚兴趣，纳米结构材料的制备技术、性能与应用已成为当近代材料领域的研究热点。由于塑性变形的方法能够制备无残余空隙、界面清洁的块体超细晶/纳米晶材料，可适用于大部分可进行塑性变形的金属材料，从而被认为是最有希望实现大批量工业化生产的有效途径之一。20世纪80年代初以来开发出的剧烈塑性变形方法，如Segal等于1977年提出的等径角挤压法（ECAP），Valiev提出的高压扭转（HPT），Salishchev于1992年提出的多向锻造法（MF），Saito于1998年提出的累积叠轧焊法（ARB），21世纪以来卢柯等提出的动态塑性变形法等，使得块体纳米结构材料的结构、性能及应用正在不断得到拓展和提高。

综上所述，金属塑性加工理论是一门综合性的应用技术学科，它必然随生产实践和其他相关学科的发展而不断发展完善。

0.5 金属塑性加工技术的发展方向

材料加工技术主要有以下发展方向。

① 传统技术的高效化、高精度化，即将计算机技术、信息技术、先进控制技术应用于传统加工技术，以实现高速、全自动、提高生产效率，扩大产品范围，实现形状、尺寸的精确控制。

② 发展先进成形加工技术，以实现高附加值材料、难加工材料的加工，实现组织性能的精确控制。目前，有发展前景的先进成形加工技术，有连续定向凝固技术、超塑性成形技术、等温成形技术、低温强加工技术、分散成形技术等。

③ 材料设计、制备与成形加工一体化，以提高成分、性能、加工工艺的可设计性，实现材料与零部件的高效、近终形、短流程成形（过程的一体化，是材料设计时代的特征之一）。目前的典型技术有激光快速成形/3D打印技术——分层加工、迭加成形，喷射沉积技术，半固态加工，连续铸挤、连续铸轧等。

④ 开发新型成形加工技术，发展新材料，目前的典型技术有：高能率加工技术、双带快冷带材制备技术、双结晶器连铸技术、双流铸造技术、多坯料挤压技术、电磁成形技术等。

⑤ 计算机模拟与过程仿真技术，以缩短研发周期，优化成形方法和工艺，实现全过程

的精确设计与控制。目前的典型技术有各层次的数值模拟，各种工艺过程仿真。

⑥ 智能制备与加工技术，即材料组织性能设计、零部件设计、制备与成形加工过程的实时在线监测和反馈控制融为一体的制备加工技术。以实现全过程的精确设计与控制，保证产品质量的均匀性与一致性，提高制备与加工的稳定性与可靠性，减少原材料、能源的消耗与废弃物的排放。

金属材料传统塑性加工，除了上述的共性方向外，还主要有以下发展方向。

① 节约资源。用尽量少的原材料生产出要求的形状、尺寸、强度、塑性以及其他物理、化学性能的产品。为此，合理利用资源选择最佳材质或通过变形与热处理相配合以改善材质、研究轻型薄壁断面和周期断面以及复合材料等高效制品的成形成为今后节约资源的重要课题。

② 节约能源。缩短工艺流程、降低加工温度、变热加工为冷加工、减少或省去中间退火、降低材料的流变应力、提高塑性等方面的技术开发成为今后节约能源的重要课题。

③ 实现最佳的加工条件。研究创造最佳的工艺条件和使工艺内容定量化以及计算机控制，并进行最优控制。

总之，随着科学技术的进步，金属材料塑性加工这一传统产业正向着资源节约型、环境友好型工业领域发展。

0.6 本课程的主要内容和教学任务

金属塑性加工原理是一门专业基础课程，本课程的主要内容包括金属塑性变形理论基础概要，塑性变形和组织结构（织构）与性能的相互关系，塑性加工过程中的塑性行为、摩擦与润滑、不均匀变形与残余应力、断裂，以及强韧性能控制等。

本教材系统地整理上述传统内容，注重相关理论在金属塑性加工工程实践中的运用，并力图反映当代科学技术的新进展。各章主要内容介绍如下。

绪论部分注重介绍了金属塑性加工的分类方法，金属塑性加工的系统观，加工-结构-性能-效能的相互关系，金属塑性加工理论与技术的发展方向等内容。

第 1 章金属塑性变形基础理论，本章的主要内容包括金属塑性变形机制，金属单晶体、金属多晶体、固溶体合金、多相合金的塑性变形特点等。注重介绍了扩散性塑性变形机理，晶粒取向（织构）、晶粒尺寸对多晶体塑性变形的影响，静态应变时效、动态应变时效等内容。

第 2 章塑性加工对金属组织结构与性能的影响规律，主要内容包括：塑性加工的主要工艺参数及其对流变应力的影响，冷加工、热加工、温加工以及剧烈塑性变形对组织结构与性能的影响，形变热处理等。着重介绍了变形程度、温度、速度等主要工艺参数对流变应力的影响，Z 参数、动态再结晶、剧烈塑性变形等内容。

第 3 章金属塑性加工过程中的织构与各向异性，主要介绍了晶体取向与织构、塑性变形织构、织构与各向异性等内容，并着重介绍织构的基本概念及织构形成的基本理论。

第 4 章金属在塑性加工过程中的塑性行为，主要内容包括：金属的塑性和塑性指标，影响塑性的因素，金属材料的可成形性，超塑性。着重介绍了可成形性、超塑性等内容。

第 5 章金属塑性加工过程中的摩擦与润滑，主要内容有：塑性加工中摩擦的特点及作用，摩擦的分类及机理，摩擦系数，摩擦导致的磨损，润滑目的和分类，润滑机理，润滑剂，塑性加工中常用的摩擦系数和润滑方法的改进以及摩擦与润滑的实践应用。着重阐述了在金属塑性加工过程中所涉及的摩擦与润滑的基本概念、规律。

第 6 章金属塑性加工过程中的不均匀变形与残余应力，主要内容包括：金属质点流动的

基本规律，均匀变形与不均匀变形，不均匀变形的影响因素和典型现象，不均匀变形的后果与对策，残余应力。重点介绍了不均匀变形导致加工过程中金属的断裂、残余应力等内容。

第7章金属塑性加工过程中的断裂，主要内容有：断裂的物理本质，断裂的基本类型，断口特征分析，韧性断裂，脆性断裂，韧性-脆性转变等。着重介绍了金属塑性加工过程中的断裂所涉及的基本概念和规律。

第8章金属塑性加工过程中的强韧性控制，主要包括：金属的强度，金属的塑性变形与屈服现象，金属的强化机制与途径，金属的韧性和对韧性的评价，韧化原理及工艺，金属材料的强韧化实践等内容。重点介绍了金属塑性加工过程中的所涉及的强韧化的基本概念和规律。

本课程的任务在于科学、系统地阐明金属塑性加工过程中的基本现象、概念和规律，提高金属材料的加工性能，合理选择加工条件，通过塑性变形（或者辅以合金化和热处理）来调控组织结构与性能，为研发新的塑性加工工艺和高性能金属材料提供理论指导。

1. 什么是金属的塑性加工？相比于其他金属加工方法，塑性加工有何特点？
2. 试述塑性加工的一般分类和特点。
3. 金属块体坯料和板/片料的加工过程各有何特点？
4. 举例说明金属塑性加工系统观在科研生产中的应用。
5. 结合实例评述材料科学与工程的4个基本要素间的相互关系。
6. 结合实例评述塑性加工技术的发展。

第1章

金属塑性变形基础理论

金属晶体的塑性变形源于位错运动，宏观上的屈服是微观上大量位错开始运动的结果。位错运动还受温度的影响，塑性变形是与热激活有关的过程。本章主要讨论金属塑性变形机制，以及单晶体、多晶体、合金等的塑性变形特征。

1.1 金属的塑性变形机制

金属在塑性变形时宏观形状和尺寸的永久性改变是通过原子的定向位移实现的，所以塑性变形时所施加的力或能量应是用以克服势垒，使原子群能定向地从一个平衡位置移到另一个平衡位置，从而产生宏观的永久变形（塑性变形）。塑性变形包括晶内变形和晶间变形。晶内变形是通过各种位错运动而实现晶内的一部分相对于另一部分的剪切运动。剪切运动有不同的机理，其中在常温下最基本的剪切运动形式是滑移和孪生，而扭折和变形带是变形协调机制。在高温 $T>0.4T_{\mathrm{m}}$（K）（T_{m}——熔化温度）时，可能出现晶间变形，扩散性塑性变形机理和晶界滑动是高温下的变形机制，由位错运动和扩散共同实现。

1.1.1 滑移

1.1.1.1 滑移现象

当对一单晶体试样进行拉伸时，外力（F）在某晶面上产生的应力可分解为垂直于该晶面的正应力（σ）和平行于该晶面的切应力（τ）。正应力只能引起晶格的弹性伸长，或进一步把晶体拉断。切应力则可使晶格在发生弹性歪扭之后，进一步使晶体发生滑移。滑移的结果会在晶体的表面留下滑移痕迹。若将试样预先抛光而后进行塑性变形，则可在显微镜下甚至肉眼观察到试样的表面上出现的滑移痕迹，它们呈近似的平行线条，这些滑移痕迹被称为滑移带，如图 1-1 所示。如进一步用高倍电子显微镜观察，一条滑移带是由许多密集在一起的滑移线组成，每一条滑移线对应于一个滑移台阶，如图 1-2 所示。

滑移即是在外力作用下晶体的一部分相对于另一部分沿着滑移面（密排面）和滑移方向（密排方向）产生剪切变形的过程。当应力超过晶体的弹性极限后，晶体中就会产生层片之间的相对滑移，大量的层片间滑动的累积就构成晶体的宏观塑性变形。这种相对剪切运动是由位错的运动来实现的，这种相对剪切运动的距离是剪切方向上原子间距的整数倍，所以这种运动不破坏晶体原有的原子排列规律，因而不会改变晶体取向。塑性变形的结果，使原来光滑的单晶试样的表面变成台阶状，这些台阶是由大量位错滑出晶体所形成的。滑移后在晶体表面上产生滑移线，每条滑移线产生的台阶高度即为滑移量，一簇滑移线即为滑移带，如图 1-3 所示。

塑性变形时位错只沿着一定的晶面和晶向运动，晶体沿某些特定的晶面及方向相对错

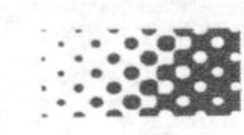

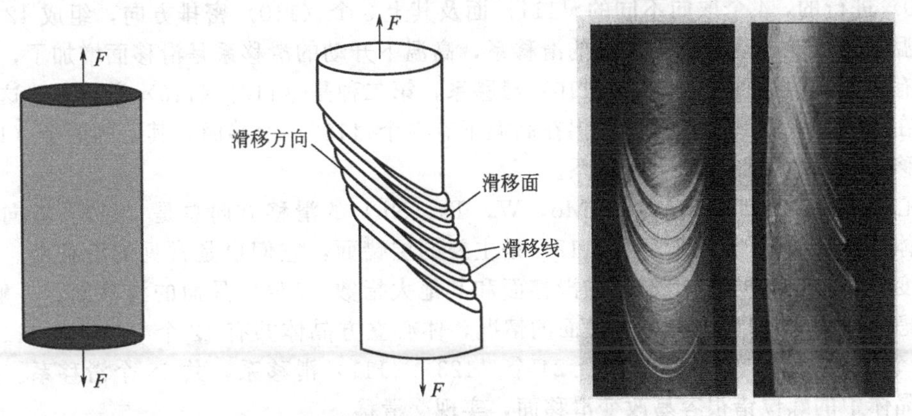

图 1-1　锌单晶在 300℃变形

(Smith W F. Foundations of Materials Science and Engineering. McGRAW HILL 3/E，2004)

图 1-2　电镜下工业纯铁压缩变形的滑移线

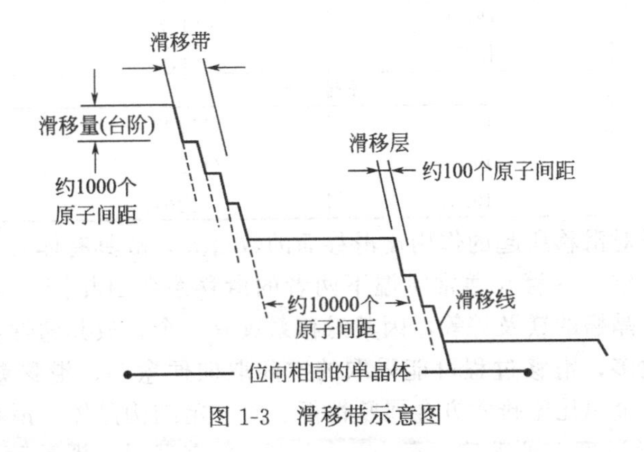

图 1-3　滑移带示意图

开，这些晶面和晶向分别称“滑移面”和“滑移方向”。滑移面即原子排列密度最大的晶面，这些晶面面间距最大，面与面之间结合力最弱，切变阻力最小。滑移方向也即原子密度最大的方向，这些方向上原子间距最小，位错运动的阻力最小。滑移和晶体结构密切相关。一个滑移面和此面上的一个滑移方向组成一个**滑移系**，滑移系数目＝滑移面数×滑移方向数。对单系滑移，当有柏氏矢量为 $\boldsymbol{b}$ 的 n 个位错滑移出晶体时，滑移量即为 $n\boldsymbol{b}$。

面心立方晶体（如 Cu，Al，Ag，Ni 等）的滑移变形是沿着密排面｛111｝上的密排方向〈110〉进行的，4个取向不同的{111}面及其上3个〈110〉密排方向，组成12个滑移系。高温下还可能开动两种不常见的滑移系，高温下开动的滑移系是滑移面增加了，而滑移方向没有改变，第一种是{100}〈110〉滑移系，第二种是{110}〈110〉滑移系，这两种滑移系均在实验中观测到了。例如，铝在高温下有3个{100}滑移面，其上的两个〈110〉方向为滑移方向，即增加了6个滑移系。

体心立方金属（如α-Fe，Cr，Mo，W，Ta，Nb）的滑移方向总是〈111〉方向，体心立方晶体的密排面是{110}，而{112}是主要的层错面，它们也是常见的滑移面。在高温和低速变形时，还可见到{123}的滑移面和其他大指数{*hkl*}晶面的滑移面。一般情况，即不考虑滑移面为大指数{*hkl*}晶面的情况，体心立方晶体共有12个{110}〈111〉滑移系、12个{112}〈111〉滑移系以及24个{123}〈111〉滑移系，共48个滑移系。因此体心立方晶体中的螺位错很容易改变滑移面，实现交滑移。

密排六方金属（如α-Ti，Zn，Mg，Cd）的密排面是{0001}面，密排方向是$\langle 11\bar{2}0\rangle$方向，{0001}面上有3个$\langle 11\bar{2}0\rangle$方向，共组成3个滑移系。Cd、Zn、Co、Mg等轴比c/a较大的金属室温下主要是这种滑移系起作用。轴比$c/a=1.633$是密排六方晶体。Cd、Zn的轴比都大于1.633，室温下主要是这种滑移系起作用。Co、Mg等轴比c/a小于1.633，但是由于层错能低，滑移仍在基面上进行。Ti、Zr等轴比更小的金属，室温下是在$\{10\bar{1}0\}$ $\langle 11\bar{2}0\rangle$滑移系上进行的。具有bcc（体心立方）和hcp（密排六方）晶体结构的金属一般仅在高温下才开动某些滑移系，见表1-1。

表1-1 面心立方、体心立方和密排六方金属的滑移系

金属	滑移面	滑移方向	滑移系数目
		面心立方	
Cu,Al,Ni,Ag,Au	{111}	$\langle 1\bar{1}0\rangle$	12
		体心立方	
α-Fe,W,Mo	{110}	$\langle \bar{1}11\rangle$	12
α-Fe,W	{211}	$\langle \bar{1}11\rangle$	12
α-Fe,K	{321}	$\langle \bar{1}11\rangle$	24
		密排六方	
Cd,Zn,Mg,Ti,Be	{0001}	$\langle 11\bar{2}0\rangle$	3
Ti,Mg,Zr	$\{10\bar{1}0\}$	$\langle 11\bar{2}0\rangle$	3
Ti,Mg	$\{10\bar{1}1\}$	$\langle 11\bar{2}0\rangle$	6

滑移方向的数目对滑移所起的作用比滑移面的数目大，故具有体心立方晶格的铁与具有面心立方晶格的铜及铝，尽管在通常室温下两者的滑移系数目相同，但前者的塑性不如后者。而具有密排六方晶格的镁及锌等，因其滑移系仅有3个，故其塑性远较两种立方晶格的金属为差。滑移系愈多，滑移过程可能采取的空间取向便愈多，滑移愈容易进行，塑性愈好。例如，面心立方金属比密排六方金属塑性好。对一定结构晶体，滑移方向随变形温度不变，但滑移面随变形温度有所改变。例如：Al（fcc）室温时，滑移面为{111}，高温时，滑移面为{100}；变形温度较高时，Al的滑移面可能改变为{100}，Mg的滑移面可能变为$\{10\bar{1}1\}$。

1.1.1.2 临界分切应力

滑移是金属晶体的一部分相对于另一部分沿着滑移面和滑移方向产生的剪切变形。要产生该剪切变形就需要在滑移面的滑移方向上施加驱动力来克服滑移运动的阻力。该驱动力就是外力在滑移面上的滑移方向上的分切应力。

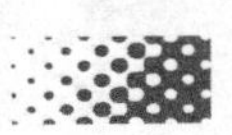

1）临界分切应力定律（Schmid 定律）

滑移面的滑移方向上的分切应力 τ（外力）等于（某一临界值）临界切应力 τ_c（内力）时：即 $\tau=\sigma_{ij}\cos\phi_i\cos\lambda_j=\tau_c$ 时，晶体的由 ϕ_i 和 λ_j 所决定的滑移系就开动，晶体就开始滑移。ϕ_i 是滑移面法线与外力轴的夹角，λ_j 是滑移方向与外力轴的夹角。下面以单晶体单向拉伸为例推导临界分切应力，如图 1-4 所示。

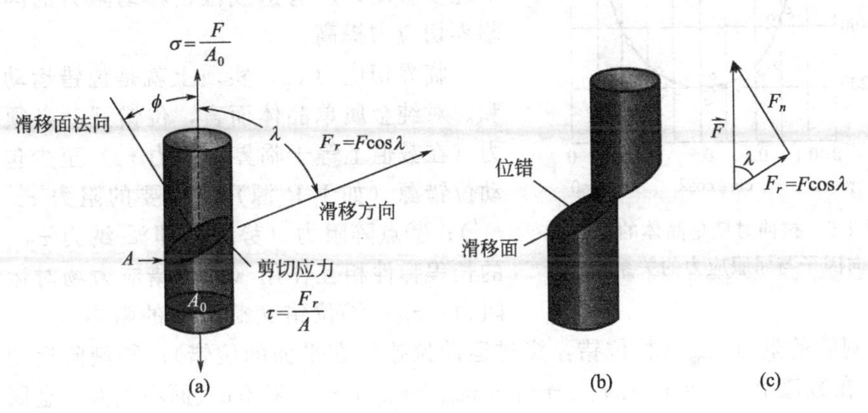

图 1-4 临界分切应力示意图

$$\tau=\frac{F\cos\lambda}{\dfrac{A_0}{\cos\phi}}=\frac{F}{A_0}\cos\lambda\cos\phi=\sigma\cos\lambda\cos\phi\,(\lambda+\phi\neq 90°) \tag{1-1}$$

临界分切应力定律：金属在一定变形温度和变形速度条件下，滑移系开动所需要的临界分切应力是与外力和取向无关的常数。如图 1-5 所示。

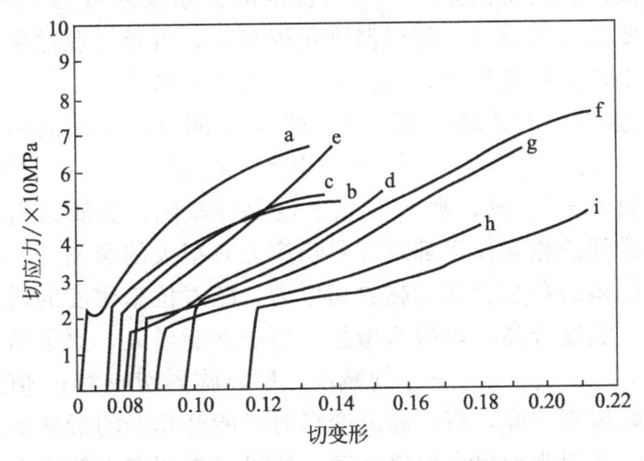

图 1-5 室温下铁单晶体切应力-切变形曲线

a，b，…，i 表示从不同方向拉伸铁单晶体

2）几何硬化（软化）

取向因子（又称 Schmid 因子）$m=\cos\phi_i\cos\lambda_j$。①当 $\phi_i=\lambda_j=45°$ 时，$\cos\phi_i\cos\lambda_j$ 达到最大值 0.5。外力在该取向时，它在该滑移系上的分切应力最大，此时晶体滑移所需要的外应力最小，Schmid 因子 m 为 0.5 的取向或接近 0.5 时的取向称为软取向。②当 $\phi_i=90°$，$\lambda_j=0°$ 或 $\phi_i=0°$，$\lambda_j=90°$ 时，Schmid 因子 $\cos\phi_i\cos\lambda_j=0$，外力在该取向时，该系统不能

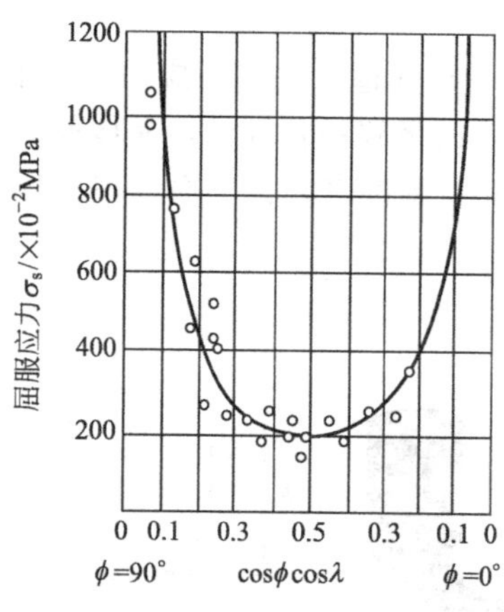

图 1-6 拉伸时镁单晶体的取向因子与屈服应力的关系

开动，Schmid 因子为 0 或接近 0 的取向称为硬取向。拉伸时镁单晶体的取向因子与屈服应力的关系如图 1-6 所示。

3）影响临界切应力（τ_c）的因素

滑移的物理本质是晶体中的位错在切应力作用下逐步移动。所有造成位错移动阻力的因素均会使临界切应力提高。

临界切应力 τ_c，实质上就是位错运动阻力的总和。对纯金属单晶体而言，位错开动必须克服的阻力（在数值上等于临界切应力 τ_c）至少包括：①开动位错源（如 F-R 源）所需要的阻力 τ_c'（源阻力 τ_c'）；②点阵阻力（势垒）即派-纳力 $\tau_{P\text{-}N}$；③位错的长程弹性相互作用（即位错应力场对运动位错的阻力）τ_G；④位错交截产生的阻力 τ_{jun}；⑤林位错交截产生割阶的阻力 τ_{jog}（林位错：穿过运动位错所在平面的位错）；⑥割阶运动所产生的阻力 τ_D。在数值上：$\tau_c=\tau_c'+\tau_{P\text{-}N}+\tau_G+\tau_{jun}+\tau_{jog}+\tau_D$。对 fcc（面心立方）金属，$\tau_c$ 约为 1MPa；对 bcc 和其他结构，τ_c 约为 10～100MPa。

纯金属中源阻力 τ_c'一般很小，但当它含有杂质或加入合金元素后，位错被溶质原子或细小质点钉扎时，开动位错源不仅要考虑克服位错线张力，更重要的是要考虑位错摆脱气团或弥散质点的包围，此时源阻力 τ_c'上升。位错的长程弹性相互作用 τ_G 和位错交截产生的阻力 τ_{jun} 是长程应力，是位错弹性应力场引起的，受热激活远程影响较小，所以它们对温度，速度变化不敏感；τ_G 和 τ_{jun} 与温度的关系仅来自 G（弹性模量）的间接影响。点阵阻力（势垒）即派-纳力 $\tau_{P\text{-}N}$ 和割阶运动所产生的阻力 τ_D 受热激活过程的影响很大，对温度和速度很敏感。林位错交截产生割阶的阻力 τ_{jog} 与温度的关系仅来自 G 的间接的影响，因为带割阶位错线的运动主要依靠外应力。但当温度足够高时，可及时驱散由交截而产生的空位致使它们对割阶的运动不产生拖拽作用，从而 τ_{jog} 才会有所降低。

可见影响 τ_c 的因素有：①金属种类不同，即 G 不同（原子间的结合力不同），如 G 大者则 τ_c'、$\tau_{P\text{-}N}$、τ_G、τ_{jun}、τ_{jog}（唯 τ_D 例外）均大，所以 τ_c 上升。②化学成分，如杂质、合金元素的加入，源阻力 τ_c'上升，则 τ_c 上升。③晶体缺陷，金属结构的完整性、晶体内位错密度及其分布、位错间的相互作用都对临界切应力有很大的影响，一般无缺陷的晶须的临界切应力很高，少量位错的存在会降低临界切应力，随着位错密度的增加，临界切应力也相应增大。④变形温度：温度升高，热激活增强，原子动能增大，原子结合力减小，弹性模量 G 减小，因此 τ_c'、$\tau_{P\text{-}N}$、τ_G、τ_{jun}、τ_{jog} 均减小，所以临界切应力 τ_c 值降低；由于不同滑移系临界切应力下降的幅度不一样，所以高温变形时可能开动新的滑移系。⑤形变速度：形变速度提高，则单位时间必须驱动更多位错运动，所以临界切应力值增大。影响临界切应力的因素，如图 1-7 所示。

4）滑移的基本类型

当外加分切应力大于临界切应力 τ_c，开动一组滑移系，此即单滑移，它所形成的滑移线（带）为表面平行的滑移线，一般发生在滑移系较少或塑性变形开始阶段。当外力轴与几个滑移系取向相同，多个滑移系同时开动，此时即发生多系滑移，由于位错交割、缠结，导致加工硬化，所形成的滑移线（带）为两组或多组交叉的滑移线（图 1-8）。螺位错滑移受阻时，会离开原滑移面沿另一晶面继续滑移，其柏氏矢量不变，所以滑移方向和大小不变，

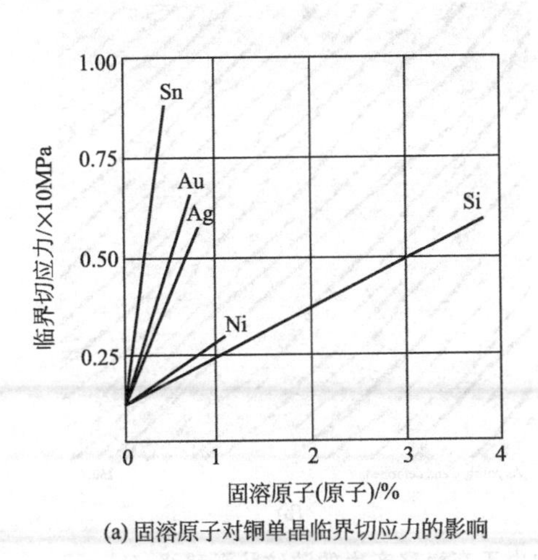

(a) 固溶原子对铜单晶临界切应力的影响

(b) 三类金属的临界切应力随温度变化的关系

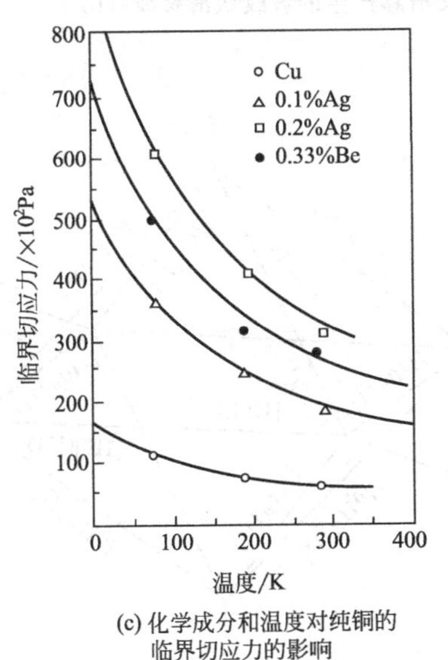

(c) 化学成分和温度对纯铜的临界切应力的影响

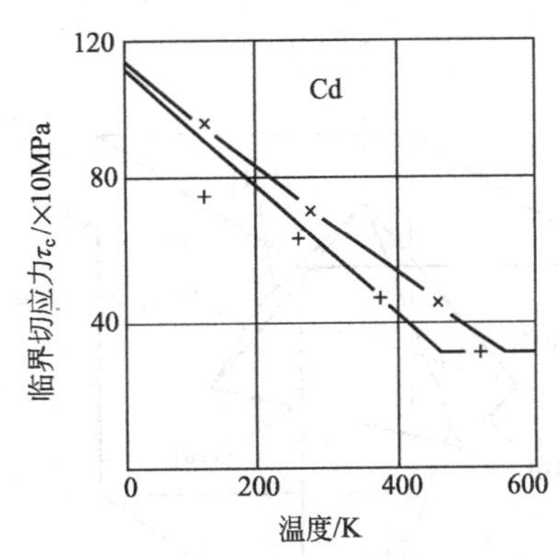

(d) 镉单晶的临界切应力与温度和应变速率的关系(×比+应变速率大100倍)

图 1-7 影响临界切应力的因素

此即交滑移。值得注意的是交滑移不是几个面“同时”，而是“顺序”滑动。变形温度越高，变形量越大，交滑移越显著，交滑移形成的滑移线（带）为折线或波纹状（图 1-8）。对低层错能材料，位错很难交滑移，对高层错能材料，位错容易交滑移，滑移线呈波纹状。交滑移容易与否，对应变硬化有很大影响，层错能越低，位错越不容易通过交滑移越过所遇到的障碍，从而加剧了应变硬化效应。

实际测得晶体滑移的临界分切应力值较理论计算值低 3～4 个数量级，表明晶体滑移并不是晶体的一部分相对于另一部分沿着滑移面作刚性整体位移，而是借助位错在滑移面上运动来逐步地进行的。

5）滑移几何学

（1）拉伸时最有利的滑移系统和取向的关系

面心立方晶体有 12 个滑移系，在一定的外力作用下，哪一个滑移系开动？G. I. Taylor 认为滑移恒在受到最大分切应力的滑移系统上进行。而哪个滑移系上的分切应力最大是和滑移系的取向有关的。活化滑移系为具有最大取向因子（$\cos\phi_i \cos\lambda_j$）的滑移系（亦即具有最

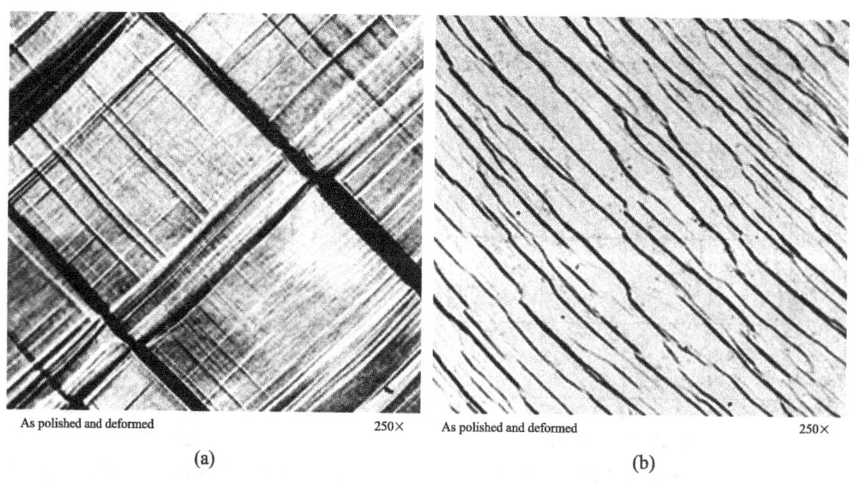

图 1-8　低层错能合金交滑移（a）铝中由于交滑移产生的波纹状滑移线（b）

大分切应力的滑移系)。

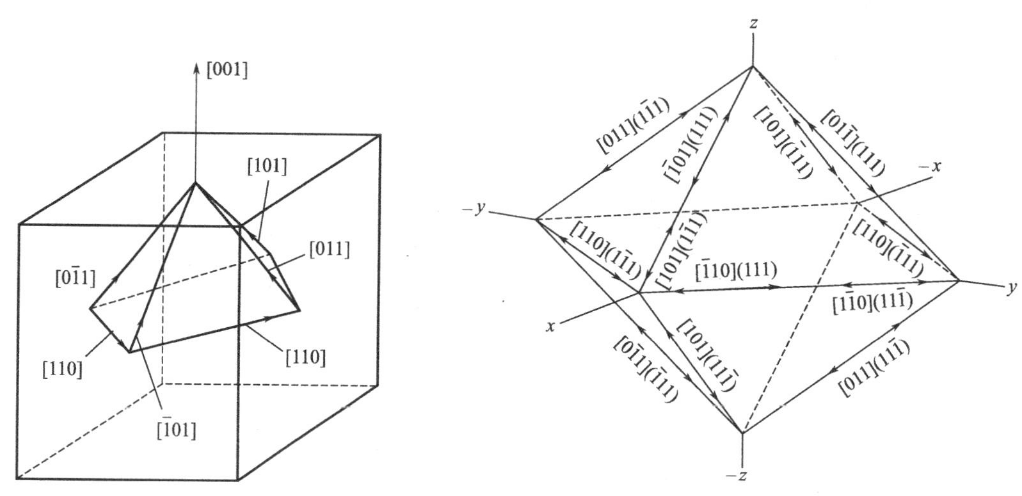

图 1-9　fcc 金属拉伸轴为［001］时的多系滑移

图 1-10　fcc 金属〈110〉{111} 的 12 个滑移系

单向拉伸时（图 1-9、图 1-10），a. 所有 {111} 面的 ϕ 值相同（$\phi=54.7°$），（ϕ 为〈110〉方向的外力 σ 和 {111} 面法线的夹角）；b. 对［101］、［101］、［011］、［0$\bar{1}$1］等 8 个晶向的 λ 角均相等，且 $\lambda=45°$；c. 另外两个，〈110〉方向与［001］垂直，$\lambda=90°$，所以 $\tau=0$。则 8 面体上有 4×2=8 个取向因子相同的滑移系，当 $\tau=\tau_c$ 时可同时开动，所以 fcc 晶体中具有 8 个活化滑移系。

这 8 个活化滑移系可用（001）面极射赤面投影图上的曲边三角形表示，如图 1-11 所示。极射赤面投影（stereographic projection），即把物体置于球体中心，将物体的几何要素（点、线、面），通过极射投影于赤平面上，化立体为平面的一种投影（如图 1-12 所示）。这些滑移系由不同的滑移面和滑移方向构成，滑移时发生交互作用，产生交割和反应。a. A、B、C、D 表示活化滑移面 {111} 的极点；b. Ⅰ、Ⅱ、Ⅲ、Ⅳ、Ⅴ、Ⅵ 表示 6 个滑移方向〈110〉；c. 上述两者之组合为滑移系（共 12 个），W_1、W_2、W_3 分别是 {100} 晶面的投影点；d. 以不同的〈111〉、〈110〉和〈110〉投影点为顶点可组成 24 个曲边三角形，外力轴处于［001］位向的试样具有 8 个滑移系，由（001）极点周围的 8 个区域给出；e. 当拉伸轴处于24个曲面三角形中的某一曲边三角形内时，该曲边三角形所表示的晶体取向有一个最有利的滑移系。如：曲边三角形 W_1AⅠ内的最有利的滑移系就是 BⅣ，即由滑移面为（111）面和滑移方向是 $[\bar{1}01]$ 方向构成的滑移系是最有利的；W_1BⅠ曲边三角形内最有利的滑移系就是 AⅢ，即滑移面为 $(\bar{1}11)$，滑移方向为［101］的滑移系最为有利。

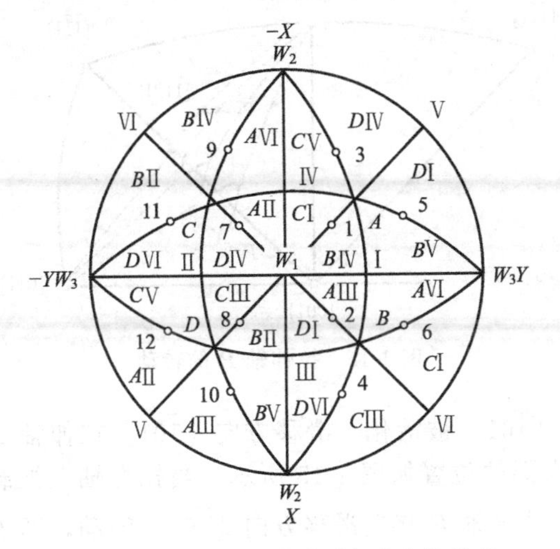

图 1-11 最有利的滑移系与取向的关系

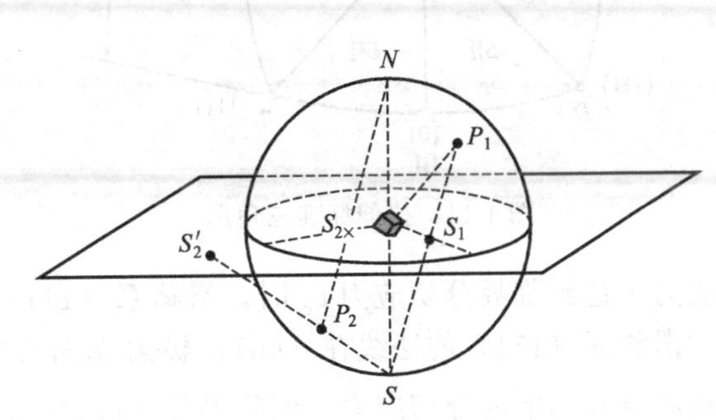

图 1-12 极射赤面投影示意图

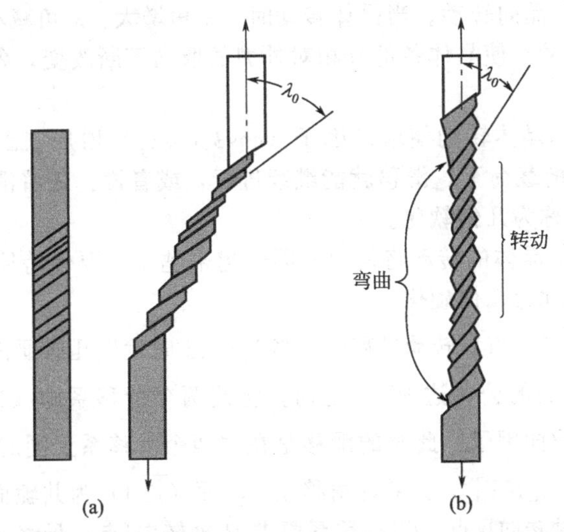

图 1-13 （a）无约束时、（b）有约束时导致转动，即滑移方向逐渐平行于拉伸轴

（2）拉伸时晶体的转动

若晶体在拉伸时不受约束，滑移时各滑移层会像推开扑克牌那样一层层滑开，每一层和力轴的夹角［图 1-13（a）］保持不变。但在实际拉伸中，夹头不能移动，这迫使晶体转动，在靠近夹头处由于夹头的约束晶体不能自由滑动而产生弯曲，在远离夹头的地方，晶体发生转动，转动的方向是使滑移方向转向力轴［图 1-13（b）］。

拉伸时，滑移方向有向拉伸轴（即外力轴）转动的倾向，等效地即拉伸轴有向滑移方向转动的倾向。以拉伸外力轴处于 W_1AⅠ三角形内时为例，讨论 fcc 单晶体在拉伸变形时晶体的转动和滑移系的工作情况。

图 1-14 表示标准三角形 W_1AⅠ中拉力轴在拉伸过程中的转动方向。

标准三角形内的 P 点代表拉力轴的投影点，当拉力轴上加载的外力在滑移系上的分切

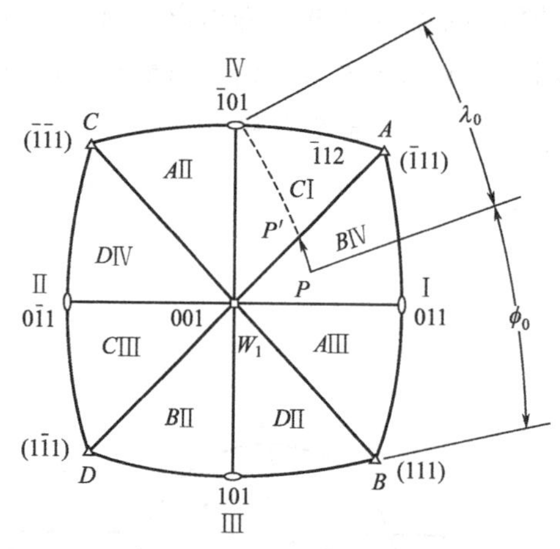

图 1-14　拉伸标准三角形

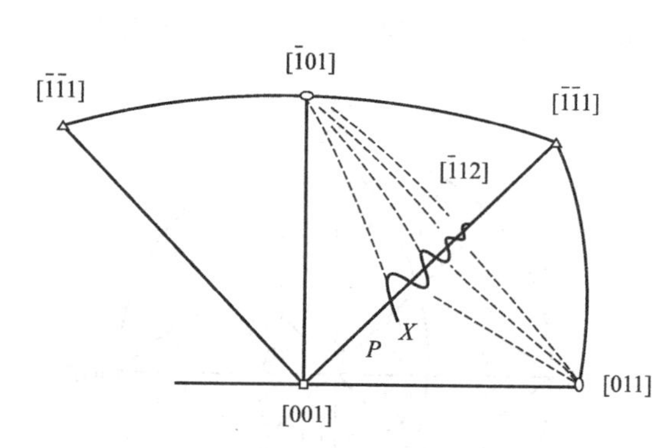

图 1-15　拉伸轴 P 的转动

应力 τ 达到临界分切应力 τ_c 时，滑移系（111）$[\bar{1}01]$ 被活化。滑移方向 $[\bar{1}01]$ 拉伸轴 P 和滑移面（111）的法线在（001）极射赤面投影图的位置如图 1-15 所示。当拉力轴上加载到滑移方向上的分切应力达到临界分切应力时，拉伸轴 P 将向滑移方向 $[\bar{1}01]$ 转动，即 P 点沿球极平面投影的大圆（相应于通过球心和 P 点，以及 $[\bar{1}01]$ 点的平面与球面的交线的投影）向Ⅳ点即 $[\bar{1}01]$ 晶向转动。当晶体转动时，ϕ 角增大，λ 角减小。

滑移时晶体发生转动，使晶体各部分相对外力的取向不断改变，各滑移系的取向因子也发生变化。

a. 若 $\lambda_0>45°>\phi_0$，晶体转动使取向因子（$\cos\phi_i\cos\lambda_j$）增加（因为此时转动，使 λ 和 ϕ 都趋近 45°），在较低的载荷下，滑移就能继续进行，或者说：随着滑移的进行，屈服应力可能降低——这种情况称为**几何软化**。

b. 若 $\phi_0>45°>\lambda_0$，晶体的转动将使取向因子越来越小，要保持原滑移系继续滑移，需增加载荷——这种情况称为**几何硬化**。

c. P 点向Ⅳ点（$[\bar{1}01]$ 点）转动过程中，当 $\lambda_0<45°$时发生几何硬化。当 P 点转动到三角形 W_1ⅣA 和三角形 W_1AⅠ的公共边 W_1A 上时，将使两个滑移系即（111）$[\bar{1}01]$ 和（$\bar{1}\bar{1}1$）[011] 具有相同的最大取向因子，此时的滑移是在这两个滑移系上同时发生，称 CⅠ（（$\bar{1}\bar{1}1$）[011]）和 BⅣ（（111）$[\bar{1}01]$）为共轭滑移系，C 面（$\bar{1}\bar{1}$ 1）为共轭面，这时产生了双系滑移。BⅣ滑移系要求 P 轴转向Ⅳ点，CⅠ滑移系要求 P 轴转向Ⅰ点；最终 P 轴沿 W_1A 公共边滑动到Ⅳ点和Ⅰ点的对称位置 $[\bar{1}12]$ 上（Ⅰ，$[\bar{1}12]$，Ⅳ共一大圆）。最大的取向因子 $m=0.5$ 出现在拉伸轴与滑移方向和滑移面法线成 $\lambda=45°$和 $\phi=45°$的大圆上（图 1-16）。

（3）拉伸时的超越现象

事实上，某些合金在 P 轴转动过程中有“超越”现象，即发生单系滑移→转动→双滑移的不平衡态→超越现象→稳定取向的变形过程。P 轴超过 W_1A 边轴之后，BⅣ滑移系（（111）$[\bar{1}01]$）继续起作用，虽然此时共轭滑移系 CⅠ（（$\bar{1}\bar{1}1$）[011]）的取向因子已经大于一次滑移系 BⅣ（（111）$[\bar{1}01]$）的取向因子。一次滑移系启动后，在一次滑移面（B）上留下了位错，增加了共轭滑移运动的阻力。此即：为使在共轭面（C）上产生滑移，该面上的位错要交截许多一次滑移面上的位错，直到 CⅠ系的取向因子大于 BⅣ系取向因子

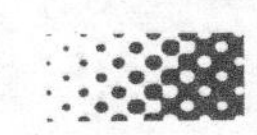

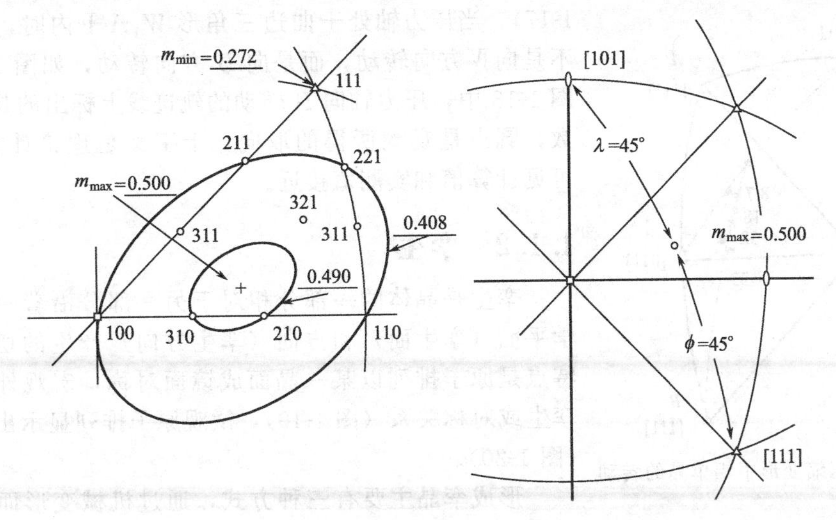

图 1-16 fcc 晶体的取向因子 m 的值取决于取向

的有利作用，CⅠ滑移系才开始工作，使 P 轴向Ⅰ（[011] 晶向）转动。超越现象反复出现如图 1-15 所示。最终 P 轴沿 W_1A 公共边滑动到Ⅰ、Ⅳ点的对称位置 $[\bar{1}12]$ 上。

(4) 在特殊取向上拉伸时的多系滑移

如果拉力轴位于标准三角形的三个边上时，都将有两个等效的滑移系。如：W_1A 边上有 CⅠ、BⅣ两个滑移系等效；W_1Ⅰ边上，BⅣ和 AⅢ两个滑移系等效；AⅠ边上，BⅣ和 BⅤ两个滑移系等效。

此时，既然都有两个等效的滑移系，那么一开始变形时就出现双系滑移。每个滑移系的滑移面上的位错随着滑移的进行都将提高其密度，都将使另一滑移系的滑移面上的位错运动阻力增加。所以双系滑移时，各滑移系的临界分切应力都比单系滑移时的数值要大，存在强化效应——**物理强化效应**。

拉力轴位于 W_1 上时，有 8 个等效的滑移系；拉力轴位于 A 上时，有 6 个等效的滑移系；拉力轴位于Ⅰ上时，有 4 个等效的滑移系。拉力轴位于这样的取向时，物理强化效应非常强烈，晶体的临界分切应力也将提高。可见，由于不同取向的几何强化和物理强化作用不同，不同取向上单晶体的屈服应力是不同的。

(5) 影响滑移系作用的一个重要的因素——层错能

层错能主要是影响扩展位错的宽度，从而影响交滑移的难易。

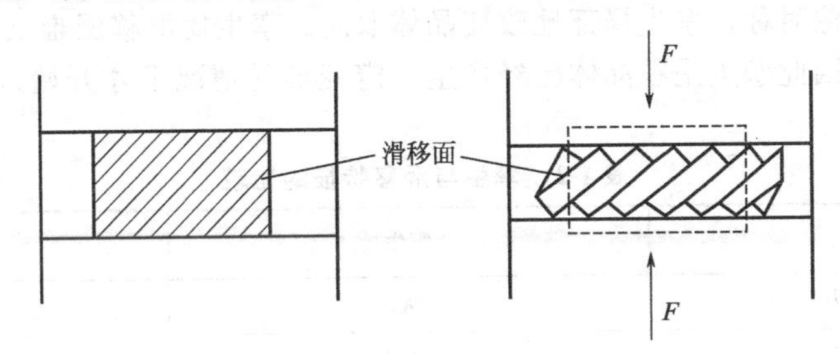

图 1-17 压缩时压缩面转向垂直于压缩轴

(6) 压缩变形过程中单晶体的转动

压缩变形时，具有最大分切应力的滑移系和外力轴的取向关系和拉伸变形时一样，都可用前述 24 个曲边三角形中最有利的滑移系来表示。不同的是，压缩变形过程中，不是滑移方向转向外力轴，而是滑移面法向方向转向外力轴或者说是外力轴转向滑移面法线方向（图

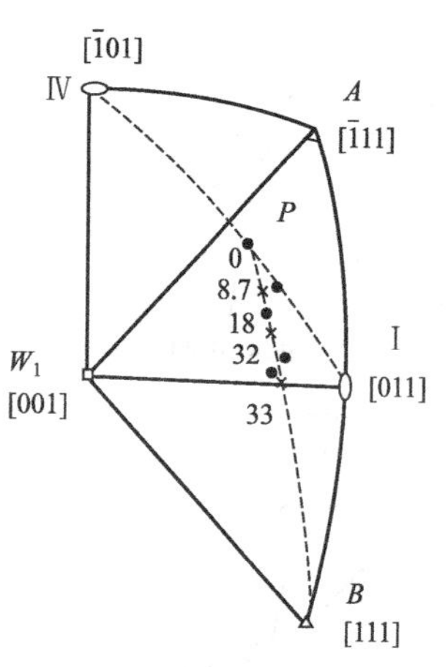

图 1-18　压缩变形中铝单晶的转动

1-17)。当压力轴处于曲边三角形 W_1A Ⅰ内时，外力轴 P 不是向Ⅳ方向转动，而是向 B 方向转动，如图 1-18 所示。图 1-18 中，压力轴向 B 转动的轨迹线上标出的是压缩百分数，圆点是观测所得的取向，十字叉是理论计算的取向。可见计算值和实测值接近。

1.1.2　孪生

孪生是晶体的一部分相对于另一部分沿着一定的晶体学平面（孪生面）和方向（孪生方向）产生的切变。孪晶特点是原子排列以某一晶面成镜面对称，宏观外形看不出孪生或对称关系（图 1-19），微观原子排列显示出孪生关系（图 1-20）。

形成孪晶主要有三种方式，通过机械变形而产生的孪晶为“形变孪晶”也称为“机械孪晶”，它的特征通常呈透镜状或片状；“生长孪晶”，包括晶体自气态（如气相沉积）、液态（液相凝固）或固体中长大时形成的孪晶；“退火孪晶”，变形金属在其再结晶退火过程中形成的孪晶，它往往以相互平行的孪晶面为界横贯整个晶粒，是在再结晶过程中通过堆垛层错的生长形成的，退火孪晶一般出现在一些中、低层错能的 fcc 金属（如银、黄铜、铜、不锈钢、镍等）的退火组织中。产生孪晶的过程称为孪生。在此只讨论形变孪晶。

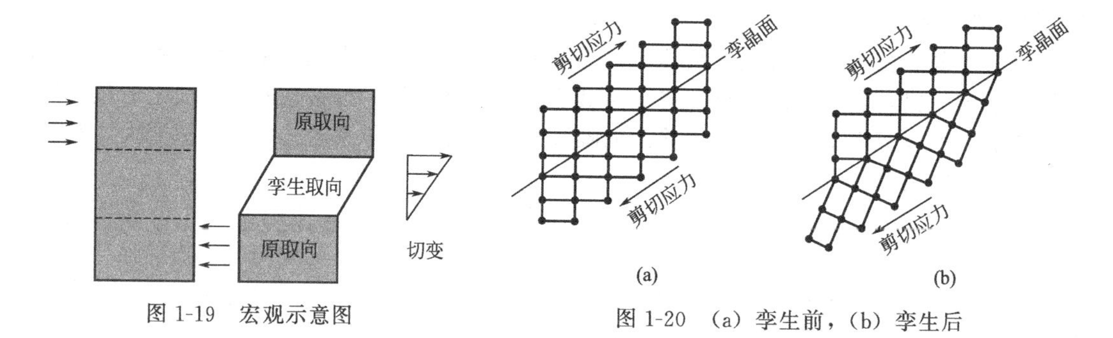

图 1-19　宏观示意图

图 1-20　(a) 孪生前，(b) 孪生后

1.1.2.1　孪生的特征

孪生切变量不是原子间距的整数倍，该切变不改变点阵类型，只使变形与未变形部分的晶体以孪生面成镜像对称，孪生局部地改变晶体取向。孪生比滑移困难（孪生之前总有一定程度的滑移产生，因此孪生是在晶体已经产生一定变形的情况下才开始），孪生与滑移特征的比较见表 1-2。

表 1-2　孪生与滑移特征的比较

项目	孪生	滑移
临界切应力	大	小
切变均匀性	均匀	不均匀
切变量	原子间距的非整数倍	原子间距的整数倍
位向的变化	改变	不变
抛光后浸蚀后	可见	不可见
发生难易程度	不易(在低温、高速下易)	易

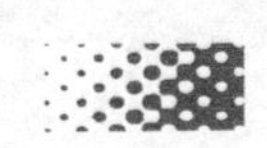

孪晶的生长速度很大，和冲击波传播速度相当。同一晶体结构的金属中，试样轴的取向对孪生很敏感，如对立方金属，外力轴越接近〈001〉-〈111〉取向，越易孪生。加载方式以冲击为最有利于孪生，形变温度越低，越有利于孪生。孪生有可逆性，即当应力反向时，有去孪生现象产生，去孪生比孪生更容易。孪晶金相由于晶体取向的差异重新抛光后仍可见，而一般滑移抛光后看不见了，如图 1-21 所示。孪生出现的概率和尺寸取决于晶体结构和层错能的大小。此外，孪生常在高应力集中处形核，出现孪生时应力-应变曲线突然下降，如图 1-22 所示；孪生可导致裂纹（图 1-23）。

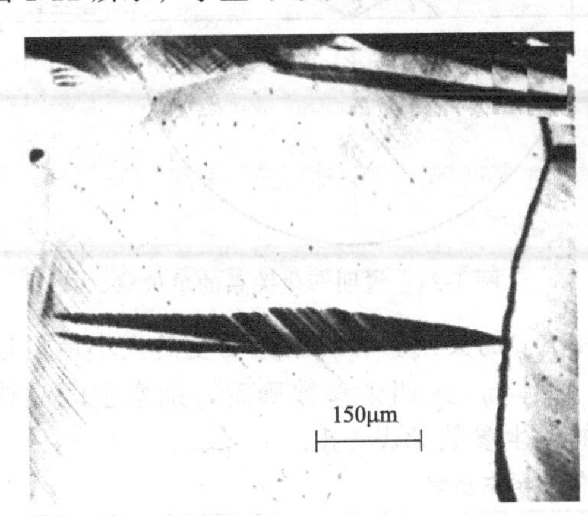

(a) 抛光后变形，滑移、孪生都可看到

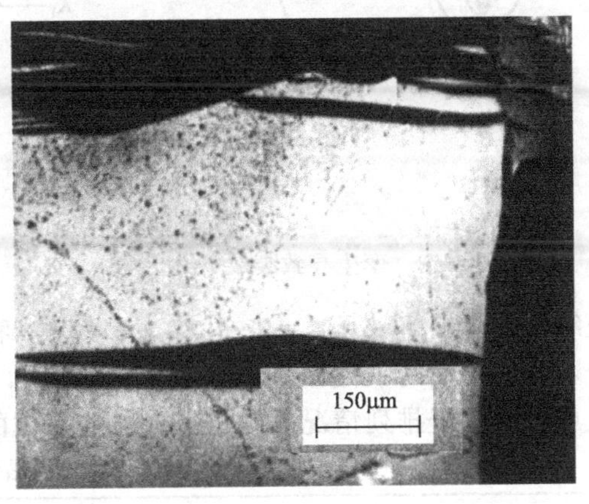

(b) 再抛光浸蚀，滑移看不见，孪晶仍存在

图 1-21　锌形变组织

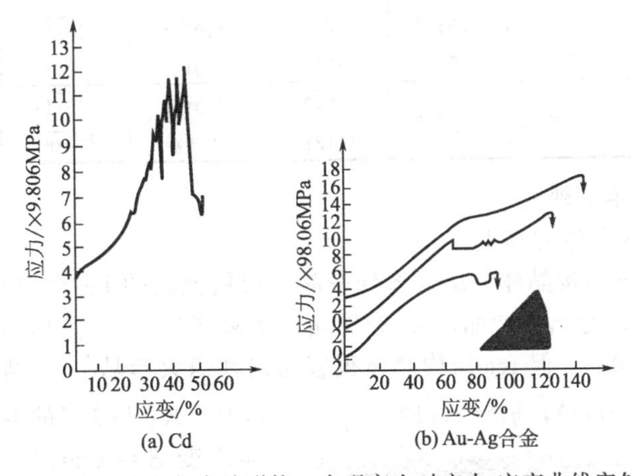

(a) Cd　　(b) Au-Ag合金

图 1-22　常在高应力集中处形核，出现孪生时应力-应变曲线突然下降

1.1.2.2　孪生几何学

孪生切变后要保持原子对称关系，同时晶体结构又不能发生改变，所以只能在特定的晶面和晶向上进行。孪生几何学可以用一半径为单位长的球形单晶体说明（图 1-24），孪生要素有：①孪生面即第一不畸变面 K_1 和第二不畸变面 K_2；②孪生方向即切变方向 η_1；③切变平面与 K_2 的交线 η_2；④孪生切应变 S。

设：孪生平面即为单晶球的赤道平面 K_1，孪生方向以 η_1 表示，垂直于 K_1 并通过 η_1 的平面称为切变平面（OAB 平面）；孪生变形后，球体变成椭球体。K_1 在孪生过程中不改变其形状和位置，称为第一不畸变面；在所有垂直于切变平面（OAB）的诸平面中，只有 K_2 在孪生过程中切变后仍保持为圆形，称为第二不畸变面。η_2 为 K_2 平面和切平面（AOB）

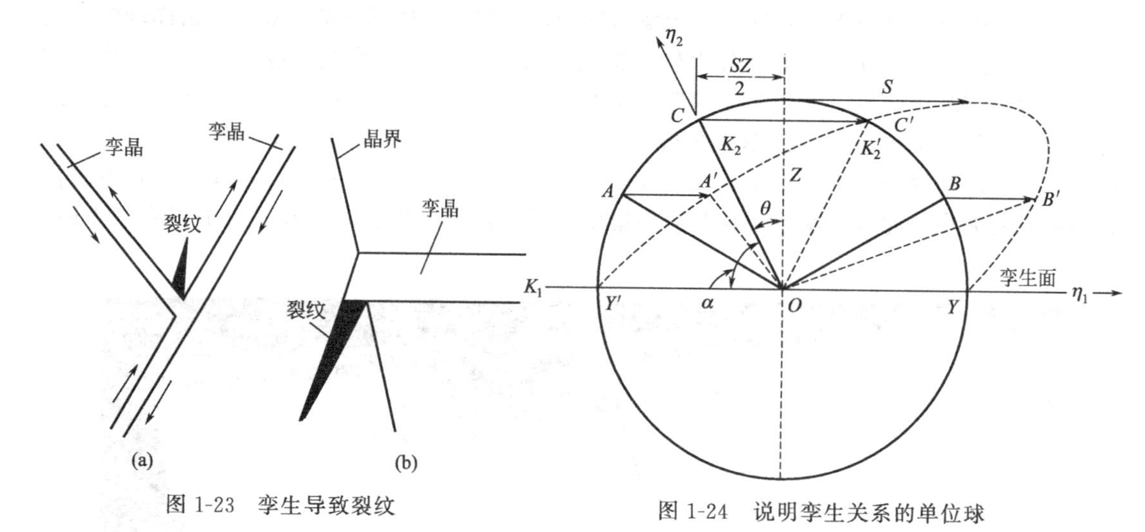

图 1-23　孪生导致裂纹

图 1-24　说明孪生关系的单位球

的交线。切应变 $S=AA'=2\cot 2\phi$，2ϕ 为 K_1 和 K_2 的夹角。所以孪生切变的大小就可以从两个不畸变平面的夹角按上式求得。K_1，η_1，K_2，η_2 这四个参数确定，则孪生时晶体的变化或者说原子排列情况就确定了。一些晶体的孪生参数见表 1-3。

表 1-3　一些晶体的孪生参数

材料	结构	K_1	K_2	η_1	η_2	S
Al,Cu,Au,Ni,Ag,γ-Fe	fcc	{111}	$\{11\bar{1}\}$	$\langle 11\bar{2}\rangle$	⟨112⟩	0.707
α-Fe	bcc	{112}	$\{\bar{1}\bar{1}2\}$	$\langle \bar{1}\bar{1}1\rangle$	⟨111⟩	0.707
Cd	hcp(c/a=1.866)	$\{10\bar{1}2\}$	$\{\bar{1}012\}$	$\langle 10\bar{1}\bar{1}\rangle$	$\langle 10\bar{1}1\rangle$	0.170
Zn	hcp(c/a=1.856)	$\{10\bar{1}2\}$	$\{\bar{1}012\}$	$\langle 10\bar{1}\bar{1}\rangle$	$\langle 10\bar{1}1\rangle$	0.139
Mg	hcp(c/a=1.624)	$\{10\bar{1}2\}$	$\{\bar{1}012\}$	$\langle 10\bar{1}\bar{1}\rangle$	$\langle 10\bar{1}1\rangle$	0.131
		$\{11\bar{2}1\}$	{0001}	$\langle 11\bar{2}\bar{6}\rangle$	⟨1120⟩	0.64

1.1.2.3　金属晶体中的孪生

1）面心立方结构晶体的孪生

层错能较低的 fcc 结构晶体会出现形变孪晶，层错能高的 fcc 金属则只在很低温度和高应变速率加载条件下才会出现孪晶。fcc 结构晶体不易产生孪晶的原因是其滑移系多以及孪晶应变很大（$S=0.707$），但 fcc 结构晶体很容易出现退火孪晶。fcc 结构晶体的孪生要素：$K_1=(1\bar{1}\bar{1})$，$K_2=(\bar{1}11)$，$\eta_1=\langle\bar{1}12\rangle$，$\eta_2=\langle 11\bar{2}\rangle$。$K_1$ 与 K_2 的夹角 $\alpha=70.53°$，故孪生应变 $S=2\cot 70.53°=0.707$。孪生的切变平面是（110）。

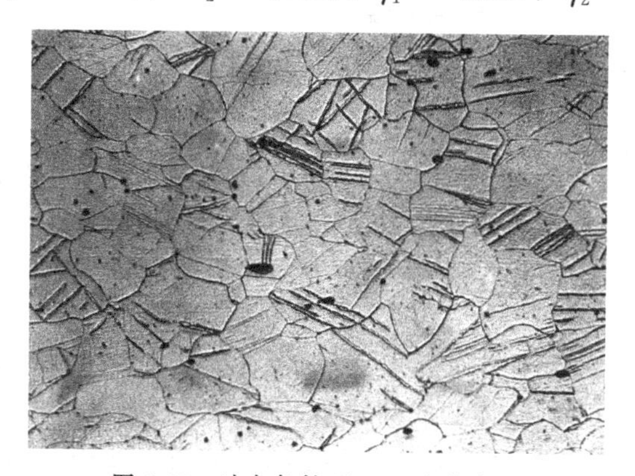

图 1-25　冲击条件下 α-Fe 中的孪晶

2）体心立方结构晶体的孪生

bcc 结构金属中，钢在高应变速率或者低温形变加载条件下很容易发生孪生，钢中的孪晶又称为 Neumann（纽曼）带，如图 1-25 所示。bcc 结构金属中的少量间隙原子会抑制孪生。钨、钼、铌等的合金在室温低应变速率下也能形成孪晶。bcc 结构晶体的孪生要素：$K_1=\{112\}$，$K_2=\{11\bar{2}\}$，$\eta_1=\langle 11\bar{1}\rangle$，$\eta_2=\langle 111\rangle$。

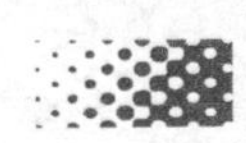

K_1 与 K_2 的夹角 $\alpha=70.53^\circ$，故孪生应变 $S=2\cot 70.53^\circ=0.707$。孪生的切变平面是 $(1\bar{1}0)$。

3）六方结构晶体中的孪生

六方结构晶体的滑移系很少，而且六方结构晶体的孪生应变 S 比较低，孪生导致的应变能和 S^2 成正比，所以六方结构晶体容易发生孪生。六方结构晶体的孪生面较多，但常见的孪生面为 $K_1=\{10\bar{1}2\}$，$K_2=\{\bar{1}012\}$，$\eta_1=\langle 10\bar{1}\bar{1}\rangle$，$\eta_2=\langle 10\bar{1}1\rangle$。$K_1$ 和 K_2 的夹角为 α，$\alpha=(180^\circ-2\theta)$，而 $\tan\theta=(1/3)^{1/2}(c/a)$。切变量 $S=[(c/a)^2-3](1/3^{1/2})(c/a)$，所以切变量 S 随 c/a 值而变化。由于 c/a 值的差异，一般锌在拉伸时才能形成孪晶（图 1-26），而镁在压缩时才能形成孪晶（图 1-27）。

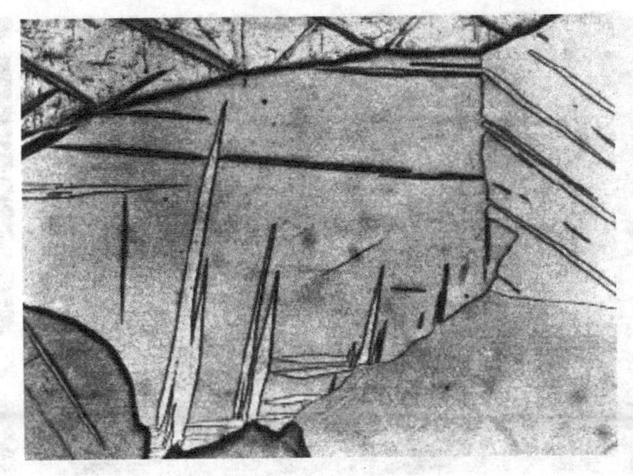

图 1-26 锌中的形变孪晶

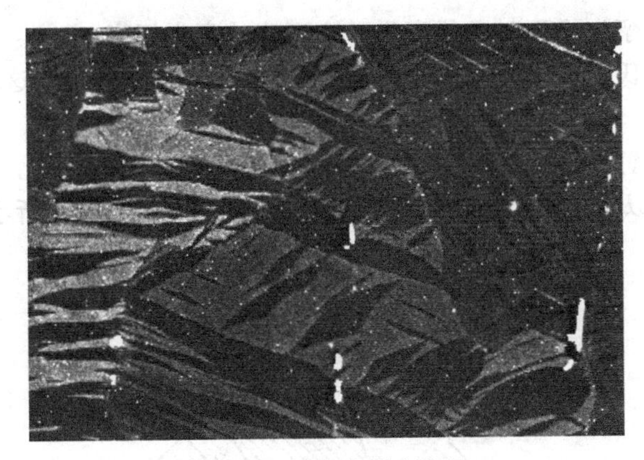

图 1-27 镁中的形变孪晶

1.1.2.4 孪晶的形状

形变孪晶一般是双凸镜形如图 1-28（a）所示，多数发源于晶界，终止于晶内。而退火孪晶的边界几乎是完全平直界面并平行于 K_1 面，如图 1-28（b）所示。由于形变孪晶呈凸镜状，孪晶和基体的界面与孪生面（K_1）不完全一致，然而其中心面近似平行于 K_1。fcc 和 bcc 金属的孪晶非常窄，通常像平行的线条。相反，六方金属中的 $\{10\bar{1}\bar{2}\}\langle 10\bar{1}\bar{1}\rangle$ 孪晶相对宽些。形变孪晶的形状可能与孪晶形成时总能量的改变有关，导致孪生时能量变化的原因有两个，一个是新表面（孪晶界面）的引入，因为其具有表面能；另一个是由于一部分材料（即孪生区域）发生了塑性剪切而周围材料没有形变而产生的应变能，由于孪晶和基体的错配必然导致弹性扭曲或滑移。当孪晶长并且窄时，即孪晶的长宽比大时，错配产生的能量最小。另一方面，对于给定体积的孪晶，当孪晶的长宽比接近 1（即呈球状）时，其表面能最小。当剪切应变大时，应变能大，则孪晶的长宽比大。相反高的界面能将产生“胖”的孪晶。

1.1.2.5 孪生的位错机制——极轴机制

孪生是均匀切变，孪生过程必定包括部分位错被钉扎，另一条部分位错分离开去，这一过程产生了一个很宽的单层孪晶，为使该孪晶增厚，分离开去的不完全位错还必须在相继的孪晶面上攀移。

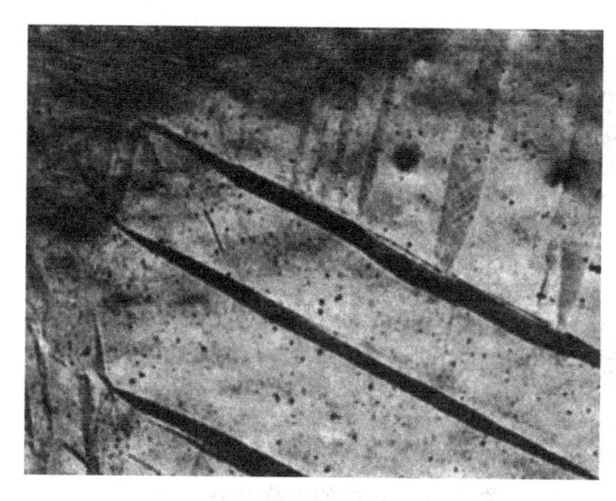

(a) 镁中的形变孪晶

(b) 黄铜中的退火孪晶

图 1-28 形变孪晶和退火孪晶的不同形状

(W F Hosford. The Mechanics of Crystals and Textured Polycrystals. Oxford Univ Press, 1993)

极轴机制必须满足的条件:

① 扫动位错扫过孪生平面时必须产生一个正确的孪生切变。

② 极轴位错的柏氏矢量必须有一个垂直于扫动平面的分量，而这个分量要恰好等于孪生平面间距。

③ 极轴位错应被钉扎住，在孪生过程中不得运动。

Cottrell 和 Billy 以体心立方结构为例说明极轴机制，如图 1-29 所示。

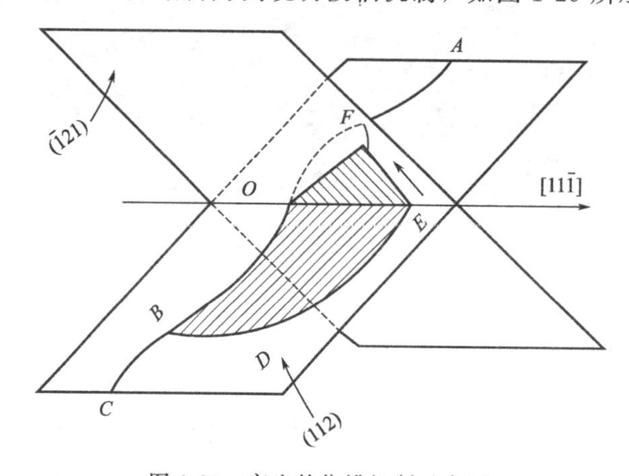

图 1-29 孪生的位错机制示意图

AOC 为位于 (112) 晶面的全位错，其柏氏矢量等于$\frac{a}{2}$ [111]。在一定的应力条件下，全位错 AOC 中的一段 OB 可能发生以下的位错分解反应：

$$\frac{a}{2}[111] \rightarrow \frac{a}{3}[112] + \frac{a}{6}[11\bar{1}]$$

即全位错 AOC 的 OB 段分裂成 OB 和 $OEDB$ 两个部分位错，其中位错线 OB 处在 (112) 面上，故其柏氏矢量处处与位错垂直，因此应是一纯刃型位错；但在 (112) 面上它是不能滑移的，所以是一个不滑移的位错，可作极轴位错用。

而柏氏矢量为$\frac{a}{6}$ $[11\bar{1}]$ 的位错 $OEDB$ 的滑移面就是 (112) 面，所以可以 O、B 两点

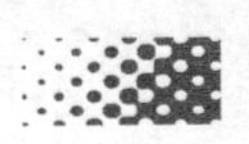

为结点，由 AOC 线中 OB 段通过滑移分裂出去；$OEDB$ 位错在（112）面上运动的结果，便产生一单原子层厚的孪晶。当 $OEDB$ 位错滑移到（112）面和（$\bar{1}21$）面的交线 OE 方向时，其中 OE 段就变为一螺旋位错，该螺旋位错可交滑移到（$\bar{1}21$）面上去。

对（$\bar{1}21$）面而言，柏氏矢量为$\frac{a}{6}$［$11\bar{1}$］的位错 OE 是滑移位错（可动的），因此它可作为（$\bar{1}21$）面上的扫动位错，O 点即为极轴机制中的一个结点。

由于柏氏矢量为$\frac{a}{3}$［112］的 OB 位错可按下式分解：

$$\frac{a}{3}[112] \rightarrow \frac{a}{6}[\bar{1}21] + \frac{a}{2}[101]$$

故极轴位错 OB 的柏氏矢量中垂直于扫动面（$\bar{1}21$）的分量正好是$\frac{\sqrt{6}}{6}$，也就是（$\bar{1}21$）面的面间距。

在｛112｝面平行〈111〉方向的孪生切变为 $1/\sqrt{2}$ 或者$\sqrt{2}$，这样在上述孪生过程中极轴机制的三个条件正好满足。

柏氏矢量为$\frac{a}{6}$［$11\bar{1}$］的扫动位错 OE 每扫过（$\bar{1}21$）面一次，和极轴位错交截一次，产生一个大小为$\frac{a}{6}$［$\bar{1}21$］的割阶，扫动位错就到了邻近的（$\bar{1}21$）面。扫动位错在扫动面（$\bar{1}21$）上绕 O 点的极轴位错不断旋转的结果，便可得到沿 OB 方向发展的多层孪晶。

fcc、hcp 晶体结构中的孪生机制同样可由极轴机制解释，具体内容见参考文献。

1.1.2.6 影响孪生的因素

孪生难以滑移，孪生前有滑移产生，即在已产生一定形变的情况下才开始，孪生位错是在一定内应力下由部分滑移位错转变而成，孪晶应力高于滑移所需应力。在高应力下形核后在远小于孪晶萌生的应力下沿孪生面和垂直孪生面两方向同时极快（声速）扩展。切变量随孪生区的增长而增大。弹性应变大，需要其他变形机制协调，否则出现裂缝，变形终止。

不同晶体结构的金属发生孪晶的难易程度不同，fcc 金属最不容易发生孪生，fcc、bcc 金属一般易滑移，大多数 fcc 和 bcc 金属中很少发生孪生，除非是在低温或高应变速率载荷下。这意味着降低温度和提高应变速率都将导致滑移所需的应力比孪生所需应力更大。对称性差的 hcp 金属易孪生。产生孪晶的应力随层错能提高而增加，孪生临界切应力和层错能之间的定量关系，Venables 认为：孪生形核的关键在于形成一个半圆的层错环，层错能对孪生的影响可用下式表示：

$$n\tau_{cr(tw)} = \gamma_{sf}/b_1 + Gb_1/2a \qquad (1\text{-}2)$$

式中，$\tau_{cr(tw)}$ 为孪生的临界应力；γ_{sf} 为层错能；b_1 为孪生位错（即肖氏部分位错）的柏氏矢量（模长）；G 为切变模量；a 为孪生环的半径；n 为局部应力集中因子。如：黄铜层错能低，易发生孪生；而铝层错能高，铝中难发生孪生。

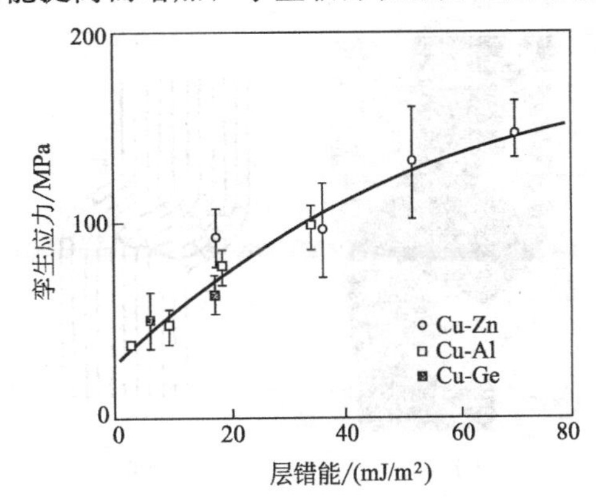

图 1-30 铜基合金中层错能对孪生应力的影响

成分也对孪生有影响。对于低层错能的 fcc 金属和合金，孪生是容易发生的。图 1-30 表明，铜基合金的孪生应力随着层错能的增大而增大。银和金的层错能很低，在室温下即可孪生，而高层错金属如铝中没有观测到孪晶。

晶粒尺寸对多晶体的孪生有两个影响，一个晶粒内形成的初次孪晶的尺寸受限于晶粒尺寸。此外，晶粒越小，则孪晶的平均尺寸越小并且其表面面积和体积的比值越大，因此在细晶多晶体内需要更多的能量（即较大的平均应力）以形成相同体积分数的孪晶。

晶体取向对孪生也有很大的影响。如板织构，黄铜织构（取向）{011}〈211〉方向上没有形变孪生，高斯织构（高斯取向）{011}〈100〉方向上几乎没有形变孪生，Cu 织构（取向）{112}〈111〉方向极易孪生，*S* 织构（*S* 取向）{123}〈634〉方向易孪生。孪生是织构类型转变（晶体取向改变）的根本原因。

一般随变形程度的增大，孪生的概率增大。随变形速度增大（加载方式以冲击最有利）或者变形温度的降低，孪生的倾向性增大。

1.1.2.7 孪生对塑性变形的贡献

无论何种晶体结构的孪生本身所产生的形变量都是比较小的，计算表明即使晶体全部产生孪生，其形变量也不超过 10%。但孪生对形变的影响不能低估，因为孪生可以改变晶体取向，可使硬取向转变为软取向，为后续的形变带来方便，因而促进了滑移即塑性变形的进一步发展。孪生有不利于塑性变形的一面，孪生的产生可能导致裂纹的形成。例如，孪晶在生长过程中与其他孪晶、或者晶界等的相遇，则在它们的相交处产生局部的剪切变形，乃至形成裂纹。

1.1.3 扭折带和形变带

1.1.3.1 扭折带

扭折（kink）是滑移和孪生受到约束或阻碍时，为适应外力作用而产生的一种不均匀变形方式，是局部晶格绕某一轴旋转产生（fcc 金属，扭折可看作以〈211〉方向为轴相对基体的局部晶格转动），其出现是突然的。扭折带（kinkband）是指相对于基体取向发生不对称变化的晶体区域。扭折带晶体位向的突然改变是滑移受阻引起的位错堆积，从未变形区到扭折带的过渡是一系列同号刃型位错排列的结果，扭折带的形成造成了晶面弯曲。它是能量较低的结构形式。扭折带的产生与晶体纯度、变形温度、晶体取向有关。Zn、Cd、Sn、Mg 等许多六方金属压缩变形时易产生扭折带组织。

滑移虽然改变了晶体的外形，但不改变点阵的畸变；孪生虽然改变了点阵的取向，但点阵的再取向是有规律的，变形后晶体与未变形部分晶体以孪晶面为对称面；而扭折其变形部分相对于未变形部分的取向是无规律的，并不成对称关系。

(a)

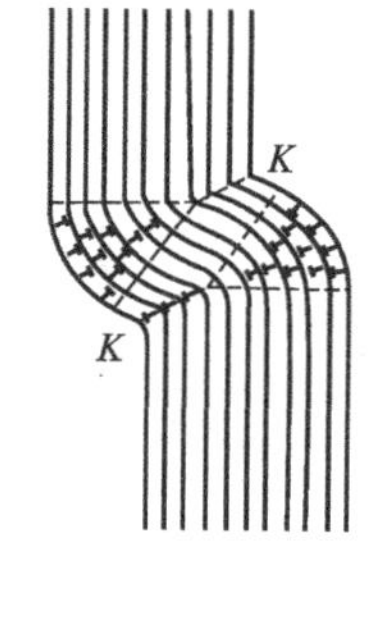

(b)

图 1-31 镉单晶体压缩时出现扭折带外貌及示意图

拉伸和压缩时都存在扭折现象。镉单晶体压缩时出现扭折带，如图 1-31 所示，在压缩方向平行于滑移面时，不容易滑移，为了松弛外力，局部晶格绕某轴产生旋转而形成扭折。在扭折带中包含大量不均匀堆积的滑移位错，在扭折面 *K* 两边的滑移线虽然是镜面对称的，但晶格却并非是对称的。图 1-32 是锌拉伸时产生的扭折。扭折的三要素为扭折平面、方向、转

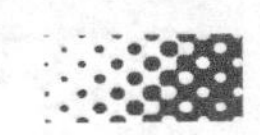

动轴，表 1-4 是扭折与滑移要素的比较。

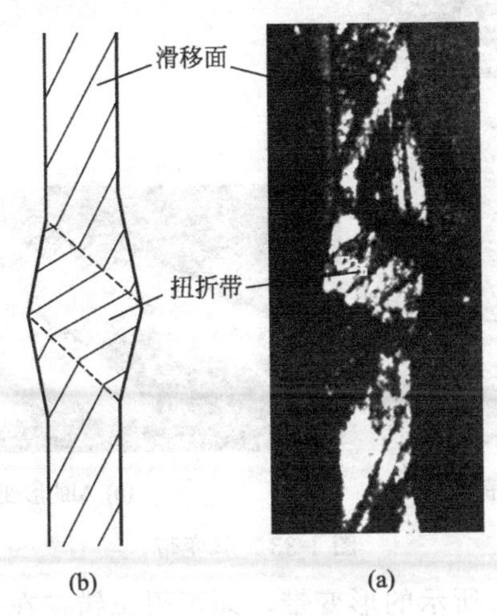

图 1-32 锌单晶在拉伸形变时出现的扭折带外貌和描述扭折带的示意图

表 1-4 扭折与滑移要素的比较

结构	滑移		扭折		
	平面	方向	平面	方向	轴
hcp	(0001)	$[11\bar{2}0]$	$(11\bar{2}0)$	[0001]	$[1\bar{1}00]$
fcc	$(11\bar{1})$	$[1\bar{1}0]$	$(1\bar{1}0)$	$[11\bar{1}]$	[112]
bcc	$(\bar{1}10)$	[111]	(111)	$[1\bar{1}0]$	$[11\bar{2}]$

扭折的形成机理：一般认为扭折的出现和某一滑移系的几何软化有关。例如，Fraser 沿〈001〉拉伸 NiAl 单晶，扭折的出现与〈001〉{110} 滑移系的几何软化有关；Tapetado 的实验表明 Zn 单晶扭折的出现与 $[11\bar{2}0]$ (0001) 滑移系的几何软化有关。扭折或者扭折带的形成对塑性变形作用有两个方面：一是协调变形，适应变形条件的约束，能引起应力松弛，使晶体不致断裂；二是促进变形，即由于它改变晶体取向，使硬取向转变为软取向，促进滑移、进一步激发塑性变形。

1.1.3.2 形变带

在 α-Fe、α-黄铜、W、Ag、β-黄铜、Al 等面心和体心立方金属变形时，可在试样表面上观测到一种带状痕迹（图 1-33），这些带的边界是弯曲的、不规则的，利用 X 射线研究得知，在带中的点阵相对于原来点阵发生了转动，转动的程度取决于变形程度，带内的取向的转动是逐渐的，带的外观不规则，这就是形变带。一般单晶体的形变带宽一些，多晶体的形变带要窄一些。六方金属一般很少发生形变带。

形变带是点阵相对原来点阵发生转动而形成，其取向转动不同于扭折带，不是突变，而是渐变，转动程度取决于变形量的大小。形变带不同于扭折带在于形变带的形状不规则，形变带的边界弯曲，并沿主变形方向延伸。由于晶界的阻碍导致在一个晶粒内引起取向的不同，因此多晶材料形成形变带的倾向大。

形变带和扭折带都是在特殊条件下滑移的表现，它们都是因形变形成的取向与晶体其余部分不同的区域，在它们的边缘并不是晶界，它有一定的宽度，是取向逐渐过渡的区域。

形变带的形成可用位错模型解释（图 1-34）。同号刃位错有排成垂直的刃位错墙的趋势，但是它们是不稳定的，在切应力（外力）作用下可能移动，在它们的滑移过程中如果遇到一个异号的、强度大体相等的、且受到反向切应力推动的位错墙时，它们就形成了一个稳

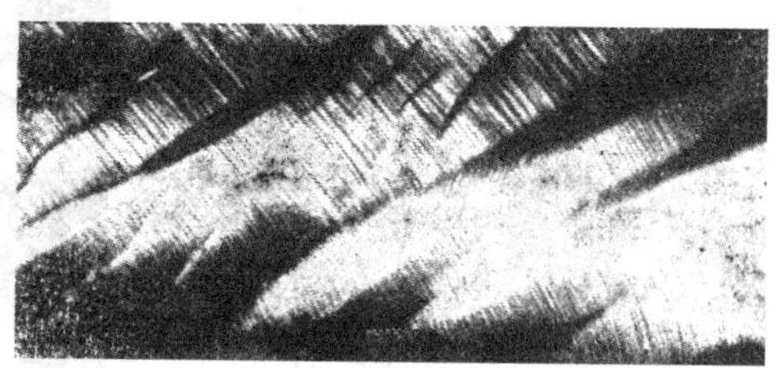

(a) α-Fe的形变带

(b) Al的形变带

图 1-33 形变带

定的组合，就形成了如图 1-34 所示的形变带，即正刃位错排在一侧，负刃位错排在另一侧，形成了一个不均匀的变形区，导致晶体取向的逐渐变化。

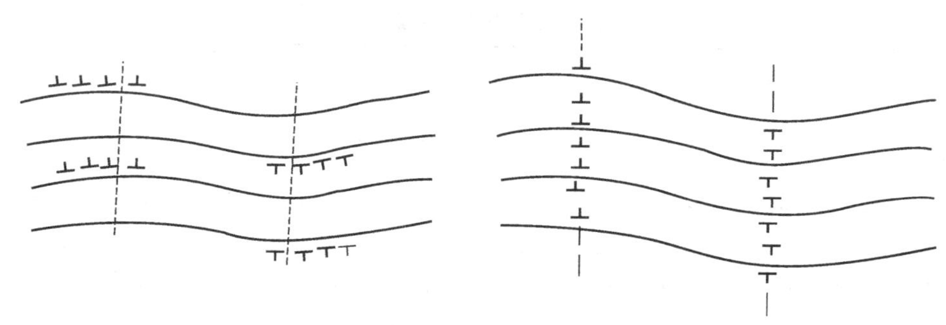

图 1-34 形变带形成的位错示意图

1.1.4 扩散塑性变形机理

金属在高温塑性变形时，扩散起着重要的作用。扩散的作用是双重的，一方面，它对剪切塑性变形机理有很大的影响；另一方面，扩散可以独立产生塑性流动。在此主要讨论扩散产生的独立的塑性变形机制——溶质原子定向溶解机理和蠕变机制。

1.1.4.1 溶质原子定向溶解机制

晶体没有受到应力作用时，溶质原子在晶体中的分布是随机的、无序的，如钢中 C 或者 N 原子就是无序的占据位于立方体各棱边中点和立方体各面的中心点的八面体间隙（如图 1-35 所示）。加上弹性应力（低于瞬时屈服应力的载荷）时 C、N 间隙原子在棱边中点随机均匀分布的情况就被破坏了，C、N 等间隙原子在外应力作用下可以迁移到 α-Fe 的晶格点阵中，如果沿 z 或者 [001] 方向施加一个拉伸应力，则八面体间隙在 x 轴和 y 轴方向将缩短、而沿 z 轴方向膨胀。给一定的时间和温度，间隙原子将通过扩散优先聚集在受拉的棱边上（z 轴方向），间隙原子的位置将沿 z 轴运动，该位置的变化将导致应变能的降低，这样在晶体点阵的不同方向上产生了溶解（分布）C（N）原子能力的差别。这种优先在某个方向上溶解（分布）的现象称为定向溶解。此外，如果沿 [111] 方向施加应力，则不会导致间隙原子位置的改变，因为此时所有立方体的 3 个方向上的应力相等。这种 C、N 原子择优分布的固溶体不可避免地伴随着晶体点阵和整个试样的变形，也就是产生了所谓的定向塑性变形。在应力作用下，溶质原

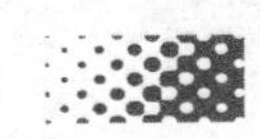

子产生定向溶解；去掉应力后，定向溶解的状态又要消失。这种扩散引起的原子流动是可逆的（注意：后述的定向空位流机理则是由扩散引起的不可逆的塑性流动）。

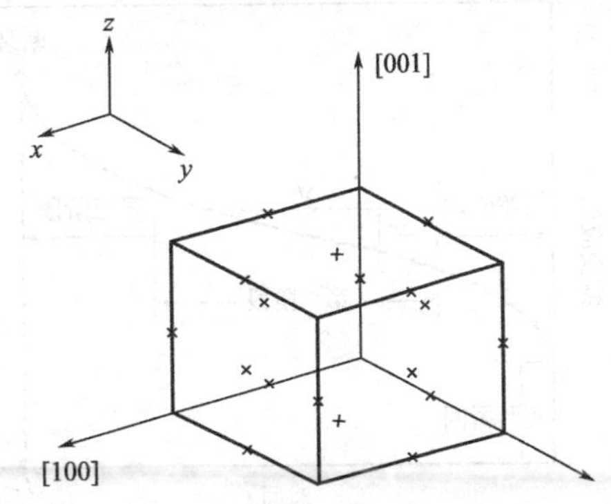

图 1-35 C、N 间隙原子在立方体中的位置
×代表间隙原子

C 或 N 等间隙原子的短程迁移将导致滞弹性效应，也称为 Snoek 效应（Snoek 首先发现了该效应）。当沿立方体方向（即〈001〉）施加的应力小于屈服应力时，间隙原子的运动会产生应变随时间变化，应变在“相位（即时间）”上落后于应力，即材料在应力作用下发生随时间而改变的弹性变形（滞弹性现象），并由此导致内耗。应力松弛和弹性后效现象都是滞弹性现象的表现形式。弹性后效是指应力恒定不变的情况下，弹性变形量随着时间的延长而缓慢增加的现象；在去除载荷后，不能立即恢复而需要经过一段足够时间之后才能逐渐恢复原状；一般材料越均匀，弹性后效越小；高熔点的材料，弹性后效极小。应力松弛是指弹性变形量恒定的情况下，材料构件内部承受的应力随时间延长逐渐降低的现象，例如高温下的紧固零件，其内部的弹性预紧应力随时间衰减，会造成密封泄漏或松脱事故；松弛过程也会引起超静定结构（见结构力学）中内力随时间重新分布。

1.1.4.2 蠕变机制

金属在室温下或者在温度低于 0.3～0.5T_m（K）时的变形，主要是通过滑移和孪生两种方式进行的。当温度高于 0.4T_m(K) 时，热激活的扩散过程成为一个重要因素，扩散对刃位错的攀移和螺位错的割阶运动均产生影响，特别是扩散制约了刃位错攀移速度，在温度高于 0.4T_m(K) 时会发生位错的攀移，从而产生蠕变现象。**蠕变**是指材料在高温［大于 0.4T_m(K)］和恒定载荷/应力下发生的与时间相关的永久变形。在高温和静态应力条件下服役的材料，如喷气发动机及蒸汽发电机的涡轮转子即是在离心力和高压蒸汽流作用下，这时材料的变形即是蠕变。

典型的蠕变实验是试样在恒定的载荷/应力和恒定的高温下，测量变形（应变）与时间的关系曲线。在恒定的温度与应力下，金属发生蠕变的典型情况如图 1-36 所示，蠕变过程分为三个阶段，首先是**初期蠕变**，又称短暂蠕变，其特征是蠕变速率逐渐减慢即曲线斜率随时间减小，说明材料的蠕变阻力或者应变硬化增大。在**蠕变第二阶段**，又称为稳态蠕变阶段，此阶段蠕变速率为一常数，即曲线呈线性，一般认为是由加工硬化和由位错攀移产生的高温回复这两个过程的速率相等达到平衡，于是便形成了恒定的蠕变速率过程。位错攀移可消除加工硬化，例如，位错滑动遇到障碍而阻塞时，位错可通过热激活产生攀移而避开障碍，它与螺位错的交滑移可以消除加工硬化有些类似，但前者只能在温度较高时（$T>0.4T_m$）才能发生。由于位错攀移引起蠕变的机制叫做位错蠕变。由实验测定的蠕变激活能和电镜直接观察到的亚晶形成都验证了这一观点。最后是**蠕变第三阶段**，在蠕变过程后期，蠕变速率加快直至断裂（晶间断裂）。

应力和温度对蠕变的影响如图 1-37 所示。在温度大大地低于 0.4T_m 时，在初始变形后，应变几乎和时间无关。应力增大或者温度升高，将导致：①在施加应力的即时应变增大；②稳态蠕变速率增大；③断裂寿命减小，即蠕变第二阶段渐短，金属的蠕变很快由第一阶段过渡到第三阶段，使高温下服役的零件寿命大大减少。

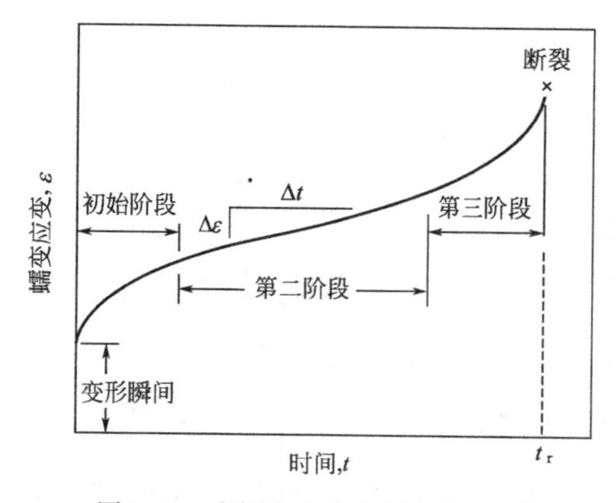

图 1-36 在恒定应力和恒定高温下典型的应变-时间蠕变曲线

最小的蠕变速率即是第二阶段区域线性段的斜率，断裂寿命 t_r 即是断裂的总时间

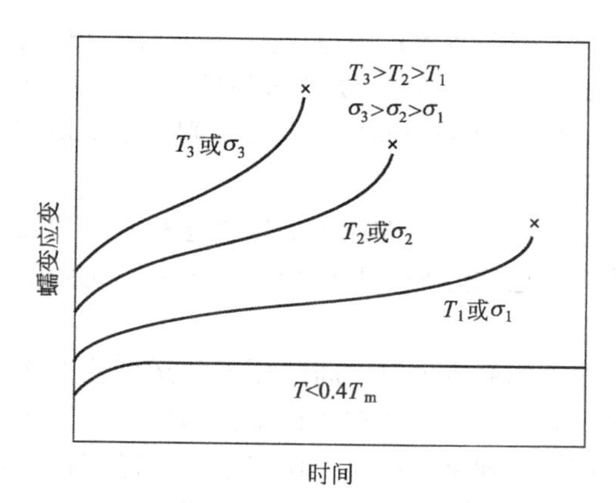

图 1-37 应力和温度对蠕变的影响

蠕变速率随温度和应力的减低而减小，但总是在较小的应变下失效。

原子的扩散机制是空位扩散，自扩散的激活能 Q_D 可看成是空位形成能 Q_F 和空位运动能 Q_M 两者之和，即 $Q_D=Q_F+Q_M$。在体心立方金属中，由于原子排列不够紧密，空位容易运动，Q_M 较小，所以体心立方和面心立方金属相比，蠕变激活能较低，蠕变速率较大，这都是已被证实的。Orr 等的工作表明许多金属（多于 25 个），其蠕变的激活能和自扩散激活能是相同的，如图 1-38 所示。

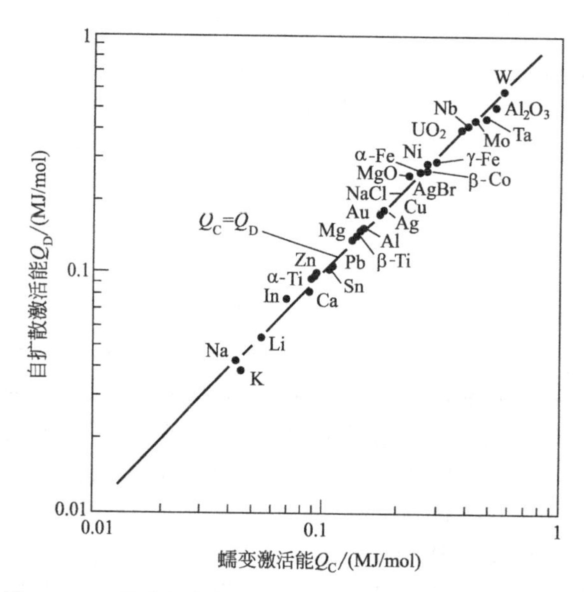

图 1-38 一些金属的蠕变（第二阶段）的激活能和自扩散

（R L Orr，O D Sherby，A K Miller. J Eng MaterTech nol，1979，101：387）

蠕变速率控制机制取决于应力大小和温度。多种机制可以解释蠕变，当温度低于 $0.4T_m$(K)，蠕变激活能将低于自扩散激活能，因此扩散优先沿位错扩散（管道扩散）而不是体扩散；当温度高于 $0.4T_m$(K)，蠕变机制由外加应力的大小控制。蠕变机制可分为两种主要类型：一是晶界机制，该机制中晶界或者说是晶粒尺寸起主导作用；二是与晶界无关的晶格机制。

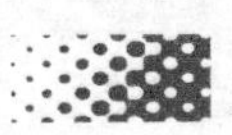

1）扩散蠕变（$\sigma/G<10^{-4}$）

当外加应力较小，$\sigma/G<10^{-4}$（σ 为外加应力，G 是剪切模量）时，容易发生扩散蠕变。

（1）Nabarro-Herring 蠕变——晶内扩散的定向空位流机理

扩散蠕变一般即指 Nabarro-Herring（纳巴罗-赫润）蠕变，它是一种接近熔点温度并在低应力作用下的蠕变。与外载方向垂直或者接近垂直的晶界扩张或者膨胀，其空位浓度增加（空位源），而与外载方向平行或者接近平行的晶界，其空位浓度低（空位壑），由此在外加应力作用下产生了空位浓度梯度，空位沿如图 1-39（a）所示方向在晶粒内定向流动，并导致晶粒沿外加应力方向被拉长，从而导致蠕变。Nabarro 和 Herring 推导出蠕变速率的数学表达式：

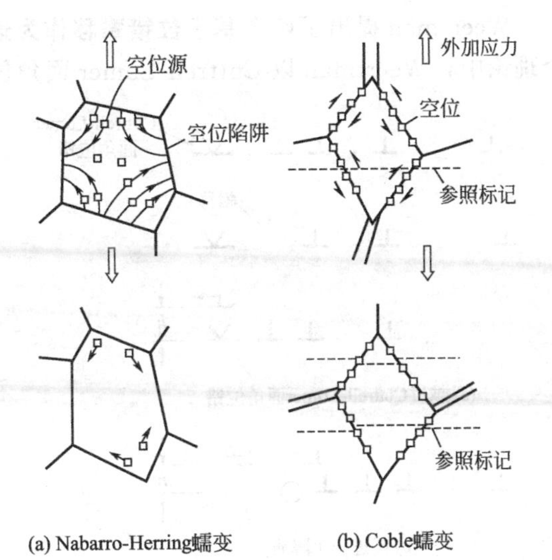

图 1-39 空位流动（a）Nabarro-Herring 和（b）Coble 机制，导致试样长度的拉长

$$\dot{\varepsilon}_{\text{N-H}}=A\frac{D\sigma\Omega C_0}{kTd^2} \tag{1-3}$$

式中，A 为常数；Ω 为原子体积$=0.7b^3$；d 为晶粒大小；D 为自扩散系数；σ 为外加应力；k 为波尔兹曼常数；T 为温度；C_0 为平衡空位浓度。

可见，蠕变速率 $\dot{\varepsilon}_{\text{N-H}}$ 和应力 σ 的 1 次方成正比，和晶粒大小 d 的平方成反比。

（2）晶界扩散的定向空位流机理——Coble 蠕变

Coble（柯柏尔）认为：原子流沿着晶界扩散比体扩散更容易一些，在应力的诱导下，可以在更低的温度下进行。该扩散导致晶界滑动［图 1-39（b）］：

$$\dot{\varepsilon}_{\text{C}}=A'\frac{D'\sigma\Omega\omega}{kTd^3} \tag{1-4}$$

式中，A'为常数；Ω 为原子体积；D'为沿晶扩散系数；σ 为外加应力；ω 为晶界宽度；k 为波尔兹曼常数；T 为温度；d 为晶粒大小。

可见，Coble 蠕变速率 $\dot{\varepsilon}_{\text{C}}$ 和外加应力 σ 的 1 次方成正比，和晶粒大小 d 的 3 次方成反比。

上述空位流实际上就是原子流，不过是两者的方向相反。Nabarro-Herring 和 Coble 都是把晶界当作空位的源和壑，晶界面积所占的比例越大，起源和壑作用的地方就越多，空位的扩散过程越短，定向的扩散流速将越大，蠕变过程也就越快。所以，$\dot{\varepsilon}_{\text{N-H}}$ 尤其 $\dot{\varepsilon}_{\text{C}}$ 都对晶粒尺寸（d）是非常敏感的。可见，工程上要提高合金抵抗 Nabarro-Herring 或 Coble 蠕变的能力，需要增大合金的晶粒尺寸。由此研发出定向凝固技术，消除了近乎所有和拉伸轴垂直和倾斜的晶界。

2）位错运动的蠕变机制

（1）位错（或称幂律）蠕变（$10^{-4}<\sigma/G<10^{-2}$）

在应力范围 $10^{-4}<\sigma/G<10^{-2}$（σ 为外加应力，G 为剪切模量），容易发生所谓位错蠕变（又称幂律蠕变），即当位错需要越过障碍时，借助于空位扩散的位错攀移。扩散对刃位

错的攀移和螺位错的割阶运动均产生影响，特别是扩散制约了刃位错攀移速度。在变形温度超过 0.5T_m(K)，变形物体承受中等或较高应力水平时，是位错蠕变机制控制着蠕变变形过程，也正是该机制的速度控制着蠕变速度。

Weertman 提出了两个基于**位错攀移作为速率控制**步骤的最小蠕变速率理论。在其第一个理论中，Weertman 以 Cottrell-Lomer 面角位错为塑性变形的阻碍；第二个理论应用于没有 Cottrell-Lomer 面角位错的 hcp 金属，如图 1-40 所示，被钉扎的位错靠间隙原子/空位的产生或者湮灭来攀移越过障碍。图 1-40(a) 表明位错被 Cottrell-Lomer 面角位错钉扎，并通过攀移越过面角位错。值得注意的是在水平面位错连续地由 Frank-Read 源产生，越过障碍的位错不断地被其他位错取代。要计算蠕变速率，须计算位错从面角位错挣脱的速率。Weertman 推导出位错蠕变速率的幂律关系式如下：

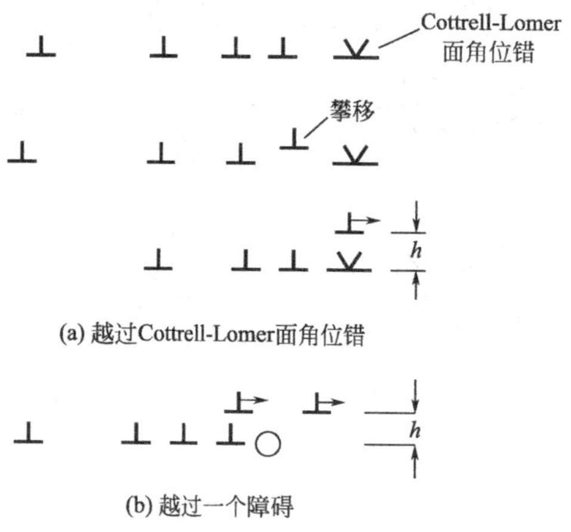

Cottrell-Lomer 面角位错

攀移

(a) 越过Cottrell-Lomer面角位错

(b) 越过一个障碍

图 1-40　按 Weertman 理论位错通过攀移越过障碍

$$\dot{\varepsilon}=A\left(\frac{DGb}{kT}\right)\left(\frac{\sigma}{G}\right)^{n} \tag{1-5}$$

式中，A 为比例系数；G 为剪切模量；D 为在温度为 T 时的扩散系数；b 为柏氏矢量；σ 为外加应力；k 为波尔兹曼常数；T 为温度；n 为应力指数。

可见，蠕变速率并不取决于晶粒尺寸，而是强烈地取决于应力。应力指数 n 为 5 的蠕变已在高应力水平下的一系列陶瓷如 KBr、KCl、LiF、NaCl、NiO、SiC、ThO_2 以及 UO_2 中观测到。应力指数 n 约为 3 的蠕变已在 Al_2O_3、BeO、Fe_2O_3、MgO 以及 ZrO_2（+10% Y_2O_3）等陶瓷中观测到。弥散强化合金的蠕变以应力指数 n 大于 7 且激活能高为特征。颗粒增强复合材料（如 SiC-Al 基）蠕变的应力指数和激活能非常高。

从扩散蠕变和位错蠕变的速率关系式可见，蠕变速率取决于应力、温度，但不取决于应变。扩散蠕变和位错蠕变机制仅适用于蠕变的第二阶段即稳态蠕变。

(2) 位错滑移（$\sigma/G>10^{-2}$）

当外加应力较大，$\sigma/G>10^{-2}$（σ 为外加应力，G 是剪切模量）时，上述基于扩散的位错攀移机制不起作用，代之的是位错滑移机制。在一定的高应力水平下，位错攀移机制不会发生作用。透射电镜（transmission electron microscopy，TEM）观测分析形变亚结构表明，在高应力时，位错滑移取代了位错攀移，这是不取决于扩散的，此时热激活的位错滑移是蠕变速率控制步骤，这和室温下的传统变形模式相同。Kestenbach 等的观测表明当应力增大到一临界水平后，亚结构从等轴亚晶粒转变为位错缠结和拉长的亚晶。当温度下降而应力恒定时，可观测到相同的效应。

3) 多重机制

实际蠕变过程中可能开动多种蠕变机制。存在两种可能性，即或者是这两种蠕变机制独立作用，或者是多种机制共同作用。

如果是它们独立开动，则整个蠕变速率 $\dot{\varepsilon}$ 是这两种机制的和：

$$\dot{\varepsilon}=\dot{\varepsilon}_A+\dot{\varepsilon}_B \tag{1-6}$$

即是两种机制顺序开动，整个蠕变速率主要取决于较快速的机制。

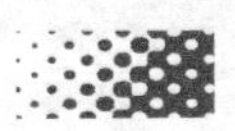

在诸如晶界滑动的情况下，需要两种蠕变机制同时开动，所以：

$$\dot{\varepsilon}=\dot{\varepsilon}_A=\dot{\varepsilon}_B \tag{1-7}$$

此时，整个蠕变速率主要取决于较慢速的机制。如图1-41所示。

4）蠕变诱生的断裂

蠕变过程中孔洞能够导致断裂。孔洞一般在晶界和第二相形核，孔洞的长大、聚合最终导致宏观断裂。

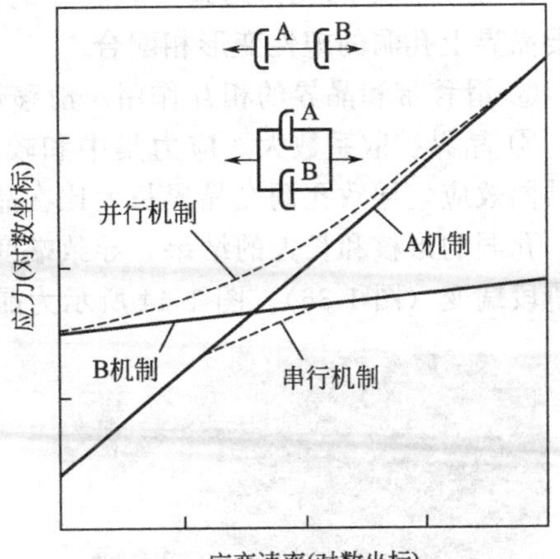

图1-41 蠕变机制A和B

如果A和B独立开动（顺序），则整个的蠕变速率主要取决于较快的机制。如果A、B同时开动，则较慢的机制控制整个蠕变速率

如果孔洞的长大降低系统的能量，则孔洞会长大。如图1-42所示，考察一个在立方体内的半径为 r 的球形孔洞，该孔洞的表面能 $E_s=4\pi\gamma r^2$（γ 为单位面积表面能），如果孔洞半径增加 dr，则表面能增加：

$$dU_s=8\pi\gamma r\,dr \tag{1-8}$$

孔洞的体积为（4/3）πr^3。孔洞半径增加 dr，则孔洞（球）的体积改变为 $4\pi r^2 dr$；如果所有的原子扩散导致立方体长度增加 dx，因此其体积增加：$x^2 dx=4\pi r^2 dr$。

由此导致的应变 $d\varepsilon=dx/x=4\pi r^2 dr/x^3$，在外应力 σ 作用下，单位体积膨胀的能量为 $\sigma d\varepsilon=4\sigma\pi r^2 dr/x^3$。该立方体的总能量为：

$$dU_\sigma=x^3\times 4\sigma\pi r^2 dr/x^3=4\sigma\pi r^2 dr \tag{1-9}$$

由式（1-8）、式（1-9），孔洞长大的临界条件为：$r^*=2\gamma/\sigma$，如孔洞半径大于 r^*，则孔洞长大；孔洞半径小于 r^*，则孔洞不能长大。

图1-43示意表明了晶界上孔洞的形核和长大导致的断裂。然而，在低温和中等温度下，金属通常是穿晶孔洞或者裂纹的形成导致断裂；在高温下，尤其是蠕变和超塑性变形后，晶间孔洞形核，随后长大、聚合，导致断裂。

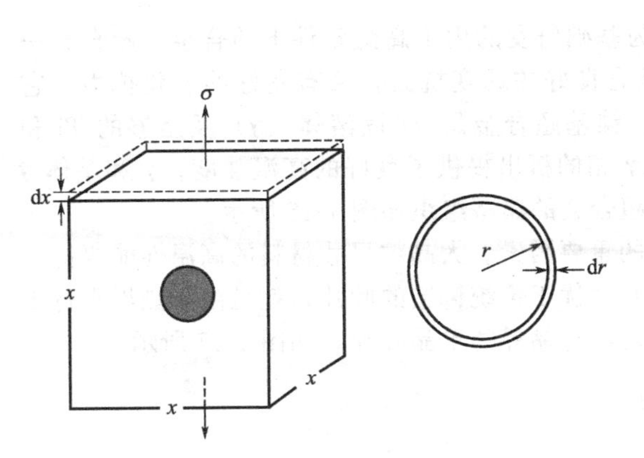

图1-42 立方胞内的球形孔洞

孔洞长大 dr 引起胞长度伸长 dx

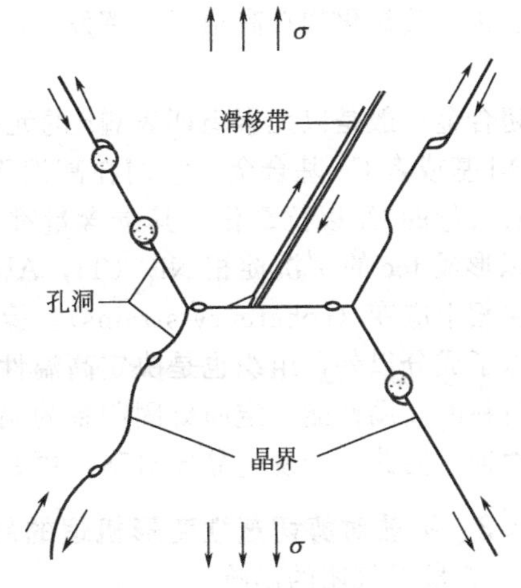

图1-43 晶间形核机制

（W D Nix，J C Gibeling. Flow and Fracture at Elevated Temperatures//R Raj ed，Metals Park，OH：ASM，1985）

孔洞或者裂纹在晶界形核的原因如下：

① 杂质在晶界聚集导致弱化。由于晶界和基体的成分不同，$(T_m)_{gb} < (T_m)_l$，式中，T_m 为熔点，gb 表示晶界，l 表示基体，这就导致高温下晶界是弱点。

② 晶界滑动和几何约束（兼容）的相互作用。由于和晶界杂质的相互作用，晶界滑动需要晶界上孔洞的塑性变形相配合。

③ 滑移带和晶界的相互作用。滑移带和晶界的相互作用导致应力集中。

④ 晶界扩散系数大。应力集中和较高的晶界扩散系数（比体扩散系数高几个数量级）的共同效应，导致孔洞在晶界长大比在晶内快得多。

孔洞的形核和长大的结果，导致蠕变即使在恒定应力条件下加速，而且蠕变曲线开始第三阶段蠕变（图 1-36）。图 1-44 所示为晶界断裂的图片。

图 1-44　Ni-16Cr-9Fe 合金经过在 350℃下，35%拉伸后的晶界裂纹

(R W Herzberg: Deformation and Fracture Mechanics of Engineering Materials. fourth ed. Wiley, 1996)

蠕变可导致零部件的失效。然而，在高温载荷长时间服役后，导致零部件失效常见的是断裂而不是由于过度的变形。由于降低了服役温度和应力水平，蠕变速率较低，断裂通常出现在较低的应变，如图 1-45 所示。高温服役材料的设计，必须确保抵抗过度的蠕变变形和抵抗蠕变断裂。

5）高温合金

影响蠕变特征的因素主要有熔点、弹性模量、晶粒尺寸等，一般熔点越高、弹性模量越大、晶粒尺寸越大，则蠕变抗力越大。例如晶粒越小，则晶界滑动增强，蠕变速率提高，该效应和晶粒尺寸对低温力学性能（如强度和韧性）的影响相反。

高温合金分为超合金和难熔合金。难熔合金是指高熔点元素的合金，如 Nb（2468℃）、Ta（2996℃）、Mo（2617℃）、W（3410℃），由于其熔点高而具有很强的蠕变抗力，但它们在高温下快速氧化，其氧化物在高温下是挥发性的，因此不能保护基体，因此 W、Mo 只能用于真空系统。

超合金一般是以元素周期表Ⅷa 的元素为基础研发的用于高温条件下的合金。超合金一般是 Ni 基或者 Co 基合金，它们在高温下既有良好的蠕变抗力，又有良好的氧化抗力。它们含有大量的 Cr 以抗氧化，其碳含量都低。镍基超合金是 fcc 固溶体（γ）及足够的 Ti 和 Al，以形成 fcc 的 γ′沉淀相 Ni_3（Ti，Al）。γ′相的析出提供了良好的高温强度。γ′和基体 γ 间产生相干应变（coherency strains）。镍基超合金的典型组织如图 1-46 所示。

除了成分以外，组织也是决定高温性能的重要因素。大晶粒尺寸材料的高温性能要优于细晶材料的高温性能。定向凝固制备的涡轮叶片优于传统铸造的叶片，就是由于晶界平行于主应力轴，因此不会发生晶界滑移。更好的是没有晶界的单晶叶片，如图 1-47 所示。

1.1.4.3　扩散对剪切塑性变形机理的影响

1）扩散对气团的影响

溶质原子与位错的相互作用，总是溶质原子通过扩散聚集在位错周围形成“气团”，该过程是降低系统自由能的，即是一个自发过程。扩散对溶质气团对位错运动的限制作用，随着温度的变化而不同。一般室温下，溶质原子的扩散速度很低，位错运动速度受扩散速度制

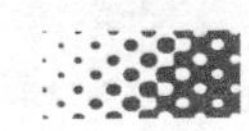

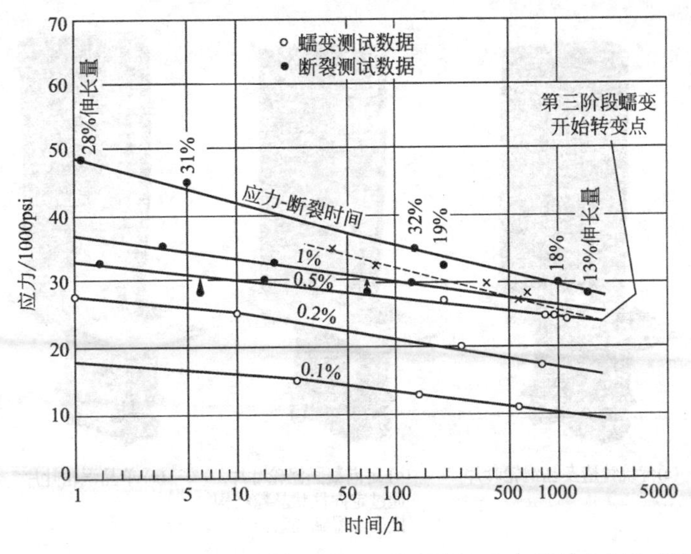

图 1-45 某 Ni-Cr-Co-Fe 合金，实验温度 650℃，其应力和应力断裂寿命及时间的关系曲线

注意，由于应力水平降低以增加达到给定应变的时间，断裂出现在较低的应变。1psi＝6894.76Pa

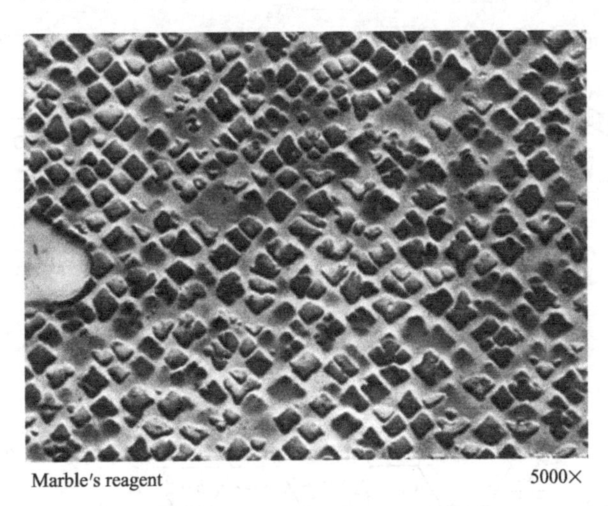

图 1-46 γ-γ′Ni 基合金的微观结构。沉淀相是 Ni_3（Al，Tiγ′）

（ASM Metals Handbook. Vol 7. eighth ed. 1972）

约，位错被气团锚住了。在大应力下，位错可以摆脱气团的钉扎，这就出现了屈服效应现象。温度较高，中等扩散速度下，位错的运动速度又较低时，位错不能摆脱气团包围，就出现了动态形变时效，发生蓝脆，即此时位错不能摆脱气团的钉扎，因而增加了屈服应力，降低了塑性。随着温度的升高，扩散可以减轻溶质气团对位错运动的限制作用，气团的可动性增加了，材料的塑性得到改善。

2）扩散对位错运动的其他影响

扩散还可以使得基体中的点缺陷、大质点等移动或者溶解，导致位错可动性增大。例如高温下由于扩散使得大质点吞并小质点而粗化或者球化，从而减小质点的总表面积，位错的可动性增大。高温下还可能发生再结晶，这将促进塑性变形的发展。

1.1.5 晶界滑动

晶界滑动不是一种独立的机理，通常它要和晶内滑移等晶内变形协调配合进行。

图 1-47　涡轮叶片

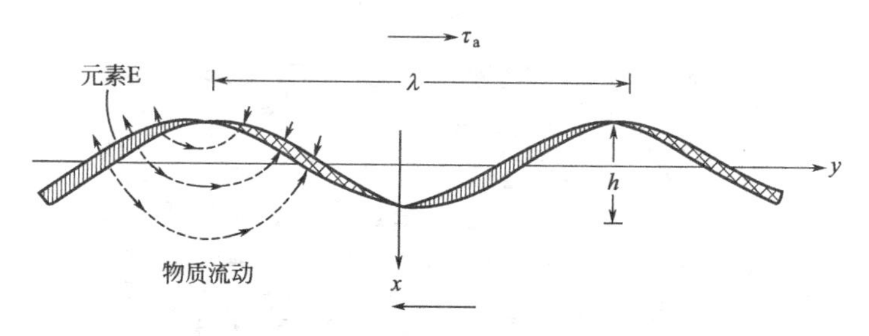

(a) 伴随着扩散协调的稳态晶界滑动

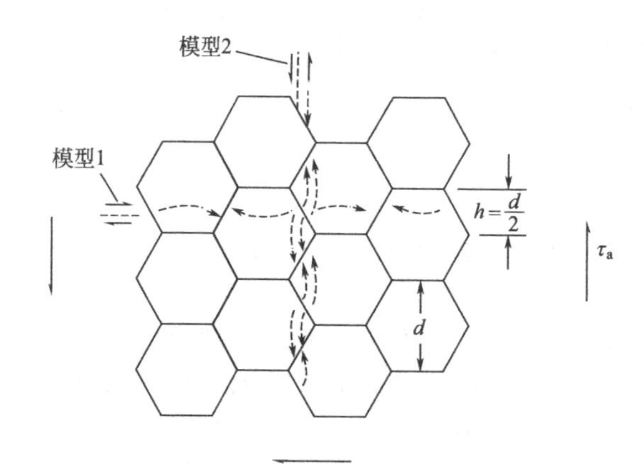

(b) 在一个理想的多晶体中和(a)中相同的过程

图 1-48　晶界滑动

虚线表示空位的流动

(R Raj，M F Ashby. Met Trans，1971，2A：1113)

蠕变条件下，在一系列的金属中发现晶界滑动量和总变形量之间存在着线性关系。Mclean（Mclean D，J Phil Mag，1971，23：467）的工作表明，平均晶界滑动距离 s 与晶内滑移量 ε 的关系式为：$s=\varepsilon d$（d 为亚晶粒尺寸）。Weertman（Weetman J E. J Appl Phys，1957，28：1185）用平行于晶界的位错攀移解释晶界的滑动：

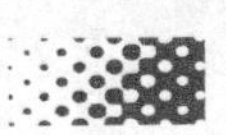

$$\frac{\varepsilon_b(\text{晶界滑动产生的应变})}{\varepsilon_g(\text{晶内滑动产生的应变})}=\frac{d(\text{亚晶粒尺寸})}{D(\text{晶粒尺寸})}$$

晶界滑动通常对蠕变的第一或第二阶段没有大的影响。然而在蠕变的第三阶段，晶界滑动会促进晶间裂纹的形成和扩展。此外，晶界滑动对超塑性有很大的贡献，超塑性变形中的大部分变形被认为是由晶界滑动完成的。如果没有伴随着其他塑性变形机理是不可能产生晶界滑动的。在高温下，局部的晶粒边界应力场可诱发纳巴罗-赫润晶内扩散的定向空位流或者柯柏尔晶界扩散定向空位流。不同晶粒间的界面不可能是一个完整界面。可用如图 1-48 (a) 描述的，将界面用正弦曲线模型表示应变协调性要求。空位由拉应力区扩散到压应力区（即原子流方向与之相反），使得凹凸不平的晶界变得平滑些，晶界滑动才成为可能。仅当外加应力 τ_a 和扩散流动共同作用时才能产生滑动，使得空位越过一最大距离 λ（即正弦曲线的波长）。晶界滑动既然需要原子或者空位的扩散流动来协调，当然晶界滑动速率要受温度的影响。图 1-48 (b) 表示一个多晶体中的相同效应，解释了在外加应力的影响下，滑动和扩散流的共同作用下多晶体的单个晶粒晶界的滑动。

通过晶界滑动和扩散协调，单个晶粒运动并改变它们的相对位置的方式如图 1-49 所示。在应力 σ 的作用下晶粒的滑动，伴随着较小的形状改变，使得 (a) — (b) — (c) 次序的变化成为可能并导致产生 0.55 的应变。该机理的特征在于该变化过程仅在晶粒内产生相对小的应变。

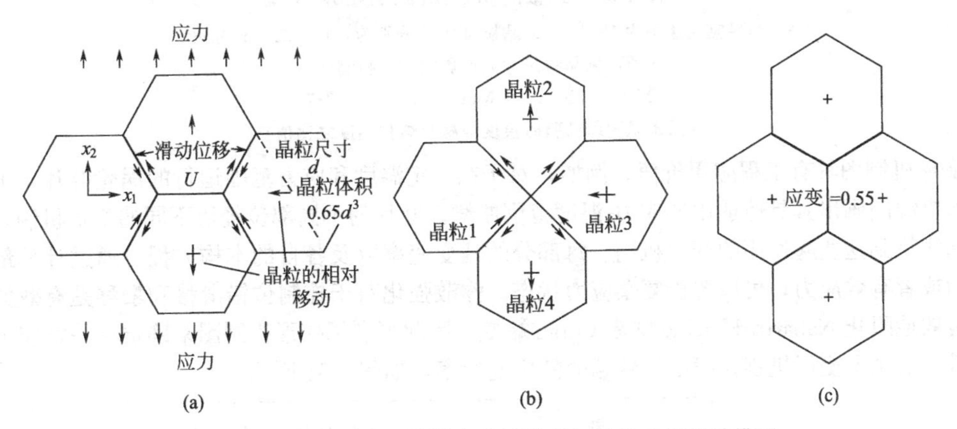

图 1-49 Ashby Verrall 提出的伴随着扩散的晶界滑动模型
（M F Ashby，R A Verrall. Acta Met，1973，21：149）

1.1.6 变形机制图

变形机制图即是变形控制机制随温度和应力的变化曲线，它是 Weertman 和 Ashby 两个人提出的，故又称为 Weertman-Ashby 曲线（也称为 Weertman-Ashby 图）。为了简单起见，Weertman-Ashby 曲线的假设有：

① 理论剪切强度以上，材料的塑性流动可以不借助位错进行，而仅是一个原子面在另一个原子面上的滑动。

② 位错通过滑移而运动。

③ 位错蠕变，包括滑移和攀移，两者都由扩散控制。

④ Nabarro-Herring 蠕变。

⑤ Coble 蠕变。

图 1-50 所示为银的典型变形机制图。银的理论剪切应力约为 $G/20$ 且实际上与温度无关。可见，在较高应力时，对于 σ/G 值在 10^{-1} 和 10^{-2}，在所有温度时位错滑移都是控制机制；在较低应力时，不同的扩散控制蠕变机制是主要的控制机制。晶粒尺寸影响变形机制

的作用区间，尤其对 Coble 蠕变机制和 Nabarro-Herring 蠕变机制的影响大。随晶粒尺寸的减小，晶界扩散（Coble 蠕变）变为控制机制。变形机制的作用区间也取决于应变速率。

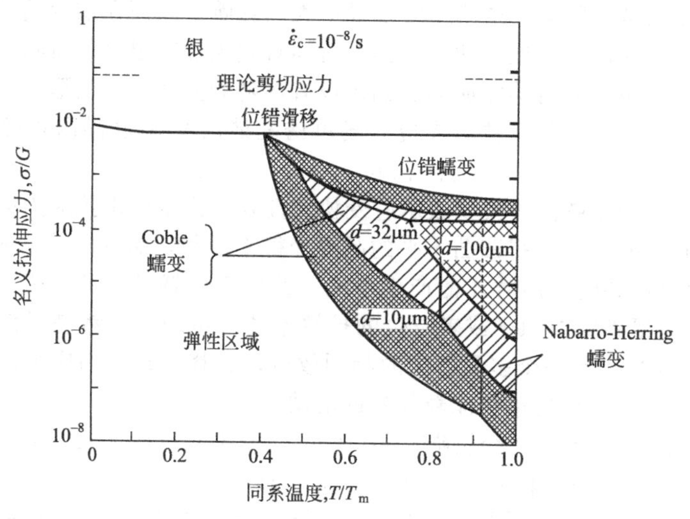

图 1-50　纯银的 Weertman-Ashby 图

临界应变速率为 $10^{-8}s^{-1}$；晶粒尺寸 d 分别为：10，32，100μm

从图可见晶粒尺寸如何影响变形机制区间

（M F Ashby. Acta Met，1972，20：887）

（同系温度即试验时温度与材料熔化温度之比值）

变形机制图具有工程应用价值。例如，对于在一定温度和应力范围运行的涡轮叶片，可以依据变形机制图画出其具体适用的应力-温度范围曲线。叶片的不同部位经历不同的变形机制，可以从该曲线得到这些起作用的变形机制、每部分的蠕变速率以及各自的本构方程。通过计算最大剪切应力或者有效应力，可以解析复杂应力状态。弥散强化对于控制位错滑移和攀移是有效的，但不能有效地阻止 Nabarro-Herring 或者 Coble 蠕变，因此可利用变形机制图来确定在一定应力和温度条件下的主要变形机制，找出导致蠕变的应变速率，如图 1-51 所示。

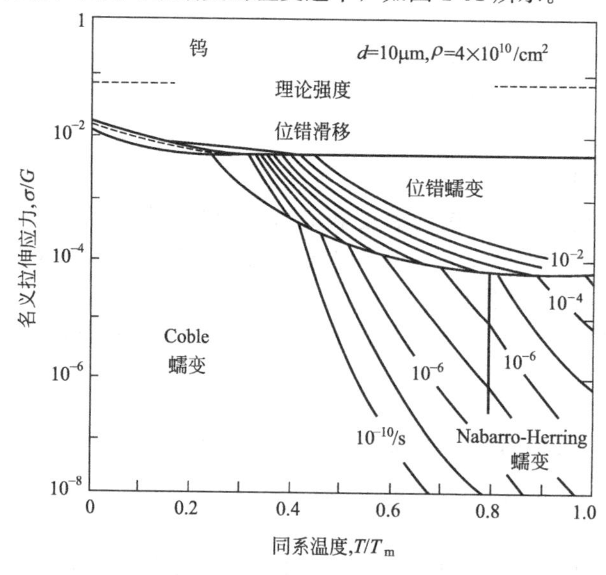

图 1-51　钨的 Weertman-Ashby 图（给出了恒定应变速率的等高线）

（M F Ashby. Acta Met，1972，20：887）

1.2 金属单晶体的塑性变形

加工硬化也称为应变硬化，即是材料加工时随应变加大，其强度和硬度增大而塑性降低的现象。

应力-应变曲线是定量描述加工硬化性质的依据，金属的加工硬化特性可以从它的应力-应变曲线反映出来。不同晶体结构的单晶体、固溶体合金、各种复相合金，其应力-应变曲线的形状各不相同，这正是反映了不同晶体在塑性变形过程中，位错运动、增殖及交互作用的复杂过程。图 1-52 所示为三种典型结构的单晶体应力-应变曲线。面心立方金属单晶体最典型的应力-应变曲线如图 1-53 所示。这是在一定取向（即开始时只发生单滑移的软取向）时进行拉伸的应力-应变曲线。曲线明显地分为三个阶段。曲线的斜率 $\theta=\mathrm{d}\tau/\mathrm{d}\gamma$ 称为“加工硬化速率”，表示应力随应变而增加的速率。

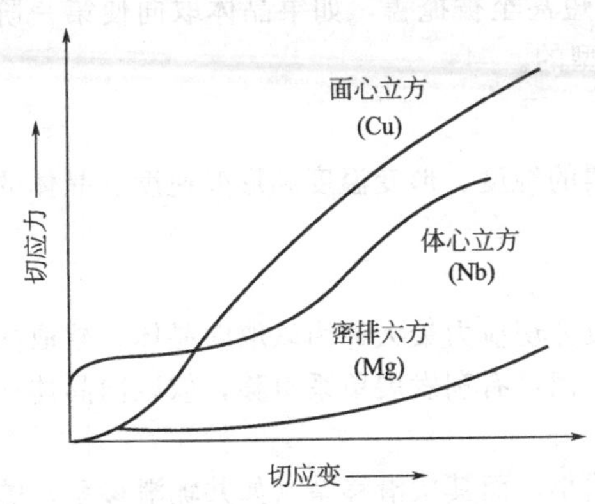

图 1-52 典型金属单晶体的应力-应变曲线

图 1-53 面心立方金属单晶体的典型应力-应变曲线

1.2.1 面心立方金属单晶体的塑性变形

1.2.1.1 面心立方金属单晶体典型的应力-应变曲线

面心立方金属单晶体典型的切应力-切应变（τ-γ）曲线分为 3 个阶段，如图 1-53 所示，图中，τ_0 为塑性变形开始时的临界切应力，τ_2、τ_3 是Ⅱ、Ⅲ阶段开始的切应力，γ_2、γ_3 是Ⅱ、Ⅲ阶段开始的切应变。曲线斜率 $\theta_i=\dfrac{\mathrm{d}\tau_i}{\mathrm{d}\gamma_i}$ 为硬化系数（$i=1，2，3$）。

当切应力达到晶体的临界分切应力时，变形开始进入第Ⅰ阶段。这一段近似为一直线，斜率 θ_1 很小（约 $10^{-4}G$，G 为切变模量），表示在此阶段内，仅在一个滑移系能产生滑移（单系滑移），位错的增殖和运动所受的阻碍很小，能够移动较远的距离而不遇到障碍物，大多数的位错可逸出晶体表面，滑移线细而长，分布很均匀，故加工硬化率很小。这一阶段为易滑移阶段，该阶段终止在应变约 0.05～0.2 处。易滑移阶段的长度与晶体的取向和纯度等有关。

第Ⅱ阶段的特点是曲线呈线性特征，斜率 θ_2 最大（约 $3\times10^{-3}G$）且为常数（多系滑移），故此阶段也称为线性硬化阶段，θ_2 比第Ⅰ阶段的 θ_1 约大 30 倍，它与试样相对于力轴的取向、温度甚至合金度等关系不大，又称为线性硬化阶段。加工硬化率显著增加，随应变增大，应力急剧增加。在此阶段内，由于滑移可能是在几组相交的滑移系上发生，运动中的位错将彼此交截，这种交互作用被钉扎住，位错源难于开动。钉扎的机制可能有：在相交滑移面上的面角位错，位错在运动过程中形成割阶，使位错的可动性减小；许多位错在经交互作用之后，缠结在一起形成位错缠结等。所有这些都使位错运动变得更为困难，因此加工硬

化率 θ_2 急剧增大。在此阶段的末期，会出现不规则的胞状组织，滑移线较短，而且其平均长度随应变的增加而减小。

第Ⅲ阶段的特征是加工硬化率随应变的增加而减小，曲线呈抛物线型，该阶段加工硬化率减少，θ_3 随应变增大而减小（交滑移），又称为抛物线硬化（动态回复）阶段，在应变0.3～0.5处开始，与试验温度有关。在此阶段内，应力已高至足以使塞积在障碍物前的领先螺位错产生交滑移，从而绕过障碍物，继续运动，故硬化速率 θ_3 有所下降。薄膜透射电镜观察表明，在第Ⅲ阶段内，许多位错经交互作用之后倾向于缠结在一起，组成粗的亚晶界，这些亚晶界包围着有很少位错的一块小面积而形成明显的"胞状组织"。

以上讨论的是低层错能的面心立方金属（如铜、银、金）单晶体的典型应力-应变曲线。至于高层错能的铝等，由于它的扩展位错很窄，容易通过束集而发生交滑移，所以室温下的应力-应变曲线第三阶段开始得较早，第二阶段较短甚至被掩盖，如果晶体取向使第一阶段也不出现，那么，整个应力-应变曲线就是抛物线型的。

1.2.1.2 影响应力-应变曲线的因素

第Ⅰ、Ⅱ和Ⅲ阶段存在范围的大小取决于金属的纯度、形变温度和形变速度、晶体的原始取向、晶体的大小和形状等因素。

1）取向对 τ-γ 曲线的影响

在标准三角形内的晶体，其取向因子最大，故分切应力最大称为软取向晶体。软取向晶体远离三角形的边极少可能产生共轭或多系滑移，而最有利发展单系滑移，软取向晶体在第Ⅰ阶段可提供15%～50%的剪切量，θ_1 也较小。

随拉力轴远离软取向区，其取向因子会越来越小，而其次滑移系（如共轭滑移系）的取向因子会逐渐增大。实际上，拉力轴还未到达三角形的边界时，其他的滑移系就开始动作了。所以对于硬取向的晶体，第Ⅰ阶段的变形得不到充分的发展。取向很硬时，第Ⅰ阶段消失，变形从第Ⅱ阶段开始。

2）层错能和纯度对 τ-γ 曲线的影响

层错能高的金属（如铝），其交滑移容易发生，第Ⅱ阶段提前发生，γ_2（第Ⅱ阶段应变量）不超过4%～5%。层错能低的金属（铜），其交滑移困难，其 γ_2 可超过20%。层错能影响第Ⅱ阶段前（即第一阶段）的变形发展。杂质原子明显影响第Ⅰ阶段的长度。固溶了降低层错能的杂质，会导致 γ_2 增大和 θ_1 减小。杂质原子如形成弥散的第二相，将导致 γ_2 减小，此外杂质原子会导致 τ_0 增大。

3）温度对 τ-γ 曲线的影响

温度升高将导致 τ_0 略有降低，γ_2、γ_3 变短，γ_3 显著降低；θ_1、θ_2 与温度的关系不大，但 θ_3 会减小。当温度足够高时，第Ⅰ、Ⅱ阶段完全消失，仅存第Ⅲ阶段。此外还有晶体的大小和形状，以及表面状态等都影响 τ-γ 曲线形态。

4）第Ⅰ、Ⅱ、Ⅲ阶段晶体的显微结构

第Ⅰ阶段为单系滑移，金相观测晶体表面的滑移线均匀细长，滑移线具有相当低的台阶（50～100Å）；透射电镜观察，位错分布不规则，并产生周期位错源（亚晶界），亚晶界之间存在许多位错偶极子，证明了位错在交滑移面上已经运动。Mitchell用蚀坑技术确定位错密度，他发现有如下的规律：

$$\tau = 0.5Gb\sqrt{\rho} \tag{1-10}$$

式中，ρ 为位错密度；τ 为剪应力；G 为剪切模量；b 为柏氏矢量。

第Ⅱ阶段是多系滑移，金相观测晶体表面的滑移线的分布变得不规则，变得比第Ⅰ阶段

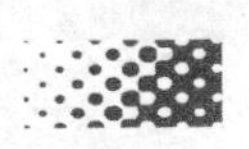

短。透射电镜观察，形成位错亚结构——亚晶胞壁。第Ⅲ阶段为交滑移，金相观测晶体表面的轮廓清晰的粗滑移线代替细滑移线。

1.2.2 体心立方金属的塑性变形

体心立方晶体的滑移系很多，非常容易发生多系滑移，所以一般很难观察到应力-应变曲线的第Ⅰ阶段。

如果体心立方金属含有微量的如碳、氮等间隙原子，不论它是单晶体或多晶体，它的应力-应变曲线都会出现一个上屈服点和下屈服点（屈服点效应）（详见 1.4.1.2 屈服和应变时效）。

1.2.3 六方结构金属的塑性变形

HCP 晶体的滑移系少，若形变时晶体取向合适，滑移限制在基面上进行，这时只有一组平行的滑移面滑移，τ-γ 曲线上的第Ⅰ阶段就很长，可达 100%～200%。若条件合适，HCP 晶体的 τ-γ 曲线也会出现如 fcc 晶体 τ-γ 曲线的 3 个典型阶段。取向在远离 [0001] - [$10\bar{1}0$] 对称线时，τ-γ 曲线有明显的 3 个阶段；但取向靠近 [0001] - [$10\bar{1}0$] 对称线时，由于多系滑移的影响，第Ⅰ阶段缩短甚至消失。密排六方单晶体的滑移系少，位错交截作用甚弱，所以加工硬化率很小，也没有明显的三个阶段的特征。

有关形变硬化也称加工硬化的机制见后续有关章节（8.3.1 变形强化）。

1.3 金属多晶体的塑性变形

实际使用的金属材料中，绝大多数都是多晶材料。虽然多晶体金属的塑性变形与单晶体比较并无本质上的差别，即每个晶粒的塑性变形仍以滑移或孪生方式进行。但由于组成多晶体的各个晶粒取向不同、存在着晶界以及晶粒大小的差别，使得多晶体的塑性变形和强化有许多不同于单晶体的特点，通常多晶的流变应力都比单晶高。

多晶体形变的特点不同于单晶，每一晶粒的取向“软”和“硬”不同，形变先后及形变量也不同。为保持整体的连续性，每个晶粒的形变必受相邻晶粒所制约。

1.3.1 晶界的影响

晶界上的原子排列不规则，分布有大量晶体缺陷。晶界上能量较晶内高（晶界能），使得晶界表现出许多不同于晶粒内部的性质。例如：固态相变中，晶界是优先形核和长大的部位。晶界常偏聚异类原子（晶界吸附）。晶界常存在第二相或杂质，并将对力学性能产生很大的影响等。

晶界在塑性变形中的作用有：晶界阻滞效应，如滑移、孪生多终止于晶界，极少穿过，如对只有两个晶粒的双晶试样拉伸，结果表明，室温下拉伸变形后，呈现竹节状（图 1-54）说明室温变形时晶界具有明显强化作用；协调不同晶粒的变形；高温时，可能出现晶界滑动，促进塑性变形或者在晶界产生孔洞（见蠕变部分）；高温时，晶界可起到空位源或者壑的作用，导致出现扩散，例如 Nabarro-Herring 蠕变机制；此外，多晶体的形变会产生织构。

1.3.2 晶粒取向的影响

在给定的外力作用下，多晶体中不同晶粒的取向不同，变形时滑移系开动的先后及多少

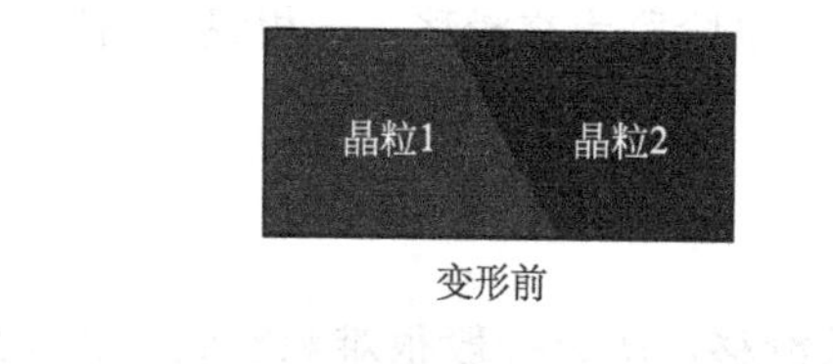

变形前

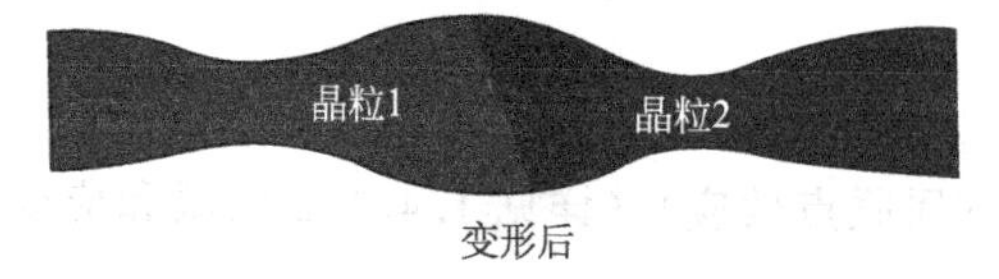

变形后

图 1-54　双晶体经拉伸后晶界处呈竹节状

不同，当一个晶粒的某一取向有利的滑移系开动，即位错发生运动，遇到晶界时，由于各个晶粒的取向不同，不能直接从一个晶粒移动到另一晶粒，便塞积起来。位错在晶界处的塞积（图 1-55）产生了大的应力集中，当应力集中能使得相邻晶粒的位错源开动，相邻取向不利的晶粒的位错开动会使得应力集中松弛，并使原来晶粒的位错滑移出该晶粒进一步的变形，这就是滑移的传播过程。

但是多晶体中每个晶粒都处于其他晶粒

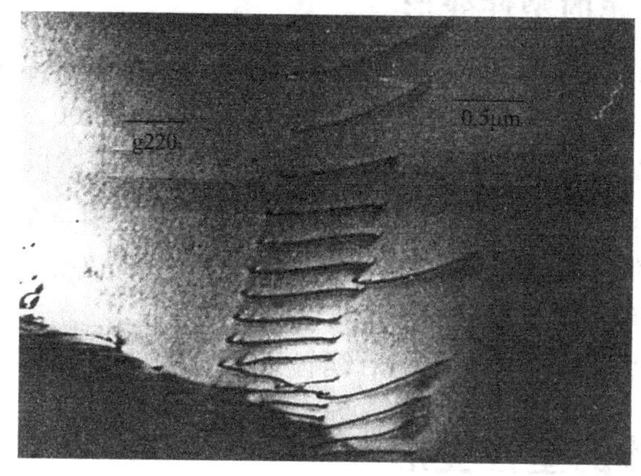

图 1-55　大角度晶界阻碍位错运动导致位错在晶界塞积（20000×）

的包围之中，其变形不能是孤立的，必然要与邻近晶粒相互协调配合，否则独立变形会导致晶体分裂和材料的破坏。而一个晶粒内的某一滑移系上的滑移并不满足协调性要求。关于多晶体塑性变形（协调）有两个基本模型：

（1）Sachs 模型　设各晶粒的形变是自由的，即多晶体各处的应力状态是连续的，且与外界施加的应力状态相同。这个假设和实际不符，因为应力处处相同会导致应变不能维持连续，从而造成裂纹。

（2）Taylor 模型　假设形变时晶界保持应变连续而不产生空洞或张开（形变连续），这必然导致应力不连续。

由于描述任一应变状态用 9 个分量（对称张量），其中 6 个分量是待定的。而形变体积不变，即 3 个正应变之和不变，所以只有 5 个是独立的。因此要使晶粒间的应变保持连续，实现任一变形的条件即是必须有 5 个独立的滑移系开动。所谓独立滑移系是指它滑移的结果不能由共同开动的其他滑移系组合所代替。

为检查所提出的模型是否和实际相符，通常是对比由单晶体拉伸的 σ-ε 曲线导出的多晶体拉伸 σ-ε 曲线与实际的多晶体 σ-ε 曲线，看它们符合的程度。

单向拉伸应力 σ 和在滑移系上的分切应力 τ 的关系为 $\sigma=m'\tau$，其中：Taylor（泰勒）因子 $m'=(\cos\lambda\cos\phi)^{-1}$。可见，取向因子（Schmid 因子）$m$ 大，对应取向的晶体处在软取向状态，即容易滑移；取向因子 m 小，对应取向的晶体处在硬取向状态，即不容易滑移；而 Taylor 因子 m' 表征晶体抵抗塑性变形的能力，Taylor 因子 m' 越大，说明变形需要大量的位错滑移，消耗的变形功大。

在对称变形过程（如随机取向的多晶体的拉伸实验）中 fcc 晶体的不同取向的 Taylor 因

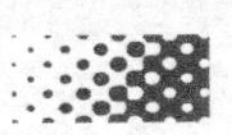

子 m' 值如图 1-56 所示。

对多晶体，可唯象地假设 m' 存在一个平均值（即所有取向的均值）：

$$\bar{m}' = \frac{\int m' N(m') \mathrm{d}m'}{\int N(m') \mathrm{d}m'} \tag{1-11}$$

式中，$N(m')\mathrm{d}m'$ 为 m 值在 $m' \sim m' + \mathrm{d}m'$ 间的晶粒数，所以，多晶体 $\sigma = \bar{m}'\tau$。

由实验求得单晶的切应力-切应变（τ-γ）曲线 $\tau = f(\gamma)$，按形变功相等：$\sigma \mathrm{d}\varepsilon = \tau \mathrm{d}\gamma$，所以 $\gamma = m'\varepsilon$，式中，ε 是沿拉伸轴方向的正应变。因此导出的多晶体的拉伸曲线：

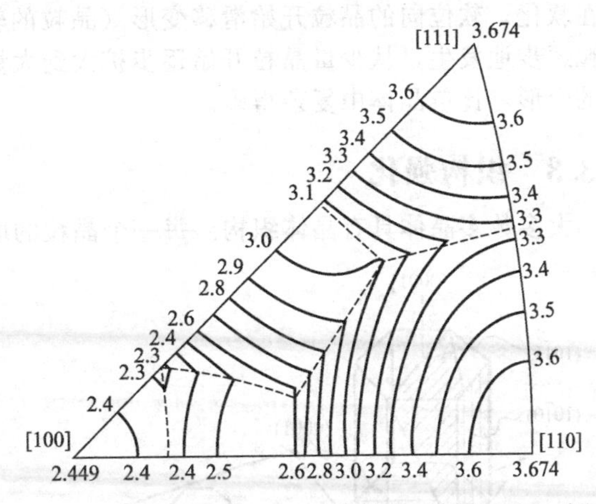

图 1-56　对称变形过程中 fcc 晶体的不同取向的 m' 值

$$\sigma = \overline{m'}\tau = \overline{m'} f(\gamma) = \overline{m'} f(\overline{m'}\varepsilon) \tag{1-12}$$

不同的形变模型求出的 $\overline{m'}$ 值不同。如果滑移不受限制，并且滑移系数目无限多的话，获得的 $\overline{m'}$ 值最小，等于 2。Taylor 模型考虑了应变的连续性，以最小功原理求出面心立方多晶体的 $\overline{m'}$ 等于 3.067；Sachs 按应力相等求出 $\overline{m'} = 2.24$。

利用 $\overline{m'} = 3.067$ 值，一个随机取向的多晶体的 σ-ε 曲线可用以预测一单晶体的 τ-γ 曲线。σ-ε 曲线中的点，$\varepsilon = \gamma/\overline{m'}$ 以及 $\sigma = \overline{m'}\tau$，由此可以得到相应的 τ-γ 曲线上的点。

多晶纯铝室温的 σ-ε 曲线以及按 Taylor 模型用单晶〈111〉方向拉伸的 τ-γ 曲线导出的多晶体 σ-ε 曲线，如图 1-57 所示。

形变时宏观协调的难易与晶粒尺寸相关。晶粒小时各晶粒间形变比较均匀。晶粒越大，形变越不均匀，晶粒“碎化”的现象越强烈。大晶粒形变要求局部开动比较少的滑移系（少于 5 个），结果流变应力会降低。这也是小晶粒材料比大晶粒材料强和硬的原因。

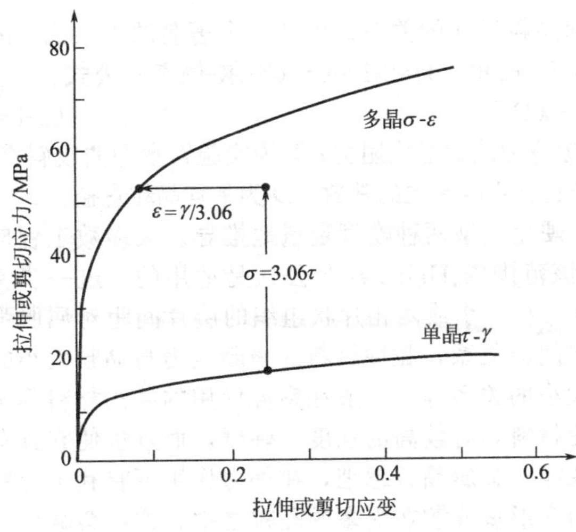

图 1-57　单晶和多晶铝的应力-应变曲线的比较

多晶曲线是由单晶曲线通过 $\sigma = 3.06\tau$ 和 $\varepsilon = \gamma/3.06$ 获得的

面心和体心立方金属容易满足变形协调条件，但密排六方金属滑移系一般只有三个，晶粒间的应变协调性很差，有两种方式可以实现变形：一种是在晶界附近区域，除了有基面滑移外，可能有柱面或棱锥面等较难滑移的晶面作为滑移面；另一种则是产生孪晶变形，孪晶和滑移结合起来，连续地进行变形。

由于晶粒位向的影响导致：外力作用下，当首批处于软位向的晶粒发生滑移时，其周围处于硬位向的晶粒尚不能发生滑移而只能以弹性变形相适应，便会在首批晶粒的晶界附近造成位错堆积，随着外力增大至应力集中达到一定程度，形变才会越过晶界，传递到另一批晶粒中（分批滑移)；随着滑移的发生，伴随晶粒的转动，其位向同时也在变化，有的位向在硬化，有的位向在软化，软位向的晶粒开始滑移变形（晶粒的转动）。所以，多晶体的塑性变形是一批批晶粒逐步地发生，从少量晶粒开始逐步扩大到大量的晶粒，从不均匀变形逐步发展到比较均匀的变形，比单晶体中复杂得多。

1.3.3 织构强化

大多数多晶体具有晶体织构。每一个晶粒的取向不是随机的，某些晶粒的取向有利于滑移。例如，在 fcc 和 bcc 金属中，最不利和最有利取向的 Schmid 因子的差异小于 2 倍（fcc 的［111］面上，从 0.5 到 0.272；bcc 的［111］面上，从 0.5 到 0.314）。多晶体在轴对称流动中，Taylor 因子的变化不大，fcc 从 3.674 到约 2.228，bcc 从 3.182 到约 2.08。

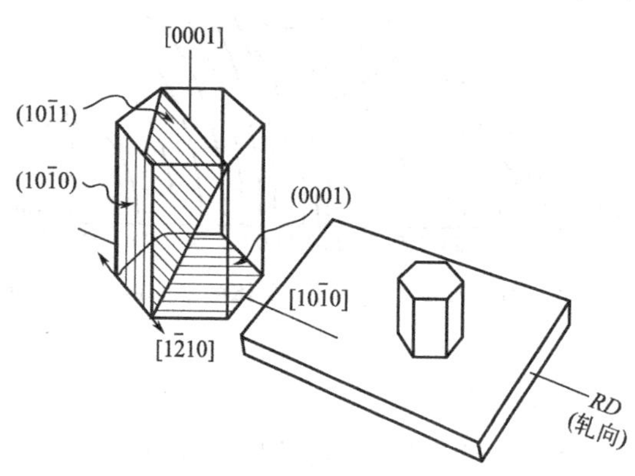

图 1-58 hcp 薄板的理想织构和滑移元素的示意图

由图 1-56 可以预测具有织构的 fcc 多晶体在轴对称变形过程中的强度。例如，具有〈111〉-纤维织构的线材，其 $m'=1.5\sqrt{6}=3.67$；具有 $\langle 100\rangle$-纤维织构的线材，其 $m'=\sqrt{6}=2.45$。由此可预测具有织构的 fcc 和 bcc 金属的屈服位置。

hcp 金属的晶体织构对屈服有很大的影响。对于基面滑移 Schmid 因子随取向在 0.5～0 之间变化。取向不利于 $\langle 11\bar{2}0\rangle$ 滑移的晶粒可以通过孪生或者在其他需要更大的分切应力的滑移系上的滑移来变形。对于许多的 hcp 金属薄板，可用其基面（0001）平行于板面来近似地描述其织构（如图 1-58 所示）。如果该织构是理想的，所有的 $\langle 11\bar{2}0\rangle$ 晶向将位于板面，则滑移将不能导致板的减薄。因此，在双轴拉伸下的屈服强度比单轴拉伸下的屈服强度大很多。

1.3.4 晶粒大小对金属多晶体流变应力的影响

Hall 和 Petch 针对低碳钢的下屈服强度和晶粒尺寸的关系提出了一个著名的关系式，随后得到推广应用于不同的金属和合金，如图 1-59 所示。Hall-Petch（霍尔-佩奇）公式：

$$\sigma_s=\sigma_i+kD^{-1/2} \tag{1-13}$$

式中，σ_s 为屈服应力；σ_i 为运动位错的摩擦应力或称晶内阻力；k 为实验常数即曲线斜率，它是和晶格类型、弹性模量、位错分布及位错被钉扎程度有关的常数；D 为平均晶粒直径。

Hall-Petch 公式可由位错塞积模型和加工硬化模型两种模型定量地推导。大多数工程应用合金的晶粒尺寸范围在 10～100μm 内，在该范围内 Hall-Petch 公式是适用的。进一步实验证明，Hall-Petch 公式适用性甚广，如：亚晶粒大小或两相片状组织的层片间距对屈服强度的影响，塑性材料的流变应力与晶粒大小之间的关系，脆性材料的脆断应力与晶粒大小的关系，金属材料的疲劳强度、硬度与其晶粒大小的关系等。一般在室温使用的结构材料都希望获得细小而均匀的晶粒。因为细晶粒不仅使材料具有较高的强度、硬度，而且也使它具有良好的塑性和韧性，即具有良好的综合力学性能。金属晶粒越细，在外力作用下有利于滑移和能够参与滑移的晶粒数目也越多，使一定的变形量分散在更多的晶粒之中。这将会减少应力集中，推迟裂纹的形成和发展，即使发生的塑性变形量较大也不致断裂，表现出塑性的提高。由于细晶粒金属的强度较高、塑性较好，所以断裂时需要消耗较大的功，因而其韧性也较好，因此，**细晶强化**是金属的一种很重要的强韧化手段，也是目前唯一的提高强度并不显

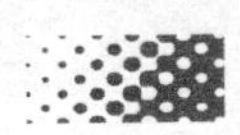

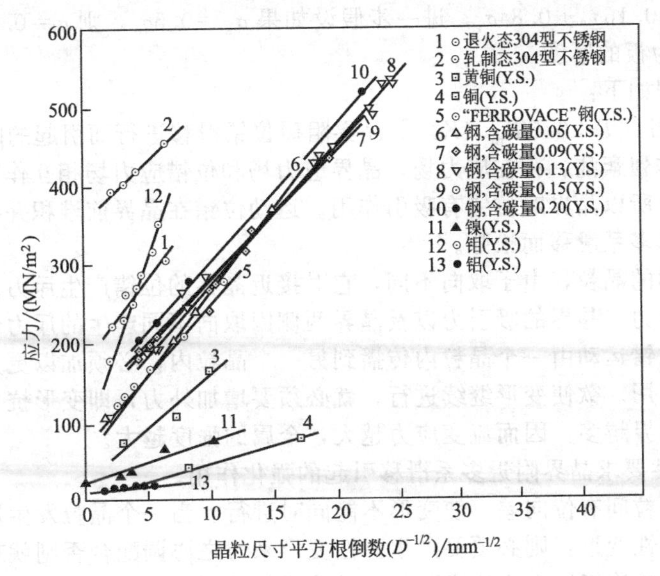

图 1-59 一些金属和合金的 Hall-Petch 曲线（Y. S 代表屈服强度）

著降低塑性的工艺措施。

最近有人提出，对于纳米材料，Hall-Petch 公式不再适用，例如有学者的工作表明当晶粒小于 10nm，此时晶界滑动机制的作用凸显，Hall-Petch 曲线的斜率 k 将为负值，也即随晶粒尺寸的增加，屈服强度降低。Kumar（K. S. Kumar，et al. Acta Mater，2003，51：5743-5774）认为，在金属或是合金中，当晶粒尺寸大于 100nm 时，晶粒尺寸与屈服强度符合 Hall-Petch 关系；当晶粒尺寸为 100～10nm 之间时，必需修正系数 k，才能符合 Hall-Petch 关系；当晶粒尺寸小于 10nm 时，不符合 Hall-Petch 关系，如图 1-60 所示。

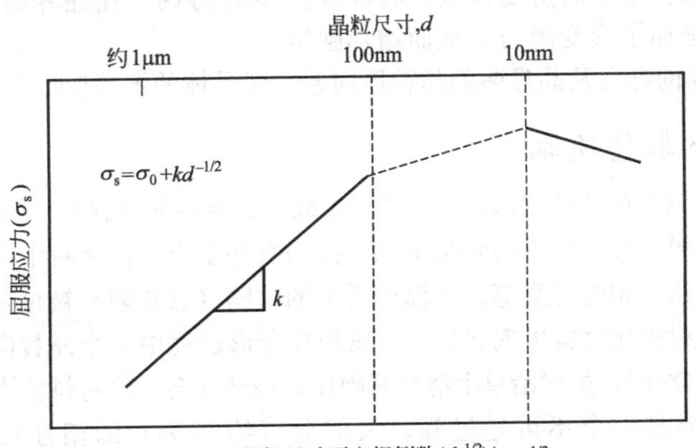

图 1-60 晶粒尺寸与屈服强度的关系示意图

此外对晶粒很大的粗晶材料，Hall-Petch 公式也不适用。对于粗晶金属材料，存在一个取决于晶粒尺寸与试样尺寸的比值的附加效应。由于试样表面的晶粒的变形受到的邻近晶粒的约束比试样内部的晶粒的所受到的约束要小，表面晶粒不需要 5 个活化滑移系，因此表面晶粒变形所需的应力就小。净效应即是整体的强度取决于表面晶粒的体积分数，即：

$$\sigma = V_f\sigma_s + (1-V_f)\sigma_i \tag{1-14}$$

式中，σ_s 和 σ_i 分别是表面晶粒和内部晶粒变形所需的应力；V_f 是表面晶粒的体积分数。对于圆形截面的拉伸试样，表面晶粒的体积分数 f_s 约为（π/2）（d/D），式中，D 是试样直径；d 是平均晶粒直径。可以近似的认为 $d<D/5$，值得注意的是如果 $d/D=10$，则

$f_s=16\%$以及$\sigma=0.16\sigma_s+0.84\sigma_i$；进一步假设如果$\sigma_s=0.5\sigma_i$，则$\sigma=0.92\sigma_i$。对于平板试样$f_s\approx\pi d/t$，$t$为板的厚度。

晶界强化机理如下：

① 温度较低时［$T<0.5T_m$（K）］晶界阻碍位错滑移进行而引起的障碍强化作用。

晶界上原子排列紊乱、存在应力场，晶界应力场和位错应力场相互作用，位错进入晶界可降低系统能量，所以晶界对位错有吸引作用。运动位错在晶界前堆积并导致应力集中，该应力集中诱发局部多系滑移而松弛。

但晶界另一侧的晶粒，由于取向不同，它对接近晶界的位错产生斥力。

所以位错在外力、晶界的吸引力以及晶界两侧因取向不同产生的斥力作用之下，在晶界处塞积。要实现位错运动由一个晶粒内传播到另一个晶粒内，必须加以更大的外力，这就是晶界的障碍强化作用。欲使变形继续进行，就必须要增加外力，即变形抗力增大。金属晶粒越细，同体积的晶界越多，因而流变应力越大，金属的强度越大。

② 变形连续性要求晶界附近多系滑移引起的强化作用。

在多晶体中晶粒间有位向差，使变形不能同时进行。当一个晶粒发生塑性变形时，周围的晶粒如不发生塑性变形，则必须要产生弹性变形来与之协调配合否则就难以进行变形，甚至不能保持晶粒间的连续性，会造成孔隙而导致材料破裂。一个晶粒发生塑性变形并要求周围的晶粒也发生塑性变形或产生弹性变形来与之协调配合，就意味着增大了晶粒变形的抗力，阻碍滑移的进行。一个晶粒产生滑移变形而不破坏晶界的连续性，则相邻晶粒必须有相应的协调变形才能保证。相邻晶粒要通过滑移来协调一个可以变成任意形状的晶粒的变形，至少需5个滑移系的动作。即，多晶体塑性变形一开始就是多系滑移，所以其应力-应变曲线上不会出现单晶体应力-应变曲线上的第Ⅰ阶段。bcc、fcc金属滑移系多，多系滑移的强化效果比障碍强化大得多。hcp金属障碍强化对于室温下的变形的六方金属很重要。

晶界本身对强度的贡献不是主要的，而对强度的贡献主要来自晶粒间的取向差。因相邻晶粒取向不同，为保持形变时应变连续，各晶粒形变要协调，在晶界附近会进行多系滑移。正是这些多系滑移增加了形变阻力，从而增加强度。

此外，由于晶界的存在及晶界两侧晶粒取向差，多晶体的塑性变形存在很大的不均匀性。

1.3.5 多晶体的软化机制

在一定条件下，材料的塑性变形过程中会发生软化。有一些导致材料强度降低的机制。**损伤累积**是陶瓷和复合材料中最为常见的软化机制。损伤有许多类型：材料中微裂纹的形成，基体/增强相界面的开裂，第二相的开裂等。当辐射诱生的缺陷（点缺陷）被位错扫除，导致“软化”通道的形成，使得辐射强化材料出现软化。金属塑性变形过程中单个晶粒向Schmid因子增大的晶体取向转动（几何软化），虽然沿单个滑移系硬化，该转动会导致材料整体软化。

金属的塑性变形是一个不可逆过程。大部分（约90%）的塑性功转化为热量，仅约10%的塑性功以缺陷（主要是位错）的形式保留在变形金属内（储能）。如果在变形过程中没有足够的时间供热量传导，材料就不能再认为是等温的，温度的上升导致强度的降低可能大于由于加工硬化导致的强度增加，此即热软化，如图1-61所示。在较低的应变速率（$2\times10^{-4}s^{-1}$，$10^{-3}s^{-1}$，$10^{-2}s^{-1}$），曲线是通常的加工硬化行为。然而，对应变速率$1.44s^{-1}$和$3.9s^{-1}$，应力-应变曲线表明，曲线在最高点后开始软化。图1-61（b）中简便起见，假设线性加工硬化，这些曲线都是等温的。可利用如下关系计算塑性变形导致的温度变化：

$$dT=\frac{\beta}{\rho C_V}\int_0^{\varepsilon}\sigma d\varepsilon \tag{1-15}$$

式中，β为功/热转换系数，一般为0.9；C_V为比热容；ρ为密度。

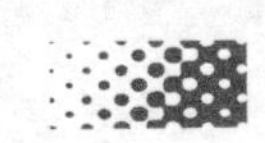

图 1-61（b）中画出了绝热曲线。绝热曲线表明在剪应变大约为 1 时，曲线呈现最大值，也即此时开始热软化。

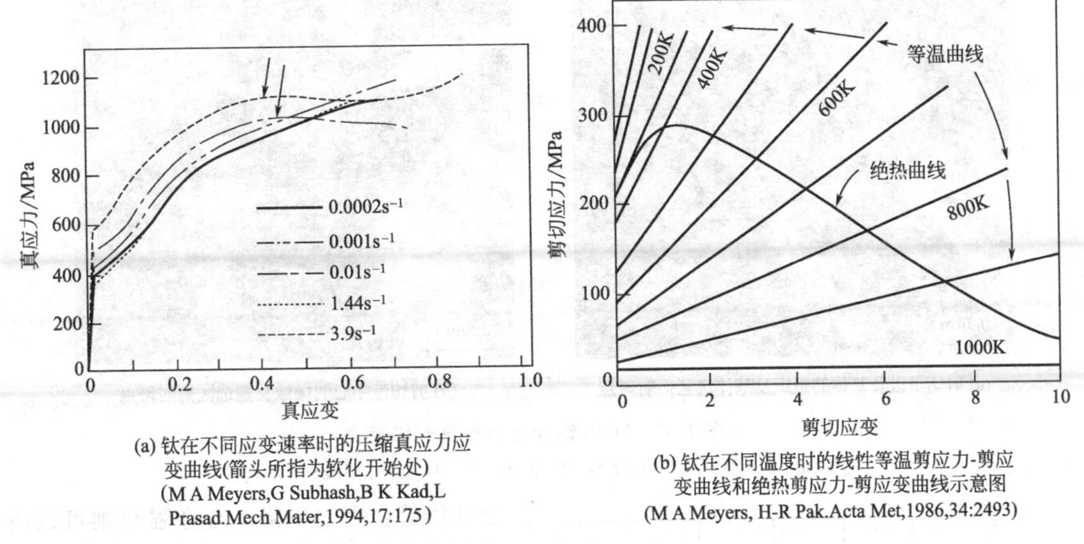

(a) 钛在不同应变速率时的压缩真应力应变曲线(箭头所指为软化开始处)
(M A Meyers,G Subhash,B K Kad,L Prasad.Mech Mater,1994,17:175)

(b) 钛在不同温度时的线性等温剪应力-剪应变曲线和绝热剪应力-剪应变曲线示意图
(M A Meyers, H-R Pak.Acta Met,1986,34:2493)

图 1-61 剪应力-剪应变曲线

材料的软化将导致绝热剪切形变局域化（adiabatic shear localization）现象。绝热剪切局域化形变是高应变率（$>10^3$/s）载荷（如高速切削、空间碎片撞击、穿甲侵彻、爆炸加工、激光冲击喷丸等）下金属、塑料、岩石等材料普遍发生的重要变形方式。根据绝热剪切带内组织是否发生相变，可以简单地将其分为两类：形变带和相变带。在纯金属中产生的绝热剪切带大多都属于形变带，而相变带则经常产生于钢铁、铀合金、钛合金（图 1-62）、铝合金（图 1-63）中。

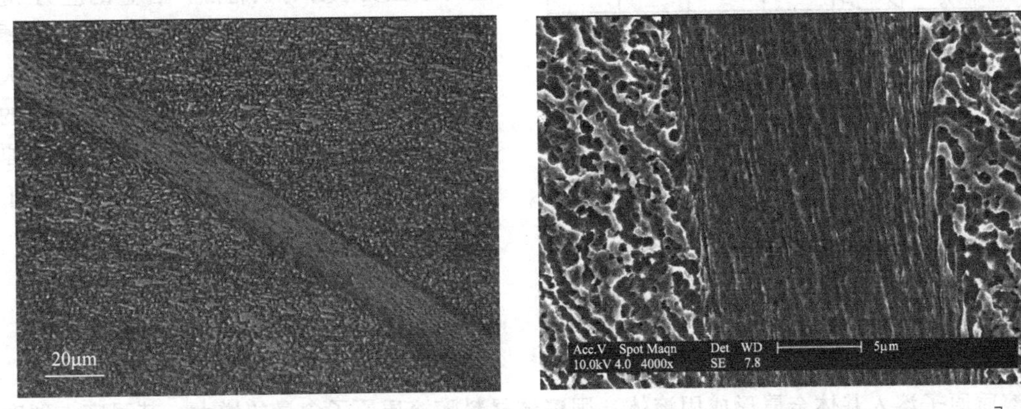

图 1-62 钛合金的绝热剪切带［Yang Y（杨扬）. Mater Sci Eng A，2008，473：306 - 311］

此外，对于多晶体的金属应力-应变曲线，没有易滑移的第一阶段，加工硬化率明显高于单晶体。很容易理解，这是晶界的阻滞效应和晶粒位向不同的影响结果。多晶体中的细晶粒金属的加工硬化率一般大于粗晶粒金属。

1.4 合金的塑性变形

冷加工固然有加工硬化的效果，但一则其强化效果可因再结晶而去除，再则塑性及抗腐

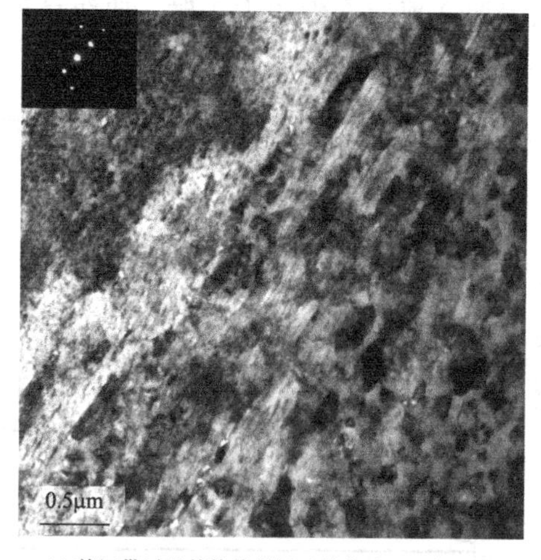

(a) 剪切带以及基体的组织及基体选区衍射斑点

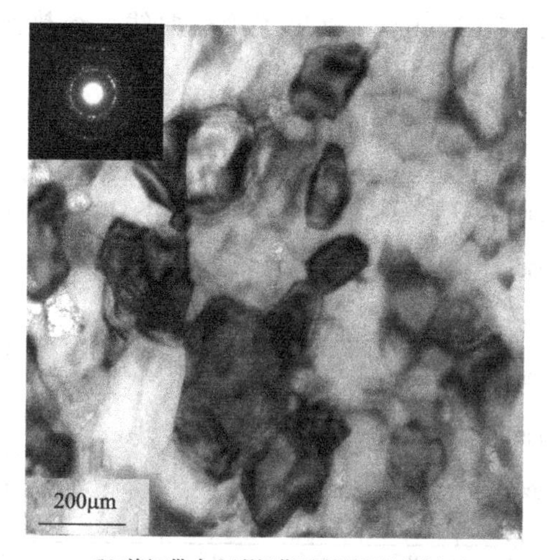

(b) 剪切带中心明场像及基选区衍射斑点

图 1-63　7075 铝合金的绝热剪切带

［Yang Y（杨扬）. Mater Sci Eng A，2010，527：3529-3535］

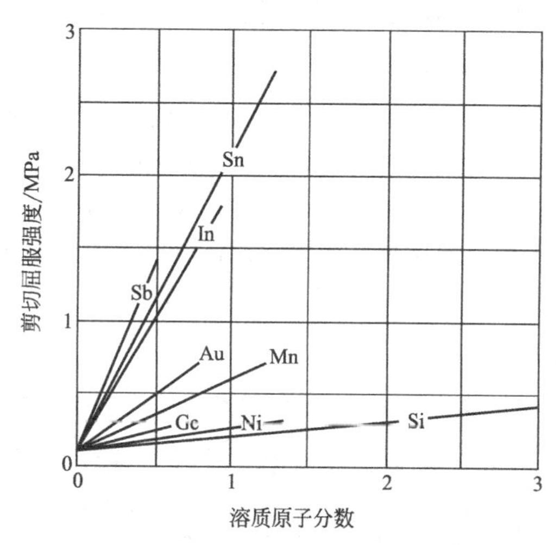

图 1-64　溶质原子浓度对稀释固溶体铜基合金剪切屈服强度的影响（注意其强度正比于浓度）

蚀性能等会因之下降。合金强化则可以使金属的综合性能得以提高，并且可以根据需要有选择性地添加适当的合金元素。合金化是提高材料性能（如强度）的主要方法之一，工业上一般使用固溶体合金和多相合金。

合金的塑性变形的基本机制仍然是滑移、孪生等。但由于组织结构的变化，合金的塑性变形各有其特点。合金的应力-应变曲线也不会出现易滑移阶段，其加工硬化速率与合金成分及第二相的数量、大小、分布等有关，一般来说，比纯金属的加工硬化率要高。固溶体合金中，溶质原子的加入，在大多数情况下都是增加加工硬化率。

1.4.1　固溶体合金的塑性变形

1.4.1.1　固溶强化

溶质原子溶入基体金属形成固溶体。固溶体材料随溶质原子含量的增大，其强度、硬度提高而塑性、韧性下降的现象，即固溶强化。

铜中的替代固溶体，其屈服强度随溶质原子浓度的增加而增大（图 1-64）。其增大的速率正比于错配度参数 ε 的 4/3 次方，错配度参数 $\varepsilon=(\mathrm{d}a/a)/\mathrm{d}c$，式中 $\mathrm{d}a/a$ 是晶格参数随浓度 c（以原子分数表示）变化而发生的微小变化。溶质原子的错配度参数 $\varepsilon=(1/a)\,\mathrm{d}a/\mathrm{d}c$ 对铜的固溶硬化的影响（图 1-65）可用下式表示：

$$\mathrm{d}\tau/\mathrm{d}c=kG\varepsilon^{4/3} \tag{1-16}$$

式中，G 为铜的剪切模量；k 为常数。

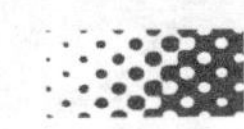

替代溶质原子的强化效应主要是溶质原子与刃位错周围的膨胀应力场的相互作用。替代溶质原子和螺位错近乎没有相互作用。低温时，铁中的许多溶质原子导致固溶软化而不是强化（图 1-66）。

间隙溶质原子（C、N 等）产生很大的强化效应。钢中马氏体的形成通常认为是一种单独的强化机制。然而，马氏体可以认为是碳在铁素体中的过饱和固溶体，其硬度归因于固溶强化。马氏体的结构为体心四方结构，并且其正方度线性地随碳含量的增大而增大。当含碳量接近零时，该晶体结构和屈服强度接近 bcc 铁素体的晶体结构和屈服强度（图 1-67）。

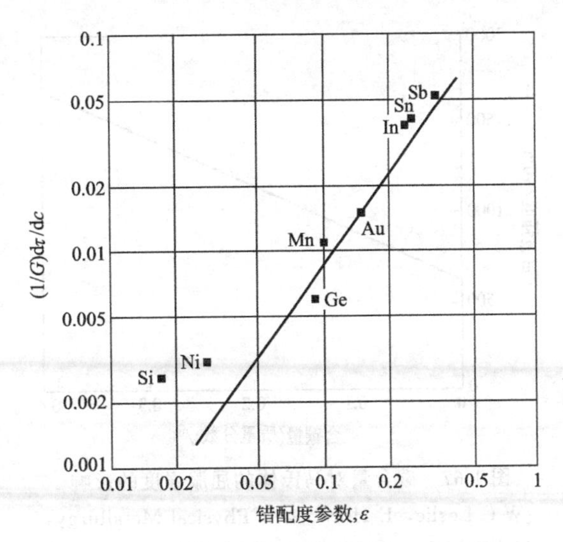

图 1-65 溶质原子的错配度参数 $\varepsilon=(1/a)\,da/dc$ 对铜的固溶硬化的影响

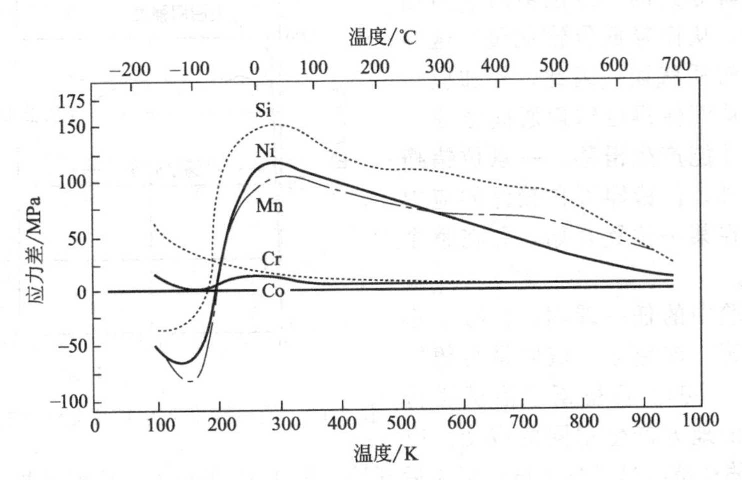

图 1-66 替代溶质原子对铁的屈服强度的影响（注意低温下的固溶软化）
（W C Leslie，The Physical Metallurgy of Steels. McGraw - Hill，1981）

固溶强化机理即是**溶质原子与位错的交互作用**，包括，弹性相互作用强化，如 Cottrell 气团（柯氏气团-溶质原子聚集在位错的周围）强化和 Snoek 气团强化，溶质原子的溶入改变了合金的弹性模量，溶质原子和溶剂原子尺寸差异会在固溶体内引起弹性应力场，阻碍位错运动等；化学相互作用（铃木气团）强化，化学相互作用强化比 Cottrell 气团强化小一个量级，但前者的热稳定性远比后者高；静电相互作用强化；以及有序化（位错运动引起固溶体结构变化的作用）等。固溶强化的特点归纳如下：

① 初始屈服应力和整条应力-应变曲线升高。硬化系数比纯金属高。在一些固溶体中，还会出现明显的屈服效应。

② 在一般稀固溶体中，屈服应力和溶质浓度的关系：

$$\sigma=\sigma_0+Kc^m \tag{1-17}$$

式中，σ 为固溶体的屈服应力；σ_0 为纯金属的屈服应力；c 为溶质的原子浓度；K，m 为常数。

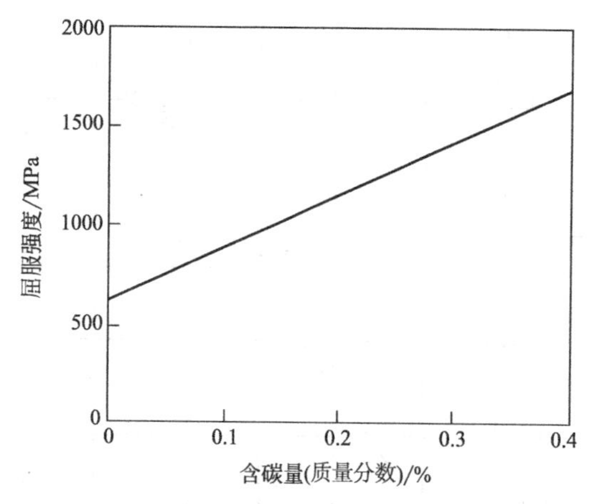

图 1-67　碳含量对马氏体的屈服强度的影响
[W C Leslie，E Hornbogen. Physical Metallurgy，Vol 4//Cahn and Haasen (Eds). Elsevier，1996]

而对于完全互溶的合金系：

③ 相同温度下，强度的增加∝1/（溶质原子溶解度）。

④ 温度上升，屈服应力下降。

相关内容详见第 8 章。

1.4.1.2　屈服和应变时效

1）屈服点效应

如果体心立方金属含有微量的如碳、氮等间隙原子，不论它是单晶体或多晶体，它的应力-应变曲线都会出现一个上屈服点和下屈服点（上、下屈服点效应），如图 1-68 所示。开始塑性变形的应力为上屈服强度，随后继续变形的应力为下屈服强度。

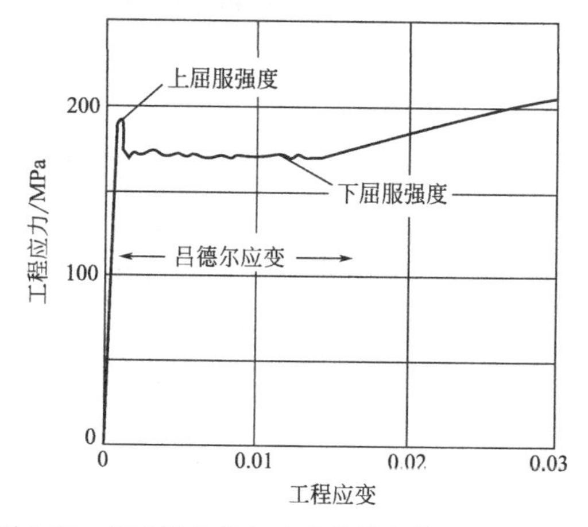

图 1-68　低碳钢的应力-应变曲线上的上、下屈服点

屈服点效应是由于碳、氮等间隙原子在位错附近聚集导致的。刃位错的应力场吸引间隙原子，从而降低位错能量，这样就形成了所谓溶质**气团**。因此，外加应力必须足够大，从而使得位错摆脱间隙原子的钉扎，位错才能产生滑移。一旦位错挣脱间隙原子钉扎，位错即可在较低的应力下运动。屈服在某一位置开始，并在整个应力区间传播。

在拉伸实验中的任一瞬间，仅有一小的区域正在变形，该变形区域即是吕德斯带（Lüder’s band）。吕德斯带沿试样传播，在其传播的地方产生相同的应变。应变硬化仅当吕德斯带经过了整个试样标长后开始。图 1-69 所示为一拉伸试样上的吕德斯带。在钢板的冲压过程中，不希望出现这种不连续的屈服。如果吕德斯带传播没有穿过整个钢板，吕德斯带的边界将产生难看的粗糙表面，如图 1-69 所示。吕德斯带影响工件表面质量，为了消除屈服点现象一般有两种方法，一是去除 C、N 间隙原子（如 IF 钢），或者是在钢中添加少量 Ti 或 Al 与 C、N 等间隙原子以形成化合物，以消除屈服点，随后再进行冷轧变形；二是利用预变形使位错摆脱钉扎，如将钢板在冲压以前进行弯曲变形或施加很小压下量的预轧制。

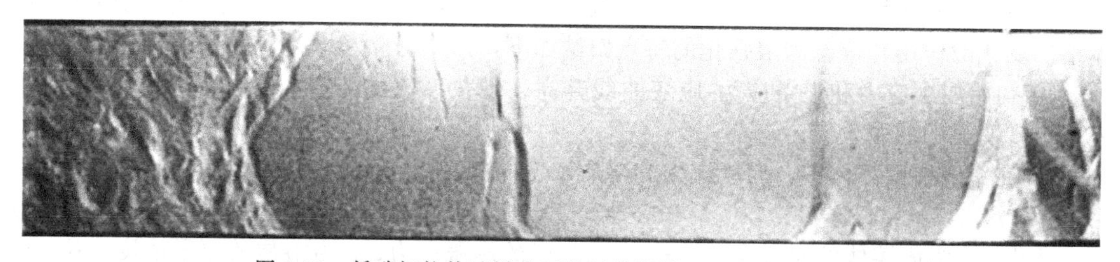

图 1-69　低碳钢拉伸试样表面的吕德斯带（Lüder’s bands）

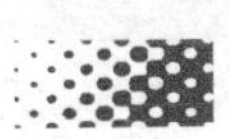

2）应变时效

在一定的应变速度和温度范围内，经过塑性变形的金属和合金的力学性能，在很大程度上还受到一种叫做“应变时效”的过程的影响。所谓“应变时效”，就是金属和合金在塑性变形时或塑性变形后所发生的时效过程。最常见的是变形后的时效，叫做“静态应变时效”（static strain-aging，SSA）；而变形和时效同时发生的过程，则叫做“动态应变时效”（dynamic strain-aging，DSA），动态应变时效是在金属和合金中移动着的溶质原子和位错交互作用所呈现的一种强化现象。现在一般认为，应变时效主要是由于金属固溶体中的间隙溶质原子（如钢中的C、N）向位错偏聚并使之钉扎而造成的。由于在应变时效时并无第二相的析出，也不会有C、N化合物的聚集长大，所以随着时效时间的延长，强化效应不会消失，这是应变时效与淬火时效的本质区别。

（1）静态应变时效

当退火状态的低碳钢试样拉伸到超过屈服点发生少量塑性变形后卸载，然后立即重新加载拉伸，则可见其拉伸曲线不再出现屈服点，此时试样不会发生屈服现象。如果将预变形试样在常温下放置几天或在200℃左右短时加热后再行拉伸，则屈服现象又复出现，且屈服应力进一步提高。此现象通常称为应变时效，由于该时效过程发生于变形后，又称**静态应变时效**。图1-70所示为Fe-31%Ni-0.1%C的退火奥氏体合金的拉伸试验曲线。拉伸试样在不同的拉伸应变量$\varepsilon=0.08$、0.18、0.27的塑性变形后，停留3次，每次3h，开始试样没有清晰的屈服点。然而，在3h停留后再加载，应力-应变曲线表现出明显的屈服点，随后出现平台即水平载荷—下降区域—最终回到原始轨迹。再加载时，屈服应力增大。在室温的卸载-加载的间隙，间隙原子将迁移到位错并钉扎位错，再加载时，位错摆脱钉扎，此时出现清晰的屈服点。该实验在相同条件下进行，但试样卸载后停留3h。上述实验表明，应力加速应变时效过程。低碳钢一般都具有应变时效效应。

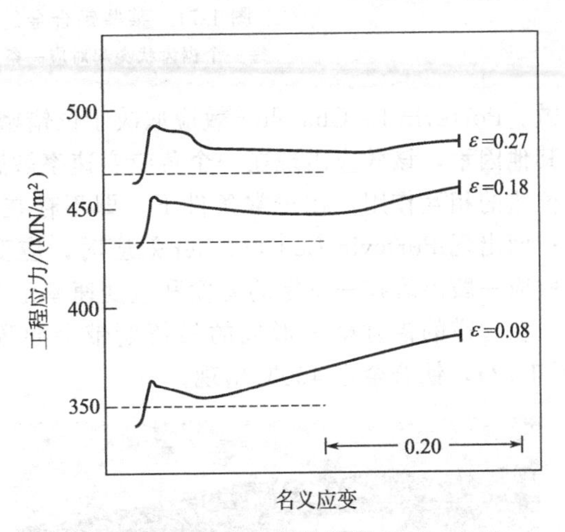

图1-70 在名义应变分别为0.08、0.18和0.27变形，并停留3h后再加载的工程应力-名义应变曲线

虚线表示实验停止时的应力（M A Meyers，J R C Guimarães. Metalurgia-ABM，1978，34：707）

（2）动态应变时效（又称Portevin-Le Chatelier效应）

有的材料具有负的应变速率敏感性，即随应变速率增大，则流动应力减小。这种材料会发生不连续屈服。如果对试样施加一个低应变速率载荷，其变形将是材料的一个区域迅速变形而其他区域不发生任何变形。因为发生变形的区域被加工硬化，所以变形区域像吕德斯带那样在材料中传播，其应力-应变曲线呈锯齿状（图1-71）。每一个锯齿状突起对应一条吕德斯带穿过试样标长。

该现象类似于钢中的屈服点效应。负应变速率敏感性可以认为是位错被溶质原子钉扎。一旦一个区域开始变形，即位错摆脱溶质原子，位错即可在比开始变形所需应力低的应力下运动。该变形向邻近区域传播形成一个带，并穿越整个试样。在该带的传播过程中，溶质原子可以扩散到新位错，并钉扎它们。重新启动塑性变形需要提高应力。Portevin和LeChatelier首先在铝中发现了该效应，并被称之为Portevin - Le Chatelier效应，也称为**动态应变**

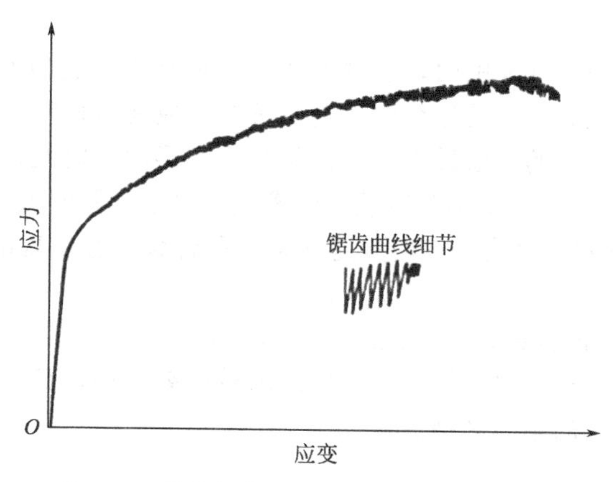

图 1-71　某些铝合金的锯齿状应力-应变曲线
每一个锯齿状突起对应一条 Lüder' s 带穿过试样标长

时效。Portevin-Le Chatelier 效应取决于位错密度、应变速率、溶质原子的浓度和可动性以及其他因素，该效应出现在一个负应变速率敏感性区域。负应变速率敏感性归因于溶质原子与位错的相互作用，在正常条件下，即不存在溶质原子，则流变应力随应变速率增大而增大；而出现 Portevin-Le Chatelier 效应时，应变速率的提高导致位错摆脱溶质原子的钉扎。该效应一般出现在一特定的温度和应变速率范围。对铝合金，该效应是在接近室温下观测到的。在含镁的铝合金中形成的吕德斯带会导致表面粗糙（图 1-72）。低碳钢在 200℃ 出现（图 1-73），钛合金在 400℃ 出现。

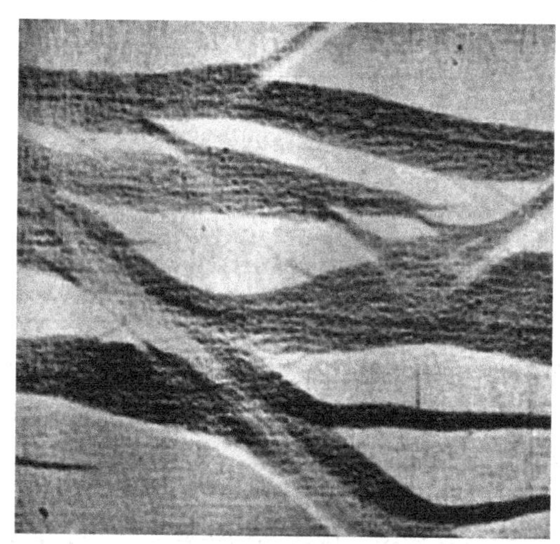

图 1-72　含镁的铝合金中形成的吕德斯带
(Aluminum：Properties and Physical Metallurgy. ASM. 1984：129)

应变速率敏感性和温度对屈服应力的影响密切相关。在负应变速率敏感性的温度范围内，流变应力或者随温度升高而增大或者随温度升高而不会像预期的那样迅速减小，如图 1-74 所示。动态应变时效涉及溶质原子扩散。因此，发生动态应变时效的温度范围取决于应变速率。随应变速率提高，动态应变时效将在较高温度出现（图 1-75）。

许多研究发现，很多重要的工业合金，在常规的应变速率下，在通常应用的温度范围内，都会发生动态应变时效。其中包括很多种钢以及 Ti、V、Nb、Cu、Al 合金等，它们在略高于室温时就会发生动态应变时效。因此在实际应用这些材料时，不能不考虑动态应变时效对它们的使用性能的影响。实验结果还表明，动态应变时效还很有可能作为一种强韧化工艺手段，在许多工业合金中获得应用。

此外，C、N 等间隙原子在外应力作用下可以迁移到 α-Fe 的晶格点阵中。C 或者 N 等间隙原子的短程迁移将导致滞弹性效应，也称为 Snoek 效应（详见 1.1.4.1 溶质原子定向溶解机制）。

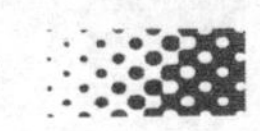

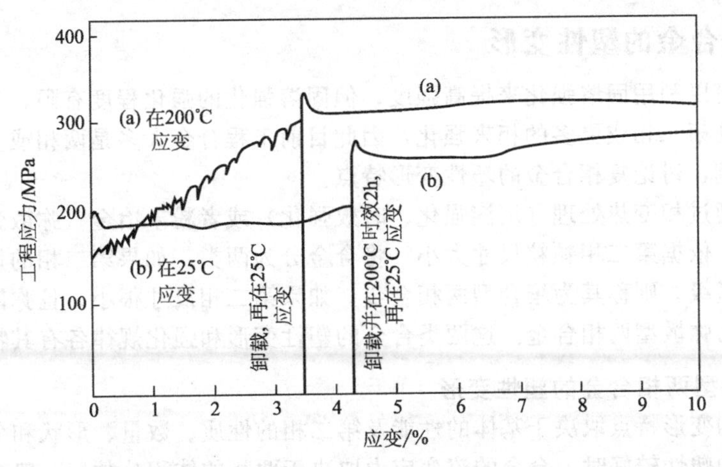

图 1-73 低碳钢（0.03%C，0.33%Mn）在应变速率为 10^{-3}/s 时的应力-应变曲线

在 200℃和 300℃温度范围内屈服不连续（Y Bergstrom，W Roberts. Acta Met，1971，19）

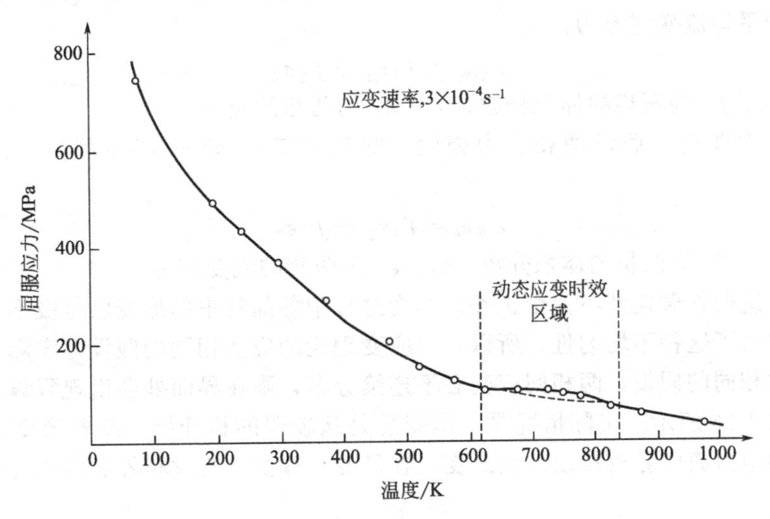

图 1-74 温度对某钛合金屈服强度的影响的示意图

注意，动态应变时效（即不连续屈服）和屈服强度随温度升高而增大的区域相关联

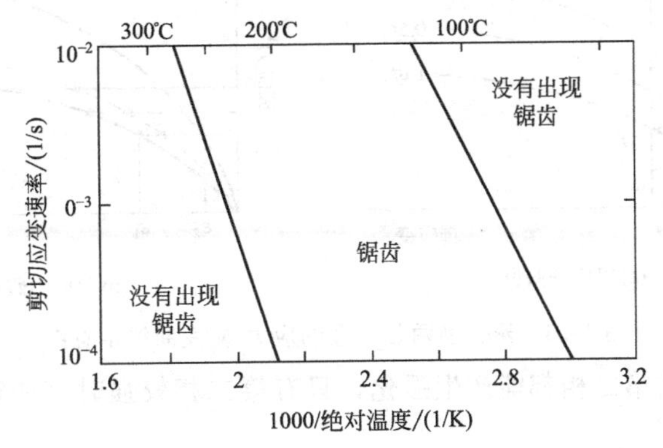

图 1-75 在低碳钢中观测到不连续屈服的

温度范围 T 随应变速率增大而增大

1.4.2 多相合金的塑性变形

单相合金可以利用固溶强化来提高强度，但固溶强化的强化程度有限，如需进一步提高强度，可以借助第二相或更多的相来强化，因此目前工程合金大多是两相或多相合金。在此以两相合金为例，讨论复相合金的塑性变形特点。

第二相可通过相变热处理（沉淀强化、时效强化）或者粉末冶金（弥散强化）方法添加到金属基体中。依据第二相颗粒尺寸大小，将合金分为两类：如果第二相的尺寸与基体晶粒尺寸属同一数量级，则称其为聚合型两相合金；如果第二相尺寸很小，且弥散分布在基体晶粒内，则称其为弥散型两相合金。这两类合金的塑性变形和强化规律各有其特点。

1.4.2.1 聚合型两相合金的塑性变形

该型合金的变形特点取决于基体的性能及第二相的性质、数量、形状和分布。

当两个相的塑性较好时，合金的流变应力取决于两相的体积分数。一般有等应变理论和等应力理论这两种近似方法来计算合金的平均流变应力或平均应变。

(1) 等应变理论　假设在变形过程中两相具有同样的应变，σ_1 和 σ_2 必不同，则合金产生一定应变的平均流变应力为：

$$\sigma_{平均}=f_1\sigma_1+f_2\sigma_2 \tag{1-18}$$

式中，f_1、f_2 为两相的体积分数；σ_1、σ_2 为两相的应变。

(2) 等应力理论　假设两相应力相同，则其应变 ε_1 和 ε_2 必不同，则合金的平均应变为：

$$\varepsilon_{平均}=f_1\varepsilon_1+f_2\varepsilon_2 \tag{1-19}$$

式中，f_1、f_2 为两相的体积分数；ε_1、ε_2 为两相的流变应力。

实际上，这两种假设都不完全正确。形变过程中各晶粒中的形变已是极不均匀的，第二相的存在更加大了这种不均匀性，所以，等应变理论的应变相同的假设与实际不符；按等应力理论的应力相同的假设，两相间应变必不连续分布，则在界面处会出现裂缝，这也是和实际不符，如图 1-76 所示。实际情况是，形变总是从较弱的相开始，随着形变量的增加，在某些界面处的应力集中导致较硬的相形变。在形变过程要求跨过相界面的应力和应变都要保持连续性。

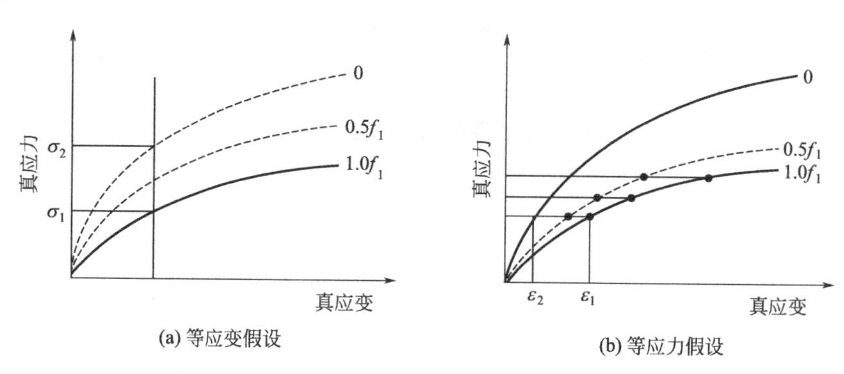

图 1-76　聚合型两相合金的应力-应变曲线示意图

可见，并非所有的第二相都能产生强化，只有第二相较强时（如黄铜中的 β 相），合金才能强化。

如果第二相是脆性相，则除两相的相对量外，脆性相的形状和分布对合金强度和塑性有重大影响：

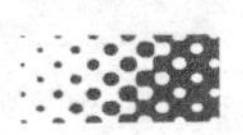

① 如果脆性相连续地沿基体相的晶界分布，则由于塑性相晶粒被脆性相包围分割，塑性相的变形能力无法发挥，经少量变形后，即沿晶脆断。脆性相越多，网状越连续，合金的塑性越差，甚至强度也随之降低。例如共析钢中的二次渗碳体呈网状分布于α晶界上（图1-77），导致钢的脆性增大，强度、塑性下降。可通过热加工和热处理的配合来改善二次渗碳体的分布形态。又如Bi在Cu、Au中沿晶界的膜状分布，导致热脆性。

② 如果脆性相呈片状分布在基体相上，因变形主要集中在基体相，而位错受片层厚度限制，位错移动距离很短，继续变形阻力加大，强度得以提高。片层越薄，强度越高；变形越均匀，塑性也越好，类似于细晶强化。如钢中的珠光体组织，珠光体越细，片层间距越小，其强度越高，变形越均匀，塑性也越好。

图1-77 Fe_3C在钢中的网状分布

③ 如果脆性相呈较粗颗粒状分布于基体，则因基体连续，硬脆相颗粒对基体变形的影响大大减弱，强度下降，塑性、韧性得以提高。如共析钢及过共析钢中经球化退火后的球状渗碳体，因基体连续，Fe_3C对基体变形的阻碍作用大大减弱，因此强度降低，塑性、韧性得到改善。

1.4.2.2 弥散型两相合金的塑性变形

当第二相以细小弥散的微粒均匀分布于基体相中时，将产生显著的强化作用。根据微粒是否变形将强化机制分为两类：

(1) 可变形微粒的强化机制——位错切过第二相　此机理多数出现在质点比较细小，与基体仍然存在共格关系的情况下。

(2) 不可变形微粒的强化机制——位错绕过第二相　质点较大，一般和基体没有共格关系的弥散合金及与基体有共格界面的部分合金中，位错都将以这种方式通过第二相质点。相关内容详见第8章。

思考题

1. 从滑移的角度分析为什么面心立方金属比密排六方金属的塑性好？

2. 临界切应力的本质来源是什么？以单晶体单向拉伸为例，如何推导临界分切应力定律/Schmid定律？影响临界切应力的因素有哪些？什么是硬/软取向？

3. 体心立方晶格的铁与具有面心立方晶格的铜及铝，它们的滑移系的数目相同，但前者的塑性不如后者，为什么？

4. 为什么温度越高，一般金属的塑性越好？

5. 假设一铜单晶体，其表面恰好平行于晶体的{001}晶面，若令该晶体在所有可能的滑移面上产生滑移，而且在上述表面出现相应的滑移线，试预计在表面上可能看到的滑移线形貌，并指出滑移线之间的夹角。

[在6个表面（端面）上滑移线应呈现为沿立方体表面的对角线走向的细线。这些细线之间要么平行，要么面成90°角]

6. 一个立方晶体承受的应力状态如附图所示，$\sigma_x=15\text{kPa}$，$\sigma_y=0$，$\sigma_z=7.5\text{kPa}$，$\tau_{yz}=\tau_{zx}=\tau_{xy}=0$，在此 $x=[100]$，$y=[010]$，$z=[001]$。问：在 $(11\bar{1})$ $[101]$ 滑移系上的分切应力是多少？(3.06kPa)

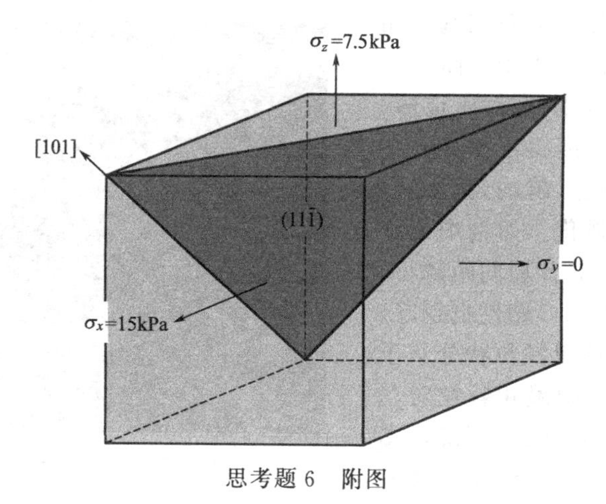

思考题6　附图

7. 孪生与滑移的区别？哪些变形条件有利于孪生？孪生要素有哪些？影响孪生的因素及影响规律？

8. 扭折变形有何特点？扭折变形的作用是什么？扭折、滑移、孪生三者容易发生的次序是什么？

9. 蠕变的定义、特点是什么？高温扩散型蠕变——Nabarro Herring 蠕变、Coble 蠕变两者有何异同？位错运动的蠕变机制主要有哪些？

10. 高温合金及其组织一般有何特点？为什么？

11. 金属的主要塑性变形机制有哪些？各自在什么条件下起作用？

12. 加工硬化理论有哪些？加工硬化的本质原因是什么？

13. 晶界、晶粒取向、晶粒尺寸对多晶体塑性变形有何影响？Hall-Petch 方程及其适用范围是什么？多晶体变形的软化机制主要有哪些？

14. 屈服效应和吕德斯带产生的原因和防止产生的工艺方法是什么？

15. 什么是应变时效（静态应变时效、动态应变时效）？产生的原因是什么？

16. 聚合型及弥散分布型两相合金塑性变形特点是什么？

第2章 塑性加工对金属组织结构与性能的影响规律

金属具有优良的延展性，易于塑性加工成形并可通过塑性加工（塑性变形）、合金化、热处理等手段使之强化能够承受较高负荷，从而成为常用的结构材料。

塑性加工不仅改变金属的外部形状、尺寸，而且改变其内部的组织结构，从而改变金属性能（包括加工性能和使用性能）。如果对已发生了塑性变形的金属进行加热，金属的组织和性能又会发生变化。塑性加工和热处理的有机结合，或者是剧烈的塑性变形等等都会导致金属的组织结构与性能的显著提高。分析这些过程的实质，了解各种影响因素及规律，对掌握和改进金属材料的塑性加工工艺，控制材料的组织和性能具有重要意义。

2.1 塑性加工的主要工艺参数及其影响

2.1.1 主要工艺参数

金属材料塑性加工（变形）中的主要工艺参数有变形温度、变形速度、变形程度。

变形程度是金属塑性加工时工件变形大小的定量指标，用变形前后工件的尺寸计算，有绝对变形程度、相对变形程度、延伸系数和对数应变4种表示法。**绝对变形程度**又称变形量，是工件变形前后尺寸之差，如平辊轧制时的压下量以及管材生产时的减径量和减壁量；**相对变形程度**又称变形率，是工件变形前后横截面面积之差除以变形前的横截面面积，如压下率、延伸率和面积减缩率；**延伸系数**定义为工件变形前后横截面面积或长度之比，随着变形程度的增大，延伸系数由1逐渐增大，其特点是在多道次变形时，总延伸系数是各道次延伸系数之积；**对数应变即真实应变**，见真应力-真应变曲线。

变形速度又称为应变速率，它是变形金属在外载荷作用下单位时间内发生的线应变或剪应变，即单位时间内的应变的变化：

$$\dot{\varepsilon}=\frac{d\varepsilon}{dt} \tag{2-1}$$

变形速度的单位为1/s。

一般用最大主变形方向的变形速度来表示各种变形过程的变形速度。但应注意把金属塑性加工时工具的运动速度与变形速度严格区分开来，二者既有联系，又有量与质的不同。此外还应该区别变形速度和形变金属中质点的位移速度。

变形温度即是塑性变形时金属的实际温度。它与加热温度是有区别的，变形温度既取决于金属变形前的加热温度，又与变形中能量转化以及外摩擦而使金属温度升高的温度有关，同时又与变形金属同周围介质进行热交换所损失的温度有关。

金属的塑性变形是一个不可逆过程。大部分（约 90%）的塑性功转化为热量，仅约 10%的塑性功以缺陷（主要是位错）的形式保留在变形金属内（储能）。如果在变形过程中没有足够的时间供热量传导，材料就不能被认为是等温的，当部分热量来不及向外放散而积蓄于变形金属内部时，将促使金属的温度升高。金属在塑性变形过程中的发热现象，称为**热效应**。当然，塑性变形过程中产生的部分热量还来源于克服接触表面外摩擦所做的功。塑性变形过程中，因金属发热而促使温度升高的效应即所谓的**温度效应**。可见，金属塑性加工过程中，金属工件的实际温度取决于：①工具和坯料的初始温度；②塑性变形产生的热；③模具和坯料界面间的摩擦产生的热量；④变形金属、模具以及周围环境间的热交换。

在绝热即不计热交换的情况下，可利用如下关系计算塑性变形导致的工件金属温度变化：

$$dT_d = \frac{\beta}{\rho C_V}\int_0^{\varepsilon}\sigma d\varepsilon \tag{2-2}$$

式中，β 为功/热转换系数，一般为 0.9；C_V 为比热容；ρ 为密度。

由于摩擦导致的温升可由下式给出：

$$T_f = \frac{\mu p v A \Delta t}{\rho c V} \tag{2-3}$$

式中，μ 为金属工件与工具间的摩擦系数；p 为垂直于界面的应力；v 为在工件与工具界面的速度；A 为工件与工具界面的表面积；Δt 为所考虑的时间段；V 为承受温升的体积；c 为比热容；ρ 为密度。

简便起见，假设变形金属为一薄板，工件和模具的初始温度分别为 T_0 和 T_1，则界面处变形金属的温度为：

$$T = T_1 + (T_0 - T_1)\exp\left(\frac{-ht}{\rho c\delta}\right) \tag{2-4}$$

式中，h 为工件与模具的热交换系数；δ 为模具间工件的厚度。该关系式给出的是在模具间薄板工件冷却的平均温度，而没有包括变形和摩擦导致的温升，因此在某一时刻 t 工件的平均温度为：$T_m = dT_d + T_f + T$。

显然变形温度、变形速度、变形程度三者是相互影响、相互关联的。由式（2-2）可见，变形程度越大，则温升 dT_d 越大；变形速度越快，热量来不及传导，则温度效应也会越明显。例如在变形程度大，且散热条件差的热挤压加工过程中，温升效应会十分明显，见表 2-1。

表 2-1　不同的热挤压条件下的温升

合金	挤压系数	挤压速度/(mm/s)	温升/℃
1035	11	150	158～195
6A02	11～16	150	294～315
2A11	11～16	150	340～350
	31	65	308

变形程度、变形温度、变形速度三者关系复杂，但又相互联系。由于塑性加工中，金属制品最终的几何形状尺寸是一定的也即变形程度是一定的，因此需要调控的是变形温度和形变速度，而变形温度和变形速度又是相互影响和关联的，必须联系起来考虑，所以又称变形温度-速度条件。

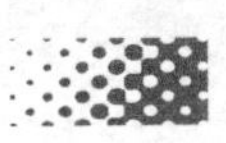

2.1.2 热效应对塑性加工的影响

温度是影响一切物理/力学冶金过程的主要参数。塑性变形过程中的热效应导致的温度效应将使得金属的实际温度高于加热温度，因此它对塑性加工将产生重要影响：

① 改变流变应力。一般由于热效应导致温度升高使流变应力降低。

② 改变塑性变形的模式。由于热效应使变形物体的温度升高，改变原来变形的形式。如在高速下进行冷变形时，因热效应的作用可使冷变形转变为温变形，温变形转变为热变形。

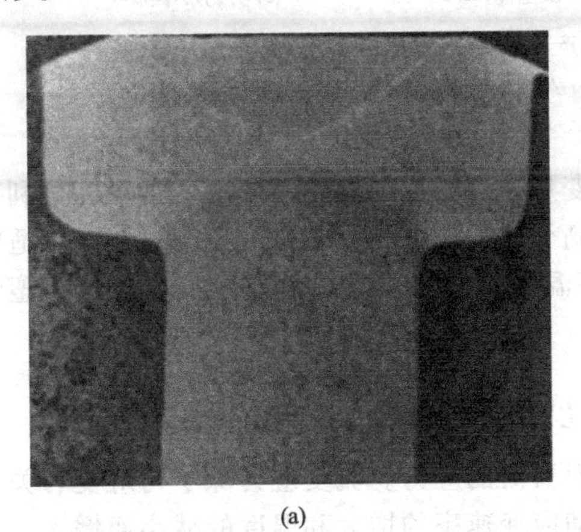
(a)

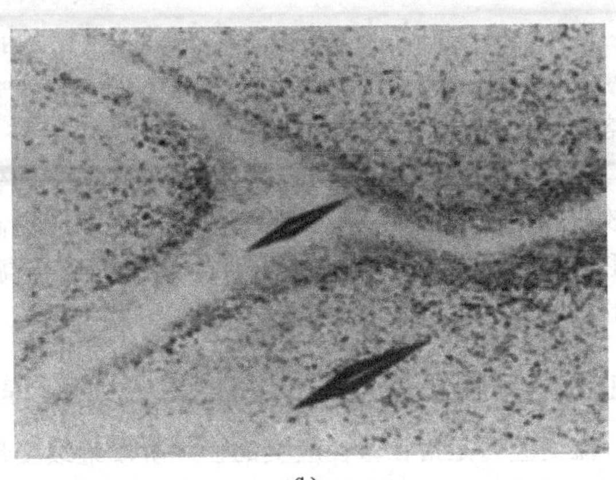
(b)

图 2-1 淬火＋回火钢螺栓头经高速冷锻造后的剪切带

剪切带具有高的硬度（b）

此外，随变形速度的提高，热软化可能导致变形局域化并形成绝热剪切带（adiabatic shear band，ASB）。如果一个区域或者带的变形大于其他区域，那么该区域的绝热温升使得该区域的流变应力降低，更促进该区域的形变局域化，局域化变形以正反馈方式发展形成绝热剪切带。如图 2-1 所示，钢质螺栓头经高速冷锻造，在短的时间里，绝大部分（约 90％）的塑性功转化为热量并且来不及散失，所以近似认为在高应变速率下的变形过程为绝热过程。ASB 所占的体积分数较之基体来说是很小的，而塑性变形就是集中在这个很小的区域内，塑性功转变而来的热量集中在 ASB 内，导致这个很小的区域内产生非常显著的温升，可升高 10^2～10^5K 量级。绝热温升导致剪切带内组织转变为奥氏体，而一旦变形终止，较冷的基体相对于 ASB 来说又可看作是一无限大的冷却源，其冷却速率的计算表明从峰值温度降到 1/2 的峰值温度这一阶段的冷却速率可以达到 10^5K/s，所以形变结束后剪切带内的金属快速冷却，奥氏体淬火为马氏体。在应变速率大致为 4.5×10^5/s 时，Ti-1300 近 β 型钛合金帽形样所产生的绝热剪切带，如图 2-2 所示。剪切带贯穿整个剪切区域，与基体组织存在明显的界面，剪切带的宽度为 15μm，基体晶粒约为 150μm。基体内遍布形变孪晶，临近区域的变形孪晶沿剪切方向扭转。在 ASB 内部，由沿剪切方向拉长的晶粒（剪切带边部）和细小等轴晶粒（剪切带中部）组成。

③ 引起相态的变化。使金属材料的温度达到相变的温度范围内，而且时间又较充分时，则相变可以在变形过程内完成，引起相态的变化。而相态的改变对流变应力、塑性等都会产生影响。

④ 改变合金的塑性状态。温度的升高，一般有利于提高金属的塑性。但由于温度升高而进入脆性区，或者超过可加工温度范围导致出现过热（晶粒粗大）、过烧（晶间低熔点相

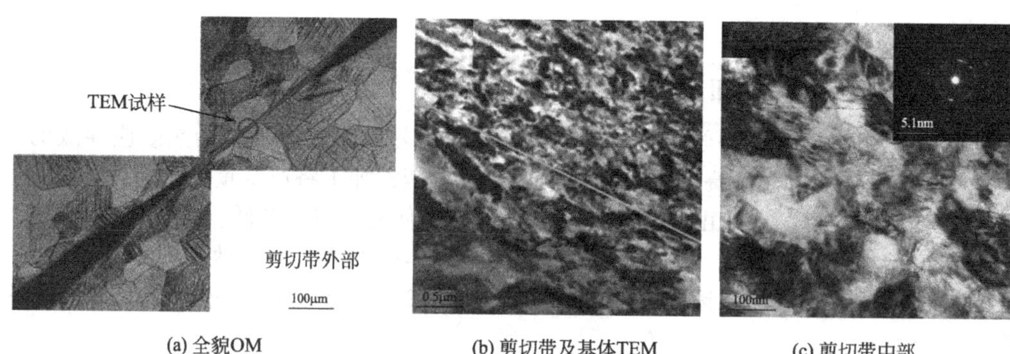

(a) 全貌OM (b) 剪切带及基体TEM (c) 剪切带中部

图 2-2 Ti-1300 钛合金内产生的绝热剪切带

[Yang Y（杨扬），et al. Mater Sci Eng A，2011，528：2787-2794]

的熔化）等则会不利于塑性的发挥。

因此，在制定加工工艺规程时，采用适当的变形速度、变形温度与变形程度，充分利用热效应减少或取消中间退火；充分利用热效应提高金属的塑性与降低流变应力；制定合适的变形温度-速度规程，例如挤压时的低温快挤或高温慢挤等；避免热效应对流变应力、塑性等的不利影响。

2.1.3 变形温度、变形速度以及变形程度对流变应力的影响

流变应力是指在塑性应变的任一阶段继续变形所需的应力。流变应力除了与应变有关外（应变硬化），也与应变速率和温度有关。一般是随应变速率的增大和温度的减小而增大。

对大多数材料而言，流变应力随应变速率的增大而增大。该效应的大小取决于材料和温度。在低应变速率范围内（如常规准静态加载条件下）以及室温时，应变速率对绝大多数金属材料的流变应力的影响很小，可忽略不计。然而在应变速率达到 10^1/s 以上时以及在高温时，应变速率对流变应力的影响很大。温度和应变速率对流变应力的影响相反，提高温度和降低应变速率的效应是相同的。

2.1.3.1 应变对流变应力的影响

在诸如汽车碰撞中吸收的能量预测、冲压模具设计、裂纹周围的应力分析等涉及塑性变形的工程应用分析中，需要考虑应变对流变应力的影响规律，也即需要真应力-应变曲线的数学关系方程。应力-应变关系的数学模型的建立取决于材料、问题的性质、需要的精度等。

如果假设没有加工硬化，此时流变应力 σ 和应变无关，即是最简单的理想刚塑性水平直线模型：

$$\sigma = Y \tag{2-5}$$

式中，Y 为拉伸屈服应力，如图 2-3（a）所示。

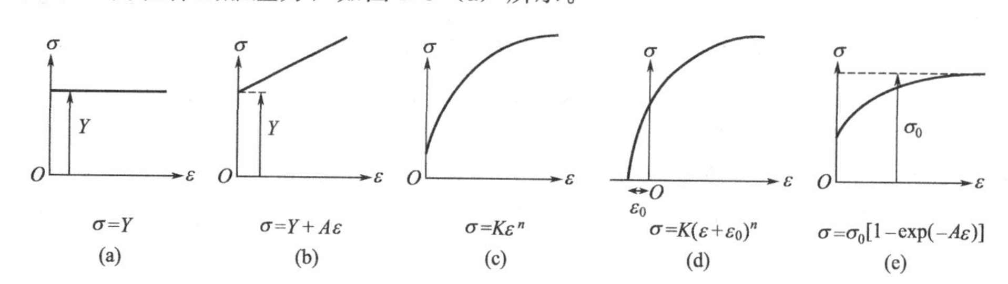

图 2-3 真应力-应变曲线的数学模型

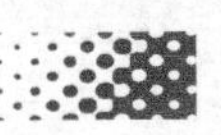

对于线性硬化[图 2-3(b)]，即刚塑性硬化直线：

$$\sigma = Y + A\varepsilon \tag{2-6}$$

对许多金属，其真应力-应变的对数曲线近乎线性，此时幂指数硬化曲线是合理的近似[图 2-3(c)]，即：

$$\sigma = K\varepsilon^n \tag{2-7}$$

式中，n 为流变应力的应变硬化指数；K 为材料常数。

当材料经历了预应变 ε_0[图 2-3(d)]，则

$$\sigma = K(\varepsilon + \varepsilon_0)^n \tag{2-8}$$

另一个模型可预测在大应变下的流变应力，流变应力接近渐近线 σ_0[图 2-3(e)]，

$$\sigma = \sigma_0[1 - \exp(-A\varepsilon)] \tag{2-9}$$

该模型对一些铝合金适用。

幂指数硬化模型 $\sigma = K\varepsilon^n$ 是最常用的模型。n 值一般为 0.1～0.6。一些材料的 n 和 K 的值见表 2-2。一般，高强材料的 n 值低。如果 n 低，则加工硬化速率开始时高，但随应变的增大加工硬化速率迅速减小；如果 n 值高，则开始加工硬化速率小但随应变增大而增大。

表 2-2 n 和 K 的典型值

材料	强度系数 K/MPa	应变硬化系数/n
低碳钢	525～575	0.20～0.23
HSLA 钢	650～900	0.15～0.18
奥氏体不锈钢	400～500	0.40～0.55
铜	420～480	0.35～0.50
70/30 黄铜	525～750	0.45～0.60
铝合金	400～550	0.20～0.30

由 $\sigma = K\varepsilon^n$，则有 $\ln\sigma = \ln K + n\ln\varepsilon$，$\ln\sigma$-$\ln\varepsilon$ 关系曲线为直线（图 2-4），n 即是该直线的斜率，$n = \mathrm{d}(\ln\sigma)/\mathrm{d}(\ln\varepsilon) = (\varepsilon/\sigma)\mathrm{d}\sigma/\mathrm{d}\varepsilon$；$K$ 即是 $\varepsilon = 1$ 时的截距。

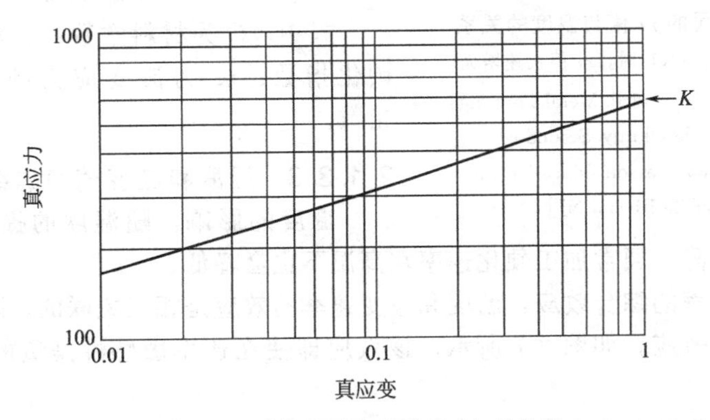

图 2-4 对数坐标中的应力-应变曲线

由于 $\sigma = K\varepsilon^n$，$\ln\sigma = \ln K + n\ln\varepsilon$，其斜率等于 n，K 即是 $\varepsilon = 1$ 时的截距

2.1.3.2 应变速率对流变应力的影响

大多数材料在给定的应变和温度下，其应变速率对流变应力的影响可用下式表示：

$$\sigma = C\dot{\varepsilon}^m \tag{2-10}$$

式中，C 为取决于应变、温度、材料强度的常数；m 为流变应力的应变速率敏感性指数。

室温时，大多数工程应用金属的 m 值都低，一般在 −0.005～+0.015 之间（见表 2-

3)，但 m 值随温度的升高而增大，热加工温度时的 m 值达 0.10 或 0.20，因此速率效应比室温时大得多。尤其是当温度 $T>0.5T_m$（K）时，m 值快速增大（图 2-5）。如果 m 值为 0.5 或更大，则材料将表现出超塑性（详见 1.1.5 节）。高温时 m 值大是由于热激活过程如位错攀移和晶界滑动的速率增大。

表 2-3　室温时金属的应变速率敏感性指数 m 的值

材料	m	材料	m
低碳钢	0.010～0.015	70/30 黄铜	−0.005～0
HSLA 钢	0.005～0.010	铝合金	−0.005～+0.005
奥氏体不锈钢	−0.005～+0.005	α 钛合金	0.01～0.02
铁素体不锈钢	0.010～0.015	锌合金	0.05～0.08
铜	0.005		

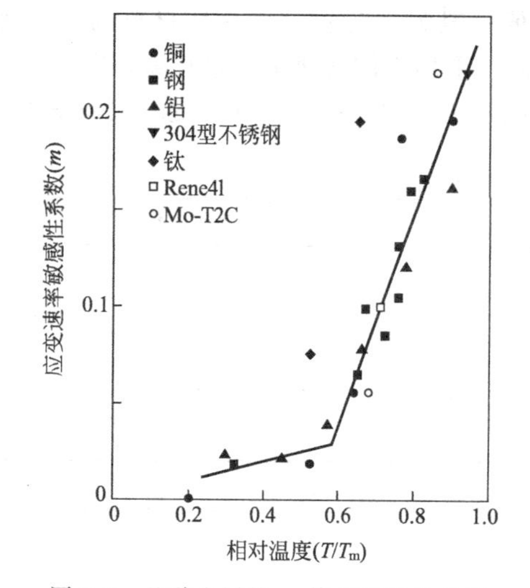

图 2-5　几种金属的 m 值与温度的关系
当温度 $T>0.5T_m$（K）时，m 值快速增大
[W F Hosford，R M Caddell. Metal Forming: Mechanics and Metallurgy. Second ed. Prentice-Hall，1983 Pearson Education Inc，Upper Saddle River，NJ]

对于铝合金和大多数其他金属（图 2-6），在室温附近存在一个最小 m 值，有时是一个负的 m 值。在低应变速率下，溶质原子偏聚于位错，因此位错运动所需外力增大。然而，当应变速率增大或者温度降低时，位错运动速度比能够扩散的溶质原子的速度快，因此位错没有被溶质原子钉扎。负的应变速率敏感性倾向于在一个窄的区域局域变形，该区域即吕德斯带沿拉伸试样传播。在一个窄的区域内的形变局域化的出现，使得该区域有较高的应变速率和较低的流变应力。

如果同时考虑应变强化和应变速率强化效应，则流变应力可近似地由下式表征：

$$\sigma = C\varepsilon^n \dot{\varepsilon}^m \tag{2-11}$$

式中，C 为材料常数；n 为流变应力的应变硬化指数；m 为流变应力的应变速率敏感性指数。

2.1.3.3　温度和应变速率的综合效应

温度的影响：随温度的提高，则应力-应变曲线水平会整体下降。通常加工硬化速率在高温下也会降低。

温度和应变速率的综合效应：温度和应变速率的效应是相互关联的。降低温度和提高应变速率具有相同的效应，如图 2-7 所示，该效应即使在速率敏感性是负的温度范围内也是如此。

金属或合金的高温塑性变形是一个位错克服阻力运动的热激活过程。高温塑性变形的宏观参量，如温度、流变应力以及应变速率都应遵从 Arrhenius 关系，即：

$$\dot{\varepsilon} = A(\sigma)\exp(-Q/RT) \tag{2-12}$$

式中，Q 为表观变形激活能，单位 kJ/mol，激活能在一定程度上反映材料变形的难易，它与该金属的扩散激活能大致相当；T 为热力学温度，K；R 为气体常数，$R=8.314\text{J}/(\text{mol}\cdot\text{K})$。

对一给定的应变，A 仅是应力的函数即 $A=A(\sigma)$，因此式（2-12）可写为：

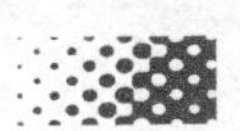

$$Z=\dot{\varepsilon}\exp(+Q/RT)=A(\sigma) \tag{2-13}$$

式中，Z 即为所谓的 Zener-Hollomon 参数，简称 Z 参数，Z 参数被广泛用以表示温度及应变速率对热变形的综合作用，由于变形温度与应变速率之间可以相互补偿，因而 Z 参数又叫做温度校正过的应变速率。

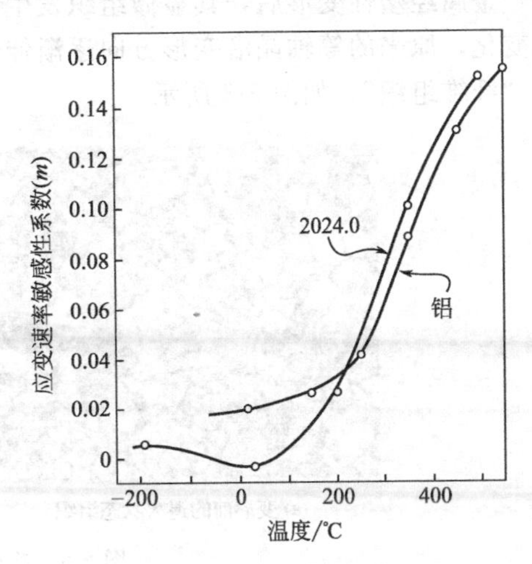

图 2-6 2024 铝合金和纯铝的应变速率敏感性指数与温度的关系

高温变形过程中，峰值应力 σ_p、稳态应力 σ_s 和各时刻流变应力值 σ 均应遵从 Arrhenius 关系。通过引入应力函数 A（σ）的不同形式，得到描述流变应力与应变速率关系的三种数学模型：

① 低应力水平下，流变应力和应变速率及变形温度之间的关系可用幂指数关系描述：

$$\dot{\varepsilon}=A_1\sigma^{n_1}\exp(-Q/RT) \quad (\alpha\sigma<0.8) \tag{2-14}$$

式中，A_1 和 n_1 均为常数。

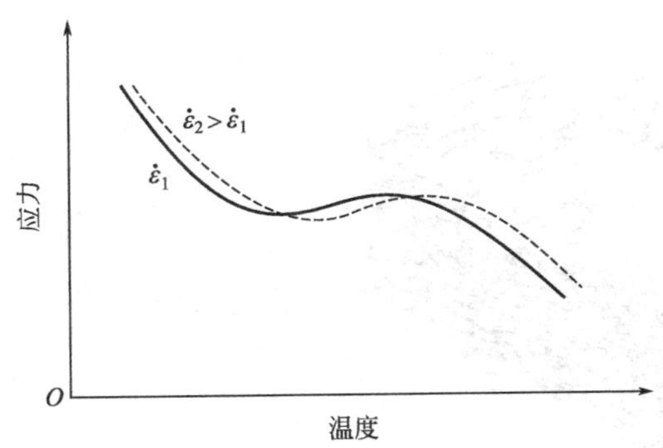

图 2-7 在两个不同的应变速率下，温度对流变应力的影响示意图
降低温度具有和提高应变速率相同的效应

② 高应力水平下流变应力和应变速率及变形温度之间的关系可用幂指数关系描述：

$$\dot{\varepsilon}=A_2\exp(\beta\sigma)\exp(-Q/RT) \quad (\alpha\sigma>1.2) \tag{2-15}$$

式中，A_2 和 β 是材料常数。

③ 在所有应力水平下，流变应力和应变速率之间的关系可采用双曲线正弦形式来描述这种热激活稳态变形行为：

$$\dot{\varepsilon}=A[\sinh(\alpha\sigma)]^n\exp(-Q/RT) \quad (\text{所有 } \sigma) \tag{2-16}$$

式中，A，α，n 均为材料常数；Q 为变形激活能，它反映材料热变形的难易程度，R 为气体常数，$R=8.314$J/（mol·K），且常数 α、β 和 n_1 之间满足 $\alpha=\beta/n_1$。

上面式（2-14）～式（2-16）中，σ 可以表示峰值应力、稳定流变应力，或相应于某指定应变量时对应的流变应力。总的来说，形变温度高、应变速率小则 Z 参数小，Z 的数值大对应流变应力 σ 也大。

2.2 冷加工对金属组织结构与性能的影响规律

2.2.1 冷加工金属的组织结构特征

冷加工会导致金属组织结构发生变化，包括显微组织的变化、亚结构的变化、形成形变织构、残余应力（参见第 6 章）、晶内晶间的破坏等。

2.2.1.1 显微组织的变化

金属经塑性变形后，其显微组织发生明显的变化。随着变形程度的增加，晶粒的形状发生变化，原来的等轴晶沿变形方向逐渐伸长。当变形量很大时，晶粒被逐渐拉成纤维状，称为“纤维组织”，如图 2-8 所示。

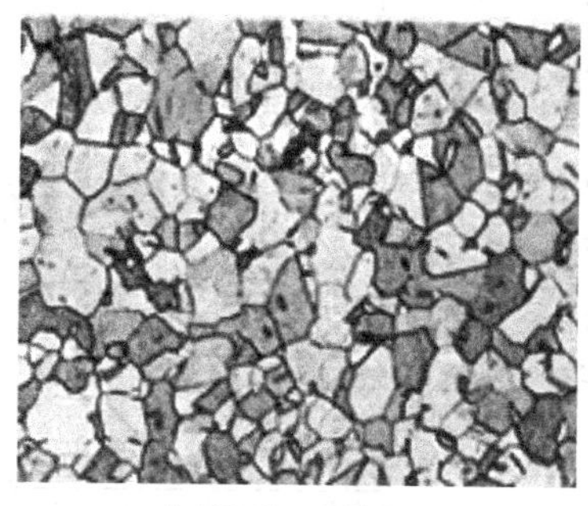
(a) 变形前的退火状态组织

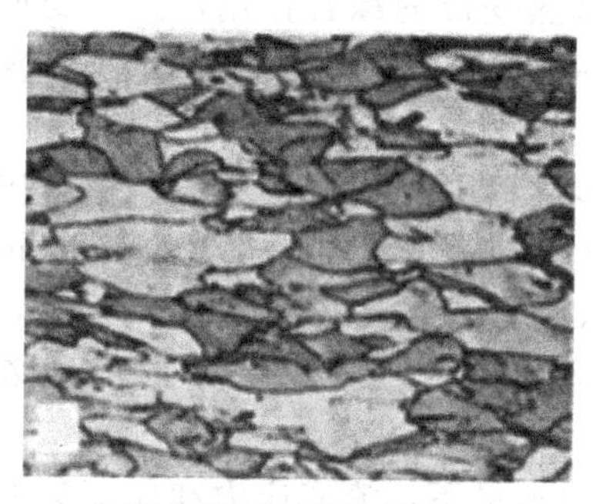
(b) 变形后的冷轧状态组织

图 2-8 冷轧前后晶粒形状变化

金属变形后的组织还与所观察的截面位置有关（图 2-9、图 2-10），如果沿垂直主变形方向截取试样，则截面的显微组织不能真实反映晶粒的变形情况。冷变形金属的组织，只有沿最大主形变方向取样观察，才能反映出最大变形程度下金属的纤维组织。

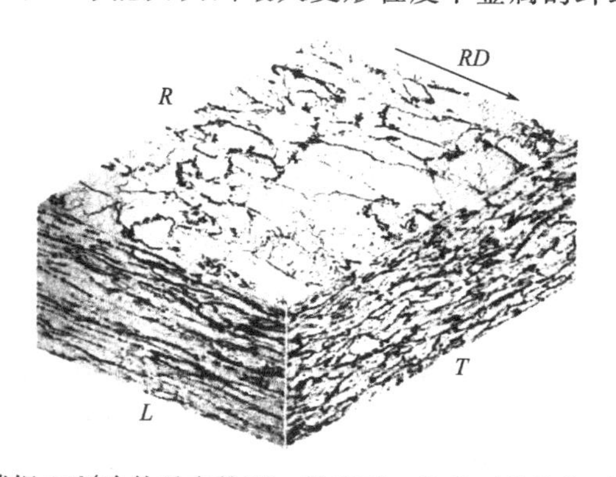

图 2-9 低碳钢 65%冷轧后在轧面、纵截面、横截面的晶粒形状金相照片

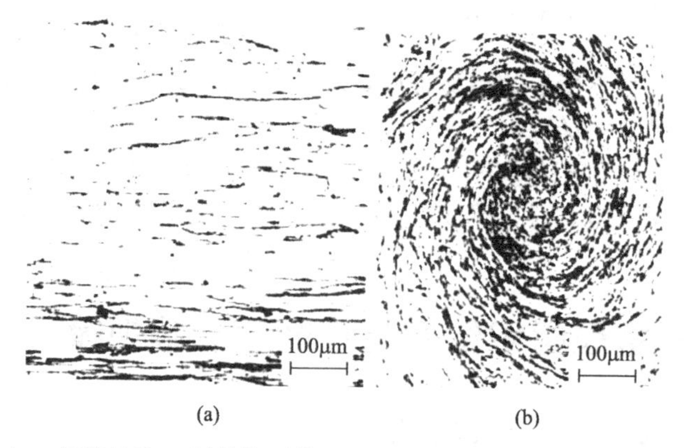

(a) (b)

图 2-10 压缩量为 87%的旋压钨丝的纵（a）、横（b）截面的金相组织

2.2.1.2 变形金属的亚结构

金属晶体的塑性变形过程就是位错不断运动和增殖的过程。随着冷变形程度的增加，晶

体缺陷增加：如位错密度、空位及间隙原子密度明显升高，亚晶界、层错、孪晶大量出现，以及形成胞状结构。

图 2-11 所示为镍合金（中高层错能）室温轧制的亚结构变化。在压下量为 40%时，位错密度高且呈位错胞结构 [图 2-11(b)]。在 80%的压下量时许多胞壁消失，取而代之的是清晰的界面。电子衍射花样表明，40%的压下量对应的衍射斑相当清晰，几无星芒；80%的压下量时 [图 2-11(c)] 星芒很明显，拉长的斑点分裂成更小的斑点，说明形变晶粒“破碎”为亚晶。

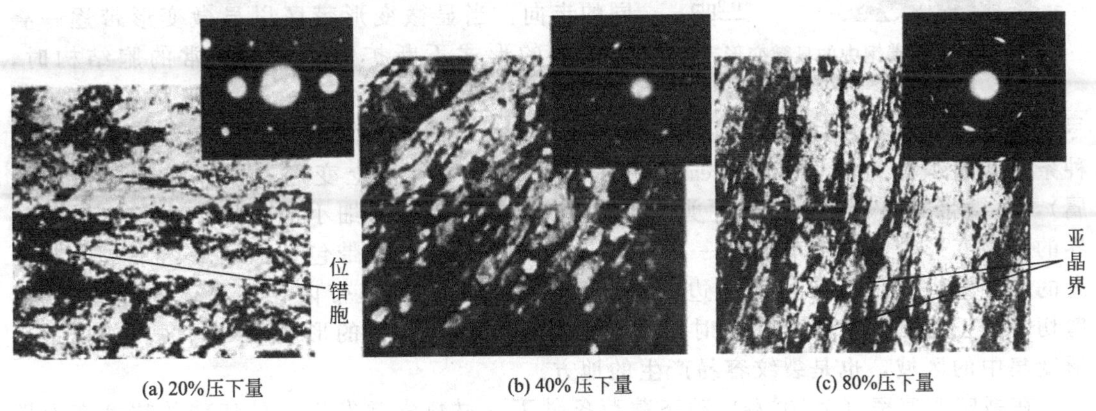

(a) 20%压下量　(b) 40%压下量　(c) 80%压下量

图 2-11　冷轧镍-200 合金的亚结构的演变

金属变形之前，其位错密度一般约为 $10^{11}/m^2$。当变形程度很大时，可增至 10^{15}～$10^{16}/m^2$。在层错能高的金属（如铝、铁等）中，扩展位错较窄，易于通过束集而发生交滑移，活动性较大，因此，在变形过程中所产生的位错容易通过交互作用聚集而形成位错缠结。当变形程度增大时，伴随着位错的增殖和运动就出现明显的胞状组织，胞内的位错密度很低，而胞壁附近的位错密度就特别高。这种胞状组织需要在透射电镜下才能观察到。

胞状结构（cell-structure）是冷变形金属组织结构（亚结构）的一个重要的特征。当变形量比较低时，金属内的位错基本上无规则排列。当变形量升高时，随着大量位错的增加，金属中会出现一定的胞状结构（图 2-12）。胞内部的位错密度很低，胞壁位错密度非常高；胞壁有尽可能平行于低指数晶面排列的倾向，如面心立方结构（fcc）中的｛100｝、｛110｝、｛111｝面。而且胞壁常以复杂的扭转晶界形式出现，TEM 分析表明，通常胞壁两侧晶体的取向差很小，小于 2°；面心立方结构（fcc）金属中胞尺寸通常为 1～3μm，体心立方结构（bcc）金属，其胞壁倾向于平行｛112｝和｛113｝滑移面；密排六方结构（hcp）常出现孪晶。

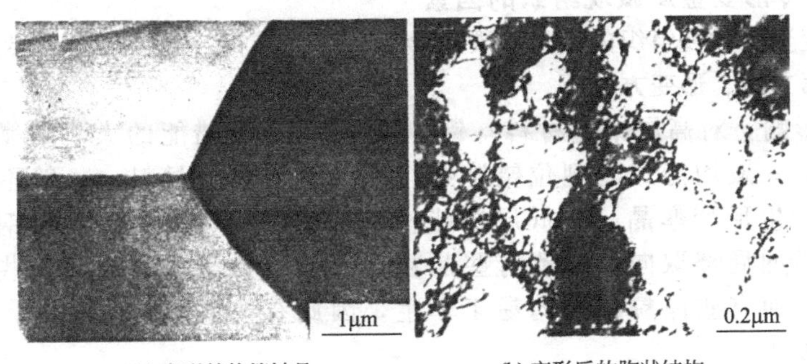

(a) 变形前的等轴晶　(b) 变形后的胞状结构

图 2-12　fcc 金属镍变形情况

图 2-13 低碳钢中的显微变形带

变形量进一步增大时（例如轧制变形），上述基本等轴的胞状结构区域的某些局部会出现不均匀变形，形成非等轴的胞结构——显微变形带（micro-bands）（图 2-13）。显微变形带是在已开动位错的滑移面上形成的，例如面心立方结构（fcc）金属的{111}面。显微带宽度一般接近 0.1μm。

当金属变形为多系滑移时，显微变形带会有不同的走向。当显微变形带区以显微变形带逐一叠加排列的形式不断扩展，取代正常的胞结构时，这种微变形带区就会变成一种条带状的变形区。尽管每个微变形带之间的取向差很小，但当这些取向差累加起来后就会变得很大，这种条带状组织称为剪切带（shear bands）。晶体经中等以上变形（中等或高层错能金属），显微带聚集成束，形成“剪切带”。剪切带由一系列细小的，相互之间有鲜明晶界的显微变形带组成。剪切带一般要穿过多个晶粒，剪切带包括的区域内集中了非常高的局部塑性变形。剪切带两边的晶体取向近似相同，但带内存在晶体的择优取向。剪切带是正常晶体学滑移受阻时出现的一种非晶体学特征的形变不均匀区，剪切带是形变集中的区域，也是裂纹容易产生的地方。

在高应变速率（$>10^3/s$）动态载荷条件下，材料常常发生一种特殊的塑性变形即绝热剪切局域化变形，该现象相当普遍地存在于爆炸复合、高速撞击、侵彻、冲孔、切削、冲蚀等涉及冲击载荷的高应变速率变形过程中，并且在金属、塑料、岩石等材料中均有发现。“绝热剪切”有两个基本特征：第一是由于变形速度很高，由塑性功转化而来的热量来不及散失，而将其变形过程近似认为是一绝热过程；第二是大的剪切变形高度集中于一个相对狭小的局部区域内，这时变形过程中的非弹性功所转化的热量引起绝热温升，局部化的变形以正反馈的方式发展形成绝热剪切带（adiabatic shear band，ASB）（图 2-14）。

对于低层错能金属（如黄铜和不锈钢），由于扩展位错很宽，难于交滑移和攀移。位错分布较均匀，不易形成位错缠结，所以，冷变形后的胞状组织不明显。而且低层错能金属容易孪生。

总之，金属经冷变形后，每一晶粒内部又会产生许多位向差别不大（从几分到几度），而尺寸很小（约为 $10^{-3}\sim10^{-6}$cm）的“亚晶粒”，亚晶粒组织的出现必然伴随着金属强度的提高，亚晶粒越小，强化效果越好。

2.2.1.3 影响冷形变金属微观组织的因素

影响冷形变金属微观组织的因素主要有金属的晶体结构、晶粒尺寸、层错能、合金中的溶质原子或者第二相、形变方式等。

层错能的影响：对高层错能材料（铝、镍等），其层错能的大小对微观组织结构的影响并不显著，一般均能观测到位错胞结构。对低层错能材料，一般不易形成明显的胞结构，容易产生形变孪晶。中低层错能材料（如黄铜、奥氏体不锈钢等）的微观结构还取决于晶粒的局部取向，导致有些晶粒的取向容易滑移，因此有些区域含位错胞结构和显微带；而有些晶粒的取向易于孪生，因此有些区域含有孪晶；还有些区域滑移和孪生都会发生。

一般大晶粒比小晶粒表现出更明显的不均匀形变，晶粒“碎化”更显著。

第二相颗粒的存在会造成更高的位错密度，大的第二相颗粒会导致位错集中在颗粒

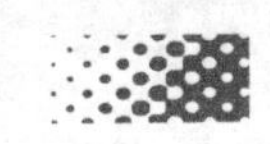

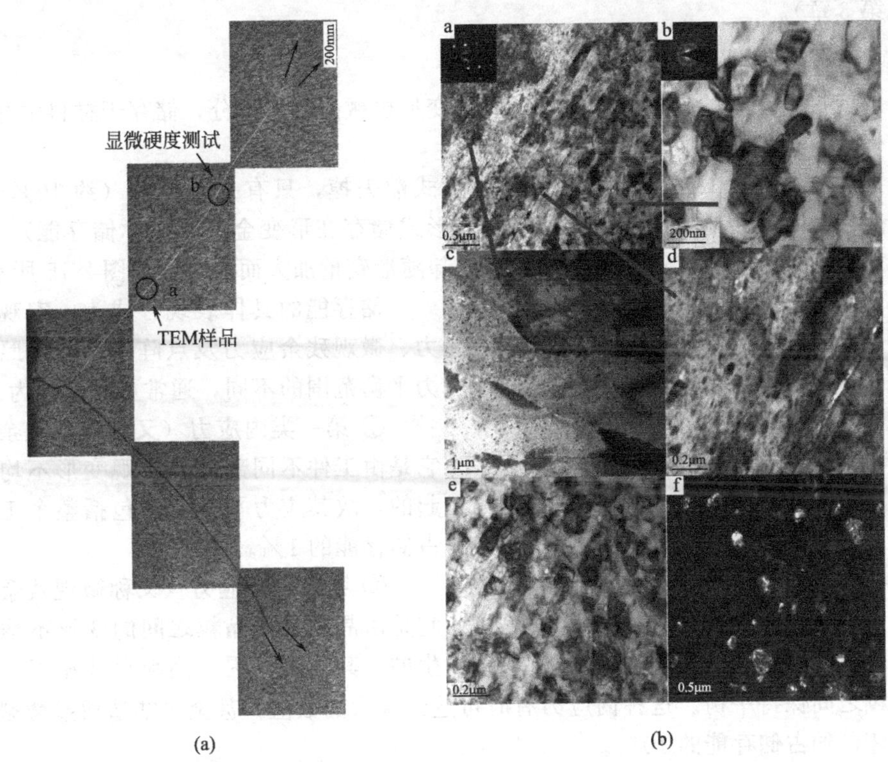

图 2-14 7075 铝合金形成的绝热剪切带 OM 形貌（a）和 TEM 形貌（b）

a—ASB 与基体的组织；b—ASB 中心；c—基体晶粒；d—ASB 中心与基体的过渡区域；e—ASB 中心明场像；f—ASB 中心暗场像；OM—光学显微镜；TEM—透射电镜

［Yang Y（杨扬），et al. MSE，2010，527A：3529-3535］

附近可形成形变带及大小约为 0.1mm 的亚晶；小的第二相颗粒会导致位错环或位错缠结分布在粒子附近；弥散第二相粒子钉扎位错，使位错不易交滑移，阻碍普通胞状结构形成。

溶质原子常与位错发生交互作用并偏聚在位错上形成气团，降低位错运动速率，也降低形成胞状结构的倾向，此外溶质原子可影响层错能而改变形变行为，溶入高价金属原子超过一定限度时降低层错能，不利于胞状结构的形成。形变温度的提高有利于交滑移和攀移，胞状结构明显，胞尺寸增大。

提高形变温度有利于位错的交滑移和攀移，因此胞结构会更明显，并且胞尺寸增大。形变温度高会减少位错与第二相颗粒的交互作用，使大颗粒附近的形变带尺寸减小，形变带内的点阵转动减少。形变速度的作用与温度的作用相反，提高形变速度相当于降低形变温度的作用。

2.2.1.4 晶内晶间的破坏

冷变形过程中会产生晶内晶间显微裂纹、空洞、裂口等，导致金属密度降低，电阻率升高。例如：铜退火后密度为 8905kg/m^3，经 80%冷变形后其密度降为 8890kg/m^3。

2.2.1.5 变形织构

在塑性变形中，形变总是在取向有利的滑移系和孪生系上发生，结果使得形变后晶体的取向并非是任意的。随着形变进行，各晶粒的取向会逐渐转向某一个或多个稳定的取向，形成多晶体中晶粒取向的择优分布即变形织构。变形织构取决于金属材料的晶体结构及形变方式（详见第 3 章）。

2.2.1.6 能量的变化

塑性形变提高金属的内能。此能量是总的变形机械能的一部分，储存于材料中并且在外力去除时仍保留下来，相应地称为冷变形储能。

金属形变时，外力做功的大部分以热的形式散失掉，只有一小部分（约 10%～15%）以点阵畸变、微观残余应力及宏观残余应力的形式储存在形变金属中（称储存能），储存能随形变量加大而加大，但它占形变总功的分数却随形变量加大而减小，如图 2-15 所示。

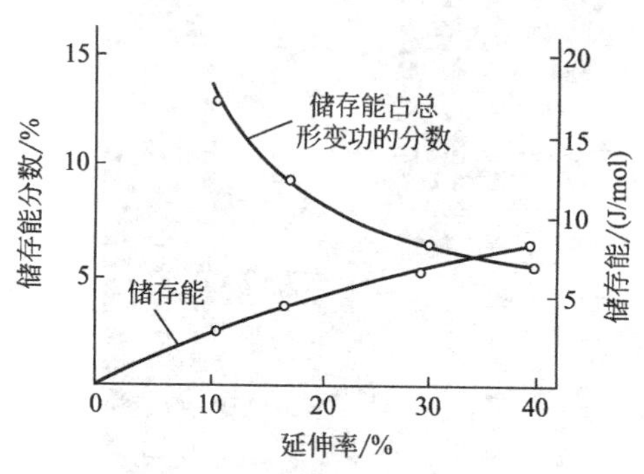

图 2-15 纯铜冷加工后的储存能

储存能的具体表现方式为：宏观残余应力、微观残余应力及点阵畸变。按照残余应力平衡范围的不同，通常可将其分为三种：

① 第一类内应力（又称宏观残余应力）。它是由工件不同部分的宏观变形不均匀性引起的，故其应力平衡范围包括整个工件，约占储存能的 1%。

② 第二类内应力（又称微观残余应力）。它是由晶粒或亚晶粒之间的变形不均匀性产生的，其作用范围与晶粒尺寸相当，即在晶粒或亚晶粒之间保持平衡。这种内应力有时可达到很大的数值，甚至可能造成显微裂纹并导致工件破坏，约占储存能的 10%。

③ 第三类内应力（又称点阵畸变）。其作用范围是几十至几百纳米，它是由于工件在塑性变形中形成的大量点阵缺陷（如空位、间隙原子、位错等）引起的。变形金属中储存能的绝大部分（80%～90%）用于形成点阵畸变，例如：铜的各种晶体缺陷的能量：空位形成能约 1eV，单位位错能约 5eV，层错能（40～60）$\times 10^{-3}$J/m^2，孪晶界面能（20～30）$\times 10^{-3}$J/m^2，低角位错界面能约 300×10^{-3}J/m^2。

点阵畸变的绝大部分（80%～90%）又是以位错的形式储存于变形金属中。因此凡促使位错密度增大的因素都有利于储能的提高，影响储能的内部因素主要有：①金属熔点（反映原子间结合的强弱）越低，则储能越小；②溶质原子浓度越高，则储能越高；③晶粒度越小，则储能越大等。影响储能的外部因素：①变形温度越低，则储能会越大；②变形速度越快，则储能越大；③冷变形量越大，则储能越大；④不均匀变形程度越大，则储能越大等。点阵畸变形式的储存能的存在，标志冷变形后内能增加，自由能比变形前有所增高，处于热力学不稳定状态，故它有一种使变形金属重新恢复到自由焓最低的稳定结构状态的自发趋势，并导致塑性变形金属在加热时的回复及再结晶过程。

变形和伴随的储能引起的结构变化导致材料中结构敏感的力学性能、物理及化学性能的强烈变化。

2.2.2 冷加工后金属性能的变化

2.2.2.1 力学性能（加工硬化）

1）加工硬化的概念

金属塑性变形后，其组织结构发生了变化，必然会导致性能的变化，尤其是力学性能的变化。随冷加工变形程度增大，位错密度增大，位错运动阻力增大，进一步变形所需应力增大。所以金属经冷加工变形后，其强度（屈服强度、拉伸强度）、硬度增加，塑性降低，这

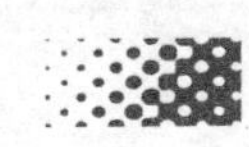

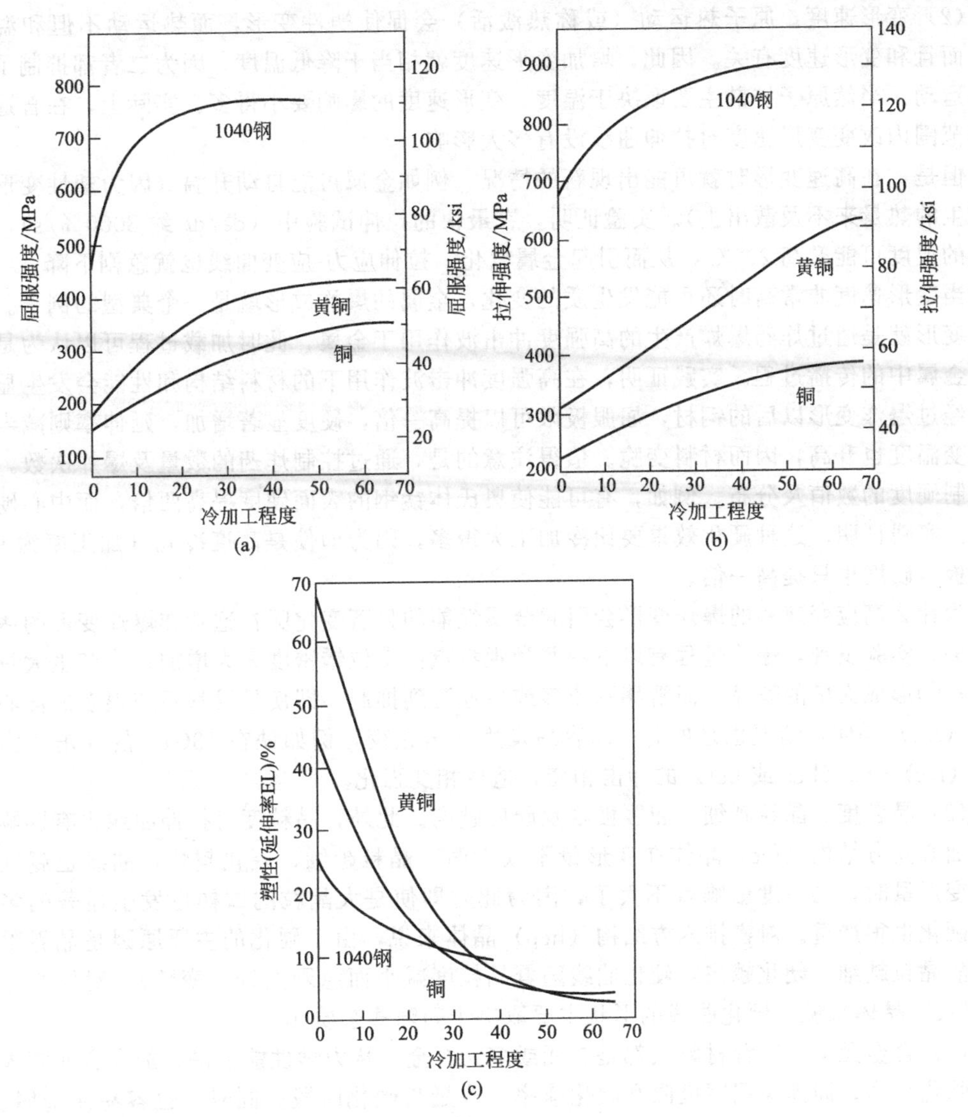

图 2-16 1040 钢、黄铜、铜随冷加工程度的增大（a）屈服强度增大、（b）拉伸强度增大、（c）塑性降低（延伸率 EL）

（$1ksi=1klbf/in^2=6894.76kPa$）

就是“加工硬化（又称应变硬化）”现象（见图 2-16）。加工硬化是金属材料的一个重要特性。一方面它是提高金属强度的一个途径，特别是对一些不能通过热处理强化的纯金属和某些合金（如低碳钢、镍铬不锈钢）；另一方面加工硬化也给金属进一步塑性加工变形带来困难。加工硬化是人们研究的一个重要问题。

2）影响加工硬化的因素

影响金属加工硬化的主要因素有变形温度、变形速度、晶粒度、合金元素等。

（1）变形温度。一般温度越高，屈服极限越低，硬化速率也越小。具体的影响还和金属种类有关。例如，对面心立方结构（fcc）晶体，温度主要影响硬化速率，对屈服极限影响不大。对体心立方结构（bcc）晶体，情况恰好相反，屈服极限随着变形温度降低而急剧增加，硬化速率则与温度关系不太大。对密排六方结构（hcp）晶体，特别是 c/a 比较大的锌、镉、镁等晶体，温度升高则屈服极限显著降低。

（2）变形速度。原子热运动（或称热激活）会促使塑性变形，而热运动不但和温度有关，而且和变形速度有关。因此，增加变形速度就相当于降低温度，因为二者都抑制了原子的热运动。当然原子扩散主要取决于温度，变形速度的影响要小得多。实际上，在普通拉伸实验范围内改变变形速度对拉伸曲线没有多大影响。

但是，在高速变形时就可能出现新的情况。例如金属可能自动升温（因为塑性变形过程中产生的热量来不及散出去）。实验证明，在最快的拉伸试验中（$d\varepsilon/dt$ 约 8000%/s），颈缩断面的温度可能升高 200℃，从而引起金属软化，拉伸应力-应变曲线也就急剧下降。

当变形速度非常高时还可能发生质的变化，金属的爆炸成形就是一个典型的例子。所谓爆炸变形就是通过炸药爆炸产生的高强度冲击波作用于金属，此时加载过程可以认为是应力波在金属中的传播过程。实践证明，在高强度冲击波作用下的材料结构和性能会发生显著变化。经过爆炸变形以后的钢材，屈服极限可以提高一倍，硬度显著增加，延伸率则减半，脆性转变温度也升高，因而材料变脆。值得注意的是，通过控制炸药的数量及爆炸次数，有可能控制硬度的数值及分布。例如，有可能使奥氏体锰钢的表面硬度提高两倍，而中心硬度仍不变。实践证明，这种硬化效果要比冷加工大得多，因为即使是高度冷轧（加工率为 95%）的钢板，硬度也只提高一倍。

为什么高应变速率的爆炸变形会引起金属性能的显著变化呢？这就和爆炸变形的微观过程有关。实验发现，爆炸过程有以下一些微观特点：①位错密度大大增加；②产生大量的点缺陷；③形成大量的孪晶，而滑移则或多或少地受到抑制，即使是滑移系统很多的面心立方结构（fcc）晶体，情况也是如此；④容易发生冲击相变，例如铁在 13GPa 的冲击压力下发生 γ（fcc）→α（bcc 或 bct）的冲击相变，造成相变强化。

（3）晶粒度。晶粒越细，屈服极限及硬度越高。此外，晶粒度对拉伸曲线也有影响。例如，面心立方结构（fcc）晶体在变形量不太大时，晶粒越细，硬化越快，曲线也越陡。但在大变形量时，晶粒度影响就不大了，因为此时即使是大晶粒的试样也发生显著的多系滑移，硬化也很严重。对密排六方结构（hcp）晶体来说，由于硬化的主要原因是晶界阻碍滑移，故晶粒越细，硬化越快，硬化曲线随着晶粒度减小而急剧上升（变陡）。对体心立方结构（bcc）晶体来说，硬化曲线的形状主要取决于间隙式杂质元素。

（4）合金元素。工程材料大都是二元或多元合金。从力学性能上讲，加合金元素大都是为了强化金属，即提高屈服极限和硬化速率，或延长硬化阶段。同时，也容易使金属变脆。合金元素的强化效果取决于它的数量、形态和分布。一般来说，弥散分布的细小沉淀相（相距大约 10nm）的强化效果最大，固溶强化次之，形成粗大的沉淀相，则强化效果最差。至于间隙式元素，它主要影响体心立方结构（bcc）晶体的硬化行为。

3）加工硬化的工程应用

加工硬化现象在材料生产过程中有重要的实际意义，例如：

（1）有些加工方法要求金属必须有一定的加工硬化。加工硬化现象也是某些工件和半成品能够实现加工成形的重要因素。如图 2-17 所示，当线材进行拉拔加工时，线材通过拉丝模后，断面尺寸减小，单位面积上的受力增加，如果金属不是产生了加工硬化而提高了强度，那么线材在出模之后就可能被拉断。另一方面，由于金属产生了加工硬化，线材断面缩小的部位便不再继续变形，而使变形局限在尚未通过模孔的部位，这样，线材才可以持续地、均匀地通过模孔，进行拉拔加工。金属薄板在冲压过程中弯角处变形最严重，如图 2-18 所示。首先，在该处产生加工硬化，使之变形到一定程度后就不再继续变形，而将变形转移到其他部位，这样，就可以得到厚薄比较均匀的冲压件。

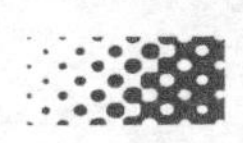

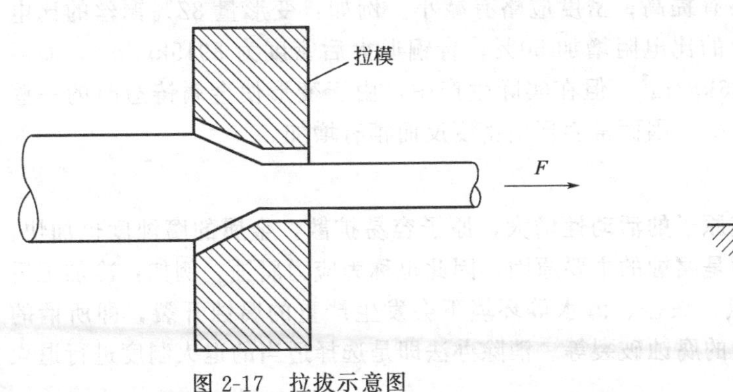

图 2-17 拉拔示意图

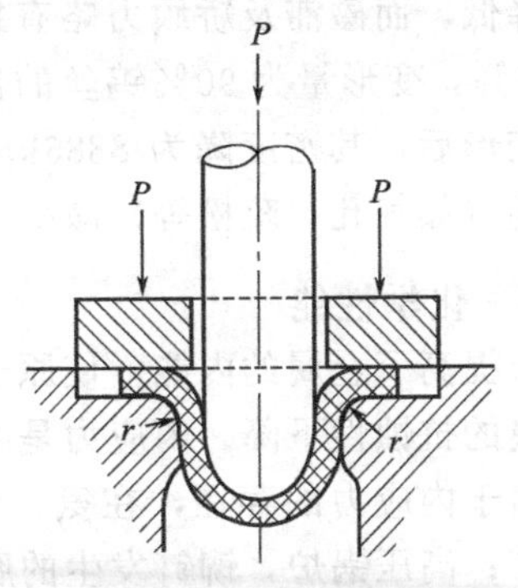

图 2-18 冲压示意图

(2) 利用冷加工的加工硬化现象控制产品的最后性能。可以利用加工硬化来控制和改变金属材料的性能，对于许多不能进行热处理强化的合金和纯金属，加工硬化是提高其强度的重要途径。它可以使屈服强度提高 3～4 倍，抗拉强度提高 1～2 倍。有时，可根据产品性能的要求，控制冷变形程度的大小，以达到不同强度性能的指标。例如有色合金材料中常常要求的半硬状态及 1/4 硬状态，就可以通过最终的冷加工变形量来控制。但是这种方法只适用于形状简单的半成品，如板带材等，而且其强化效果在加热时（如焊接时）将被消除。

对于可以进行热处理强化的合金，也可以利用加工硬化和热处理强化相结合的方法进一步提高材料的强度，所谓“形变热处理”就是把这两种强化方法结合起来使材料获得良好综合力学性能的新工艺。有关形变热处理的详细内容将在后续课程中深入学习。

(3) 有些零部件在工作条件下表面会不断硬化，以达到表面耐冲击、耐磨损的要求。例如，铁路的道岔由于经常受到火车轮的冲击和磨损，必须具有很高的冲击韧性和表面硬度。为此，人们采用奥氏体高锰钢（ZGMn13）的道岔，热处理不能强化，它的主要强化手段就是加工硬化，这种材料的特点是应变硬化速率很高，因而在火车轮的冲击作用（相当于冷加工）下，表面硬度可以达到很高的数值，但中心部分韧性仍很好（因为是面心立方金属）。近年来也有人采用爆炸硬化的办法对道岔进行预处理，这样可使表面硬度提高两倍。

但是，加工硬化现象也给金属材料生产和使用带来一些不利影响。因为当金属冷加工到一定程度以后，流变应力增加，进一步变形就必须加大外力，这样就要加大设备功率，增加动力消耗；另外，经冷变形加工硬化后，金属的塑性大大降低，如果继续变形就会导致开裂，因此，在金属材料的生产过程中若要求进行很大变形量的冷加工时，必须进行一次或多次中间退火，消除加工硬化，恢复其塑性，才能继续加工变形，这样，既延长了生产周期，又增加了成本。

此外，未消除加工硬化的金属材料在使用过程中尺寸不稳定、易变形，其耐蚀性也较差。

加工硬化虽能提高金属的强度性能，但它并不是工业上广泛应用的强化方法。这是因为它受到两个限制。第一，由加工硬化的金属制品的使用温度不能太高，否则由于退火效应，金属会软化；第二，由于加工硬化会引起金属脆化，对于本来就很脆的金属，一般不宜利用应变强化来提高强度性能（但这点也不是绝对的，在特定条件下，也可以用加工硬化来提高难熔金属钼和钨的强度性能）。

2.2.2.2 物理性能

冷塑性变形会引起点阵畸变、空位和位错密度等增加，甚至产生晶间显微裂纹、空洞、裂口等，因而使金属的电阻率略有增高（约百分之几），电阻温度系数下降；此外，变形使磁导率降低，而磁滞及矫顽力略有提高；密度应略有减小。例如：变形量82%铜丝的比电阻增加2%，变形量为90%钨丝的比电阻增加50%；青铜退火后密度为8915kg/m^3，而经80%冷变形后，其密度降为8886kg/m^3。但在实际生产中，由于变形使金属铸造时的一些宏观缺陷（如气孔、疏松等）减少，因而常表现出密度反而稍有增加。

2.2.2.3 化学性能

变形提高了金属的内能，使原子的活动性增大，原子容易扩散，金属的腐蚀度也加快，因此金属的抗蚀性下降。内应力是腐蚀的主要原因，因此也称为应力腐蚀。例如：冷加工后的黄铜由于内应力的存在，在氨、铵盐、海水等环境下会发生严重的腐蚀开裂，即所谓的“季节病”；高压锅炉，铆钉发生的腐蚀破裂等。消除办法即是选择适当的退火制度进行退火处理，消除内应力。

2.2.2.4 织构的形成导致各向异性

织构的形成导致力学性能、物理性能、化学性能等的各向异性。工业生产中的应用实例如：板材深冲中的制耳平衡法，高斯织构硅钢片的制备，电容器铝箔的选择性腐蚀等（详见第3章）。

2.2.3 冷加工特点

金属冷变形后位错的密度要增加，形成位错胞状结构；空位增多；自由能较冷塑性变形前高；晶粒顺着拉伸方向伸长或压缩时，晶粒被压成扁平状；形成形变织构；第二相或者有夹杂物偏聚时，变形后会引起这些偏聚区域的伸长而形成带状组织；变形后材料内部还有残余内应力存在；产生微裂纹，甚至宏观裂纹等。组织结构的变化必然导致性能的变化。如力学性能的变化体现在：冷加工后，金属材料的强度指标（比例极限、弹性极限、屈服极限、强度极限、硬度）增加，塑性指标（面缩率、延伸率等）降低，韧性也降低了。此外，随着变形程度的增加，还可能产生力学性能的方向性。物理、化学性能也发生明显变化：在晶间和晶内产生微观裂纹和空隙以及点阵缺陷，因而密度降低，导热、导电、导磁性能降低。同样原因，使金属材料的化学稳定性降低，耐腐蚀性能降低，溶解性提高。

因此冷变形具有如下优点：①明显的加工硬化效应，可同时提高金属的强度和得到所需的最终形状。对于纯金属和某些不能通过热处理强化的合金，冷加工是提高其强度的有效途径。此外，有些变形过程只有冷变形才能做到，例如金属丝的拉伸需要将一根金属棒通过模具，来产生更小的横断面区域，拉拔力在金属棒和成形丝材中是不同的，在起始处的应力要高于材料的屈服强度使得金属发生变形。而在成形后的丝材中应力要低于屈服强度，来防止材料的断裂。而这一过程只有在拉拔过程中产生应变强化才能做到。②不需加热，所以冷加工用来生产大批量的小部件的成本较低。③冷加工制品的精度高，公差小。表面光洁度高，精细制品宜采用冷加工。④冷加工制品的组织和性能易于控制。

冷加工的局限性在于：①冷加工比热加工需要更大的外力，因此冷加工设备的功率大。②冷加工工件的表面需更为清洁。③冷加工的变形程度受加工硬化和塑性的限制，在冷加工过程中往往需要中间退火以降低流变应力、恢复塑性。④一些金属，例如密排六方结构（hcp）金属镁，在室温下滑移系少并且较脆，因此只能进行小变形量的冷加工。⑤延展性、导电性和抗腐蚀性在冷加工过程中都会降低。然而，冷加工对导电性的减弱还是比其他强化的加工方法少得多（如引入合金元素），所以冷加工可以满足导电材料的强化，例如作为电力运输的铜线。⑥很好地控制残余应力和各向异性是很必要的。如果残余应力控制的不得当，材料的性能会降低。⑦冷加工产生的强化效果会在高温条件下减弱甚至消除。因此对于

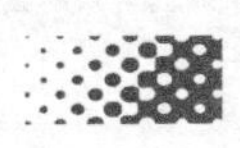

在高温环境中服役的零件不能使用冷变形作为强化手段。

2.2.4 加热对冷变形金属的组织结构与性能的影响

如前所述，金属和合金受冷塑性变形后，组织结构和性能发生明显的变化。在力学性能方面表现为强度、硬度提高，塑性、韧性下降，此即形变硬化（加工硬化）现象。当冷变形量过大时，在金属达到所要求的形状或尺寸以前，将因加工硬化导致其塑性变形能力的“耗尽”而发生破断，因此金属的冷变形一般要进行几次，每次只能根据金属本身的性质与具体的工艺条件，完成一定数值的总变形量，而且在各道次冷变形中间，要将硬化的、不能继续变形的金属工件进行退火处理以降低流变应力、恢复塑性，这种冷变形后退火，退火后又重复进行冷变形的作业，称为**冷变形-退火循环**。此外，变形金属会产生第一、二类内应力，当其超过材料的强度极限时，会造成工件的开裂。因此，一般变形金属根据需要进行两类退火：一类为中间退火又称为软化退火，以发生再结晶过程，以提高塑性，恢复变形能力，使工件能进一步变形；另一类为成品退火，以控制金属制品性能，得到强度与塑性不同组合的软态（M）、半硬态（Y2）、硬态（Y）的成品；或者是去应力退火，发生回复过程，以消减内应力，防止开裂。研究冷变形金属的回复和再结晶的基本规律，可以了解和掌握这两类退火过程中发生的变化，控制和确定退火规范，保证退火质量，使材料获得所需要的使用性能。

2.2.4.1 变化条件与过程

冷变形金属加热时发生回复、再结晶的变化，有两方面条件，即热力学条件和动力学条件。

1）变化的热力学条件

一切过程的发生遵循热力学条件，回复、再结晶也不例外。经过冷塑性变形的金属，由于位错增殖、空位增加，以及弹性应力的存在，导致变形储能 ΔE 增高，而变形金属的熵变 ΔS 不大，$T\Delta S$ 项可以忽略不计，因而变形金属的吉布斯自由能（$\Delta G=\Delta H-T\Delta S\approx\Delta E$）升高，金属处于热力学不稳定状态，有发生变化以降低能量的趋势，变形储能即成为回复、再结晶的驱动力。

2）变化的动力学条件

热力学条件决定冷变形金属在加热时有变化的趋势，但实际能否发生变化还受动力学条件的制约。变形金属加热时发生的变化通过空位移动和原子扩散进行，而原子扩散的能力以扩散系数 D 表示，决定于温度，有 $D=D_0\exp(-Q/RT)$ 的关系，式中，D_0 为扩散常数，Q 为扩散激活能。由此式可以看出，随温度升高，原子扩散能力增强，温度降低，扩散困难。因此，冷变形金属在室温或低温，尽管热力学不稳定，但由于原子不易扩散，变化过程非常缓慢，对一些熔点较高的金属可认为基本不发生变化，只有提高加热温度，增大原子扩散能力，满足动力学条件，变化过程才可能发生。动力学条件主要是加热温度、加热速度，以及材料自身的性质等。

3）变化过程

冷变形金属（存在大量的缺陷，例如大变形后位错密度约达 $10^{16}/m^2$ 及存在相应的储能）的状态在任何温度下在热力学上都是不稳定的。由于位错和变形形成的点缺陷所来的畸变能，使冷变形金属的自由能高于退火金属的，因此与一般相变不同，变形金属向自由能较稳定状态的转变并不严格地与某一特定温度有关。

变形状态在较低温度下是十分稳定的（“冻结”），为发生转变，必须使热激活（激活能）足以克服势垒。大量的金属学过程（例如，位错、扩散的热激活，扩散控制的晶界移动等）都是与再结晶有关的热激活过程。热激活过程都可由下式描述：

$$\Gamma = Z_0 \nu \exp(-\Delta G/kT) \tag{2-17}$$

式中，Γ 为原子跳离原位置的概率；Z_0 为距离其原位置的原子相对量；ν 原子振动频率；ΔG 原子离开点阵位置所需克服的势垒（即自由能差）。

变形金属加热时可以发生并降低激活能的基本过程如下（按加热的先后次序）：回复，包括点缺陷消失、多边形化（小角度界面的形成和迁移）；再结晶，包括一次再结晶或初次再结晶、晶粒长大（均匀长大）、异常晶粒长大（常称作二次再结晶）。上述基本过程或顺序发生，或重叠，这取决于形变量、加热速率和时间、材料的本性和纯度以及其他因素。最终，冷变形对金属结构和性能之间的影响可以不同的方式消除至不同的程度。

(1) 回复

回复是指冷变形金属在低于再结晶温度下加热时，其强度指数和晶粒形状无明显改变，只有因一些点 缺陷和位错的迁移而导致亚结构和某些物理性能（如电阻率下降）发生改变的过程。回复阶段没有大角度晶界的迁移，它是通过点缺陷消除、位错的对消和重新排列来实现的，回复过程是均匀的。

回复对组织结构的影响：回复温度低时（$0.1\sim0.3T_m$，K），主要是空位运动和点缺陷的消失，回复时空位迁动和消失是不会影响显微组织的，只有涉及位错迁移时才会影响显微组织；回复温度高时（$0.3\sim0.5T_m$，K），位错迁移和重组引起的显微组织变化主要是多边形化和亚晶形成与长大。流变应力 σ_s 和亚晶尺寸 d 的关系：$\sigma_s=\sigma_0+k_y d^{-m}$，式中：$\sigma_0$、$k_y$ 均是常数，对于冷加工态，胞壁是漫散的，这时 $m\approx1$；随着回复的进行，亚晶逐渐长大，m 值逐渐下降，最后降至 0.5，这时和 Hall-Petch 公式相同。

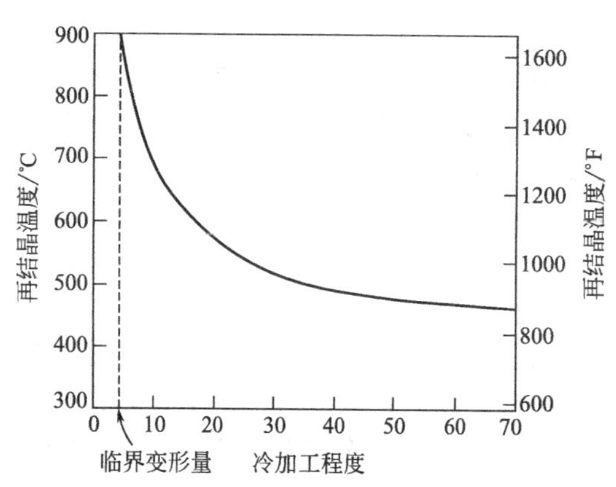

图 2-19 铁的再结晶温度与冷加工量的关系
小于临界变形量（约 5%断面收缩率）不发生再结晶

回复后的物理性能会发生改变，如电阻率降低和密度增加（因为点缺陷密度下降）。由于流变应力和硬度是位错密度和位错分布的函数，只有发生位错迁动时才会有力学性能的回复。低温回复只涉及点缺陷的运动，力学性能几乎不变。较高温度回复时，力学性能回复程度取决于金属的形变性质以及金属本身特征：层错能低的金属（黄铜、Cu、Ni等）难以交滑移和攀移，力学性能无显著变化；层错能高的金属（Al、α-Fe）易交滑移和攀移，力学性能下降大些。

回复将导致宏观内应力几乎可完全消除，微观内应力部分消除。回复退火主要用于去应力退火，去除冷变形工件的应力，防止变形和开裂。如深冲黄铜弹壳，放置一段时间，在残余应力和外界腐蚀性气氛的联合作用下，会发生应力腐蚀、沿晶间开裂，冷冲后于 260℃退火以消除应力，可防止应力腐蚀的发生。经这样退火后，内应力可大部分消除，而强度、硬度基本不变。此外，用冷拉钢丝卷制成弹簧，在卷成之后，要在 250～300℃退火，以降低内应力并使其定性。铸件、焊件在生产过程中有应力存在，也利用回复效应进行去应力退火。

(2) 再结晶

再结晶是指冷变形金属在加热［$>0.4T_m$（K）］条件下，通过具有大角度晶界晶粒的形核和长大，生成无畸变、晶体结构不变的新晶粒组织，进而消除变形组织的过程。对形变

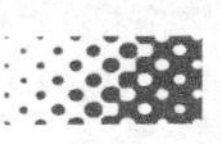

(a) 冷加工的晶粒组织(33%断面收缩率,可见滑移带)

(b) 在580℃加热3s的再结晶初始阶段(很小的晶粒即是已形核的再结晶新晶粒)

(c) 部分冷加工晶粒被再结晶晶粒取代(580℃×4s)

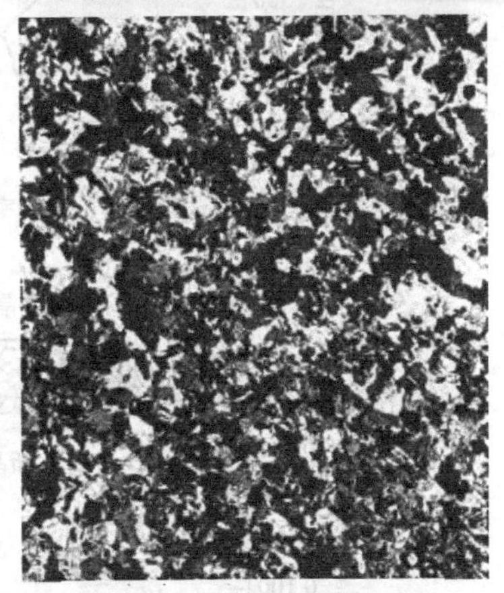

(d) 完全再结晶(580℃×8s)

(e) 晶粒长大(580℃×15min)

(f) 晶粒长大(700℃×10min)

图 2-20 黄铜的再结晶和晶粒长大的不同阶段（均 75 倍）

金属，从形变开始就获得储存能，它立刻就具有回复和再结晶的热力学条件，原则上就可发生再结晶。温度不同，只是过程的速度不同罢了。所以，再结晶并没有一个热力学意义的明确临界温度。人为定义了一个“再结晶温度”：即在一定时间内（1h）刚好完成再结晶的温度。这是一个动力学意义的温度。形变量足够大时，一般纯金属的再结晶温度为（0.35～

0.4) T_m (K)，纯金属比合金 [约 $0.7T_m$ (K)] 容易再结晶。

再结晶的基本规律主要有：再结晶需要2%～20%的临界冷加工量才能发生（图 2-19）；随冷加工量的增大，再结晶速率增大而再结晶温度下降，但当冷加工量大到一定值后，再结晶温度趋于一个稳定值；再结晶刚完成时的晶粒尺寸取决于冷加工量而和再结晶温度关系不大；原始晶粒尺寸越大，则要获得相同的再结晶温度的冷加工量越大；再结晶新晶粒不会长入取向相近的形变晶粒中；再结晶后继续加热，晶粒尺寸增大（此为长大问题）。再结晶不同阶段的晶粒组织特征如图 2-20 所示。再结晶后，金属的强度指标显著下降、塑性显著提高、加工硬化消除（图 2-21），物理性能明显恢复，内应力完全消除。

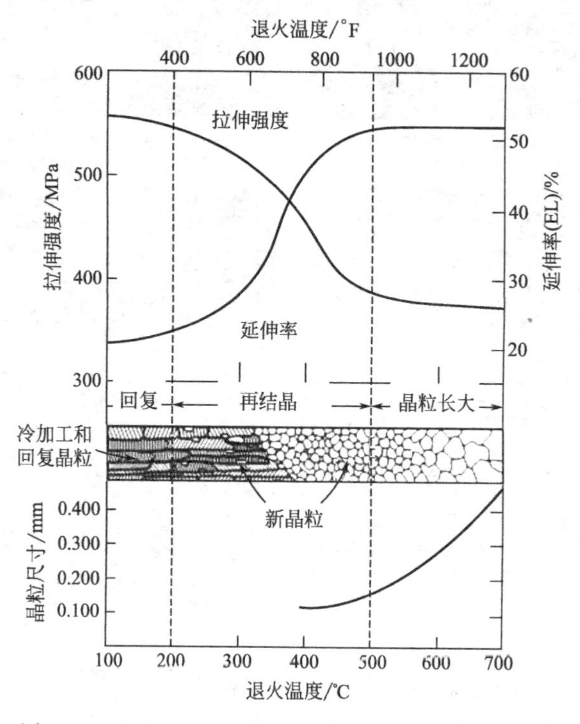

图 2-21　退火温度对黄铜合金拉伸强度和塑性的影响

(3) 再结晶机制

① 再结晶形核机制

a. 再结晶形核的一般规律：核心优先在局部形变高的区域（例如，形变带、晶界、夹杂附近及自由表面附近等）形成；形变量高于一临界值后，形核率随形变量增加而急剧增加；一般情况下（中等形变量下），核心的晶体学位向与它形成所在的形变区域的晶体学位向有统计关系；不能长入和它的位向差别不大的区域中。

b. 再结晶形核机制主要有：

(a) 应变诱发晶界迁移机制（也叫晶界弓出机制）：它是大角度晶界两侧存在着位错密度差的结果。由于大角度晶界两侧亚晶含有不同的位错密度，致使两侧亚晶所含的应变储能不同，在应变储能这一驱动力的作用下，大角度晶界会向位错密度高的一侧迁移，继而形成无应变的再结晶晶粒。

(b) 亚晶粗化机制：位相差不大的两相邻亚晶为了降低表面能而转动，相互合并，在这个过程中，为了形成新的晶界并消除两亚晶合并后的公共亚晶界，需要借助于两亚晶小角度晶界上位错的滑移和攀移来实现。亚晶转动合并后，由于转动的作用，会增大其与相邻亚晶之间的位向差，就这样形成大角度晶界，形成了新的再结晶晶粒。

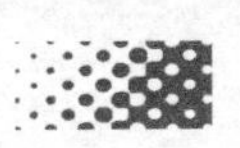

(c) 孪生形核：孪生形核是影响较大的一种点阵转变形核机制。孪生产生的孪晶与其基体之间有一个镜面，称为孪晶面。由基体出发经过不同代次的孪生繁衍可以达到几乎所有可能的取向，即调整不同孪晶的代次和孪晶方向几乎可以获得与基体所有可能的取向关系。

(d) 位错塞积区形核：变形金属中存在的某些位错塞积区，也可以成为有利于再结晶晶核生成的部位。一般认为，如果在变形过程中金属组织中的任何缺陷结构不被位错滑移及其他变形机制切过消除，则会在其周围出现位错塞积现象，进而形成高位错密度区，即高储能区。例如变形组织中坚硬的第二相颗粒及多个晶界交界处就属于这种情况。这种缺陷结构在加热时容易首先发生变化，从而造成形核的机会。

② 再结晶核心的长大　再结晶核心的长大在本质上即是大角度晶界的迁移，迁移的驱动力是形变的储能。由于在再结晶过程中驱动力（储能）的不断减小，晶核长大速率逐渐变慢。

(4) 再结晶后的晶粒长大

新晶粒的长大过程即是其晶界的迁移过程，此时再结晶完成，无形变组织，虽然形变储存能已完全释放，但材料仍未达到最稳定状态（含有晶界），为减少总界面能，晶粒力求长大。不是所有的晶粒都能够长大，而是大晶粒以吞并小晶粒的方式进行的，总晶界面积的减小即是长大的驱动力。

原子穿过晶界扩散

晶界迁移方向

图 2-22　晶粒通过原子扩散长大的示意图
(Van Vlack，Lawrence H. Elements of Materials Science and Engineeing，1989：221)

① 晶粒正常长大　晶界迁移是原子从晶界的一边短程扩散到另一边，晶界迁移方向和原子运动方向相反（图 2-22）。晶粒尺寸（d）与时间的关系是：

$$d^n - d_0^n = Kt \tag{2-18}$$

式中，d_0 是 $t=0$ 时的晶粒尺寸；K 和 n 是与时间无关的常数，一般 $n \geqslant 2$。时间和温度对晶粒尺寸的影响如图 2-23 所示，低温时曲线是线性的，而且随温度升高，扩散增强，晶粒快速长大。此外，第二相粒子、织构和表面对晶粒长大均有影响。

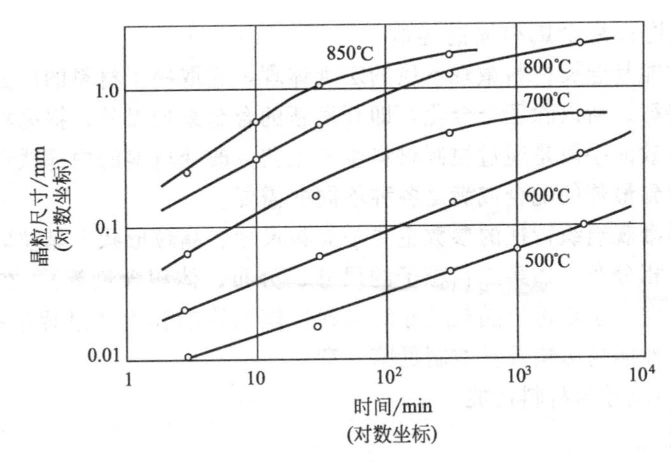

图 2-23　在不同温度下，黄铜的晶粒直径的对数和晶粒长大时间的对数的关系曲线

第二相粒子对晶粒长大的钉扎作用。晶界开始穿过粒子时，晶界面积减小，即减少了总

的界面能量，这时粒子是帮助晶界前进的。但当晶界到达粒子的最大截面处后，晶界继续移动又会重新增加晶界面积，即增加了总的界面能量，这时粒子对晶界移动产生拖曳力，即起钉扎作用。在退火过程中只要第二相粒子不粗化或溶解，则晶粒长大到一定程度就会停止，这种影响又称为**弥散相抑制**。第二相粒子对晶界迁移的钉扎作用，对控制材料中晶粒尺寸有很重要作用，如钨灯丝、铝合金、新型纳米氧化物合金。

织构和表面对晶粒长大的影响。若一次再结晶后形成很锋锐的织构，因晶粒之间取向差不大（少于10°），这样的晶界能较低。由于晶粒长大的驱动力是界面能，所以存在强织构时，阻碍晶粒的长大，这种影响称为**织构抑制**。对薄板材，当很多晶粒长大到其尺寸横跨板材厚度时，长大的晶粒两面都暴露于表面，这些晶粒的长大变成了二维长大。露在自由表面上的晶界由于晶界张力与表面张力平衡而形成表面蚀沟，这些蚀沟总是与晶界的瞬间位置相连，它随晶界移动而移动，结果对晶界产生钉扎作用，这种影响称为**厚度抑制**。在铝箔及电工硅钢生产中此现象明显，控制表面气氛可达到控制取向及长大的作用。

② **晶粒异常长大**（又称作二次再结晶）　一次再结晶后继续延长退火时间，在一定条件下，晶粒的正常长大被少数几个晶粒的突然快速（异常）长大而中断。异常长大的晶粒不断吞并邻近正常尺寸的晶粒，直至这些晶粒全部被吞并。异常长大的晶粒的长大动力学与一次再结晶相似，因此又称这种晶粒的不均匀长大过程为二次再结晶。二次再结晶的大晶粒并不是由重新形核长大获得的，而是原来一次再结晶的一些特殊晶粒经历一定孕育期后长大形成的。异常长大晶粒的尺寸比一次再结晶晶粒尺寸大得多，并且其晶体取向一定偏离了一次再结晶织构。

晶粒异常长大的原因在于存在某些抑制因素，如织构抑制、第二相粒子的粗化或者溶解、厚度抑制等。

(5) 再结晶织构

具有形变织构的材料在再结晶退火时会再度获得织构，这称为再结晶织构或退火织构。再结晶织构可能和原来的形变织构一致，但更多的是和原来的形变织构完全不同。

再结晶织构在金属制品的生产过程中广泛存在，有时是所期望的，要设法提高织构的强度，如铝箔、电工钢、IF深冲钢板及许多功能材料；有时要避免，如铝易拉罐的生产等（详见第3章）。

2.2.4.2 再结晶退火后金属材质的控制

金属材料的性能是金属材料微观本质的宏观体现，它取决于材料的成分和在材料生产过程中形成的组织特征。所以除了合金化，即开发新的合金系列以外，提高材料（尤其是传统材料）性能的最有效的手段是通过控制材料生产工艺，改变材料的内部微观组织特征，以使材料的各种性能达到最佳的配合或满足各种不同的需要。

反映金属材料微观组织特征的参数主要是晶粒尺寸、晶粒形状、晶粒取向、晶体缺陷以及多相组织中的各相分布（如第二相粒子的尺寸、分布、体积含量等）。在此从再结晶与晶粒长大这一主题出发，主要讨论晶粒尺寸对材料性能的影响和生产过程中晶粒尺寸的控制，再结晶织构对材料性能的影响及其控制见第3章。

1) 再结晶晶粒尺寸与材料性能

(1) 力学性能

金属材料的屈服极限 σ_s 和平均晶粒尺寸 d（直径）之间的关系，即霍尔-佩奇（Hall-Petch）关系：

$$\sigma_s = \sigma_0 + kd^{-1/2} \tag{2-19}$$

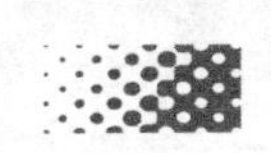

式中，σ_s 为屈服应力；σ_0 为运动位错的摩擦应力或称晶内阻力；k 为实验常数即曲线斜率，是和晶格类型、弹性模量、位错分布及位错被钉扎程度有关的常数；d 为平均晶粒直径。大量的实验结果表明，霍尔-佩奇关系式在多晶金属材料中（大多数工程金属材料的晶粒尺寸范围在 10～100μm 内）具有普遍的适应性，但 Hall-Petch 关系对于晶粒很大或者很小的多晶金属并不适用。

图 2-24 给出的 70Cu - 30Zn 黄铜合金中一些典型的实验数据，表明屈服应力随晶粒或晶粒尺寸的减小而增加。

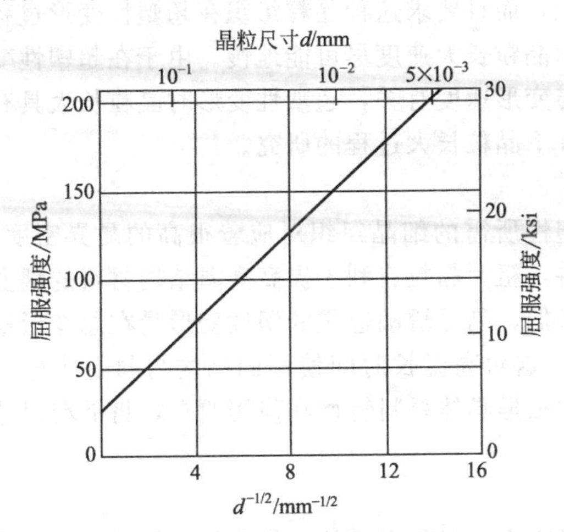

图 2-24 晶粒尺寸对 70Cu - 30Zn 黄铜屈服强度的影响

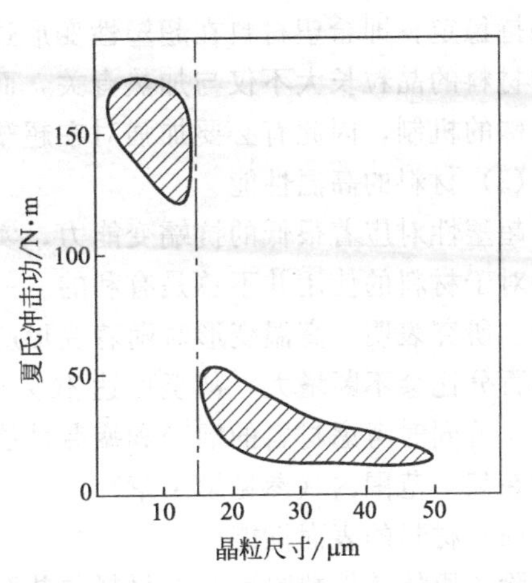

图 2-25 Fe-12Ni-0.5Ti 合金中初始奥氏体晶粒尺寸与－196℃夏氏冲击功之间的关系

细化晶粒除了有利于材料的强度与塑性以外，还将有益于提高材料的韧性。图 2-25 所示为 Fe-12Ni-0.5Ti 合金中初始奥氏体晶粒尺寸与低温（－196℃）夏氏冲击功之间的关系。由图可见，当初始奥氏体晶粒尺寸大于 15μm 时，冲击韧性显著下降。类似的研究发现，这是含镍低温钢中的一种普遍规律，例如，对含 8%的和 15%Ni 的合金而言，其冲击韧性迅速下降的临界尺寸分别为 5μm 和 30μm。

虽然在绝大多数情况下，合金元素以及第二相粒子（包括有色金属的 GP 区）的强化效果比细化晶粒更为明显，在工业生产中也应用得更为广泛，但几乎所有这些方法都将引起塑性及韧性的恶化，而细化晶粒是能够在不牺牲材料韧塑性的前提下提高强度的唯一工艺措施。在一些情况下，细化晶粒也是弥补由于第二相粒子所引起的韧塑性恶化的有效手段。例如，铝锂合金由于具有较高的比强度，近年来在航空航天工业上受到重视。但锂在铝中的扩散系数较大，靠近晶界的一定范围内的锂元素将很快扩散到晶界上，因此铝锂合金组织中富锂的第二相粒子（Al_3Li）通常分布在晶界上或者晶粒的中心部位，而在晶界附近形成一个没有第二相粒子的区域（particle-free zone，PFZ）。当材料承受负载时，位错将很容易地通过强度较低的 PFZ，聚集于晶界尤其是晶界交汇处，形成局部的应力集中，从而大大降低铝锂合金材料的塑性变形能力。在这种情况下，细化晶粒将能有效地减小 PFZ 的尺寸，缩短位错的滑移距离，使各个微观局部的形变以及应力的分布更为均匀，从而有效地降低应力集中的程度，提高材料的韧性与塑性。

(2) 材料的超塑性

超塑性是指一定条件下，材料能在较小的应力作用下无颈缩地达到 100%以上的延伸率。超塑性变形是通过晶界滑移以及由晶界空位扩散引起的扩散蠕变来实现的，因此超细晶粒是超塑性材料的一个最主要的微观组织特征。在大多数合金中，晶粒尺寸对材料超塑性的影响很大。

在超塑性条件下，流变应力σ、应变速率$\dot{\varepsilon}$与晶粒尺寸d之间存在下述经验关系式：

$$\sigma \propto d^a \tag{2-20}$$

$$\dot{\varepsilon} \propto 1/d^b \tag{2-21}$$

式中，两个指数a和b与材料本身及实验条件有关，一般来说，a在0.7～2之间，b在2～4之间。

实现超塑性不仅需要有细小的原始晶粒组织，而且要求这种晶粒组织在超塑性变形过程中保持稳定，即希望材料在超塑性变形过程中的晶粒长大速度尽可能地慢。由于在超塑性变形中材料的晶粒长大不仅与加热有关，而且还与变形速度有关，超塑性变形时晶粒长大具有其特殊的机制，因此有必要加强对在超塑性条件下晶粒长大过程的研究。

(3) 材料的高温性能

超塑性对应着很低的抗蠕变能力，实现超塑性所需的细晶组织对应着很高的晶界密度，这些对于材料的使用并不总是有利的。一般来讲，粗大晶粒有利于提高高温结构材料的蠕变强度。研究表明，高温变形时随着变形应力的降低，晶界滑动造成的塑性变形量在总变形量中的百分比会不断增大，甚至可达40%～50%。这对高温长时间使用的结构材料是十分不利的。若同时考虑材料的蠕变和疲劳性能，也须根据具体材料特性和使用要求，将晶粒尺寸控制在某一范围内（参见第1章）。

(4) 材料的表面性能

除了原始铸件缺陷以及在材料包装、储运过程中对材料表面的损伤以外，材料表面缺陷往往还与其微观组织有关，这种缺陷通常产生于材料的成形和最终表面处理工序，并与材料的晶粒尺寸以及晶粒取向直接有关。例如，金属材料在塑性加工过程中，各个晶粒取向上的差异引起各个微观局部变形量和变形方向的差异，这种差异将导致变形以后材料表面的凹凸不平。对于一些需要进行抛光或电镀处理的工件而言，更希望材料具有细小均匀的晶粒尺寸，因为经过抛光或电镀处理以后，表面上粗大晶粒所显示出来的表面斑迹将更为明显。

晶粒尺寸对于带有屈服效应的冲压板也是十分重要的。当塑性变形应力达到上屈服点时钢板内会出现局部变形带（即吕德斯带），随后在低于上屈服点的应力作用下吕德斯带将发生扩展。由此引起的不均匀变形容易造成产品表面粗糙不平。所以在冲压之前通常要对钢板进行一次平整轧制，使钢板整体发生少量塑性变形，以克服屈服效应，同时保持钢板表面的平整质量。由于这种平整轧制将不可避免地引起钢板的加工硬化，为了不影响钢板的深冲性能，平整轧制的变形量应该尽可能小。

材料表面质量对于变形铝合金尤为重要，因为大量变形铝合金产品的价值与其外观质量有极大的关系。大量轧制铝合金板材在制成成品时还需要承受较大的变形量，对这种铝合金板材来说细小均匀的晶粒组织对于保证材料在最终成形时所需的韧性和成品的表面质量是极为重要的。在金属箔的生产中，如果晶粒尺寸过大，将产生针孔。

表面在金属材料的疲劳破坏以及腐蚀中起着重要的作用。研究表明，在循环变形过程中产生的表面驻留滑移带与引起疲劳破坏的表面裂纹形核机制有着密切的联系。因此细化晶粒，使位错滑移距离缩短，以避免位错的大量堆积和表面上形成的滑移损伤是提高材料疲劳强度的有效措施之一。

氢脆也是一种常见的造成材料破坏的原因，尤其在石油加工、航天航空以及核工业等领域中。研究结果表明，晶粒尺寸对材料的抗氢脆能力有着显著的影响。在奥氏体钢、铝合金以及镍合金等面心立方金属中，也发现晶粒尺寸对材料的抗氢脆能力有明显的影响。细化晶

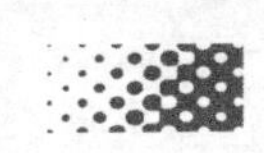

粒提高材料抗氢脆能力的原因被认为是由于晶界面积的增加而降低了局部晶界上的氢含量，因此各种细化晶粒（包括细化亚晶组织的尺寸）的措施都将有利于提高材料的抗氢脆能力。

材料的耐蚀性能与表面性能直接相关，而材料的腐蚀通常首先在晶界与表面的相交处开始。细化晶粒尺寸可增加晶界的面积，避免一些对应力腐蚀特别敏感的合金元素或杂质元素（如钢中的碳和氮）集中分布于晶界上，从而降低局部应力腐蚀开裂敏感性。例如已经证明，萌生一条应力腐蚀裂纹所需的应力，与晶粒尺寸之间也存在着霍尔-佩奇关系。另外，当金属表面的氧化层是从晶界处形核时，细化晶粒将增加氧化层形核的位置，从而影响材料表面的氧化层分布特性。例如，在晶粒细小的 Ni-10%Cr 合金的表面上能形成连续的 Cr_2O_3 保护层，从而阻止进一步氧化。而当晶粒尺寸较大时，表面的氧化层将是不连续的。

(5) 物理性能

在大多数情况下，晶粒尺寸对金属材料的物理性能的影响，不像对力学性能的影响那么明显。但在一些特殊材料中，尤其是对变压器中的硅钢片来说，已有大量研究证明，晶粒尺寸对硅钢片的矫顽力、以及磁滞损耗有着重要的影响作用。实验表明，随着晶粒尺寸的增加，纯铁或铁硅合金的矫顽力，以及磁滞损耗都显著地下降。

2) 再结晶退火后金属材质的控制

(1) 晶粒尺寸的控制

晶粒尺寸是影响金属材料的力学性能的主要因素，因此合理控制晶粒尺寸是工业生产中必须注意的问题。晶粒尺寸控制通过控制铸造过程中的凝固速率等，以及塑性变形与随后的再结晶来实现，在此仅讨论后者。由于晶粒尺寸细小的金属材料的室温（低温）综合性能较好，所以一般希望得到细晶组织；但高温下使用的金属材料则希望得到粗晶组织，在此仅讨论前者，后者参见第 1 章的蠕变部分。

再结晶晶粒的平均直径 d 可用下式表示，

$$d=k(G/N)^{1/4} \tag{2-22}$$

式中，k 为常数；G 为长大速率；N 为形核速率。可见，再结晶晶粒尺寸 d 主要受再结晶过程中的形核速率 N 和晶粒长大速度 G 的影响。从细化晶粒角度考虑，希望有尽可能高的形核速率和低的晶粒长大速度。

所以影响再结晶的因素即是影响再结晶晶粒尺寸的因素，再结晶后晶粒大小取决于退火前的冷变形程度、原始晶粒大小、溶质原子和杂质、退火温度和时间。

① 退火前的冷变形程度　再结晶刚完成时的晶粒尺寸 d 取决于退火前的冷变形程度而和退火温度关系不大。图 2-26 表示冷变形程度对再结晶后晶粒大小的影响，可见当变形程度大于某一临界变形量时（5%左右）时，才有足够的储存能作为再结晶驱动力和为再结晶提供可形核的位置。当变形量在临界变形量时，由于变形小且不均匀，N 很小，再结晶后的晶粒特别粗大。当变形程度大于临界变形量时，则变形量越大，储存能增大，N 和 G 同时增大，并且 N 增大的速率大于 G 的增大速率，所以再结晶刚完成的晶粒尺寸越小。在相同的形变量下，若给定退火时间，则晶粒尺寸随退火温度增加而增加，这是再结晶后晶粒长大的结果。

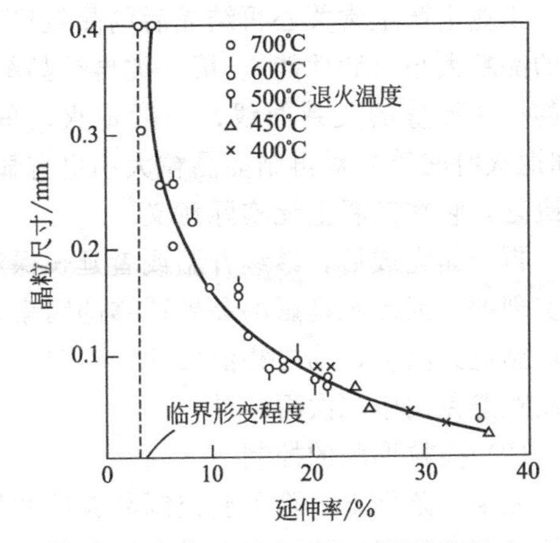

图 2-26　α 黄铜再结晶终了的晶粒尺寸和再结晶前冷加工变形量的关系

因此，在制定变形加工工艺时，要避免在

临界变形量范围附近加工，以免晶粒粗大、性能恶化。

② 原始晶粒尺寸　一般当变形程度一定时，原始晶粒小，再结晶后的晶粒越细。这是由于在相同应变量下细晶内形变储存能高，形核驱动力大，加速再结晶。一方面晶界是有利的再结晶形核位置，原始晶粒小，再结晶形核位置多，有利于再结晶；另一方面原始晶粒小，变形较均匀，减少形核位置，不利于再结晶；但总体是前者影响大于后者，所以形核点增多，使得 G/N 减小。此外原始晶粒尺寸还可能影响形变织构，从而影响再结晶动力学。

③ 溶质原子/杂质的影响　一般溶质原子、杂质、合金元素越多，再结晶后的晶粒越细。原因在于，其存在一方面增大了储存能，驱动力增大；另一方面阻碍晶界迁移，使得 G/N 减小，晶粒细化。

④ 退火温度与时间　理论上选用较高的再结晶退火温度有利于提高再结晶形核速率，但这在实际的生产工艺中很难控制。因为随着温度的升高，晶界上的杂质原子将扩散离开晶界，一些第二相粒子也可能被溶解掉，从而大大增加晶粒长大的速度；另外，高温退火将使再结晶过程很快完成而进入晶粒长大过程。因此提高退火温度和控制再结晶退火时间尽管在理论上是最简单的，但若要有效的应用于工业生产实际过程则需要积累大量的实际经验和严格的生产工艺控制。

一般加热速度越快，再结晶后的晶粒越细；加热时间长，再结晶后的晶粒粗。快速热处理对于铸铁来说，除了能防止加热保温过程中的晶粒长大以外，还可减少因石墨溶解而引起的基体渗碳，防止网状渗碳体的形成。

⑤ 变形温度/速度　再结晶的形核速率 N 主要决定于材料的变形过程中储存于晶粒组织内部的能量。提高变形量和变形速度都将有助于增加材料内部的变形储存能。而降低变形温度除了可提高变形能以外，还可防止材料通过动态回复或动态再结晶而消耗储存能。因此在材料塑性允许的条件下，在不显著影响生产率和增加生产过程能耗的前提下，应采用高的变形速度、高的变形量和较低的变形温度（如轧制过程中的冷却）等方法，以提高退火过程中的再结晶形核速率，以细化再结晶后的晶粒。

此外，反复进行冷变形和热处理可以逐步细化晶粒，也是一种有效的细化晶粒尺寸的方法。例如，在钢的热处理中，采用多次循环快速热处理可有效地细化晶粒。其方法是将热轧后的钢以尽可能快的速度加热到略高于奥氏体化温度，经非常短时间（10～15s）的保温以后立即淬火。如此多次的快速奥氏体化和淬火处理可使钢的奥氏体晶粒细化到 3～5μm，在提高钢的强度的同时保证足够的韧性。

工业生产上常关心再结晶后的晶粒尺寸与形变量及退火温度和时间的关系用来获得所希望的晶粒大小（和性能）。第一类再结晶图即是再结晶退火后晶粒尺寸 d 与退火温度、退火前的冷变形量的关系曲线，一般退火时间为 1h，可包含长大效应。但由于其他工艺因素（如退火时间等）对再结晶晶粒大小也有显著影响，而再结晶图无法反映，加以再结晶图资料匮乏，它在工程上无实际意义。

再结晶完成后，继续升温或者延长保温时间，都会使晶粒长大。晶粒长大是通过晶界迁移实现的，因此凡是影响晶界迁移的因素，都会影响晶粒长大。通常为了避免晶粒粗化，应当控制退火温度，第二相的尺寸、形状、分布，溶质原子/杂质，晶粒取向差等。此外，还需注意避免发生二次再结晶。

(2) 晶粒形状的控制

在某些条件下，除了要控制晶粒尺寸外，还要求控制晶粒形状。为了延长灯泡寿命，需要钨丝有高的高温抗蠕变变形和蠕变断裂能力。在极高温度下，空位扩散会导致垂直于最大应力的晶界上出现空洞，进而引起断裂。因此，一方面需要钨丝具有十分细长的晶粒，使空位扩散到垂直于最大应力晶界的路程加长；另一方面细长的晶粒也增强了抵抗钨丝加工过程中所产生的切应力的能力。但是如果细长晶粒的尺寸长到与钨丝直径相同，则会出现竹节结构，这时在高温下由于晶界滑动将大大降低钨丝寿命，同时在500℃以下时钨丝也很脆，容易沿{100}面发生断裂。这种断裂在多条细长晶粒组成的晶粒束内会被晶界阻止。

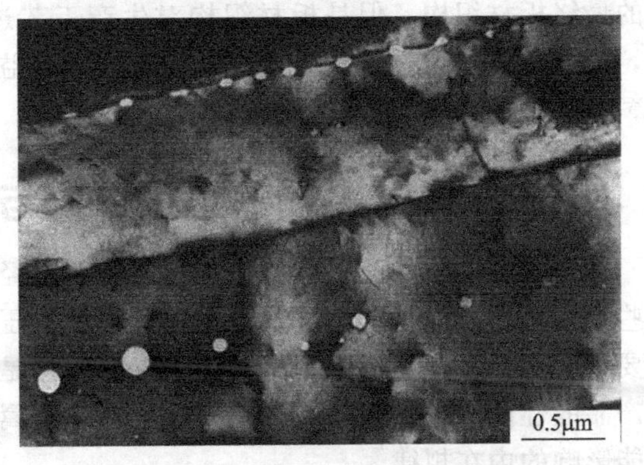

图 2-27 晶界上及晶粒内的钾泡

根据上述要求可以按照如下工艺制造钨丝。首先通过粉末制备—压制—烧结的方法制成坏料，然后热旋锻成 2.5mm 直径的线材，根据应用的需要拉拔成丝，最细可达 $\phi 50\mu m$，最后做再结晶处理。这里关键的环节是粉末制备时加入少量的钾、铝和硅的氧化粉(掺杂工艺)。这些添加剂在烧结和热锻时的高温下会在基体内生成气泡（钾泡），如图 2-27 所示。冷拔变形使气泡成细管状，退火后又成为沿冷拔方向排列的细小气泡。如此成行排列的气泡可以阻止晶界沿钨丝径向的移动，从而在最终再结晶处理后形成细长的晶粒（图 2-28）。

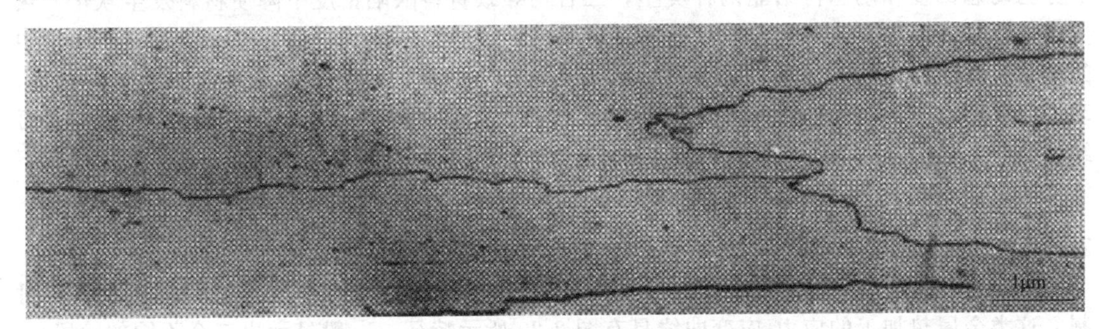

图 2-28 $\phi 0.25$mm 掺杂钨丝的再结晶晶粒组织

此外，组织是决定高温性能的重要因素。大晶粒尺寸材料的高温性能要优于细晶材料的高温性能。定向凝固制备的涡轮叶片优于传统铸造的叶片，就是由于晶界平行于主应力轴，因此不会发生晶界滑移。

3）再结晶织构的控制

在再结晶状态下使用的金属板材往往不可避免地含有某种形式的织构。具有形变织构的金属，经再结晶退火后，通常仍具有择优取向，称再结晶织构。再结晶织构和原形变织构可能相同，也可能不同。例如，冷拔 Al 丝〈111〉织构：500℃以下退火仍为〈111〉织构，600℃以上退火变为〈112〉织构或〈210〉织构。再结晶织构的形成主要有定向生长理论和定向形核理论。

人们熟知织构会造成板材的各向异性。因此在传统的板材生产过程中人们通常采用一些能消除或减弱板材织构的生产工艺，以防止在随后的冲压变形过程中出现制耳而造成的板材浪费，以及因冲压变形不均匀造成的工件报废。随着工业的发展和生产的需要，人们发现板材织构不总是有害的。在很多情况下，经过再结晶和晶粒长大而获得的板材织构可以极大地改善板材的某些性能，有时这些织构对于板材的使用性能甚至是至关重要的。

从生产工艺角度考虑，退火以后的板材织构取决于轧制、再结晶以及晶粒长大过程。在大多数情况下，轧制工艺主要影响织构的强弱，再结晶温度以及再结晶时的气氛条件常常是决定形成不同织构的关键因素。如果在再结晶完成以后继续进行退火，则在晶粒长大的同时板材的织构将发生变化。尽管在目前的科学技术发展水平下，人们还无法随心所欲地获得所需的最终板材织构，但是板材织构对生产工艺过程的强烈依赖性也为人们提供了很大的选择，使人们可以通过各种生产工艺获得比较有益的织构，从而防止形成不利的织构（详见第3章）。

2.3 热加工对金属的组织结构与性能的影响

除一些铸件外，几乎所有金属材料均需要经过热加工，如热轧、热锻、热挤压等，而且有些材料是在热加工状态下直接使用的，如挤压件和一些热轧钢板等。有些材料在热加工后还要继续进行冷加工。不论是作为中间工序还是最终工序，金属热加工后的组织必然会对最终产品的性能带来重大影响，本节主要讨论金属材料在热加工过程中显微组织的变化及其对性能影响的内在规律。

2.3.1 热加工中的软化过程

热变形实质上是在变形中形变硬化与动态软化同时进行的过程。其中形变硬化即位错密度增加亚结构细化而引起的材料强度升高现象。动态软化则是变形储存能的释放过程，其可划分为动态回复和动态再结晶两种类型，二者均导致材料缺陷密度下降使材料发生软化。热变形停止后，高温下还可能会发生亚动态再结晶以及静态回复和静态再结晶过程。热加工中的软化过程包括：动态回复、动态再结晶、亚动态再结晶、静态再结晶和静态回复，其中，动态回复和动态再结晶是在外力作用下，处于变形过程中发生的回复、再结晶；而亚动态再结晶、静态再结晶和静态回复是在热变形停止或中断时，借热变形的余热，在无载荷作用下发生的。

2.3.1.1 动态回复

高层错能金属（以 Al 及 Al 合金为代表）在热加工时，动态回复是它们的主要软化机制。这类金属热加工的应力-应变曲线具有图 2-29 所示特征，一般显示出三个不同的阶段。

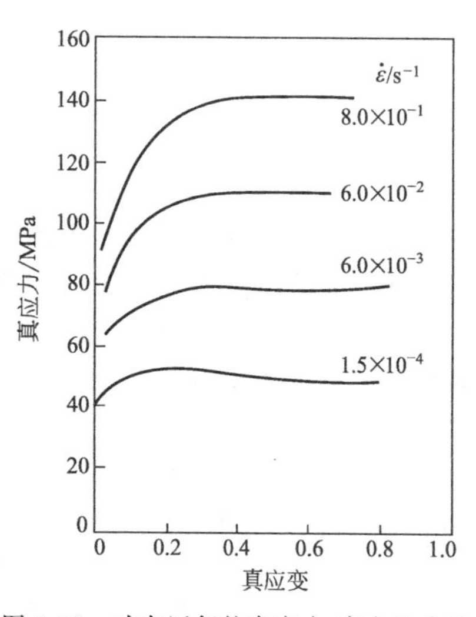

图 2-29 动态回复的真应力-真应变曲线

第一阶段为微变形阶段。此时，试样中的应变速率从零增加到试验所要求的应变速率，其应力-应变曲线呈直线，曲线很快上升，斜率很大，表明本阶段塑性变形刚开始，动态回复尚未进行或进行得很微弱，硬化作用远超过软化作用。当达到屈服应力以后，变形进入了第二阶段，曲线斜率（加工硬化率）渐渐减小，表明本阶段已发生动态回复，而且动态回复作用逐渐增强，加工硬化部分地为动态回复软化所抵消。第三阶段为稳定变形阶段，该阶段曲线接近为一水平线，加工硬化率趋于零，此时，加工硬化被动态回复所引起的软化过程所抵消，即由变形所引起的位错增加的速率与动态回复所引起的位错消失的速率几乎相等，达到了动态平衡。动态回复不仅降低了加工硬化效应，而且也改变了位错亚结构（形成胞结构并形成多边形化）。

动态回复机制是螺型位错交滑移和刃型位错攀移，造成位错对消，并发生多边化过程。当形变温度大于 $0.5T_m$（K），动态回复主要由位错攀移过程控制。

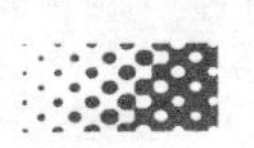

影响动态回复的因素主要有：①变形温度，随变形温度的提高，回复速率增大，进入稳定变形阶段早，变形应力下降；②变形速度，在温度一定时，随应变速度增大，进入稳定阶段晚，变形应力增大；③层错能的影响，动态回复与层错能密切相关。高层错能金属（铝及其合金，α-Fe、铁素体钢和铁素体合金以及锌、锡等）易交滑移而导致异号位错对消，亚晶组织中的位错密度降低，储能下降，甚至将能量释放不足以引起动态再结晶，这类金属在热加工中容易动态回复。低层错能金属，如黄铜、不锈钢、镍、γ-铁、镁及其合金，区域提纯的 α-铁等，容易发生动态再结晶。

动态回复过程中，变形晶粒呈纤维状；热变形后迅速冷却，可保留拉长的晶粒和其内等轴亚晶的组织；如在高温下较长时间停留，则可发生静态再结晶。热加工中的动态回复产生的热加工亚结构不能依靠冷加工和回复叠加得到。

2.3.1.2 动态再结晶

变形温度高于再结晶温度［一般为 $0.4T_m$（K）］时，在变形过程中发生的再结晶称为动态再结晶。

注意：变形温度高于再结晶温度是动态再结晶行为的必要条件，但并不是充分条件。例如：铝及大多数 bcc 金属（层错能高），热加工时由于较强的动态回复、使得变形金属的位错密度始终比较低，不能提供足够的再结晶形核所需的驱动力，这些金属内容易动态回复而不容易动态再结晶；而层错能低的金属如 Cu，其回复过程不很强，易观察到动态再结晶现象。所以动态再结晶产生的条件是具有低、中层错能的金属（内因），回复过程较慢，热加工时（外因），动态回复未能同步抵消加工时位错的增殖积累，超过某一临界形变量后发生动态再结晶。

此外，溶质原子和第二相析出物影响晶界迁移的难易，从而影响动态再结晶过程，例如：真空熔炼和区域提纯的铁能发生动态再结晶，而一般的工业纯度的铁和钢中就没有观察到动态再结晶。固溶于合金中的溶质原子虽能减小回复的可能性增加动态再结晶的能力，但溶质原子能阻碍晶界迁移，减小动态再结晶速度。铝中加入合金元素后，层错能相对降低，也会产生动态再结晶。如 99.99%纯度的铝在热压缩变形时可发生动态再结晶，而 99.999%的纯铝则主要发生动态回复，可见杂质元素对软化过程的影响。实验表明，7 系铝合金在高应变速率下锻造发生动态回复而低应变速率锻造下发生动态再结晶。

动态再结晶（dynamic recrystallization，DRX）根据发生机制不同，还可区分为不连续动态再结晶、连续动态再结晶以及几何动态再结晶三种。

不连续的动态再结晶（discontinuous DRX，DDRX）即经典的再结晶方式——变形组织中无畸变新晶粒的形核及长大，其形核常以晶界弓出方式产生，长大过程则通过大角晶界的迁移来实现。低、中等层错能材料热变形过程中往往出现不连续动态再结晶现象。研究表明，发生不连续动态再结晶要求有低 Z 参数值，并要超过临界应变 ε_c。其原因在于不连续动态再结晶机制的晶界弓出和迁移，涉及扩散行为，需要较高的激活能和充分长的孕育时间；另一方面位错密度也应超过临界值，故 Z 参数小（形变温度高，应变速率小），有利于其发展。而在高 Z 参数下则发生连续动态再结晶，以亚晶参与完成的连续动态再结晶的机制，由于动态回复相对容易，在相对高 Z 值下亦可发生。不连续和连续动态再结晶，这两种形核机制下的稳态再结晶晶粒尺寸均是 Z 参数的函数。

发生不连续动态再结晶后，晶内位错密度降低，储存能得以释放，这增加了软化的作用，使流变应力下降。随变形继续，新生成的晶粒将再次发生加工硬化，当位错密度再次超过临界值时，不连续动态再结晶又相应产生。这样在应力应变曲线上将出现**周期性的波动**

形态。

不连续动态再结晶主要表现为以下特征：①不连续动态再结晶进行过程中同时存在重复的动态再结晶晶粒的形成和晶粒的长大，导致先形成的动态再结晶与后形成的动态再结晶尺寸不一，从而组织大小不均匀；②相对于连续动态再结晶来说，不连续动态再结晶到达稳态时的应变不大，一般是 $\varepsilon<1$，而发生连续动态再结晶的 Al 和铁素体的稳态应变一般是 $\varepsilon<10$。此外，发生动态再结晶稳态时的流动应力及晶粒尺寸均与材料原始晶粒尺寸无关。

连续动态再结晶（continuous DRX，CDRX）无形核过程，它是通过小角晶界吸收位错及亚晶合并而增加取向差最终形成大角晶界的一种再结晶方式。在高层错能材料中常见，主要通过亚晶取向差的不断增加以及亚晶转动的方式使小角晶界转变为大角晶界。在这一过程中大角晶界的形成是亚结构充分发展，晶界取向差不断积累的结果，较少涉及大角晶界的迁移（或者说几乎不涉及动态再结晶晶粒的长大），连续动态再结晶完成后组织均匀、细小。其应力-应变曲线不呈现波浪形，而呈现单峰型或动态回复型，当应力-应变曲线呈现单峰型时稳态流动应变往往非常大。因此，连续动态再结晶具有与不连续动态再结晶完全不同的动态再结晶行为特征。

连续动态再结晶机制是以亚晶为基础参与的再结晶方式，因而在高层错能材料中常见。由于铝合金的强的动态回复性，亚结构广泛存在于热变形组织中，这决定了连续动态再结晶主要发生在高层错能金属及合金的热变形过程中，如铝、铁素体、钛等金属及合金。

材料发生连续动态再结晶时具有以下几个特征：

① 应力-应变曲线呈现单峰特征或动态回复特征，曲线的稳态应变往往非常大，一般只有在扭转时才能达到这样的变形量（$\varepsilon>5$），此外流动应力和晶粒尺寸与应变无关；

② 在小应变时晶粒内部产生小角度晶界，随应变增加至 1 左右，小角度晶界持续吸收位错而转变成大角度晶界，进而形成动态再结晶晶粒；

③ 在大应变下动态再结晶组织具有强烈的再结晶织构。

几何动态再结晶（geometric DRX，GDRX）可以理解为由于晶界滑移，在足够大的有效应变下，原始大角晶界由于亚晶的形成而变为锯齿状并相互接触，使得原有晶粒被夹断而形成细小等轴再结晶晶粒的过程。这种晶粒与动态再结晶晶粒形状上非常类似，虽然是原始晶粒转化而得的产物，缺乏新的大角度晶界的形成与迁移这一动态再结晶必备的过程，但它被称为动态再结晶的一种类型。

研究表明，许多铝合金大应变条件下存在几何动态再结晶，如 Rustam 对 Al-Cu-Mn-Zr 合金进行等通道挤压，发现通过几何动态再结晶可把原始组织晶粒从 120μm 细化到 15μm。此外，一些学者在 Zr 合金、不锈钢的扭转实验中也发现了几何动态再结晶现象。

1）动态再结晶应力-应变曲线特征

动态再结晶时，大量位错被再结晶核心的大角度界面推移而消除，当这样的软化过程占主导地位时，流变应力下降，应力-应变曲线出现峰值。由于材料内、外影响因素的不同，应变曲线可出现单峰或多峰现象。

图 2-30 中曲线 1 表示在较高应变速率或者较低的变形温度下的变形，曲线也可分为三段，第Ⅰ段是尚未发生动态再结晶的加工硬化阶段，是诱发动态再结晶的准备阶段；第Ⅱ段是发生部分动态再结晶阶段，此时应变达到发生动态再结晶所要求的临界变形量，随着应变增加，曲线斜率减小，应变升至最大值后，曲线下降，表明动态再结晶在逐渐加剧；第Ⅲ阶段是完全动态再结晶阶段，加工硬化和动态再结晶软化已达到平衡，曲线接近水平，流变应力接近恒定值，达到稳定变形。

曲线 2 代表低应变速率或者较高的变形温度条件下的变形，由于位错密度增加速率较

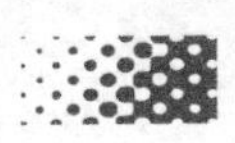

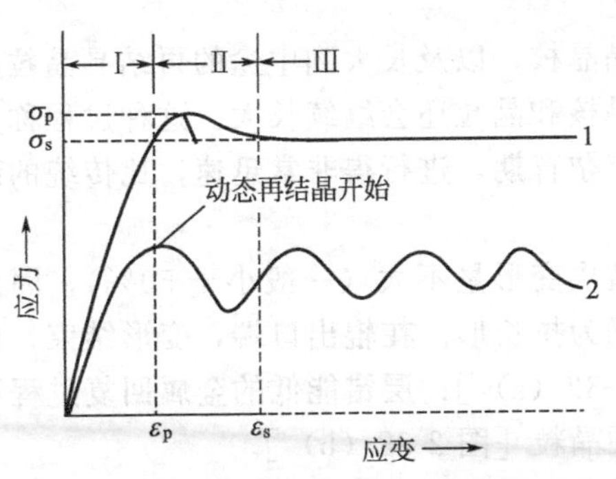

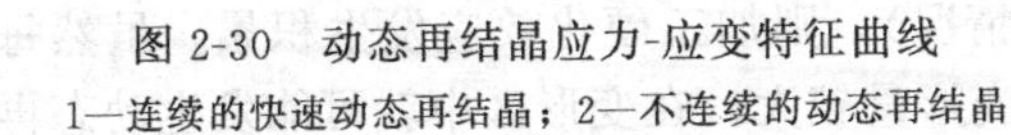

图 2-30 动态再结晶应力-应变特征曲线

1—连续的快速动态再结晶；2—不连续的动态再结晶

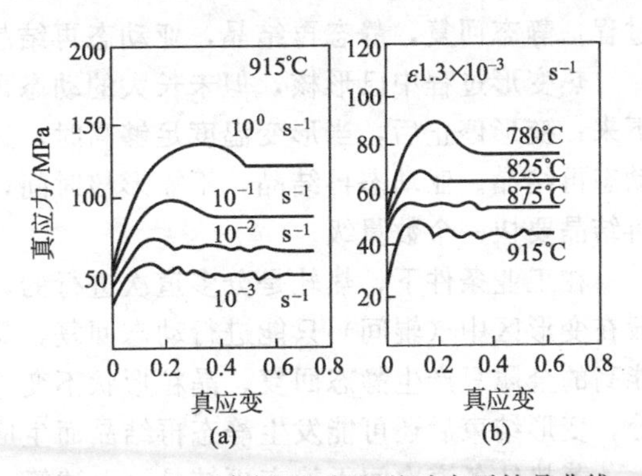

图 2-31 0.68%碳钢在相区的动态再结晶曲线

小，动态再结晶后，必须有进一步的加工硬化，才能再一次积累位错密度发生再结晶，曲线出现波浪，这是反复出现动态再结晶—形变—动态再结晶这种软化-硬化多次交替进行的结果。

变形温度升高与变形速度减小的效果类似，如图 2-31 所示。应力-应变曲线的“抖动”（多峰）或出现一个峰值（单峰）是典型的动态再结晶出现的证据，是加工硬化、动态再结晶软化两者相互竞争的表现。值得注意的是单峰、多峰对应不同的组织变化或细化效果。

2）动态再结晶组织的特点

动态再结晶也是通过形成大角度晶界及其迁移的方式进行的。由于动态再结晶的形核和长大期间仍然受载荷作用，使之具有反复形核、有限生长的特点。动态再结晶得到的是细的等轴晶粒，晶粒尺寸 d 取决于变形速度和变形温度，一般 $d \propto \dot{\varepsilon}^{-0.5}$ 即随应变速度的增大，动态再结晶的晶粒尺寸会减小；而随变形温度的提高，动态再结晶的晶粒尺寸会增大，并且动态再结晶的晶粒内部有较高的位错密度和位错缠结。因此动态再结晶的晶粒组织比静态再结晶晶粒组织具有较高的强度。

3）热加工晶粒尺寸与 Z 参数的关系

Zener-Hollomon 参数综合了温度和应变速率的影响，可以引入 Z 参数来分析金属热变形组织的晶粒尺寸，Z 参数与变形温度和应变速率的关系如下：$Z=\dot{\varepsilon}\exp(+Q_{def}/RT)$。$Z$ 参数综合了变形温度和应变速率对材料组织的影响：当 Z 参数较大时，材料的再结晶晶粒尺寸较小；当 Z 参数较小时，材料的再结晶晶粒尺寸较大。

另有研究（Humphreys F J. J Microscopy，1999，195：170-175），热变形时再结晶晶粒的平均直径 d_{rec} 与 Z 参数存在如下关系：

$$Z{d_{rec}}^m = A \tag{2-23}$$

式中，d_{rec} 为再结晶晶粒尺寸；m 为再结晶晶粒指数；A 为常数。对公式（2-23）两边取对数可得：

$$\ln d_{rec} = 1/m(\ln A - \ln Z) \tag{2-24}$$

可见，随着 Z 值的增大，再结晶晶粒尺寸 d_{rec} 减小。

通过 Z 参数可将两类组织（粗晶、细晶）区分开，可用于控制热加工过程中的晶粒组织。

2.3.1.3 亚动态再结晶

热变形间断期间，或热形变完成以后，若金属仍处于较高的温度，此时将发生三种软化过程：静态回复，静态再结晶，亚动态再结晶。

热变形过程中已形核，但未长大的动态再结晶晶核，以及长大到中途的再结晶晶粒遗留下来；变形停止后，当形变温度足够高时，这些晶核和晶粒还会继续长大，这种过程称为亚动态再结晶。亚动态再结晶，不需形核时间，没有孕育期，进行得非常迅速，比传统的静态再结晶要快一个数量级。

在工业条件下，热轧是分多道次进行的，每道次变形量不大（一般小于 50%），因而一般在变形区中（辊间）只能进行动态回复，晶粒仍为拉长形。在辊出口端，变形结束，层错能高的金属只产生静态回复，晶粒形状不变［图 2-32（a）］；层错能低的金属回复过程不充分，变形结束后还可能发生静态再结晶而生成等轴晶粒［图 2-32（b）］。

若热轧各道次间无静态再结晶（上述第一种情况），则加工硬化效应发生积累，虽然每道次变形程度较小，但到达一定道次后，由于总变形量较大，在变形区中就可能发生动态再结晶。

热挤压为一次变形，变形程度往往很大（一般大于 90%）。若在变形区中仅发现动态回复，则挤压制品冷却时可能有图 2-33（a）及（b）所示的两种情况。是否会发生静态再结晶与金属本质（层错能）、变形程度、变形速度及变形温度有关。若热挤压时变形区中发生了动态再结晶，则在挤压制品出口处，金属中还能出现亚动态再结晶及静态再结晶［图 2-33（c）］。在热轧一道次压下量很大时，可能出现图 2-33（c）所示情况。

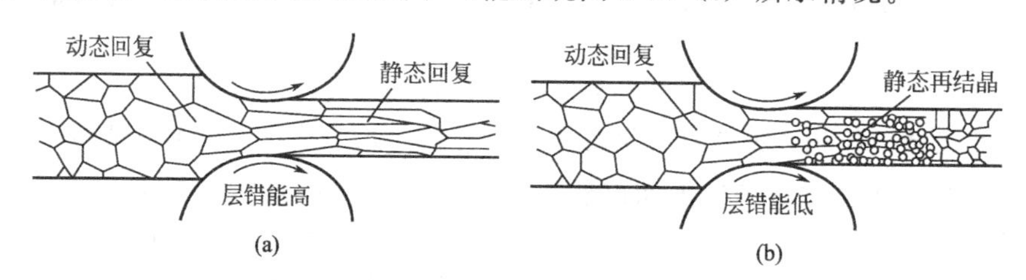

图 2-32　热轧过程中的动态与静态再结晶软化过程

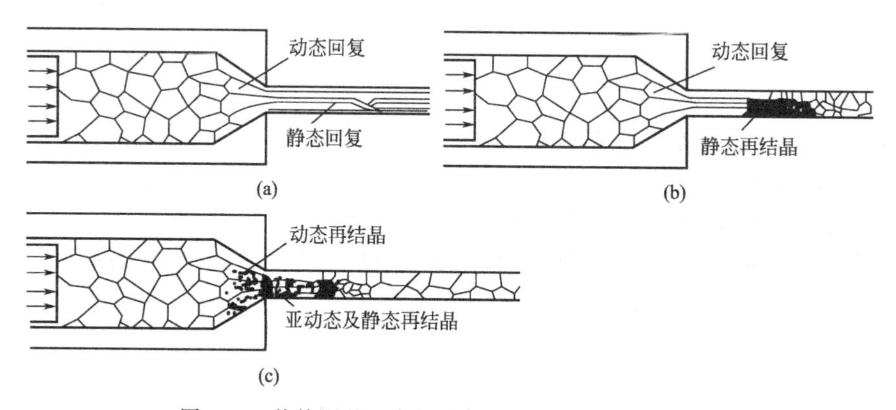

图 2-33　热挤压过程中的动态与静态再结晶软化过程

2.3.2　热加工对金属的组织与性能的影响

2.3.2.1　热加工对铸态组织的改造

一般来说，金属在高温下塑性高、流变应力小，加之原子扩散过程加剧，伴随有完全再结晶时，更有利于组织的改善。故热变形多作为铸态组织初次加工的方法（称为“开坯”）。

铸态组织的不均匀，可从铸锭断面上看出三个不同的组织区域，最外面是由细小的等轴晶组成的一层薄壳，和这层薄壳相连的是一层相当厚的粗大柱状晶区域。其中心部分则为粗

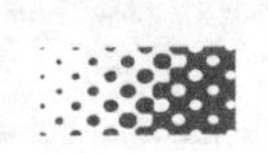

大的等轴晶。从成分上看，除了特殊的偏析造成成分不均匀外，一般低熔点物质、氧化膜及其他非金属夹杂，多集结在柱状晶的交界处。此外，由于存在气孔、分散缩孔、疏松及裂纹等缺陷，使铸锭密度较低。组织和成分的不均匀以及较低的密度，是铸锭塑性差、强度低的基本原因。

在三向压缩应力状态占优势的情况下，热变形能最有效地改变金属和合金的铸锭组织。给予适当的变形量，可以使铸态组织发生下述有利的变化：

① 一般热变形是通过多道次的反复变形来完成。由于在每一次道次中硬化与软化过程是同时发生的，这样，变形而破碎的粗大柱状晶粒通过反复的改造而使之锻炼成较均匀、细小的等轴晶粒，还能使某些微小裂纹得到愈合。

② 由于应力状态中静水压力分量的作用，可使铸锭中存在的气泡焊合，缩孔压实，疏松压密，变为较致密的组织。

③ 由于高温下原子热运动能力加强，在应力作用下，借助原子的自扩散和互扩散，可使铸锭中化学成分的不均匀性相对减少。

上述三方面综合作用的结果，可使铸态组织改造成变形组织（或加工组织），它比铸锭有较高的密度、均匀细小的等轴晶粒及比较均匀的化学成分，因而塑性和流变应力的指标都明显提高。

2.3.2.2 热加工中工艺塑性和流变应力

一般，变形温度的升高和变形速度的降低都将导致金属工艺塑性的提高和流变应力的降低。

动态回复较强的金属（高层错能金属，如 Al、α-Fe、低碳钢等），其流变应力低，晶间变形协调好，不易形成裂纹，具有较好的工艺塑性。动态回复较弱的金属（低层错能金属，如黄铜、γ-Fe、不锈钢等），其流变应力高，协调性差，易形成裂纹；但动态再结晶软化过程发生之后，则阻止裂纹扩展，甚至愈合，工艺塑性上升，抗力下降。

变形速度较高和热效应较小，若软化来不及进行则导致金属流变应力上升，塑性减小。某些合金热加工温度范围窄，变形速度高，热效应大，则其温升过高易导致低熔点相共晶组织熔化，流变应力减小，易产生热裂。

2.3.2.3 热加工制品的力学性能

（1）亚结构对室温力学性能的影响

热变形动态回复形成的亚结构经快速冷却保留至室温，具有这种亚结构的材料其强度要比退火状态的高：

$$\sigma_{RT}=\sigma_A+Nd^{-p} \tag{2-25}$$

式中，σ_A 为亚晶界时的屈服强度；N 为常数；p 为系数，对铝、工业纯铁、Fe-3%Si、Zr 中 $p\approx1$。

（2）晶粒大小对力学性能的影响

热变形时的动态再结晶组织可用快冷方法保留至室温（可阻止或控制亚动态再结晶和静态再结晶的发生），晶粒大小 d 可由热变形条件和冷却条件控制。

因为动态再结晶的晶粒中，仍含有位错缠结和所形成的亚晶，所以动态再结晶的室温强度比静态再结晶的高，比动态回复的低。

金属材料高温变形时流变应力明显降低，使塑性变形易于实现。另外，有许多金属材料只有在高温下才能实现有实际意义的塑性变形，因此实际生产中金属材料普遍要经过热变形过程。铝、铁等高层错能金属，由于在热变形过程中有很强的回复功能，材料内的位错密度始终保持较低的水平，往往不能发生动态再结晶。

热轧变形时，尤其是高层错能金属的热轧变形，通常在轧件厚度方向上会出现应力和温度的不均匀分布。一方面，轧件与轧辊之间的摩擦力造成轧件表面较大的切应力，使轧件表面的变形行为与中心部位很不同。另一方面，由于热轧件的自然散热，轧件表面温度低于其中心温度，从而使热轧件各部分的回复过程大不相同。轧件表面由于回复过程不充分，位错密度保持较高水平，有利于在表面附近生成再结晶核心，并进而造成细小的再结晶组织。而轧件心部则主要受回复过程控制，不发生再结晶。Al-Mn 合金中由于应力和温度差异而造成的这种组织不均匀现象，有害于材料的塑性，不利于材料的进一步加工处理，在实际生产过程中应当加以避免。

(3) 加工流线和力学性能的各向异性

锭坯热加工后，残存的枝晶偏析、第二相和夹杂沿主变形方向被拉长或破碎，形成所谓“纤维组织”，亦称“加工流线”。例如，含锰钢中锰与硫形成的 MnS 夹杂物在轧制时沿轧向延伸形成的纤维组织，如图 2-34 所示。

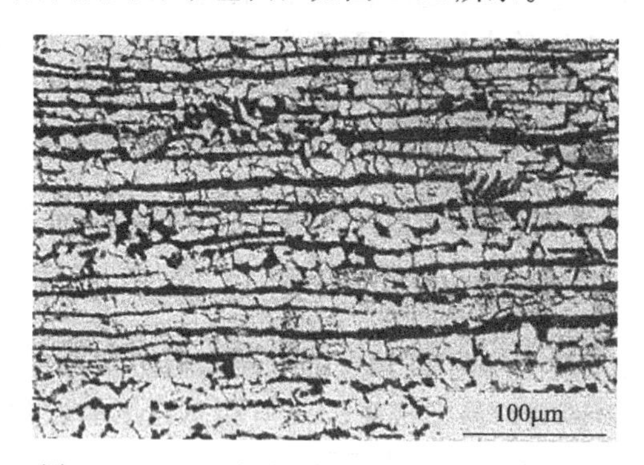

图 2-34　C-Mn 钢中厚板热轧产生的纤维组织

热加工中的动态再结晶和动态回复也不会改变这种分布状态，从而使金属热加工制品具有各向异性，顺着流线方向强度和塑性比垂直流线方向高。因此热加工时应力求工件流线分布合理，保证制品中流线有合理的分布，尽量使流线与制品所受最大拉应力方向一致，而与外加剪应力和冲击力方向垂直。其原因是在纵向断面上，杂质、第二相、缺陷等性脆、低强度部分的相对面积小。如图 2-35 所示，锻制的曲轴将比由切削方法所生产的曲轴有更高的力学性能。锻造曲轴的流线分布合理，曲轴不易断裂。切削加工制成的曲轴流线分布不合理，易沿轴肩发生断裂。

消除措施：热处理对这种流线无明显影响。可通过提高铸锭质量，例如冶炼过程中采用球化处理工艺来控制钢的成分可消除 MnS 夹杂物，避免形成 MnS 夹杂物所形成的纤维组织；或者改变热加工方向；或者通过长时间高温退火等减小或消除。

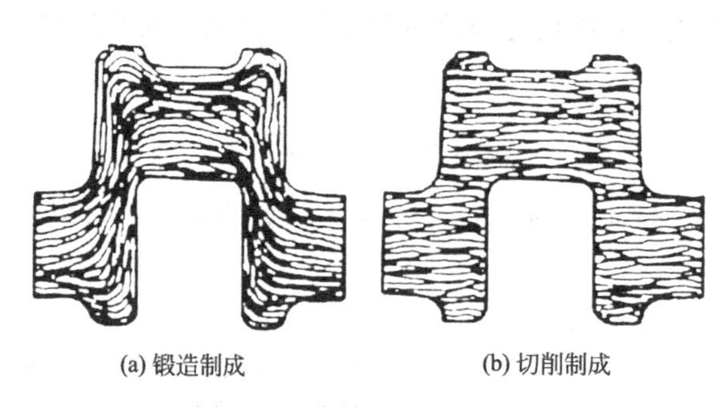

图 2-35　曲轴中流线示意图

(4) 钢铁的热加工中形成的带状组织

钢铁的热加工中形成的带状组织主要是铁素体和珠光体的分层组织（图 2-36），GB/T 13299—91 规定这种带状组织共分为 0～5 六个级别，5 级最严重。这种带状组织也会产生各

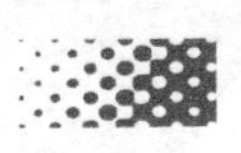

向异性，其影响与加工流线相似。

铁素体和珠光体的分层组织的形成有两种可能：一种是在两相区温度范围内变形，铁素体沿奥氏体晶界析出后变形拉长，再结晶后奥氏体与铁素体变成等轴晶粒，但其分布仍呈条带状；另一种是热加工中枝晶偏析或者夹杂物被拉长，当奥氏体冷却时，偏析区域（如富磷贫碳区域）首先析出铁素体且成条带状分布，随后铁素体两侧的奥氏体区再转变成珠光体，最终形成条带状的铁素体和珠光体的混合物。

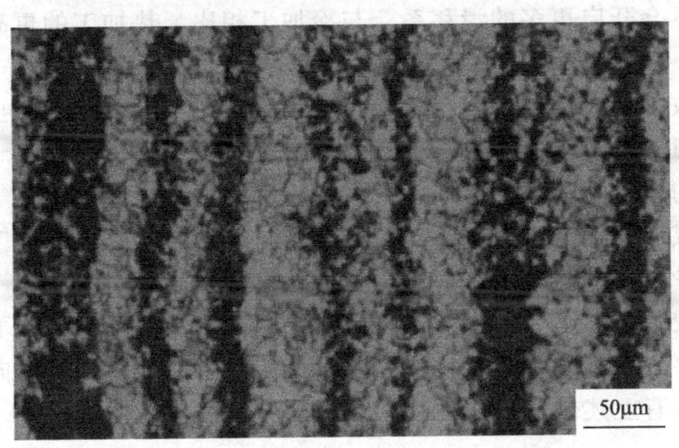

图 2-36　齿轮钢 SAE8822H 在 930℃奥氏体化状态保温 10min 后以 0.1℃/s 的冷却速度冷却到室温形成的铁素体（白）和珠光体（黑）带状组织（4.5 级）

消除方法：要消除铁素体和珠光体的带状组织必须选取合适的控制轧制和加速冷却工艺，即不在两相区变形；以及减少夹杂、采用高温扩散退火消除元素偏析。对已经形成铁素体和珠光体的分层组织的材料，可在单相区正火处理，予以消除或者改善。

2.3.2.4　挤压效应（组织强化效应）

在工业生产中发现，2A11、2A12、2A14、7A04 等铝合金（主要含 Mn、Cr、Zr 等合金元素）的挤压制品，经淬火、时效热处理后，其强度比相同合金经轧、锻或其他方法变形再用同一热处理制度进行处理后的高强度约 10%～30%，该现象即是所谓的挤压效应，又称为组织强化效应。具有挤压效应的制品组织的特征是：①淬火的制品中仍保持未再结晶组织（而其他方式变形的则是再结晶组织），该组织存在大量位错，可加速脱溶过程，使脱溶产物更均匀，其强度大大提高；②未再结晶的制品存在变形织构，制品具有方向性，在某方向上的强度增大。

影响挤压效应的因素：①合金元素：铝具有高的层错能，这是铝合金呈现挤压效应的本质原因；少量合金元素（如 Mn、Cr、Zr 等）的作用也十分明显，挤压效应在含 Mn、Cr、Zr 的 Al 合金中明显，因为，Mn、Cr、Zr 溶入固溶体中，导致再结晶温度提高，当弥散析出时又阻碍再结晶的形核与长大。它们在 Al 中溶解度小，溶解度随温度而剧烈变化，析出阻碍再结晶过程的进行。②挤压时的强烈三向压应力状态使得晶内、晶间破坏减少，从而再结晶温度升高，不容易再结晶。③变形温度：挤压形变温度升高，易于动态回复使得位错密度下降，再结晶驱动力减小故再结晶温度升高，从而挤压效应明显。

挤压效应（又称为组织强化效应）从本质上讲就是一种高温形变热处理，它综合了形变强化和相变强化效应，因此材料的力学性能明显提高。

2.3.3　热加工的特点

与其他加工方法（如冷加工）相比，热加工具有自己一系列的特点，诸如：热加工过程中加工硬化和恢复过程同时出现，相互竞争。热加工时金属塑性好、断裂倾向小，可采用大变形量（开坯）；金属流变应力低，变形至所需尺寸能耗少；金属变形量大，无需冷加工时的中间退火、流程短、效率高。

热加工的起始温度要高于再结晶温度，可以发挥金属低强度的优势；加工的终了温度高于再结晶温度，可通过大变形量来获得最合适的晶粒尺寸。

热加工适合大部件的成形，因为随着温度的升高，金属流变应力降低，塑性提高。此外，在热加工温度下会开启更多的滑移系。与冷加工相比，热加工的更高的延展率可以使金属的变形量更大。

热加工开坯可改善粗大铸造组织（疏松小裂纹愈合），热加工开坯可使室温下不能塑性形变的金属（Ti、Mo）可以进行加工。

一些在金属中的缺陷在热加工过程中被限制或者使其影响最小化。气孔在热变形过程中被压实、焊合。在成形和冷却过程中，扩散促进空洞的闭合。由于热加工温度高，而且热加工使板材变薄，减少了扩散的距离，使得金属中的化学成分更均匀。

与冷加工相比较，热加工变形一般不易产生织构。这是由于在高温下发生滑移的系统较多，使滑移面和滑移方向不断发生变化。因此，热加工工件中的择优取向或方向性小。

热加工变形除具有上述优点，使之在生产实践中得到广泛的应用外，同其他加工方法相比也有如下的不足：

对薄或细的轧件，由于散热较快，在生产中保持热加工的温度条件比较困难。因此，目前对生产薄的或细的金属材料来讲，一般仍采用冷加工（如冷轧、冷拉）的方法；此外某些金属材料不宜热加工，例如铜中含 Bi 时，它们的低熔点杂质分布在晶界上，热加工会引起晶间断裂。

热加工后金属的表面粗糙，尺寸精度差。因为在加热时，由于金属表面生成氧化皮因此表面质量差。在热加工过程中，精度控制是个较难的问题。由于在热加工的高温下金属弹性模量较低，应考虑更多的弹性变形。此外，金属随着冷却会不均匀收缩，弹性变形和热收缩相结合会使得制品在变形后发生回弹。成形工具的设计要注意，如果考虑到精度问题，温度控制要准确。

在热加工过程中，氧气会进入金属表面，在金属表面形成氧化物，例如钢和铜合金的氧化会导致鱼鳞状氧化物的形成，进行热加工后的钢和其他金属会进行去除氧化物的酸处理，造成大量的金属损失。此外，鱼鳞状氧化物的形成和高摩擦，将导致工具的摩损和使用寿命的减小。一些如钨、钛合金、铍等金属，热加工要在有保护气的环境下进行，以防止氧化。

热加工后产品的组织及性能不如冷加工时均匀。因为热加工结束时，工件各处的温度难以均匀一致。通常轧辊的温度要低于金属的温度，这使得金属表面比内部冷却得更快。表面的晶粒比中心更为细小。此外，杂质和第二相会沿着加工方向形成带状组织，产生各向异性，即热加工后的最后性能不是各向同性的。

2.4 温加工对金属的组织结构与性能的影响

温加工是指在金属材料的再结晶温度以下、室温以上的温度范围的加工。温加工时的动态软化机制是动态回复，动态回复不仅降低了加工硬化效应，而且也改变了位错亚结构（形成胞结构而形成多边形化）。在同一变形温度下，随变形程度的增加，位错运动形成位错缠结，并在晶粒内形成亚结构，晶粒细化现象明显，当变形量超过某一临界值时，可能发生再结晶。生产中可以通过降低变形温度、增大变形程度的方法来得到细小的温变形再结晶晶粒组织。

温加工的工艺特点介于冷、热加工之间。与冷加工相比，温加工继承了冷加工生产效率

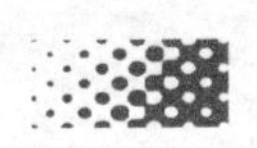

高、节约原材料、产品表面质量好的优点，加工中的动态回复使流变应力变得较小，温加工一般也不需要冷变形前的软化热处理以及磷化、皂化等辅助工序，工具磨损小，并且所需设备吨位小，可以生产较大尺寸的零件。但与普通热加工相比，加工温度较低，可以抑制储存能的释放和晶粒长大，同时又可避免热加工能耗大以及易产生氧化、吸气、脱碳、过热、过烧、加工余量大、劳动条件差、产品质量不高等缺点，加工的零件不但尺寸精度高，而且具有细化微观组织和提高力学性能的作用。

因此，自20世纪70年代以来，钢铁的温加工得到较快的发展和研究应用。超细晶粒钢（ultrafine grained steel，UFG钢）是当今世界钢铁材料技术领域的研发热点。其强韧化思路是在钢铁材料中，利用温变形来细化晶粒组织。目前根据轧制时的组织的不同，可把轧制分为奥氏体（γ）区控制轧制、（γ+α）两相区控制轧制、铁素体（α）区控制轧制、马氏体（M）区控制温轧。传统热轧的粗轧和精轧都是在奥氏体区进行，在轧制温度范围内，晶粒发生再结晶，轧后的晶粒比较粗大，而且在高温下钢的表面容易生成氧化皮，使热轧钢材表面粗糙，尺寸波动大。铁素体轧制技术是1990年比利时钢铁研究中心首先开发。轧件在进入精轧机前，已完成奥氏体向铁素体（γ→α）的转变，变成完全（90%以上）铁素体，使精轧过程在全铁素体范围内进行。粗轧仍在全奥氏体状态下完成，通过精轧机和粗轧机之间的超快速冷却系统，使带钢温度在进入精轧机前降低到Ar3以下。铁素体轧制工艺经过近几年的研究与实践，获得了长足的进步，但对工艺控制的要求较高，随着技术的成熟，将成为生产极薄板的先进、有效的工艺。与传统的奥氏体轧制工艺相比，其独到的特点在于：①变形抗力与奥氏体区相当，不增加电力消耗，且开轧温度低，可以节约能源；②开轧温度低，带钢氧化皮少，带钢表面质量得到改善；③开轧温度低，可减少轧辊温升，减少由热应力引起的疲劳龟裂和断裂，降低轧辊磨损；④采用铁素体轧制工艺，低碳钢不需添加钛、铌等元素，直接可生产热轧深冲带钢，产品的屈强比和延伸率适合深冲加工的特性，可代替冷轧产品，降低成本；⑤可以为冷轧工序提供屈服强度低、表面氧化铁皮薄的热轧原料卷，节省了酸洗时间及费用，提高冷轧道次压下率，节省工序能耗。并可扩大冷轧产品范围，生产极薄及宽度大的冷轧板。铁素体轧制主要适合的钢种是低碳钢（low carbon steel，LC钢）、超低碳钢（ultra low carbon steel，ULC钢）和超低碳无间隙原子钢（interstitial free steel，IF钢），其他钢种铁素体轧制将造成轧制力的增加，会提高对设备刚度、强度和能力的要求，一般不进行铁素体区轧制。

在钢铁材料中，利用温变形来细化组织的研究思路主要是针对铁素体组织或铁素体和珠光体组织，特点是流变应力较小，易于实现。马氏体组织的强度高，塑性小，通常难以进行冷塑性变形而不作为预备组织。塑性变形细化晶粒的效果，与材料的变形温度、应变速率、应变量、化学成分和原始组织密切相关，原始组织越细小，塑性变形及再结晶后的晶粒越细小。从塑性变形细化组织的角度看，马氏体（M）组织板条的宽度约0.2～0.6μm，高碳M片的尺寸更小，其位错密度远远高于铁素体+珠光体（F+P）组织，冷塑性变形后低温退火利于获得超细晶粒乃至纳米晶粒组织；此外，M组织界面原子体积分数远高于F+P组织，因此相同的宏观杂质含量，M组织单位界面的杂质数量少，这使钢材性能对有害杂质含量的敏感性降低；同时，M组织继承了高温奥氏体的化学成分均匀性的特点，易于实现超均质。可见在碳钢的各类组织中，马氏体的晶体尺寸最细小，因此，利用马氏体组织作为大塑性变形的预备组织，M组织经塑性变形和再结晶的细化晶粒效果比F或F+P组织的更好。但是M组织是碳固溶于α-Fe的过饱和固溶体，其冷塑性变形抗力太高，对M组织冷塑性变形的研究主要集中在低碳钢，对中、高碳钢由于其变形抗力更高和脆性问题，难以进行冷塑性变形。为了降低流变抗力，提高塑性变形的能力，温变形越来越受到人们的关注。

利用淬火得到马氏体，再温变形来制备超细晶粒组织可望发展成传统钢铁材料超细化和超均质的新途径。

高温合金如 W、Mo、Zr 等的塑性加工经常利用温加工。例如，钼及钼合金本身具有变形温度高、抗拉强度大、高温下氧化严重、低温脆性、温降快、抗拉强度随温度的下降而急剧升高、塑-脆转变温度（DBTT）随变形程度的增加而不断下降等一系列加工特性。采用大加工率热轧开坯和低温交叉轧制工艺，钼板材的纵向、横向组织及性能相近，能够很好地满足深加工需要。

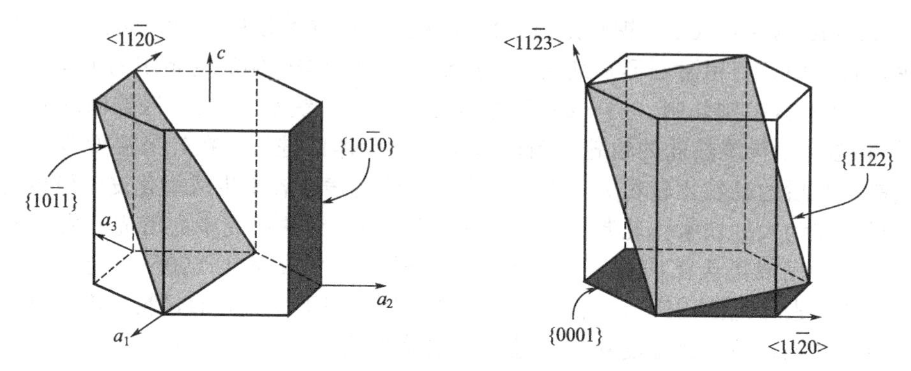

图 2-37　镁合金中常见滑移系及滑移方向

［Ishikawa K，et al. Materials Letters，2005，59 (12)：1511-1515］

镁合金密排六方晶格中，常见的滑移系包括基面滑移系 $\{0001\}\langle 11\bar{2}0\rangle$、柱面滑移系 $\{10\bar{1}0\}\langle 11\bar{2}0\rangle$ 和锥面滑移系 $\{10\bar{1}1\}\langle 11\bar{2}0\rangle$，如图 2-37 所示。柱面滑移系和锥面滑移系都沿 $\langle 11\bar{2}0\rangle$ 方向切动，与基面滑移系一起统称为 $\langle a\rangle$ 滑移。这些滑移系的滑移方向都平行于基面，无法提供任何沿 c 轴方向的变形。如果要产生其他方向的变形，必须有 $\langle a\rangle$ 滑移以外的滑移系开动，如 $\langle a+c\rangle$ 滑移系 $\{11\bar{2}2\}\langle 11\bar{2}3\rangle$。总的来说，位错的滑移面范围涉及了基面、棱柱面以及柏氏矢量为 $\frac{a}{3}\langle 11\bar{2}0\rangle$ 的第一级锥面滑移面和柏氏矢量为 $\frac{1}{3}\langle c+a\rangle\langle 11\bar{2}3\rangle$ 的二级锥面系统。但在中低温变形过程中，除了常见的 $\langle a\rangle$ 滑移系外，$\langle a+c\rangle$ 滑移的切变量很大，临界切应力很高，并不容易被激发。表 2-4 所列为镁合金变形过程中常见滑移系及滑移方向。

表 2-4　镁合金变形过程 中常见滑移系及滑移方向

柏氏矢量	滑移面	滑移方向	滑移系	
			滑移系总数	独立滑移系
$\langle a\rangle$	基面{0001}	$\langle 11\bar{2}0\rangle$	3	2
$\langle a\rangle$	棱柱面$\{10\bar{1}0\}$	$\langle 11\bar{2}0\rangle$	3	2
$\langle a\rangle$	锥面$\{10\bar{1}1\}$	$\langle 11\bar{2}0\rangle$	6	4
$\langle c+a\rangle$	锥面$\{11\bar{2}2\}$	$\langle 11\bar{2}3\rangle$	6	5

低温下一般只有基面滑移系参与滑移，即三个几何滑移系。但要使多晶体在晶界处的变形相互协调，必须有五个独立的滑移系。因此密排六方金属的塑性远比面心立方和体心立方金属要差。这三个几何滑移系不可能协调由 c 轴方向压缩应变产生的任何变形，必须通过机械孪生来协调，诱发孪生所需要的应力小于激活其他滑移系所需的应力。由于在室温下柱面和锥面滑移的临界切应力（CRSS）较高而很难启动，因而只有基面提供的两个独立滑移系。所以一般认为，镁在低温（室温～150℃）下变形主要通过基面 $\{0001\}\langle 11\bar{2}0\rangle$ 滑移和孪生进行，前者只能提供垂直于 c 轴方向的应变，后者

也可提供平行于 c 轴方向的应变。如果变形温度升高，非基面滑移系的临界切应力会急剧下降，非基面滑移系包括锥面滑移系和柱面滑移系才有可能被启动。在低温（室温～150℃）下，镁合金的塑性变形依赖于滑移和孪生的协调作用，并且根据材料微观组织和变形条件的不同，二者对塑性变形的贡献也不一样。理解孪晶在变形过程中的作用，对提高镁合金的低温塑性至关重要。镁及镁合金在不同变形条件下变形后，其微观组织特征随变形条件的不同而发生变化。

2.5 剧烈塑性变形对金属组织结构与性能的影响

剧烈塑性变形又称为强/严重塑性变形（severe plastic deformation，SPD）是指使金属发生强应变、大塑性变形导致晶粒细化至纳米量级的一种塑性形变。它是一种不同于传统塑性变形而较为新颖的塑性变形模式，在此做一简要介绍。

材料结构决定材料性能，由于具有较小的晶粒尺寸以及大量的界面结构，块体纳米结构材料表现出许多不同于传统材料的特性，如光、电、磁、热等物理性能以及强度、韧性、超塑性等力学性能。纳米结构材料所具有的特性决定了其应用前景与应用领域，目前，纳米结构材料已经开始逐步应用于电子、汽车、航空部件等制造业领域。如：剧烈塑性变形制备的超细晶钛合金，已被用于制造螺栓并应用于汽车和航空工业，超细晶碳素钢制造的微型螺栓也已被广泛应用；纳米结构的1420铝锂合金由于其优异的超塑成形性能，已被成功用于制造结构复杂且难以成形的活塞部件；此外，一些超细晶/纳米晶结构材料由于其轻质高强度的特点已经逐步应用于山地自行车、登山器材、高尔夫和网球等体育产品行业。纳米结构材料所具有的性能及应用前景引起了众多研究学者和装备制造行业企业的广泛关注和浓厚兴趣，纳米结构材料的制备技术、性能及其应用已成为当代材料领域的研究热点之一。

晶粒细化是提高金属强度和韧性，同时不损害金属塑性的唯一强化方法。局限性小且具有工业应用前景的强应变大塑性变形法，由于可以仅通过塑性变形即能达到晶粒细化，获得纳米晶粒材料，并在塑韧性损失不大的情况下，成倍提高金属材料强度，而成为材料领域的研究热点。

剧烈塑性变形制备超细晶粒材料的技术应满足三个条件：一是剧烈塑性变形后材料需获得大量大角度晶界的超细晶结构；二是剧烈塑性变形后的材料内部要形成均匀的超细晶结构；三是材料在大的变形过程中没有破坏或裂纹产生。只有满足以上三个条件的剧烈塑性变形材料，其性能才会有质的变化，具有稳定的性能。因此剧烈塑性变形制备超细晶粒材料的技术必须应用特殊的变形方式在相对较低的温度［通常低于 $0.4T_m$（K）］产生大的变形量，且由于变形工具几何形状限制金属的自由流动、并因此产生很大的静水压力，静水压力是获得大应变和产生高密度晶体缺陷以细化晶粒所必需的。

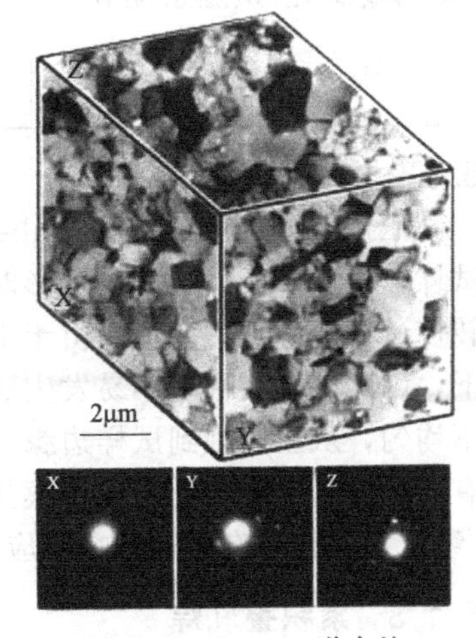

图 2-38 ECAP4 道次处理后的纯铝（99.99%）

2.5.1 细化晶粒的剧烈塑性变形方法

目前，越来越多的新剧烈塑性变形方法用来直接制造超细晶粒材料。主要的SPD方法（见表2-5）有：等径角挤压（equal channel angular pressing，ECAP）、高压扭转（high pressure torsion，HPT）和累积叠轧焊（accumulative roll-bonding，ARB），此外还有多向锻造（multi-directional forging，MDF）、反复弯曲平直法（repetitive corrugation straightening，RCS）和循环挤压压缩法（cyclic extrusion compression，CEC）等。目前只要选定合适的加工路径和施以足够高的应变，通过多种 SPD 技术即可获得均匀的纳米晶粒结构。

2.5.1.1 等径角挤压

等径角挤压（ECAP）是由 Segal 及其合作者于 1977 年提出的，ECAP 可以实现重复形变，在不改变材料横截面尺寸的情况下获得大的塑性应变量。模具由两个相同截面的交叉通道构成，通道截面可以根据材料形状进行设计，试样在通过交叉拐角时发生纯剪切变形，切变方向由变形路径控制，道次应变量则由模具的内角和外角决定。在 ECAP 过程中，通过对变形参数（如：模具内角、外角、变形路径、变形温度、应变速率和变形道次等）的设定来控制材料组织结构演变，最终获得具有大角晶界的块体超细晶/纳米晶材料，如图 2-38、图 2-39 所示。

表 2-5 主要剧烈塑性变形技术概要

变形方式	示意图	等效应变
等径角挤压(ECAP)(Segal,1977)	ϕ ϕ	$\varepsilon=n\dfrac{2}{\sqrt{3}}\cot(\phi)$
高压扭转(HPT)(Valiev,1989)	γ	$\varepsilon=\dfrac{\gamma(r)}{\sqrt{3}},\gamma(r)=n\dfrac{2\pi r}{t}$
累积叠轧焊(ARB)(Saito,1998)	t_0 t	$\varepsilon=n\dfrac{2}{\sqrt{3}}\ln\left(\dfrac{t_0}{t}\right)$

2.5.1.2 高压扭转

高压扭转（HPT）是由 Valiev 团队发展完善的剧烈塑性变形方法，HPT 适用于薄片盘状试样，由上下模具构成，变形时对试样施加吉帕（GPa）级别的压力，同时下面模具进行扭转使试样产生剪切变形。由于 HPT 模具所具有的特点，试样变形时处于大静水压力作用之下，因此试样变形时不易发生破裂并可获得大的应变量。但 HPT 变形时，试样内部变形并不均匀，从扭转轴到试样边缘的不同位置，应变量呈梯度分布。影响 HPT 变形的参数主要有：加载压力、转动道次、模具转动速率和变形温度等。高压扭转变形作为一种制备超细晶/纳米晶材料的有效途径，可应用于各种金属材料的变形，如图 2-40 所示。

2.5.1.3 累积叠轧焊

累积叠轧焊（ARB）是由 Saito 于 1998 年首次提出的，将两块板料叠放在一起，在一定温度下轧焊成一块板料，然后将其分成两块相同的板材进行循环轧焊，该过程可以在传统

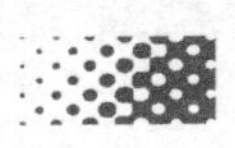

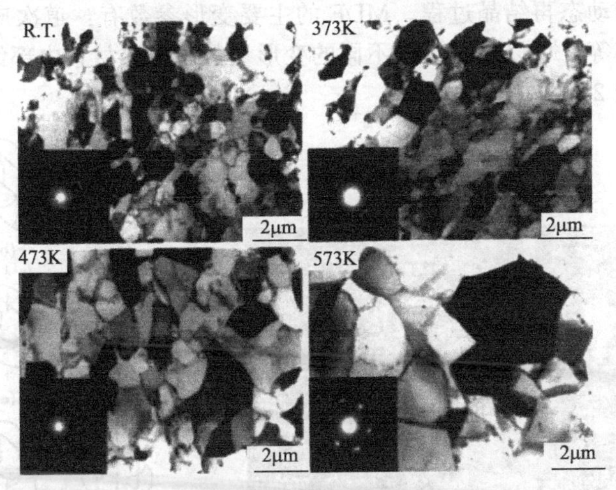

图 2-39 在不同温度进行 ECAP 处理后的纯铝（99.99%）

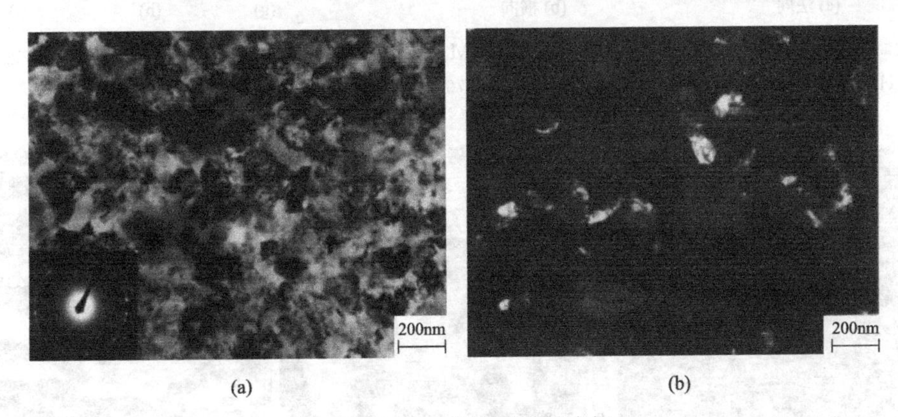

图 2-40 HPT 处理后的纳米铜

轧机上进行，变形过程中的应变量决定于每道次轧制压下量和循环轧焊次数（图 2-41）。重复轧制获得大的应变，以获得超细晶组织（图 2-42）。轧制温度一般控制在室温以上、再结晶温度以下的某一温度，这是因为温度太低轧制会导致压下量受到限制并且轧后结合强度不够，温度太高发生再结晶会消除轧制的累积应变量。为了得到较高的黏合强度，ARB 过程的轧制压下量一般不低于 50%，还应对板材进行表面处理，去除油污、氧化层等。ARB 工艺的优点是：较传统轧制方法，该工艺压下量较大，可以连续制备薄板类超细晶金属材料；缺点是：加工过程中板料容易产生边缘裂纹，因此 ARB 变形主要适用于塑性较好的金属材料如铝和铜等。

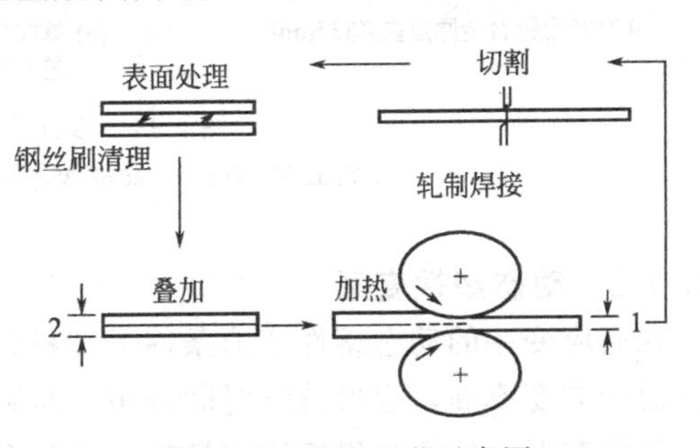

图 2-41 ARB 工艺示意图

2.5.1.4 多向锻造

多向锻造（MDF）是由 Salishchev 提出的，即对试样进行多次自由锻造，并在每一道次之间对试样进行拔长（图 2-43），变形过程依次沿不同轴向对试样进行循环加载。由于不同区域内获得的应变量不同，试样内部组织存在不均匀性，该变形过程通常在较高温度进行，因而往往伴随着动态再结晶过程。MDF 的主要变形参数有：道次应变量、道次数、变形温度以及应变速率等。可以通过设定不同的变形参数来改变材料内部组织结构并制备出块体纳米晶体材料（图 2-44）。

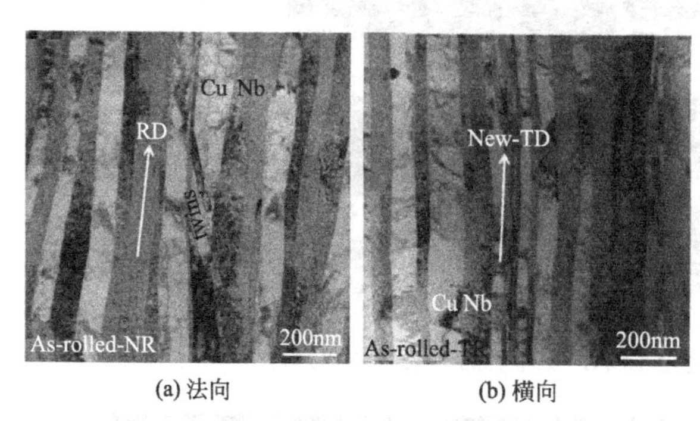

(a) 法向　　(b) 横向

图 2-42　ARB 轧制态 Cu-Nb 纳米层状复合体 TEM 明场像
（Han WZ，et al. Adv Mater，2013，25：6975-6979）

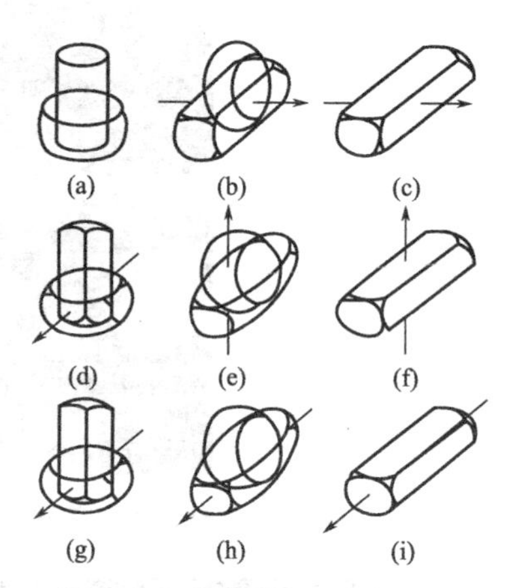

图 2-43　多向锻造工艺示意图

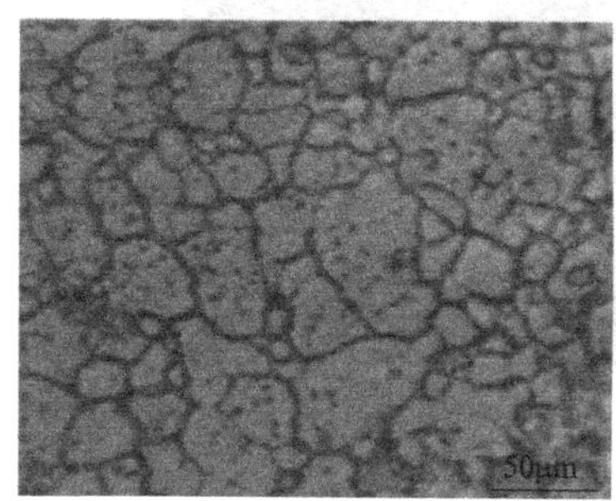

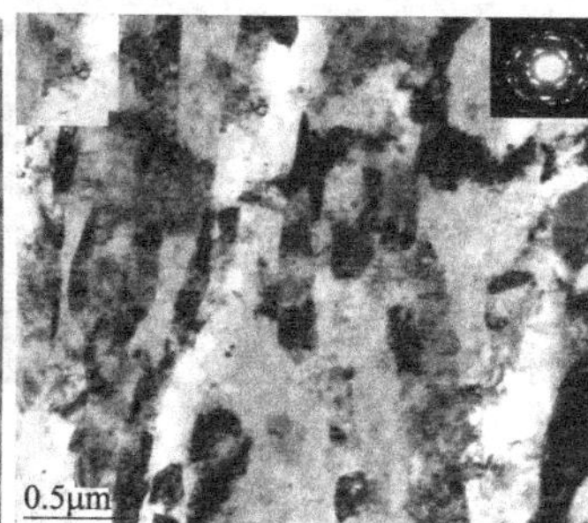

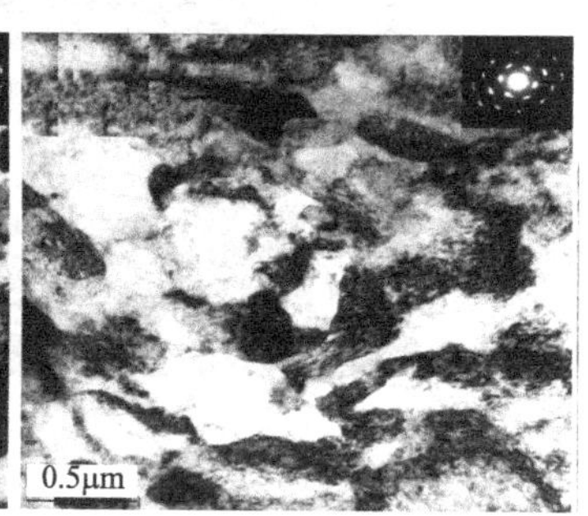

(a) 2195铝锂合金原始晶粒(35μm)　　(b) 单向加载($1.2\times10^3s^{-1}$,总应变1.6)纵截面　　(c) 多向加载($2.8\times10^3s^{-1}$,总应变3.6)

图 2-44　多向锻造试样的 TEM 图
［Yang Y（杨扬），et al. Mat Sci Eng A，2014，606：299-303］

2.5.1.5　动态塑性变形

在高应变率的动态塑性变形条件下，材料的微观结构及其演变机理表现出许多不同的特点。由于应变率高，变形持续时间较短，材料变形过程中所经历的热、力作用明显不同于准静态塑性变形，使得其组织演变机理变得复杂，并形成多种形态的亚结构。但位错和孪晶仍是动态塑性变形的主要组织特征，此外，剪切带在其组织演变过程中也扮演着重要作用。动态塑性变形使得材料内部形成高密度的纳米孪晶或者位错，从而使得原始粗大晶粒逐步细化至亚微米乃至纳米量级。

卢柯等（Li YS，et al. Acta Mater.，2008，56：230-241）在高应变率（$1\times10^2\sim2\times10^3s^{-1}$）和液氮温度（77K）条件下对圆柱试样进行多次压缩变形得到总应变量为 2.1，随着 Z 参数的增加，平均晶粒尺寸减小并最终获得平均晶粒尺寸为 66nm 的纳米晶铜试样。卢柯等还将该工艺用于制备 Cu-Zn 合金（Mat Sci Eng A，2009，513：13-21）、纯 Ni（Acta Mater，2012，60：1322-1333）以及不锈钢［Scripta Mate，2012，66（11）：878］等的纳米块体材料。杨扬等（Mat Sci Eng A，2014，606：299-303）利用霍布金生压杆动态单向/

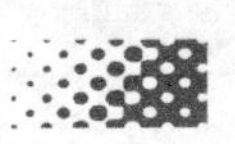

多向加载，应变速率高达10^3/s量级，制备铝合金的块体纳米材料（图2-44）。

Dovich等（Zel' dovich VI，et al. The Phy Met Metall，2008，105：402-408）提出了动态的ECAP的形变工艺，即采用长度为60mm的钛棒试样以$92ms^{-1}$的初速率通过变形通道，获得的应变速率为10^3～10^5s^{-1}。试样加载过程中发生局域化变形并在试样表面形成周期排布绝热剪切带（ASB），ASB内为纳米量级的再结晶组织，基体组织内形成大量横向尺寸为0.3～1μm的拉长晶粒。当钛棒经过第二个道次的变形之后，基体中的拉长晶粒逐渐演变为亚微米乃至纳米量级等轴晶，而ASB的数量则继续增加，在利用动态塑性变形制备块体纳米晶材料时应采取保护措施避免试样开裂。Kiritani等（Kojima S，et al. Mat Sci Eng A，2003，350：81-85）研究了高速率轧制变形条件下纯铝和Fe-Mn-Si-Cr-Ni形状记忆合金的微观组织结构，采用轧辊直径为0.2m的高速轧机，转速8000r/min时轧辊表面速率为$84ms^{-1}$，应变速率为$2\times10^4s^{-1}$。纯铝试样变形后的组织中含有大量的空位和位错亚结构（位错环和胞结构）；而Fe-Mn-Si-Cr-Ni合金在变形后形成大量宽度为100～300nm的变形带，变形带垂直于轧向，变形带内组织为几十纳米的细小胞结构，同时变形后的试样中也观测到了大量的细小孪晶束。

高应变速率动态塑性变形为块体纳米晶材料的制备和应用提供了新的路径。

2.5.1.6 其他方法

此外，研究较多的SPD技术还有反复弯曲平直法（RCS）和循环挤压压缩法（CEC）等。

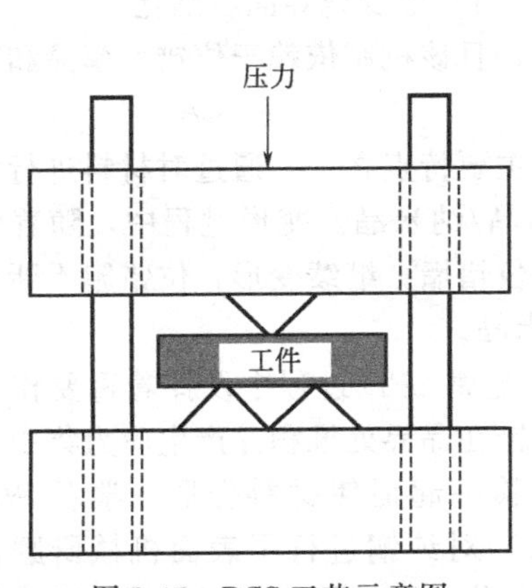

图2-45 RCS工艺示意图

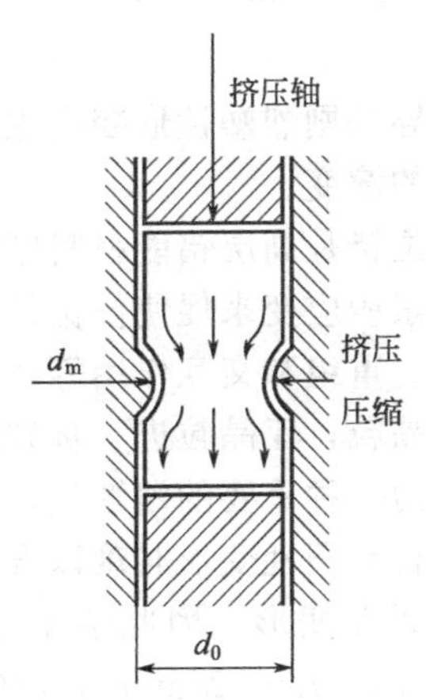

图2-46 CEC工艺示意图

① 反复弯曲平直法（RCS）（图2-45）。在反复的两步工艺中，工件先变形为波浪状、然后在两平板间整平，反复重复上述工艺过程。工件反复弯曲和剪切促进晶粒细化。RCS技术目前处于早期研发阶段，关键是设计设备和加工工艺规程以改进微结构的均匀性。

② 循环挤压压缩法（CEC）（图2-46）。将在直径为d_0的圆柱腔室内的试样通过一个直径为d_m的模具推入另一个直径d_0的圆柱腔室，即挤压过程中，由腔室提供压缩。因此，在一个循环中材料首先经历压缩，然后挤压，最后再压缩。一个循环的真应变$\varepsilon=4\ln(d_0/d_m)$；在第二个循环，挤压方向相反，其他变形模式相同。该过程反复N次，累积应变量为（$N\varepsilon$）。如果直径比$d_m/d_0=0.9$，在一个循环中材料的应变量为$\varepsilon=0.4$。

2.5.2 剧烈塑性变形金属的组织特征与演变机理

2.5.2.1 剧烈塑性变形金属的组织特征

各种SPD技术加工后金属的主要组织结构特征如下：①获得的纯金属的平均晶粒尺寸

一般约是 150～300nm，而合金的晶粒尺寸要小得多，例如，HPT 处理金属间化合物 Ni_3Al 后晶粒尺寸 60nm，而 HPT 处理 TiNi 合金则导致其完全非晶化。②SPD 结构十分复杂，不仅是得到超细晶粒，而且正因为晶粒细化而具有高密度界面。③SPD 纳米结构的晶界是一种以具有高密度位错为特征的非平衡晶界，如图 2-47 所示。非平衡晶界的特点是：晶格严重畸变且存在过量晶界储能及长程弹性应力。非平衡晶界具有特殊性能，例如沿非平衡晶界的扩散系数比沿传统粗晶（$10\mu m \leqslant d \leqslant 300\mu m$）多晶体高几个数量级等。

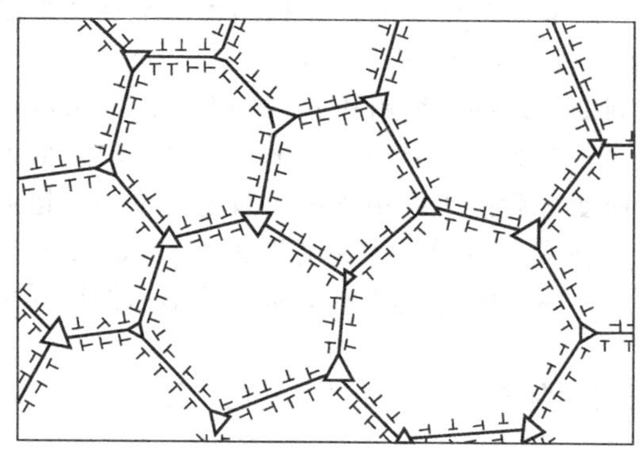

图 2-47　非平衡晶界示意图
（Valiev R Z，et al. Progress in Materials Science，2000，45：103-189）

2.5.2.2　剧烈塑性变形组织演变机理

在剧塑性变形过程中，材料组织演变及晶粒细化受许多变形因素的影响，这些影响因素主要有：变形方法、加载路径、应变速率、温度、材料原始组织、析出相和材料晶格结构等。通过对变形参数的设定，可以控制材料组织结构如位错密度和晶界特征等，但变形过程中微观组织的演变过程和细化机理仍然存在争论。目前，研究较多的 SPD 组织演变机理主要有三种：形变诱导晶粒细化、热机械变形晶粒细化以及粒子细化。

1）形变诱导晶粒细化

形变诱导是剧烈塑性形变中主要的晶粒细化机制，且该机制依赖于位错、孪晶和剪切带等微观结构的演变。

高密度位错是高层错能材料剧烈塑性形变组织的主要特点之一，通过对材料进行大变形引入较大的累积应变来促使位错结构演变并形成超细晶/纳米晶。变形过程中，随着位错的增殖、湮灭、重组和交互作用等，形成大量位错胞和位错墙；继续变形，位错胞不断分裂细化并形成亚晶粒，亚晶粒进一步破碎形成超细晶/纳米晶。

孪生作为一种重要的塑性变形方式，在低层错能金属 SPD 过程中发挥着重要作用。低层错能金属材料塑性变形时难以发生交滑移，导致位错在晶界处堆积并产生应力集中，诱发孪生以协调塑性变形，因此孪生往往伴随着位错滑移一起促使材料变形。学者 Wang 等（Wang K，et al. Acta Mater.，2006，54：5281-5291）对纯铜进行了表面机械研磨，获得的表层材料（$<25\mu m$）为纳米孪晶/基体片层，孪晶与位错胞壁相互作用促进变形，同时孪晶层分割原始粗大组织并演变为随机取向的细小纳米晶。而 Zhang 等（Zhang HW，et al. Acta Mater.，2003，51：1871-1881）对 304 不锈钢进行表面机械研磨时发现孪晶层相互交割促使晶粒细化并诱发马氏体转变。

剧烈塑性变形时，材料内部引入较大应变，位错大量增殖并在晶界塞积导致应力集中，为协调变形和松弛局部应力，剪切带极易沿切应力方向萌生即产生变形局域化（Antolovich S D，et al. Prog. Mat. Sci.，2014，59：1-160）。在 SPD 尤其是多向锻造的过程中，材料内部不同取向的剪切带相互交错隔断基体组织并引起粗晶破碎，剪切带内则形成细小的拉长晶粒。学者 Liu 等（Liu WC，et al. Mat. Sci. Eng. A，2011，528：5405-5410）研究了 3104 铝合金在多向压缩变形作用下的微观组织特征，沿最大切应力方向（与压缩方向呈 45°夹角）产生贯穿整个试样剪切带，不同方向上的剪切带相互交错，同时剪切带与基体组织也相互作用，使得原始的粗晶组织在较小应变（3.56）下得到极大细化。Sakai 等（Sakai T，et al. Metall. Mater. Trans. A，2008，39：2206-2214）提出了一种基于微剪切带破碎晶粒的变

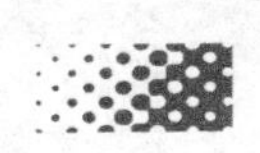

形诱导细化机制，多向锻造过程中，试样内部形成高密度且相互交错的剪切带，低应变下细晶粒主要在剪切带交叉处形成，随着变形的进行，细晶粒发生刚性转动进一步细化并诱导基体组织沿剪切带发生破碎，试样内部不同取向的高密度微剪切带相互作用促使原始粗晶组织在大应变量下完全细化成等轴超细晶/纳米晶。

2）热机械变形晶粒细化

剧烈塑性变形过程中形成大量非平衡晶界，并由于累积应变很大，SPD材料中形成高密度的晶格点阵缺陷使得材料含有过量的变形储能并处于不稳定状态，导致材料在较低温度（$\leqslant 0.4T_m$）就发生动态再结晶，热机械变形晶粒细化机制正是建立在这一基础之上。Sakai等（Sakai T，et al. Acta Mater.，2009，57：153-162）详细阐述了7475铝合金多向锻造过程中的连续动态再结晶，SPD材料的高晶界储能为连续动态再结晶的进行提供驱动力，有利于形成具有大角晶界的稳态超细晶/纳米晶。

3）第二相粒子细化晶粒

粒子细化主要在多相合金材料SPD时发挥作用，受析出相的特性、尺寸、分布和体积分数等因素影响。由于析出粒子对位错的钉扎作用，大量位错会在粒子周围聚集，通过不断吸收位错，亚晶界由小角晶界演变成大角晶界并最终实现晶粒细化。SPD时，析出相可以提高位错密度和大角晶界比例、细化原始粗晶并形成随机取向的细晶组织；当析出相颗粒尺寸较小（$<1\mu m$）时，析出相阻碍晶界迁移并延缓再结晶和晶粒长大，最终形成各向同性的纳米晶组织（Schäfer C，et al. Acta Mater，2009，57：1026-1034）。当颗粒尺寸较大（$\geqslant 1\mu m$）时，由于粒子激发形核机制（Particle Stimulating Nucleation mechanism，PSN机制）的作用，析出颗粒可以促进再结晶，拓展粒子周围变形区域，这些区域含有较高的变形储能，提高晶界取向差，细化晶粒并获得再结晶组织。

2.5.3 剧烈塑性变形对金属性能的影响

通过剧烈塑性变形细化晶粒不仅使材料强度提高，而且可以得到很好的材料塑性。研究剧烈塑性变形对晶粒细化的作用及对金属性能的影响是材料工作者研究的重要方向。

2.5.3.1 强度和塑性

非平衡晶界结构对SPD纳米材料的性能具有重要的影响。非平衡晶界的空位浓度比平衡晶界高几个数量级，因此非平衡晶界的扩散系数非常高。非平衡晶界以及很小的晶粒尺寸和高的晶界扩散系数，导致其变形机制不同于粗晶多晶体，例如SPD纳米材料比粗晶多晶体就可能在更低的温度时开动晶界滑移。因此，SPD纳米材料将具有特殊的力学性能。强度和塑性是材料的关键力学性能，但一般这两者具有相反的趋势，一般材料很难同时具有高强度和高塑性。然而，纳米结构材料就能同时具有高强度和高塑性（图2-48）。

在时效铝合金中，由变形热处理技术产生沉淀（析出）强化的微观结构可获得$\geqslant$0.5GPa的相对高的屈服强度，更为重要的是这些微观结构仍具有可满足工程应用要求的$>$5%量级的均匀延伸率，由析出强化可使变形铝合金的屈服强度上限达到约0.75GPa。最近Liddicoat团队的工作（Liddicoat P V. Nature Commun，2010）表明，7075铝合金高压扭转HPT加工后，其屈服强度高达1GPa可与钢媲美，且均匀延伸率达5%。众所周知，金属材料的强度一般遵从Hall-Petch关系反比于晶粒大小，因此人们致力于通过变形热处理工艺细化晶粒（对于钢和铝合金，晶粒一般可细化为$1\sim10\mu m$）以提高结构材料的强度；但是直到最近利用各种剧烈塑性变形技术SPDs可得到超细晶粒组织，而当晶粒尺寸减小至100nm以下时，Hall-Petch类型的关系就不再成立了。例如，如果按纯铝的Hall-Petch方程来预测，26nm的平均晶粒尺寸的纯铝强度仅约0.27GPa，这和实验结果相距甚远（Han-

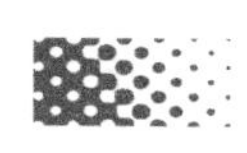

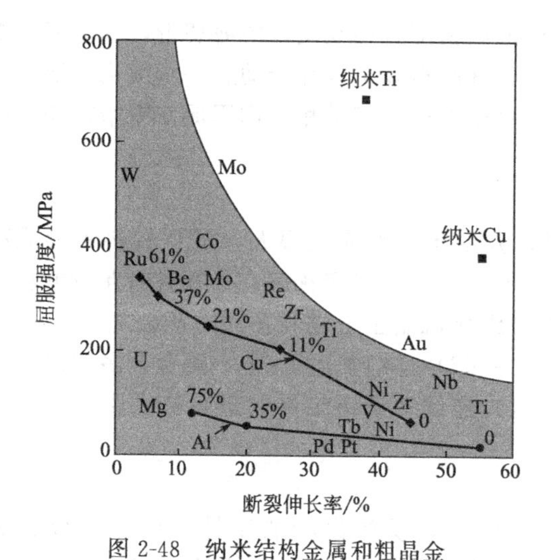

图 2-48　纳米结构金属和粗晶金属的强度和塑性比较

传统冷轧制的铜和铝的强度增大但塑性降低，两条线表示该趋势，%代表压下量。相反纳米结构的铜和钛，其强度和塑性都很高

(R Z Valiev I V Alexandrov，Y T Zhu，T C Lowe. J Mater Res，2002，17：5-8)

sen N. Scr. Mater. 2004，51)，显然 Hall-Petch 关系不适用于纳米结构。

目前获得同时具有高强度和高塑性材料的方法有 3 种：第一种是 Wang 等 (Y Wang，et al. Nature，2002，419：912-915) 提出的方法，即铜在低温 (液氮温度) 轧制然后在 450K 加热，得到在纳米晶粒的基体内含有约 25%体积分数的毫米 (mm) 量级晶粒的一种双模式结构。该材料具有很高的塑性并同时具有高强度。其原因在于纳米晶粒提供了高强度，其中镶嵌的较大晶粒稳定了拉伸变形。第二种是 Koch (Koch C C. Scr Mater，2003，49：657) 提出了一个在纳米结构基体内形成第二相粒子的方法，纳米结构金属基体中第二相颗粒的形成对应变过程中剪切带传播产生影响从而提高塑性。第三种最普遍适用于金属和合金能同时获得高强度高塑性的方法是基于具有大角度和非平衡晶界的超细晶粒结构的形成更有助于晶界滑动。非平衡晶界的存在更易于晶界滑动，例如：HPT 加工后的钛，在 300℃短时间退火后，其强度和塑性都得到提高，结构研究表明在 300℃退火后，晶粒内位错消失，而晶界仍保留其非平衡结构；而在更高的温度时，晶界获得更稳定的结构，晶粒开始长大，因此强度和塑性开始下降 (Valiev R Z，et al. Scr Mater.，2003，49：669-674)。

2.5.3.2　疲劳性能

关于 SPD 变形合金的疲劳性能的研究主要集中在，疲劳断裂和寿命以及对疲劳裂纹扩展影响等方面。Patlan 等 [Patlan V，et al. Mater Sci EngA，2001，300 (1-2)：171-182] 研究了 ECAP 变形后 5056Al-Mg 合金具有高的低周疲劳强度。但其应变疲劳寿命明显低于未变形合金。Washikita 等 (Washikita A，et al. TMS Annual Meeting，Ultrafine Grained Materials Ⅱ，2002：341-350) 研究表明，Al-Mg-Sc-Zr 合金 ECAP 变形后其高周疲劳强度和低周疲劳强度都有明显地提高。Vinogradov 等 [Vinogradov A，et al. Mater Sci Eng A，2003，349 (1-2)：318-326] 的研究表明，Al-Mg-Sc 合金 ECAP 变形后其高周疲劳强度和低周疲劳强度均有所提高，但提高不是很明显。Tsuji 等 [Tsuji N，et al. Mater Sci Forom，2003，426-432 (3)：2667-2672] 研究了通过累积叠轧焊 (ARB) 方法制备的超细晶 1100 工业纯铝，随着晶粒尺寸的减小，其疲劳强度增加。从目前的研究结果来看，剧烈变形可以提高铝合金的疲劳性能，这使得剧烈塑性变形技术在提高铝合金疲劳性能方面具有很大的应用前景。

2.5.3.3　腐蚀性能

合金的耐腐蚀性能是其应用中的一个非常重要的性能，但有关剧烈变形对金属腐蚀性能的研究较少。Son 等 [Son In-Joon，et al. Mater Trans，2006，47 (4)：1163-1169] 报道了 ECAP 变形对 Al 及 Al-Mg 合金的点腐蚀性能影响，结果表明经 ECAP 变形后，合金的点腐

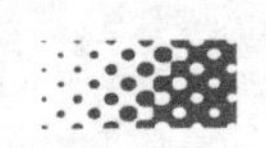

蚀性能大大提高。他们认为主要是ECAP变形使杂质第二相尺寸减小，阻止了点腐蚀在第二相周围的发生。另外ECAP变形加速了铝氧化膜的形成，进一步阻止了点腐蚀的出现。这说明通过ECAP变形可以提高铝合金的耐腐蚀性能。但由于较少的实验研究，目前对其机理和影响因素尚不清楚。

2.5.3.4 超塑性

ECAP变形可以使合金获得高的超塑性成形能力。从目前的研究结果来看，采用剧烈塑性方法制备的超细晶铝合金具有良好的超塑性性能，且可以使成形温度降低100～200℃，这对将铝合金超塑性成形应用到实际工业生产中具有重大的意义。

2.5.3.5 热稳定性

纳米结构材料的优异性能是以其保持一定的热稳定性为前提的，然而纳米结构在热力学上处于亚稳状态，在服役条件下随着温度的升高，纳米结构将向较稳定的亚稳态及稳定态转化，如相变（固溶、脱溶等）和晶粒长大等现象就是纳米晶体趋向热力学平衡态转变的表现形式，如果纳米晶粒长大变成亚微米甚至微米级粗晶材料，将很快失去其优越性能。

纳米晶材料的热稳定性是一个关系到纳米材料的优越性能究竟能在什么样的温度范围保持的关键问题，获得热稳定性好的（即在较宽的温度范围晶粒尺寸无明显长大）纳米结构材料是纳米材料领域亟待解决的，也是纳米材料研究者所关注的重要课题。根据传统的晶粒长大理论，晶粒长大驱动力可由Gibbs-Thomson方程描述，即晶粒长大驱动力与晶界能成正比，与晶粒尺寸成反比。由此可以预见，纳米材料的晶粒长大驱动力很高，甚至在室温下即可长大。然而诸多实验结果证实，纳米晶粒并不像传统晶粒长大理论预测的那样易于生长，而是具有良好的尺寸稳定性，这对于在较高温度下保持纳米材料的优异性能极为有利。大量实验表明，通过各种方法制备的纳米材料，无论是金属、合金还是化合物在一定程度上都具有很高的晶粒生长稳定性，表现为晶粒长大的初始温度较高，有时高达$0.6T_m$（K）。对于纳米晶纯金属样品，熔点愈高的金属晶粒长大的起始温度愈高，晶粒长大温度约为$0.2\sim0.4T_m$，如纳米Cu的晶粒长大温度约为373K（约$0.28T_m$）、Fe纳米晶为473K（约$0.26T_m$）、Pd纳米晶为523K（约$0.29T_m$）、Ge纳米晶约为300K（约$0.25T_m$）；纳米晶合金的晶粒长大温度往往较高，通常高于$0.5T_m$，如纳米Ni80P20合金的晶粒长大温度约为620K，是熔点的0.56倍。可见，纳米晶粒的生长行为不能简单地沿用经典晶粒长大理论描述，其中必然存在一些与纳米晶体结构相关的本质影响因素。

影响纳米晶粒材料热稳定性的因素主要有后续热处理的温度和保温时间，纳米化过程中所形成的晶体缺陷、残余应变等，此外，原始晶粒尺寸、溶质原子在晶界的偏聚、第二相的析出等都会影响晶粒长大的阻力类型和大小。一般而言，随着温度的升高，晶粒将发生长大。但晶粒长大的程度取决于微观组织的特性。对纯铝和固溶态铝合金，在高温下变形后的晶粒长大比较快，因为在晶内没有析出相阻碍晶界的迁移。相比而言，有大量细小析出相存在的变形组织在高温下可以保持基本不变。析出物阻止晶粒长大的作用主要取决于它的体积分数与直径的比值。研究剧烈塑性变形金属的热稳定性将对发挥强变形带来的优异性能具有重要的意义，这方面研究有待深入。

2.6 形变热处理

形变热处理（thermo-mechanical treatment，TMT）将塑性变形的形变强化与热处理时的相变强化相结合，使相变过程是在由塑性变形引起的缺陷增多的条件下进行，是成形工艺与获得最终性能相统一的一种综合工艺方法。

塑性变形增加了金属中的晶体缺陷（主要是位错）密度和改变了各种晶体缺陷的分布，若在变形期间或变形之后合金发生相变，那么变形时晶体缺陷组态及密度的变化对新相形核动力学及新相的分布影响很大。反之，新相的形成往往又对位错等缺陷的运动起钉扎、阻滞作用，使金属中的缺陷稳定。由此可见，形变热处理强化不能简单视为变形强化及相变强化的叠加，也不是任何变形与热处理的组合，而是变形与相变互相影响、互相促进的一种工艺。合理的形变热处理工艺将有利于发挥材料潜力，是金属材料强韧化的一种重要方法。

变形时导入的位错，为降低能量往往通过滑移、攀移等运动组合成二维或三维的位错网络。因此，与常规热处理比较，形变热处理后的金属的主要组织特征是具有高的位错密度，及由位错网络形成的亚结构（亚晶），形变热处理所带来的变形强化的实质就是这种亚结构的强化。并非塑性变形，热处理的每种组合都可称为形变热处理。形变热处理必须是在相变前或相变时进行塑性变形，使相变是在由塑性变形引起的晶体缺陷（位错、空位、层错和晶界等）密度增多的条件下进行，从而产生强化效果。它常用作获取可热处理强化型合金理想组织的手段。

按变形温度（即冷、热变形）可将形变热处理分为高温、低温两种形变热处理，这是主要的分类法。另一种分类方法是按相变类型分为时效型及马氏体转变型两大类，每一类再按变形所处的相变阶段进一步细分。时效型合金的形变热处理多用于有色合金。马氏体相变型的形变热处理则用于各种存在马氏体转变的合金，其中主要是钢。

2.6.1 时效型合金的形变热处理

时效型合金的形变热处理的基本形式如图 2-49 所示，图中齿形线表示塑性变形。

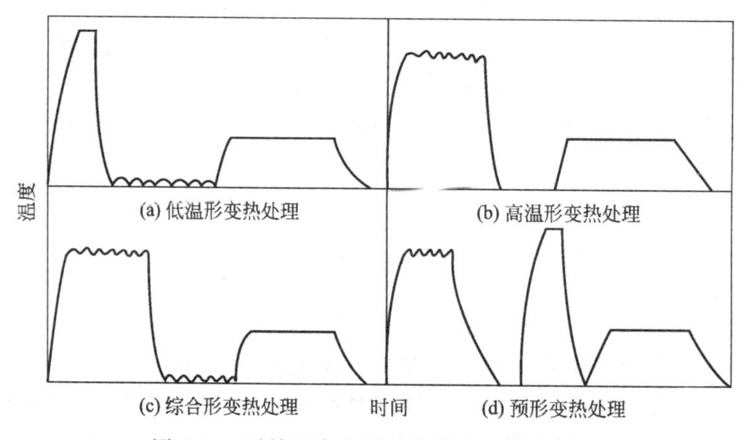

图 2-49 时效型合金形变热处理工艺示意图

2.6.1.1 低温形变热处理

时效合金的低温热处理早在 20 世纪 30 年代就已出现，并已广泛在工业上应用。其基本工艺是，首先将合金淬火，然后在时效前于室温下进行冷变形，与不经冷变形的合金比较，这种处理能获得较高抗拉强度及屈服强度，但塑性有所降低。

时效前冷变形在合金中导入大量位错。随后时效时，基体中发生回复、形成亚晶组织。而未经冷变形的合金，时效后基体仍为淬火后的再结晶状态。因此，低温形变热处理首先会因结构强化而使强度在时效前处于较高的水平。但更重要的是冷变形对时效过程的直接影响。

冷变形对时效过程影响的基本规律较为复杂，它与淬火、变形和时效规程有关，也与合

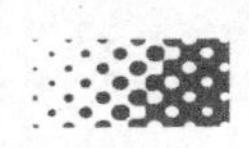

金本性有关，对同一种合金来说，与时效析出相的类型有关。简言之，主要依靠形成弥散过渡相而强化的合金，时效前冷变形会使合金强度提高。这类合金淬火后，经冷变形再加热到时效温度时，脱溶与回复过程同时发生，脱溶将因冷加工而加速，脱溶相质点将因冷变形而更加弥散。与此同时，脱溶质点也阻碍多边形化等回复过程。若多边形化过程已发生，则因位错分布及密度变化，脱溶相质点的分布及密度也会发生相应的改变。

若冷变形前已经进行部分时效，则这种预时效会影响最终时效动力学及合金性质。例如，Al-4%Cu 合金淬火后立即冷变形于 160℃时效只需 8～10h 达硬度最高值，人工时效的加速可能是由于自然时效后 GP 区对变形时位错阻碍所致，这种阻碍造成大量位错塞积及缠结，有利于 θ' 析出相的形核。因此，为加速这种合金的人工时效，变形前自然时效是有利的。这样，就形成了低温形变热处理工艺的一种变态，即淬火—自然时效—冷变形—人工时效。

预时效也可用人工时效，根据同样原因将使最终时效加速，增加强化效果。这样就形成了低温形变热处理工艺的另一种变态，即淬火—人工时效—冷变形—人工时效。对不同基体的合金，可广泛用不同的低温形变热处理工艺组合。

低温形变热处理亦可采用温变形。在温变形时，动态回复进行得较激烈，有利于提高温形变热处理后材料组织的热稳定性。

当前，低温形变热处理广泛应用于铝、镁、铜合金铁基奥氏体合金半成品与制品的生产中。例如 2A12 合金板材淬火后变形 20%，然后在 130℃时效 10～20h；与标准热处理相比，经这种处理后 σ_b 可提高 60MPa，$\sigma_{0.2}$ 提高 100MPa，塑性尚好。2A11 合金板材淬火后在 150℃轧制后在 100℃时效 3h；淬火后直接与按同一规程时效的材料相比，σ_b 可提高 50MPa，$\sigma_{0.2}$ 提高 130MPa，但 δ 值降低 50%。Al-Zn-Mg 系合金按淬火—短时人工时效—冷变形在同一温度下再时效这一工艺进行处理，合金具有较大的应力腐蚀抗力，强度降低不多。时效前冷轧可使 QBe2.0 合金的 σ_b 提高 20%。

低温形变热处理工艺简单且有效，这是能广泛应用的主要原因，但大多数合金经此种处理后塑性降低，某些铝合金还可能降低蠕变抗力并造成各向异性等弊端，在应用此种工艺时，应综合这些方面的要求进行考虑。

2.6.1.2 高温形变热处理

高温形变热处理工艺为热变形后直接淬火并时效［图 2-49 (b)］。因为塑性区与理想的淬火范围可能有别，因而其形变和淬火工艺可能形式如图 2-50 所示。总的要求是应自理想固溶处理温度下淬火冷却，其中图 2-50 (f) 表示利用变形热将合金加热到淬火温度。

高温形变热处理需满足如下 3 个基本条件：

① 热变形终了的组织未再结晶（无动态再结晶）；

② 热变形后可防止静态再结晶（无静态再结晶）；

③ 固溶体是过饱和的。

进行高温形变热处理时，由于淬火状态下存在亚结构，以及时效过饱和固溶体分解更为均匀（强化相沿亚晶界及亚晶内位错析出），因而使强度提高。另外，固溶体分解均匀、晶粒碎化及晶界弯折，使合金经高温形变热处理后塑性不会降低。对铝合金来说塑性及韧性甚至有所提高。再有，因晶界呈锯齿状以及亚晶界被析出质点所钉扎，使合金具有较高的组织热稳定性，有利于提高合金的耐热强度。

高温形变热处理适用的两个要求：①合金淬火温度范围较宽，若合金淬火温度范围较为狭窄（如 2A12 仅为±5℃）则实际上很难保证热变形温度在此范围内，这种合金就不易实现高温形变热处理；②合金淬透性高，淬火后不发生再结晶的合金，过饱和固溶体分解较迅速，若这种合金淬透性不高，高温形变热处理时就难以保证淬透，因而也难实现高温形变热处理。

铝合金高温形变热处理工艺研究较多，铝层错能高，易发生多边形化，铝合金挤压时，因变形速度相对较低，往往易形成非常稳定的多边形化组织，因此铝合金进行高温形变热处理原则上可行的。但由于上述两个原因，目前只有 Al-Mg-Si 系（6×××）及 Al-Zn-Mg 系（7×××）合金能广泛应用：该两系合金具有宽广的淬火加热温度范围（Al-Zn-Mg 系为 350～500℃），淬透性也较好，薄壁型材挤压后空冷以及厚壁型材在挤压机出口端直接水冷可淬透，因而简化了高温形变热处理工艺，使这种工艺能在工业生产条件下具体应用。总的来说，高温形变热处理工艺较低温形变热处理工艺应用少得多。

作为高温形变热处理的一种改进，在生产中也可考虑采用高低温形变热处理，即热变形—淬火—冷变形—时效。这种工艺可使材料强度较单用高温形变热处理时有所提高，但塑性会有所降低。

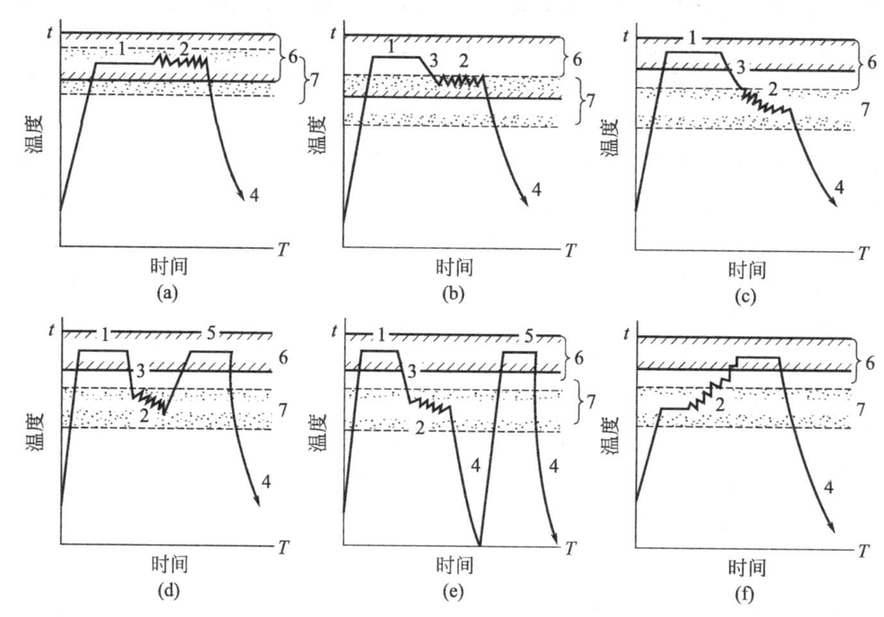

图 2-50　高温形变热处理工艺（图中齿形线表示塑性变形）
1—淬火加热与保温；2—压力加工；3—冷至热变形温度；4—快冷；
5—重新淬火加热短时保温；6—淬火加热温度范围；7—塑性区

影响高温形变热处理的因素：

① 合金本性：层错能高，不易再结晶。

② 热变形条件：变形温度高，动态回复容易，则动态再结晶困难，有利于高温形变热处理；变形速度高，位错重组不充分，影响动态回复中亚晶的形成，所以为提高高温形变热处理效果，应降低变形速度；变形程度大，则储能大，对动态再结晶有利，而对高温形变热处理效果不利。

2.6.1.3　预形变热处理

预形变热处理的典型工艺如图 2-49（d）所示，即在淬火，时效之前预先进行热变形，将热变形及固溶处理分成两道工序。虽然这种工艺较高温形变热处理复杂，但由于变形与淬火加热分成两道工序，工艺条件易于控制，在生产中易于实现。

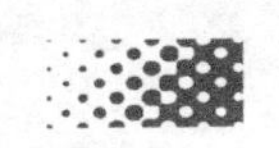

实现预形变热处理有三个基本条件：①热变形时无动态再结晶；②热变形后无亚动态再结晶或静态再结晶；③固溶处理时亦不发生再结晶。保证了这些条件，就可达到亚结构强化的目的。再通过随后的时效，实现亚结构强化与相变强化有利的组合。

为了保证上述实现预形变热处理的基本条件，首先需要了解各种合金在不同变形条件下可能的组织状态。

冷变形程度决定了储能大小以及随后加热时再结晶难易程度，但热变形后储能大小及可能的组织状态与变形程度、变形温度及变形速度均有关。因为加工时热变形程度常达稳定变形阶段，为使分析简化，可忽略变形程度的影响，而只研究变形温度-变形速度-组织状态间的关系。

例如，具有挤压效应的2A12、7A04合金挤压制品的生产即是预形变热处理。

从实践中发现，某些铝合金（如硬铝等）挤压制品的强度比轧制及锻造的都高，这种现象称为“挤压效应”。“挤压效应”的实质是挤压半成品淬火后还保留了未再结晶的组织。而轧制及锻造制品则已再结晶。不过后来又发现，一系列合金轧制与模压制品（如Al-Zn-Mg系合金）在适当的条件下同样可获得未再结晶组织，因而使合金强度提高。于是，由“挤压效应”概念发展到“组织强化效应”：即凡是淬火后能得到未再结晶组织，使时效后强化超出一般淬火时效后强化的效应，称为“组织强化效应”。这种强化效应不仅可通过挤压及其他压力加工方法和适当的工艺来获得，也可以通过添加各种合金元素的方法来达到。例如，锰、铬、锆等元素能在铝合金中生成阻碍再结晶的弥散化合物（$MnAl_9$、$ZrAl_3$）。因此使合金再结晶开始温度升高，在热变形时更不易发生再结晶。

比较起来，挤压最易产生组织强化效应，这与挤压时变形速度较小，变形温度较高（变形热不易散失），因而易于建立稳定的多边形化亚晶组织有关。例如，挤压的2A12棒材，其强度与延伸率可由$\sigma_b \geqslant 372$MPa及$\delta \geqslant 14\%$提高到$\sigma_b \geqslant 421$MPa而δ仍在10%以上。因此，为得到较高强度的制品，可考虑采用挤压方法。

2.6.2 马氏体转变型合金的形变热处理

这种形变热处理在20世纪50年代中期开始发展，主要是探索钢的强韧化新途径。

2.6.2.1 传统的形变热处理

（1）低温形变热处理（亚稳定奥氏体形变淬火）

钢的低温形变热处理工艺如图2-51所示。将钢奥氏体化后，过冷至奥氏体稳定性高且低于再结晶温度的温度范围变形，此后，淬火成马氏体，最后再低温回火。

应用此种工艺可使合金结构钢的强度极限高达2800～3300MPa（普通热处理后为1800～2200MPa），伸长率为5%～7%，即可保持（甚至高于）普通热处理后的塑性。

钢经低温形变热处理后获得超高强度是因为马氏体继承了变形奥氏体的位错结构。含碳马氏体本身脆性很大，难以通过冷变形进一步强化，但在奥氏体状态下，流变应力较低，工艺塑性较高，可进行大压缩量变形，此时奥氏体中位错密度大增，形成位错缠结所分割的胞状亚组织。在发生马氏体转变时，根据无扩散机制，奥氏体中原有的位错网络不会消失，而将“遗传”到马氏体中。与无位错网络的马氏体比较，这种马氏体必然有更高的强度性质，由于奥氏体晶粒在低温变形时发生碎化，淬火马氏体晶粉较为细小，所以经这种处理后的钢也具有适当的塑性。

从低温形变热处理的工艺特征来看，它只适用于过冷奥氏体极为稳定的合金钢。

这种工艺的主要困难是变形温度较低，流变应力较大，要得到预期的强化效果，需要较大的变形量（一般压缩率≥50%），因此，需要具有较大功率的加工设备。另外，剧烈强化的钢断裂韧性可能降低，因而有时难以满足现代结构材料对断裂韧性指标的要求。在生产中这一不足之处应予以考虑。

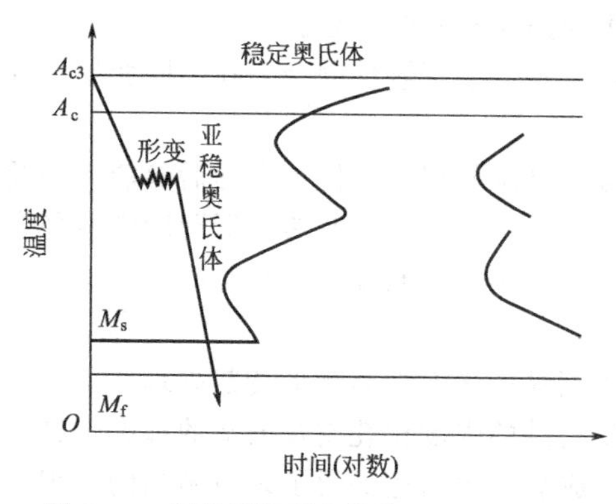

图 2-51 钢的低温形变热处理工艺示意图

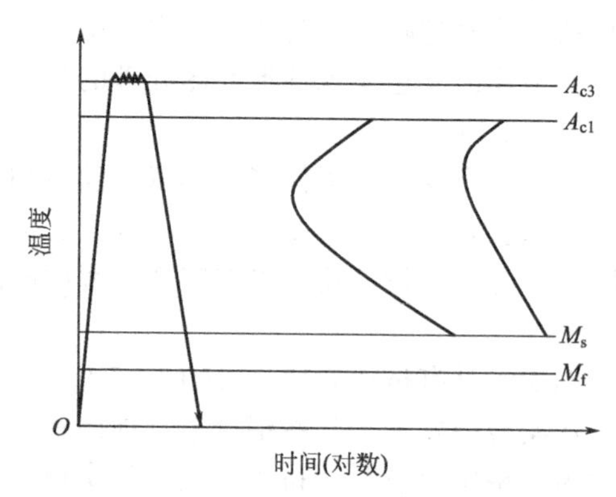

图 2-52 高温形变热处理工艺示意图

(2) 高温形变热处理（稳定奥氏体变形淬火）

工艺如图 2-52 所示。即钢在奥氏体温度区（$T>A_1$）变形并淬火成马氏体，然后低温回火。此工艺的优点是变形在高塑性区进行，变形与淬火加热合并成一道工序，因而对变形加工的设备要求不高，节省了淬火加热的能耗，经济上较为有利。

高温形变热处理可使钢获得较高强度和较好塑性。例如，碳钢、低和中合金钢经此处理后 $\sigma_b=2200\sim2600$MPa，$\sigma_{0.2}=1900\sim2100$MPa，$\delta=7\%\sim8\%$，断面收缩率 $\psi=25\%\sim40\%$。与低温形变热处理比较，虽强度稍低但塑性较高。一般热处理后容易出现的回火脆性，在高温形变热处理时可以消除。高温形变热处理后裂纹扩展抗力提高，这是因为马氏体晶体被亚晶界所割裂，减小了负荷作用下局部应力峰之故。此外，亚结构很发达时，在一些部位存在的裂纹尖端应力也可得到松弛，因而也可提高裂纹扩展的抗力。

因为奥氏体层错能低，易发生强烈硬化而导致迅速再结晶，故高温变形时变形程度不宜太大，否则会使动态再结晶得到发展而使强度降低。因此，当总变形量必须很大时，应使变形分几次进行，这样既可避免再结晶，变形也较容易。

对于不同牌号的钢以及不同形状和断面的制品，必须选择不同的变形温度、变形程度及变形速度，以保证奥氏体获得亚晶结构。

碳钢及低合金钢变形结束后应立即淬火，以防止静态再结晶，保证马氏体转变开始存在着更完整的亚晶结构。

某些经高温形变热处理的钢，在淬火温度下短时保温再淬火或经高温回火再淬火，仍能保持高温形变热处理所得到的强化，说明这种强化效应在重复热处理时可以“遗传”。例如：37CrNi3 钢按 950℃变形 25%→淬火→100℃回火的规程处理后，强度可达 2500MPa。若这种钢经上述处理再在 500℃回火 30min，然后 900℃加热 2min 淬火，100℃回火，其抗拉强度又重新达到 2500MPa。可见，热变形时奥氏体形成的亚结构，在高温形变热处理工艺的 $\gamma\to\alpha$ 转变时“遗传”了一次；高温回火时有一定“遗传”，在重新淬火时的 $\alpha\to\gamma$ 及 $\gamma\to\alpha$ 转变时又“遗传”了两次。目前，对 $\alpha\to\gamma$ 转变时亚结构“遗传”的机制不太清楚。重复淬火时，加热速度要快，温度不宜过高，保温时间要短，否则会发生奥氏体再结晶，从而消除亚晶组织以及消除以前高温形变热处理所获得的强化。

强化效应在重复加热时能够“遗传”的现象可扩大高温形变热处理的应用范围。例如，冶金工厂轧钢后随即淬火及高温回火，所得钢材既具有所需亚结构又有利于切削加工或其他形式的机械加工。加工后的零件只需进行短时保温淬火和低温回火，就可得到类似高温形变

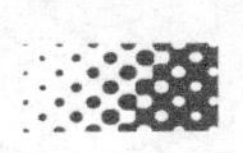

热处理的强化效果。

高温形变热处理虽然强化效果不及低温形变热处理显著，但由于在提高强度的同时还能保证较高的韧性，并且变形时不要求特别大功率的加工设备，有较好的工艺适应性，因此可在工业上广泛地应用。

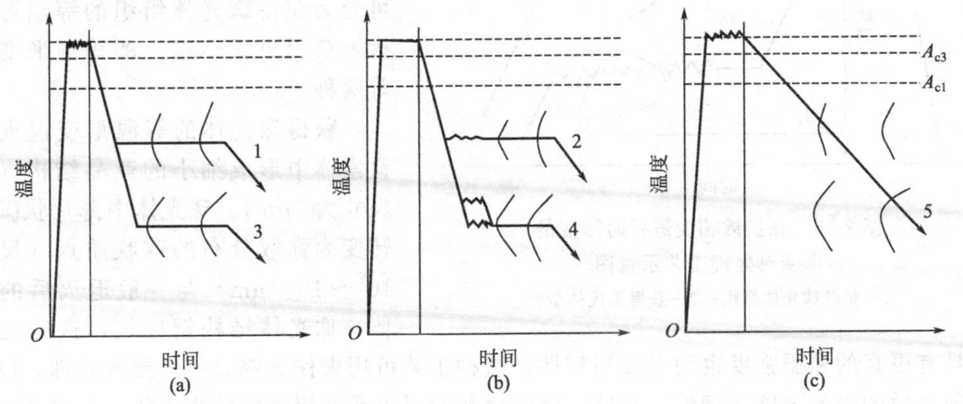

图 2-53 扩散型相变前变形的形变热处理工艺示意图

1—高温形变奥氏体的珠光体化；2—低温形变奥氏体的珠光体化；3—高温形变奥氏体的贝氏体化；4—低温形变奥氏体的贝氏体化；5—形变正火

(3) 形变与扩散型相变相结合的形变热处理

前面两种形变热处理是最基本的，研究较多、应用较广的形变热处理方法，其共同特征是形变与马氏体相变相结合。近年来，形变与珠光体、贝氏体等扩散型相变相结合的形变热处理方法也引起一定的关注。

① 在扩散型相变前进行形变。其工艺如图 2-53 所示。这种类型的工艺还可分为获得珠光体的形变等温退火，获得贝氏体形变等温淬火及形变正火等。

珠光体组织的力学性能与片层间距有着极为密切的关系。珠光体片层间距的减小，钢的强度与塑性均能得到改善。形变等温退火时，奥氏体形变所产生的高密度位错能够促进珠光体形核，使珠光体组织细化，铁素体含量减少并分布均匀化。因而，与常规的等温退火相比较，形变等温退火所获得的珠光体具有较高的强度（图 2-54）。

获得贝氏体组织的形变等温淬火研究得较多一些。形变等温淬火与常规等温淬火比较，往往可使钢材的强度及塑性同时提高，低温形变等温淬火提高强度尤甚。这是因为形变（特别是低温形变）可使上贝氏体及下贝氏体组织明显细化，组织的细化可以用形变提高贝氏体形核率以及阻碍 α 相共格长大来解释。此外，变形奥氏体中的位错亚结构亦可部分“遗传”至贝氏体中，使 α 相中的位错密度增高，这也是形变等温淬火使钢材强韧化的一个重要因素。

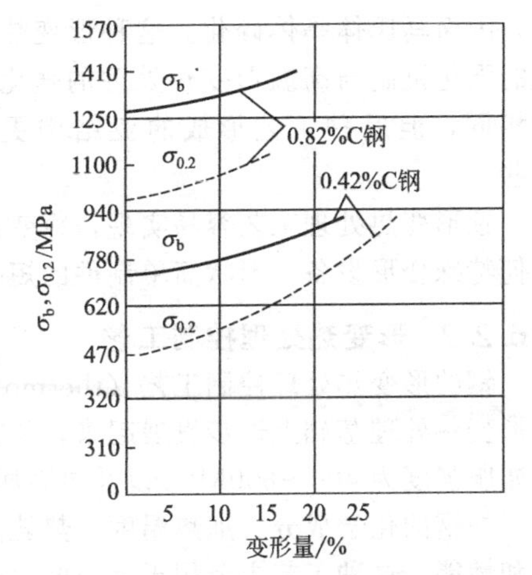

图 2-54 0.42%C 及 0.82%C 钢丝形变等温退火后强度与变形量间关系（950℃奥氏体化，450℃形变并等温退火成珠光体）

形变正火是热加工后空冷，因而与钢材的普通热加工类似。所不同的是形变正火的终加工温度控制较低，常在 A_{c1} 附近甚至 A_{c3} 以下，以控制变形过程中及变形后的再结晶过程。许多实验结果证明，形变正火与普通正火比较，可使钢的强度及塑性同时提高，由于工艺简单，并且可应

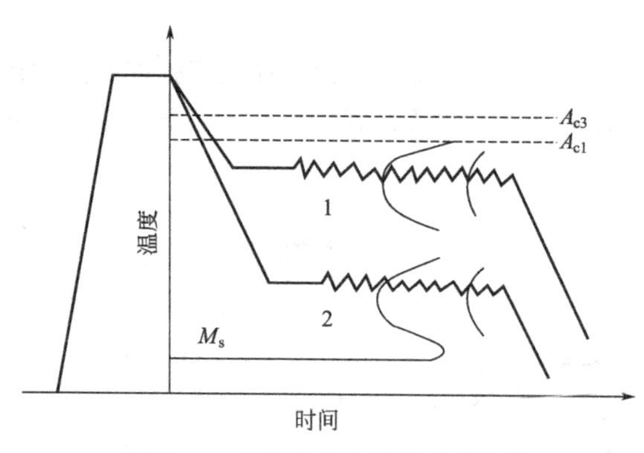

图 2-55　在扩散相变进行时形变的形变热处理工艺示意图
1—获得珠光体组织；2—获得贝氏体组织

用于截面较大、形状复杂的零件，这种工艺是有发展前途的。

② 在扩散型相变进行时形变　工艺如图 2-55 所示。这种类型的工艺还可分为获得珠光体组织的等温形变退火及获得贝氏体组织的等温形变淬火等两种。

获得珠光体的等温形变退火可使铁素体中形成细小的亚晶结构（亚晶尺寸为 1μm)。珠光体中薄片状碳化物转变为弥散分布的球状质点（尺寸为 $10^2 \sim 10^{-1}$μm）与一般退火后的铁素体—珠光体结构钢比较，这种处理后的钢具有更高的屈服强度也明显提高韧性。这种工艺可用来作为淬火前的预备处理，以提高淬火回火后的钢的强度与韧性。此外，由于比普通退火后的钢硬度较高一些，也对某些钢件的切削加工性能有利。

获得贝氏体的等温形变淬火也能使钢的强度及塑性同时提高。对某些钢的实验结果证明，若比较等温形变退火及等温形变淬火后同一种钢的力学性能，则在塑性近似的情况下，获得贝氏体组织（等温形变淬火）时强度性能高得多。

(4) 预形变热处理

预形变热处理按下列程序进行：冷变形—中间回火—快速加热并短时保温淬火—回火（图 2-56）。

变形前为珠光体组织，冷变形使铁素体中位错密度增加并使碳化物碎化。低于再结晶温度加热时，经回复建立了铁素体多边形化组织。随后淬火加热并短时保温淬火，亚结构在 α—γ 以及 γ—α 转变时遗传，因而马氏体晶体碎化。这种形变热处理的强化机制与高温形变热处理的强化机制相同，但后种工艺形成的亚结构更稳定些。

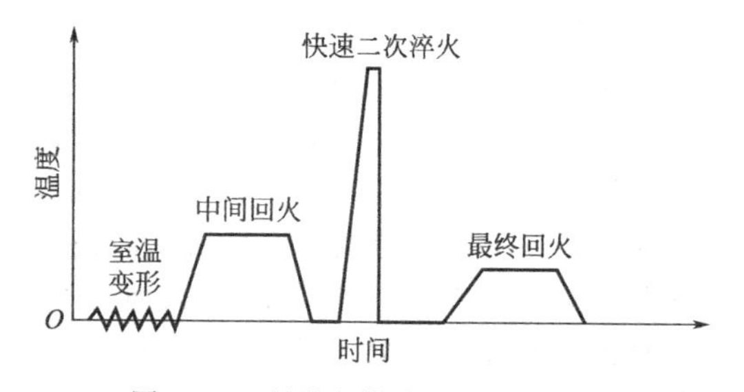

图 2-56　预形变热处理工艺示意图

预形变热处理工艺容易实现，冷变形和各次加热间的停顿时间无需任何控制，也不需要任何特殊变形设备。形状简单制件的短时淬火加热可用盐槽或高频加热法，亦简便易行。

2.6.2.2　形变热处理控制工艺

钢的形变热处理控制工艺（thermo-mechanical control process）是 20 世纪 60 年代以来在形变热处理基础上逐步发展起来，并在近年来逐步完善的一种综合技术。这种工艺主要用于屈服强度为 400～600MPa 以及更高屈服强度的结构钢材的生产，所有的生产过程中的因素，如钢的化学成分、加热温度、热轧温度以及冷却速度均达到了优化，因而保证了钢的组织和性能。这种工艺主要用于钢板的生产，称为控制轧制及控制冷却，目前已扩展到钢板以外的其他领域。

结构钢的平衡组织是铁素体加珠光体，细化显微组织是提高强度并同时改善韧性的唯一方法。实践证明，采用形变热处理控制工艺可以使晶粒特别有效地细化，因而得到力学性能

远优于同钢种进行正火或淬火+回火（调质）后的钢材。

形变热处理控制工艺的工艺要点如下：

① 尽可能降低加热温度，使钢材轧制变形前就得到细小的原始奥氏体晶粒。

② 优化中间道次的轧制规程，通过反复再结晶来细化奥氏体晶粒。

③ 在奥氏体再结晶温度以下，使奥氏体终轧变形，这样使奥氏体晶粒拉长，增加单位体积中奥氏体晶界表面积。变形的同时，在奥氏体中形成变形带，这均可使钢材在冷却通过 γ—α 的相变区时，产生大量铁素体晶核而使显微组织得到细化。

④ 控制变形后通过奥氏体相变区（即 γ—α）的加速冷却可加大过冷度，进一步增大铁素体的形核率，因而可使铁素体晶粒进一步细化。此外，快冷可改变相变特征，可使珠光体量减少而得到细小的下贝氏体。显微组织的这些改变均可使钢材强度提高。图 2-57 表示热轧后加速冷却对钢材抗拉强度和 FATT 的影响（FATT 表示冲击断口形貌转折温度，常以冲击断口 50%纤维状来判断）。

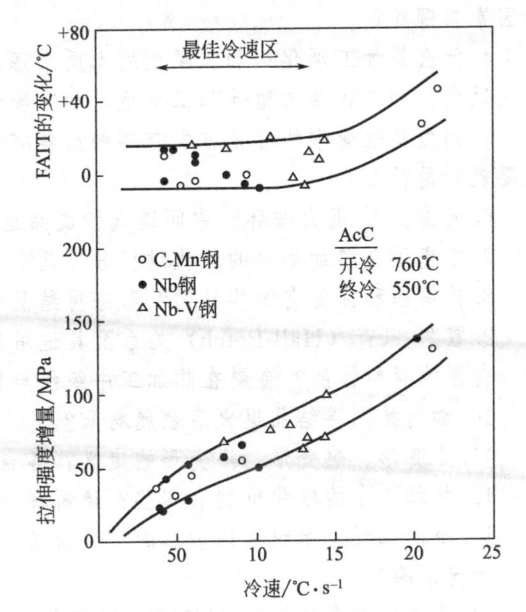

图 2-57 热轧后加速冷却对钢材抗拉强度和 FATT 的影响

为了使形变热处理控制工艺得到最佳效果也必须优化主要合金元素并有效利用微合金化元素。

主要合金元素决定 γ—α 的相变温度 A_{r3}。降低 A_{r3} 使未再结晶奥氏体拓宽，从而更易得到未再结晶的奥氏体。降低 A_{r3}，也可阻止相变后铁素体的长大，有利于铁素体细化。A_{r3} 可以按式（2-26）计算：

$$A_{r3}=910-310c_{C}-80c_{Mn}-20c_{Cu}-15c_{Cr}-55c_{Ni}-80c_{Mo}-0.35(t-8) \quad (2\text{-}26)$$

式中，元素含量 c 以质量分数%表示；t 为板厚，mm。

微合金元素主要有 Nb、Ti、V、Al。它们的作用有三个方面，即 AlN、Nb（CN）、TiN 和 VN 等的细小脱溶质点钉扎细化了加热后的奥氏体晶粒；溶解于奥氏体中的 Nb 和 Ti 强烈遏制热变形过程中及热变形后的动态再结晶和静态再结晶，使再结晶温度提高 180℃以上，因而可使精轧温度大为提高。当 γ—α 转变时，原溶于奥氏体中的 Nb 可以进一步细化奥氏体晶粒，固溶于奥氏体中的 Nb、V 和 Ti 通过其在相变过程中和相变后析出的细小碳化物、氮化物或碳氮化合物来强化铁素体。

因此，目前采用形变热处理控制工艺的结构钢主要为用 Nb、V、Ti、Al 等元素微合金化的结构钢。

思考题

1. 金属塑性加工的 3 个主要工艺参数对流变应力的影响规律是什么？
2. 何谓 Z 参数？Z 参数与热加工的工艺参数和晶粒尺寸有何关系？

3.冷变形后金属的组织结构、能量和性能的变化特征是什么？影响冷变形金属微观组织的因素有哪些？

4.什么是加工硬化？加工硬化的本质来源和原因是什么？影响加工硬化的因素有哪些？举例说明：如何在金属塑性加工中运用加工硬化这一特性？

5.剧烈塑性变形的常见方式有哪些？各有何特点？剧烈塑性变形组织特征及晶粒细化的主要机制是什么？

6.何谓变形-退火循环？中间退火和成品退火的作用有何不同？

7.冷变形金属加热时的软化过程分哪几个阶段？各个阶段的驱动力是什么？

8.再结晶和回复有哪些异同？动态再结晶和静态再结晶有哪些异同？

9.霍尔-佩奇（Hall-Petch）关系及其适用范围是什么？举例（3例以上）说明：晶粒尺寸如何影响材料性能？金属在热加工中组织与性能的变化特征是什么？

10.如何控制再结晶退火后金属材质？

11.冷变形、热变形、温变形的定义？各自的特点是什么？

12.热加工中的软化机制有哪些？请解释为何在热变形过程中变形程度几乎不受限制。

13.冷加工纤维组织和热加工的“带状组织”有何异同？其存在对金属材料性能有何影响？如何消除？

14.请说明形变热处理（TMT）的定义、分类，以及各类形变热处理的典型工艺。以铝合金为例，说明形变热处理有哪些基本类型，其组织性能变化的特点。

15.请说明低温形变热处理工艺的利弊。

16.高温 TMT 需满足哪 3 个基本条件？高温 TMT 提高性能的原因是什么？适用高温 TMT 有哪两个要求？

17.实现预形变热处理的三个基本条件是什么？

18.铝合金和铜合金热轧的晶粒形状有何区别？铝合金经热轧和热挤压后，其晶粒形状有何特征？为什么？

第3章

金属塑性加工过程中的织构与各向异性

根据塑性力学的知识可知，大塑性变形过程中都伴随着变形体的旋转，对于晶体材料必然伴随着晶格的旋转。由于塑性变形的微观机制是以具有晶体学特征的滑移和孪生为主，这种晶体学效应将导致多晶体材料塑性变形效果表现出一定的晶体学特征，即形成变形织构。本章着重介绍织构的基本概念及织构形成的基本理论。

3.1 晶体取向与织构

3.1.1 晶体取向

3.1.1.1 晶体取向的基本概念

晶体不同方向由于原子排列情况不一样表现出来的性能也不相同，即表现出明显的各向异性。描述晶体的行为（由于不同方向原子排列不同所导致的各向异性）通常是在晶体坐标系（通常选择基矢或者低指数晶面作为晶体坐标系坐标轴）下进行，而载荷通常是在样品坐标系（通常根据样品的几何特性选择加载方向或者某些几何对称轴作为坐标轴）下描述的。为了分析晶体在外载荷下的力学响应，就需要将样品坐标系下的应力或者应变转换到晶体坐标下。以铝合金变形为例，外界的激励通常为应力，应力状态采用张量 σ_{ij} 来描述，通常是建立在载荷坐标系（$\boldsymbol{s}_i$），对于面心立方结构的铝基体来说，晶体坐标系通常采用其三个基矢［100］、［010］和［001］作为坐标轴构件晶体坐标系（$\boldsymbol{c}_i$），则计算晶体坐标系下的应力张量需要知道从样品坐标系到晶体坐标系的旋转张量 g_{ij}，即

	s_1	s_2	s_3
c_1	g_{11}	g_{12}	g_{13}
c_2	g_{21}	g_{22}	g_{23}
c_3	g_{31}	g_{32}	g_{33}

这样根据应力坐标变换就有 $\sigma'_{ij}=g_{ik}g_{lj}\sigma_{jk}$。通常把这种从样品坐标系到晶体坐标系的旋转关系称为晶体取向，即晶体取向就是表示从样品坐标系转到晶体坐标系重合时的旋转关系。

以轧制变形为例，假设样品坐标系 $\boldsymbol{S}$ 的基矢 $\boldsymbol{s}_1$、$\boldsymbol{s}_2$、$\boldsymbol{s}_3$ 分别平行于轧向 RD、横向 TD、板面法向 ND，晶体学坐标系 $\boldsymbol{C}$ 的基矢 $\boldsymbol{c}_1$、$\boldsymbol{c}_2$、$\boldsymbol{c}_3$ 分别平行于晶体学方向［100］、［010］、［001］，如图 3-1 所示。晶体学坐标系 $\boldsymbol{C}$ 和样品坐标系 $\boldsymbol{S}$ 的基矢具有如下的线性关系：

$$\begin{cases} \boldsymbol{c}_1 = g_{11}\boldsymbol{s}_1 + g_{12}\boldsymbol{s}_2 + g_{13}\boldsymbol{s}_3 \\ \boldsymbol{c}_2 = g_{21}\boldsymbol{s}_1 + g_{22}\boldsymbol{s}_2 + g_{23}\boldsymbol{s}_3 \\ \boldsymbol{c}_3 = g_{31}\boldsymbol{s}_1 + g_{32}\boldsymbol{s}_2 + g_{33}\boldsymbol{s}_3 \end{cases}$$

即

$$\boldsymbol{c}_i = \sum_{k=1}^{3} g_{ik}\boldsymbol{s}_k \tag{3-1}$$

写成矩阵形式有

$$\begin{pmatrix} \boldsymbol{c}_1 \\ \boldsymbol{c}_2 \\ \boldsymbol{c}_3 \end{pmatrix} = \boldsymbol{g} \begin{pmatrix} \boldsymbol{s}_1 \\ \boldsymbol{s}_2 \\ \boldsymbol{s}_3 \end{pmatrix}$$

其中

$$\boldsymbol{g} = \begin{pmatrix} g_{11} & g_{12} & g_{13} \\ g_{21} & g_{22} & g_{23} \\ g_{31} & g_{32} & g_{33} \end{pmatrix} \tag{3-2}$$

也可以将其简记为 $\{\boldsymbol{C}\} = \boldsymbol{g}\ \{\boldsymbol{S}\}$。式（3-2）和矩阵 $\boldsymbol{g}$ 表示的就是从坐标系 $\boldsymbol{S}$ 到坐标系 $\boldsymbol{C}$ 的一种旋转关系，因此可以用矩阵 $\boldsymbol{g}$ 来表示晶体的取向。

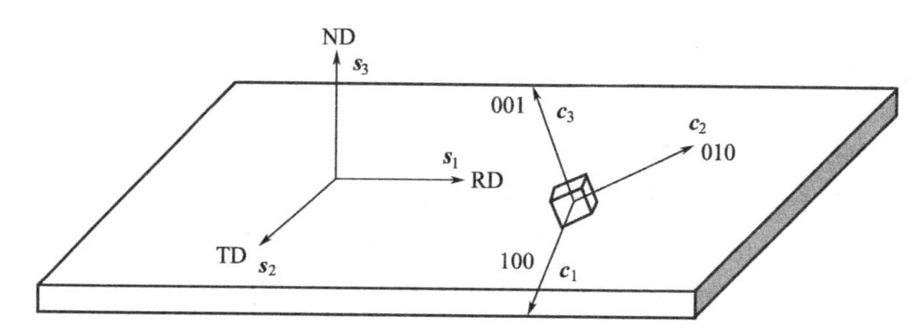

图 3-1 轧制板材样品坐标系和晶体坐标系

由于坐标系 $\boldsymbol{C}$ 及坐标系 $\boldsymbol{S}$ 都是笛卡儿直角坐标系，即其基矢 $\boldsymbol{c}_i$ 和 $\boldsymbol{s}_i$ 都满足正交性条件，并且 $\boldsymbol{c}_i$ 和 $\boldsymbol{s}_i$ 都是单位矢量，因此它们有如下的数量积关系；

$$\boldsymbol{s}_i \cdot \boldsymbol{s}_j \text{ 或 } \boldsymbol{c}_i \cdot \boldsymbol{c}_j = \delta_{ij} = \begin{cases} 0 & \text{当 } i \neq j \text{ 时} \\ 1 & \text{当 } i = j \text{ 时} \end{cases} \tag{3-3}$$

由式（3-2）和式（3-3）可得出

$$\boldsymbol{c}_i \cdot \boldsymbol{s}_k = g_{ik} \tag{3-4}$$

即矩阵元素 g_{ik} 为基矢 $\boldsymbol{c}_i$ 和 $\boldsymbol{s}_k$ 之间夹角的余弦。行元素 g_{ik}（$i=1,2,3$）为基矢 $\boldsymbol{c}_i$ 在坐标系 S 中的方向余弦，而列元素 g_{ik}（$k=1,2,3$）为基矢 $\boldsymbol{s}_k$ 在坐标系或 $\boldsymbol{C}$ 中的方向余弦。

米勒指数（HKL）[UVW] 就是这种旋转关系的一种表示方法，指数（HKL）就是指法向平行于板面法向 $\boldsymbol{s}_3$ 的晶面，[UVW] 就是指平行于轧制方向 $\boldsymbol{s}_1$ 的晶向。将 $\boldsymbol{s}_3$ 和 $\boldsymbol{s}_1$ 分别投影到晶体坐标系 $\boldsymbol{C}$ 中，在立方晶系中可以由如下的关系式来确定它们的方向余弦：

$$\boldsymbol{s}_3 = \frac{H}{M}\boldsymbol{c}_1 + \frac{K}{M}\boldsymbol{c}_2 + \frac{L}{M}\boldsymbol{c}_3 \tag{3-5}$$

$$\boldsymbol{s}_1 = \frac{U}{N}\boldsymbol{c}_1 + \frac{V}{N}\boldsymbol{c}_2 + \frac{W}{N}\boldsymbol{c}_3 \tag{3-6}$$

式中 $M=\sqrt{H^2+K^2+L^2}$，$N=\sqrt{U^2+V^2+W^2}$

 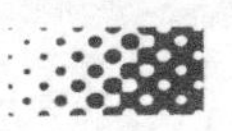

板横向（TD）的方向 s_2 可以根据 $s_2 = s_3 \times s_1$ 来确定，即

$$s_2 = \frac{KW-LV}{MN}c_1 + \frac{LU-HW}{MN}c_2 + \frac{HV-KU}{MN}c_3 \tag{3-7}$$

则横向的米勒指数［QRS］为

$$Q = KW-LV, R = LU-HW, S = HV-KU$$

将式（3-5）～式（3-7）的两边依次点乘 c_i（$i=1,2,3$），并且由式（3-4）可以得出由米勒指数（HKL）［UVW］所确定的晶体取向的方向矩阵为

$$g((HKL)[UVW]) = \begin{pmatrix} \frac{U}{N} & \frac{Q}{MN} & \frac{H}{M} \\ \frac{V}{N} & \frac{R}{MN} & \frac{K}{M} \\ \frac{W}{N} & \frac{S}{MN} & \frac{L}{M} \end{pmatrix} \tag{3-8}$$

根据前面式（3-3）所表述的正交性条件，可以得出 g_{ik} 所必须满足的6个相互独立的条件。即将式（3-1）的两边分别依次点乘 c_j，并且由式（3-3）和式（3-4）有

$$\sum_{k=1}^{3} g_{ik} g_{jk} = \delta_{ij} \tag{3-9}$$

上式左边是矩阵 g 及其转置矩阵 g^T 的乘积矩阵的元素：

$$(g \cdot g^T)_{ij} = \sum_{k=1}^{3} g_{ik} g_{kj} = \sum_{k=1}^{3} g_{ik} g_{jk} \tag{3-10}$$

方程的右边表示的是单位矩阵 I，因此方程式（3-9）也可以写成

$$g \cdot g^T = \begin{pmatrix} 1 & 0 & 0 \\ 0 & 1 & 0 \\ 0 & 0 & 1 \end{pmatrix} = I \tag{3-11}$$

由于矩阵 g 及其逆矩阵 g^{-1} 也有 $g \cdot g^{-1} = I$ 的关系，因此正交性条件和逆矩阵 g^{-1}（表示从坐标系 C 到坐标系 S 的一种转换，即 {S} $= g^{-1}$ {C}），与转置矩阵 g^T 相等，是等价的。

对于任何一个矢量 R 都可以在 S 和 C 坐标系中分别用它们的坐标(x_s, y_s, z_s)和(x_c, y_c, z_c)及相应的基矢来表示

$$R = x_c c_1 + y_c c_2 + z_c c_3 = x_s s_1 + y_s s_2 + z_s s_3 \tag{3-12}$$

将上式中的第二等号的两边依次点乘 c_i($i=1,2,3$)并由式(3-3)和式(3-4)可以得出

$$\begin{pmatrix} x_c \\ y_c \\ z_c \end{pmatrix} = g \begin{pmatrix} x_s \\ y_s \\ z_s \end{pmatrix} \tag{3-13}$$

由于矩阵 g 的元素要满足式（3-9）的6个正交性条件，因此表示取向这种旋转关系所需要的独立的参数的个数从9个减少为3个。表示取向所需要的三个独立的量就叫取向参数。对于上述式（3-8）的矩阵中6个未知量，由于它们之间满足如下关系，可以减少为3个。

$$\begin{cases} \left(\frac{H}{M}\right)^2 + \left(\frac{K}{M}\right)^2 + \left(\frac{L}{M}\right)^2 = 1 \\ \left(\frac{U}{N}\right)^2 + \left(\frac{V}{N}\right)^2 + \left(\frac{W}{N}\right)^2 = 1 \\ HU + KV + LW = 0 \end{cases} \tag{3-14}$$

3.1.1.2 用欧拉角 φ_1，ϕ，φ_2 来定义晶体的取向

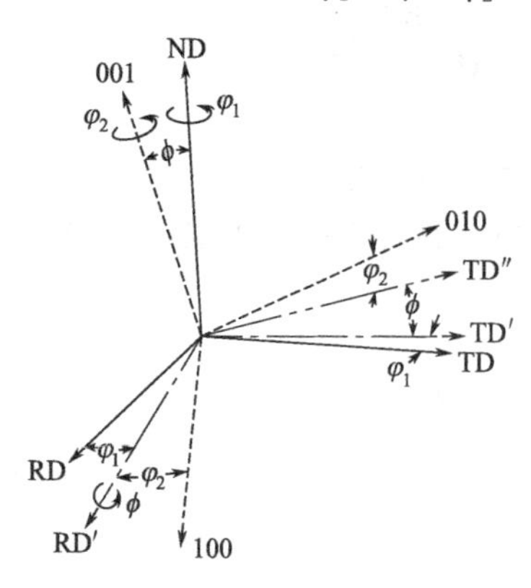

图 3-2 用欧拉角 φ_1，ϕ，φ_2 定义晶体取向

在织构的定量分析中经常用三个欧拉角来表示晶体的取向。与其他方法相比该方法在计算上具有更方便的形式。从坐标系 $\boldsymbol{S}$ 到坐标系 $\boldsymbol{C}$ 可以通过如下的三个连续的旋转来实现（见图 3-2）：

① 首先绕板法向 ND 旋转一个角度 φ_1，此时横向 TD 和轧向 RD 分别转到 TD′和 RD′。并且 RD′垂直于 ND 和［001］所确定的平面；

② 然后绕 RD′旋转 ϕ 角度，此时 ND 转到［001］位置（即 ND′），同时 TD′转到 TD″位置；

③ 最后绕 ND′旋转 φ_2 角度使得 RD′转到［100］位置，同时 TD″也转到［010］位置。

用数学式来表示这三种旋转关系如下：

① 绕 $\boldsymbol{s}_3$ 旋转 φ_1 角度（$\boldsymbol{s}_1 \rightarrow \boldsymbol{s}'_1$，$\boldsymbol{s}_2 \rightarrow \boldsymbol{s}'_2$，$\boldsymbol{s}_3 = \boldsymbol{s}'_3$），即

$$\{S'\} = \boldsymbol{g}(\varphi_1)\{S\} \tag{3-15}$$

式中 $\boldsymbol{g}(\varphi_1) = \begin{pmatrix} \cos\varphi_1 & \sin\varphi_1 & 0 \\ -\sin\varphi_1 & \cos\varphi_1 & 0 \\ 0 & 0 & 1 \end{pmatrix}$

② 绕 $\boldsymbol{s}'_1$ 旋转 ϕ 角度（$\boldsymbol{s}'_1 \rightarrow \boldsymbol{s}''_1, \boldsymbol{s}'_2 \rightarrow \boldsymbol{s}''_2, \boldsymbol{s}'_3 \rightarrow \boldsymbol{s}''_3$），即

$$\{S''\} = \boldsymbol{g}(\phi)\{S'\} \tag{3-16}$$

式中 $\boldsymbol{g}(\phi) = \begin{pmatrix} 1 & 0 & 0 \\ 0 & \cos\phi & \sin\phi \\ 0 & -\sin\phi & \cos\phi \end{pmatrix}$

③ 绕 $\boldsymbol{s}''_3$ 旋转 φ_2 角度（$\boldsymbol{s}''_1 \rightarrow \boldsymbol{c}_1$，$\boldsymbol{s}''_2 \rightarrow \boldsymbol{c}_2$，$\boldsymbol{s}''_3 = \boldsymbol{c}_3$），即

$$\{C\} = \boldsymbol{g}(\varphi_2)\{S'\} \tag{3-17}$$

式中 $\boldsymbol{g}(\varphi_2) = \begin{pmatrix} \cos\varphi_2 & \sin\varphi_2 & 0 \\ -\sin\varphi_2 & \cos\varphi_2 & 0 \\ 0 & 0 & 1 \end{pmatrix}$

从上面三式（3-15）～式（3-17）中相继消去 $\{S'\}$ 和 $\{S''\}$ 就得到由欧拉角定义的旋转矩阵：

$$\{C\} = \boldsymbol{g}(\varphi_2) \cdot \boldsymbol{g}(\phi) \cdot \boldsymbol{g}(\varphi_1) \cdot \{S\} = \boldsymbol{g}(\varphi_1, \phi, \varphi_2) \cdot \{S\} \tag{3-18}$$

即

$$\boldsymbol{g}(\varphi_1, \phi, \varphi_2) = \begin{pmatrix} \cos\varphi_1\cos\varphi_2 - \sin\varphi_1\sin\varphi_2\cos\phi & \sin\varphi_1\cos\varphi_2 + \cos\varphi_1\sin\varphi_2\cos\phi & \sin\varphi_2\sin\phi \\ -\cos\varphi_1\sin\varphi_2 - \sin\varphi_1\cos\varphi_2\cos\phi & -\sin\varphi_1\sin\varphi_2 + \cos\varphi_1\cos\varphi_2\cos\phi & \cos\varphi_2\sin\phi \\ \sin\varphi_1\sin\phi & -\cos\varphi_1\sin\phi & \cos\phi \end{pmatrix} \tag{3-19}$$

显然

$$\boldsymbol{g}(\varphi_1 + \pi, -\phi, \varphi_2 + \pi) = g(\varphi_1, \phi, \varphi_2) \tag{3-20}$$

所有满足这种变换关系的取向都称为等价取向。同样由于三角函数具有 $\pm 2\pi$ 周期性，φ_1，ϕ，φ_2 三个方向参数加上 $\pm 2\pi$ 的整数倍后并不会改变方向矩阵 $\boldsymbol{g}$。

3.1.1.3 晶体取向的图形表示

极图是一种更直观的表示晶体取向的方法。它是一种描绘晶体取向的极射赤面投影图。在图中，材料中各晶粒的某一指定晶向或晶面｛hkl｝表示在一个极射赤面投影图上。一个样品可以用几种不同的晶面分别测绘几个极图。每个极图用被投影的晶面指数命名，例如（100）极图、（110）极图、（111）极图等。

在极图中通常是用具有对称等价的晶面｛XYZ｝的极（$X_iY_iZ_i$）的位置来定义晶体的取向，并用其球坐标 α_i、β_i 表示极的位置。如图 3-3 所示，图（a）表示任意一取向的｛001｝的极式球面投影，图（b）为相应极点在赤道平面上的投影，图（c）为（100）极图和极的球坐标 α_i、β_i。

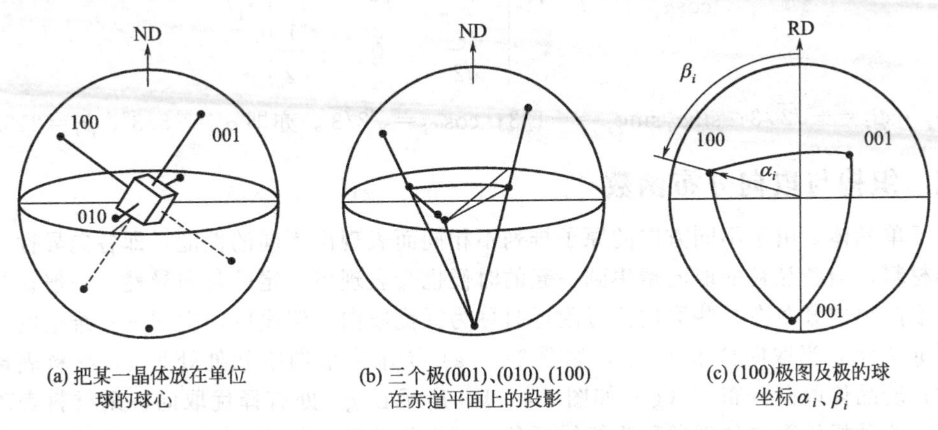

(a) 把某一晶体放在单位球的球心　(b) 三个极(001)、(010)、(100)在赤道平面上的投影　(c) (100)极图及极的球坐标α_i、β_i

图 3-3　表示｛100｝极图的方法

如果用 $\boldsymbol{R}_i$ 来表示极（$X_iY_iZ_i$）的单位矢量，则它可以在坐标系 $\boldsymbol{S}$ 和 $\boldsymbol{C}$ 中进行如下的分解

$$\begin{aligned}\boldsymbol{R}_i &= (\sin\alpha_i\cos\beta_i)\boldsymbol{s}_1 + (\sin\alpha_i\sin\beta_i)\boldsymbol{s}_2 + (\cos\alpha_i)\boldsymbol{s}_3 \\ &= (X_i\boldsymbol{c}_1 + Y_i\boldsymbol{c}_2 + Z_i\boldsymbol{c}_3)/P\end{aligned} \tag{3-21}$$

对于所有的具有对称等价的极（$X_iY_iZ_i$）来说 $P=\sqrt{X^2+Y^2+Z^2}$ 的值是相等的，即它与 i 无关。同样的道理把上式相继点乘 $\boldsymbol{s}_i$，并根据式（3-13）可以得到如下的变换关系式

$$\begin{pmatrix}\sin\alpha_i\cos\beta_i\\ \sin\alpha_i\sin\beta_i\\ \cos\alpha_i\end{pmatrix} = \frac{1}{P}\begin{pmatrix}g_{11} & g_{21} & g_{31}\\ g_{12} & g_{22} & g_{32}\\ g_{13} & g_{23} & g_{33}\end{pmatrix}\begin{pmatrix}X_i\\ Y_i\\ Z_i\end{pmatrix} \tag{3-22}$$

因此可以根据极（$X_iY_iZ_i$）的球坐标 α_i、β_i 来确定矩阵 $\boldsymbol{g}$ 的元素 g_{ki}。例如三个｛100｝极有

$X_1=1$，$Y_1=0$，$Z_1=0$ 其球坐标为 α_1、β_1

$X_2=0$，$Y_2=1$，$Z_2=0$ 其球坐标为 α_2、β_2

$X_3=0$，$Y_3=0$，$Z_3=1$ 其球坐标为 α_3、β_3

根据式（3-22）就可以求出 g_{ki}

$$g_{1i}=\sin\alpha_i\cos\beta_i;\ g_{2i}=\sin\alpha_i\sin\beta_i;\ g_{3i}=\cos\alpha_i \tag{3-23}$$

由于矩阵 $\boldsymbol{g}$ 的 9 个元素 g_{ki} 有 6 个正交性条件，故只需 3 个角度（两个 α_i 一个 β_i 或两个 β_i 一个 α_i）表示一个取向就足够了。然而在实际测量中最好把所有的极都用上，把正交性条件作为约束条件使用。若将这里计算出来的矩阵元素 g_{ki} 与式(3-8)、式(3-19)相比较，就可以得出 3 个欧拉角（或任何别的表示方式的 3 个方向参数）。很显然，要求出 3 个方向

参数并不要求解 9 个方程，只解 3 个相互独立的方程即可。然而由于三角函数的多值性的原因，有时候需要联立解 5 个方程才能确定旋转角的符号。

反过来如果知道晶体取向 **g** 的话，极 ($X_iY_iZ_i$) 在极图中的位置 α_i、β_i 也可以从矩阵 **g** 求出。例如晶体取向(101)$[\bar{1}\,\bar{2}1]$的一个极 (111) 的位置 α_i、β_i 就可以根据式 (3-22) 求得

$$\begin{pmatrix} \sin\alpha_i\cos\varphi_i \\ \sin\alpha_i\sin\varphi_i \\ \cos\alpha_i \end{pmatrix} = \frac{1}{\sqrt{3}} \begin{pmatrix} -\frac{1}{\sqrt{6}} & -\frac{2}{\sqrt{6}} & \frac{1}{\sqrt{6}} \\ \frac{1}{\sqrt{3}} & -\frac{1}{\sqrt{3}} & -\frac{1}{\sqrt{3}} \\ \frac{1}{\sqrt{2}} & 0 & \frac{1}{\sqrt{2}} \end{pmatrix} \begin{pmatrix} 1 \\ 1 \\ 1 \end{pmatrix}$$

即 $\sin\alpha_i\cos\beta_i=-\sqrt{2}/3$；$\sin\alpha_i\sin\varphi_i=-1/3$；$\cos\alpha_i=\sqrt{2/3}$。亦即 $\alpha_i=35.3°$，$\beta_i=215.3°$。

3.1.2 织构与取向分布函数

对于单晶体，由于不同方向的原子排列不相同而表现出不同的性能，即各向异性。对于多晶体材料，当各晶粒的取向聚集到一起的时候也会表现出一定的各向异性。一般认为，许多晶粒取向集中分布在某些取向位置附近时称为择优取向，假设取向空间是一维空间，空间取向用 **g** 表示，当取向分布 f (**g**) 如图 3-4 (a) 所示在取向空间处处为 1，材料表现为各向同性；若晶体取向分布 f (**g**) 如图 3-4 (b) 所示在 g_1 处有择优取向，则材料表现为各向异性，这种择优取向的现象称为织构现象；可以想象还有如图 3-4 (c) 所示的取向分布尽管没有表现出择优取向的现象，也会表现出各向异性，这同样也可以称为织构现象。因此，多晶材料晶体取向分布偏离随机分布的现象即为织构。

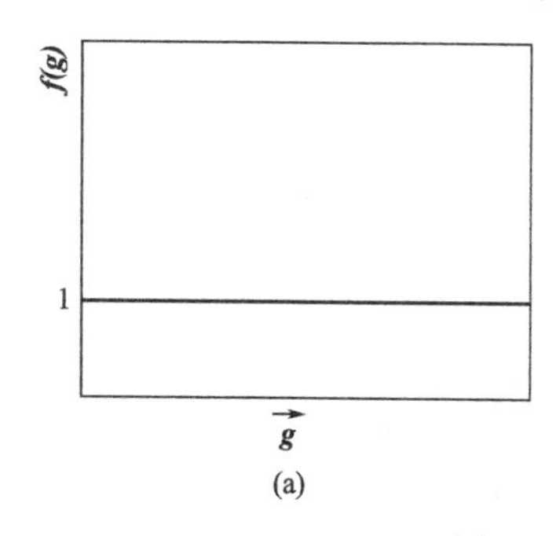

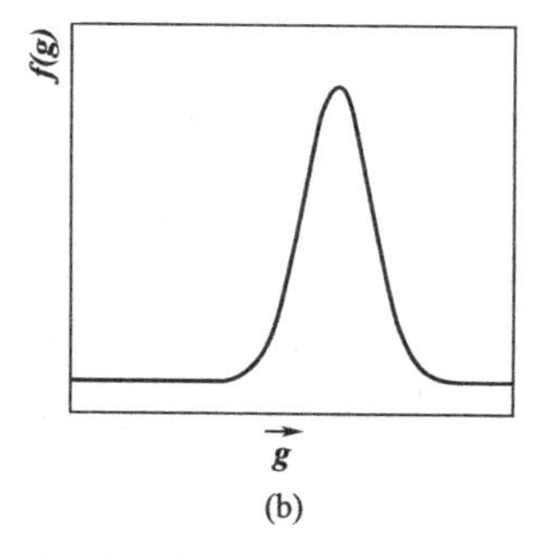

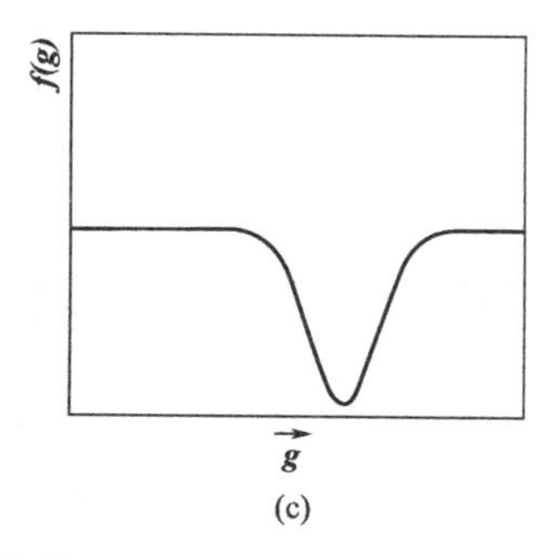

图 3-4 多晶体材料中不同的取向分布状态

以描述取向所必须的 3 个方向参数为三维空间的三个坐标轴所得到的空间称为取向空间。采用不同类型的方向参数及不同类型的坐标系就可以得到不同类型的取向空间，使用最广泛的一种取向空间是用欧拉角 φ_1，ϕ，φ_2 组成的笛卡儿坐标系。样品中晶体取向的分布 f (**g**) 往往得借助取向分布函数 (Orientation Distribution Function，ODF) 进行描述与分析，这是一种非常方便有用的定量描述多晶体材料中织构的方法。

可以证明在 (线性) 欧拉角空间中即使在取向是随机分布的情况下某一点的取向密度也不是常数而是与 $1/\sin\phi$ 成正比的。然而，为了更好地描述晶体的取向分布必须定义这样一个函数 f(**g**)，对于取向随机分布的情况 f(**g**) 恒为 1，f(**g**) d**g** 为位于微元 d**g** 范围内取向的体积分数。通过引入下面这样一个体积微元就可以定义出相应的 f(**g**)

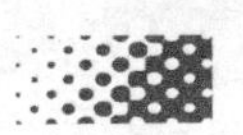

$$dg=\frac{1}{8\pi^2}\sin\phi\, d\varphi_1\, d\phi\, d\varphi_2 \tag{3-24}$$

并且

$$\oint f(g)dg=\int_0^{2\pi}\int_0^{\pi}\int_0^{2\pi} f(g)\frac{1}{8\pi^2}\sin\phi\, d\varphi_1\, d\phi\, d\varphi_2=1 \tag{3-25}$$

这里的 $f(g)$ 就是通常所说的取向分布函数（ODF）。极图中点 α、β 处的极密度 $PXYZ(\alpha,\beta)$ 及反极图中点 γ、δ 处的极密度 $R_{S_i}(\gamma,\delta)$ 都可以由取向分布函数积分得到

$$P_{XYZ}(\alpha,\beta)=\frac{1}{2\pi}\int_0^{2\pi} f(g)d\omega_{XYZ} \tag{3-26}$$

$$R_{S_i}(\gamma,\delta)=\frac{1}{2\pi}\int_0^{2\pi} f(g)d\omega_{S_i} \tag{3-27}$$

式中，ω_{XYZ} 和 ω_{S_i} 分别为绕轴 {XYZ} 和 S_i 的旋转角。

ODF 通常是用 φ_2 = 常数或 φ_1 = 常数截面上的等密度线来表示，这些截面通常是以 5° 为间距，如图 3-5 所示给出了 {236}〈385〉织构的 ODF 图。

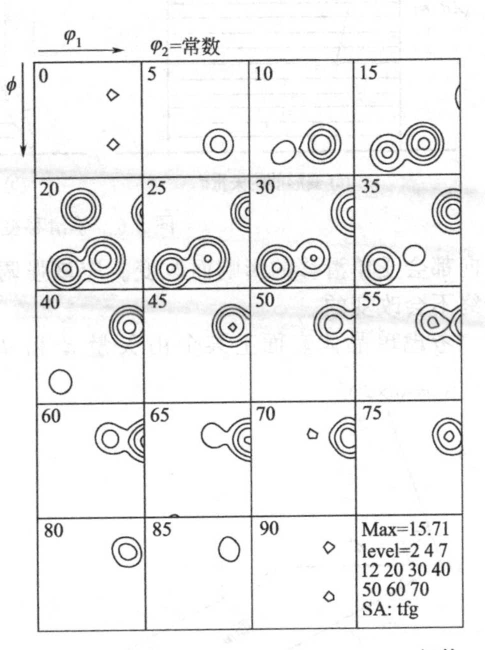

图 3-5 用等密度线表示（236）<385>织构的取向分布函数 f（g）的各个截面图

Max—取向密度最大值；level—等值线水平；SA—样品

3.2 塑性变形织构

3.2.1 位错滑移与晶体取向的演变

塑性变形由于滑移/孪生系的晶体学特性在塑性变形过程中各晶粒都会向特定的取向旋转形成特定的变形织构，这里以滑移为例来分析塑性变形过程中取向如何变化。

3.2.1.1 位错滑移与晶体取向的转动

设一单晶体表面上有一矢量 $\boldsymbol{d}$［图 3-6（a）］，变形时只有一个滑移系开动，即单滑移。设其滑移面法向为 $\boldsymbol{n}$。滑移系沿 $\boldsymbol{b}$ 方向开动后 $\boldsymbol{d}$ 矢量变成了 $\boldsymbol{D}$［图 3-6（b）］，距离为 $\boldsymbol{d}$ 的两点 A 和 B 在滑移前后的相对位移为 $\boldsymbol{u}$。则剪切应变为

$$\gamma=|\boldsymbol{u}|/(\boldsymbol{d}\cdot\boldsymbol{n})$$

故

$$\boldsymbol{u}=\gamma(\boldsymbol{d}\cdot\boldsymbol{n})\boldsymbol{b}$$

晶体滑移后［图 3-6（c）］

$$\boldsymbol{D}=\boldsymbol{d}+\boldsymbol{u}=\boldsymbol{d}+\gamma(\boldsymbol{d}\cdot\boldsymbol{n})\boldsymbol{b} \tag{3-28}$$

在笛卡儿坐标系 Ox_i 中，上式可表示为

$$D_i=d_i+\gamma(d_jn_j)b_i \tag{3-29}$$

由此可见，单滑移使矢量 $\boldsymbol{d}$ 变成了 $\boldsymbol{D}$。只有当第二项为零，即（$\boldsymbol{d}\cdot\boldsymbol{n}$）=0 时，$\boldsymbol{D}$ 才为 $\boldsymbol{d}$，此时直线 AB 平行于滑移面。因此，滑移面上的方向不会受单滑移而改变，除此之外的其他

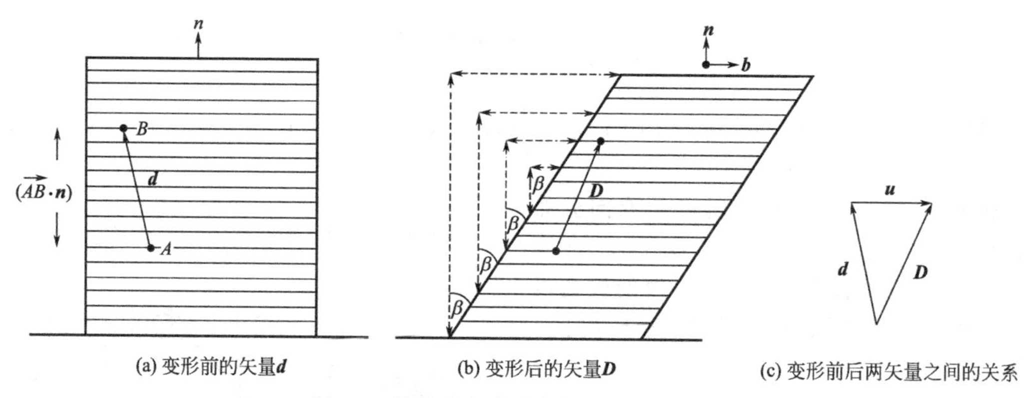

图 3-6　单滑移变形时参考矢量 $\boldsymbol{d}$ 的变化

方向都会受单滑移的影响而改变。应该强调的是，晶体只产生了平移变形，其晶体学方向是始终不会改变的。

考虑单晶体表面上某个由矢量 $\boldsymbol{d}$ 和 $\boldsymbol{d}'$ 所决定的平面，如图 3-7 所示。平面的取向定义为 $\boldsymbol{m}=(\boldsymbol{d}\times\boldsymbol{d}')$，即与两矢量垂直，$\boldsymbol{m}$ 的大小为 $\boldsymbol{d}$ 和 $\boldsymbol{d}'$ 所决定的平行四边形的面积。晶体滑移后，两矢量 $\boldsymbol{d}$ 和 $\boldsymbol{d}'$ 分别变为 $\boldsymbol{D}$ 和 $\boldsymbol{D}'$，此时平面变为由 $\boldsymbol{D}$ 和 $\boldsymbol{D}'$ 所决定的平面，其方向为 $\boldsymbol{M}=(\boldsymbol{D}\times\boldsymbol{D}')$。根据前面的式 (3-28)，有

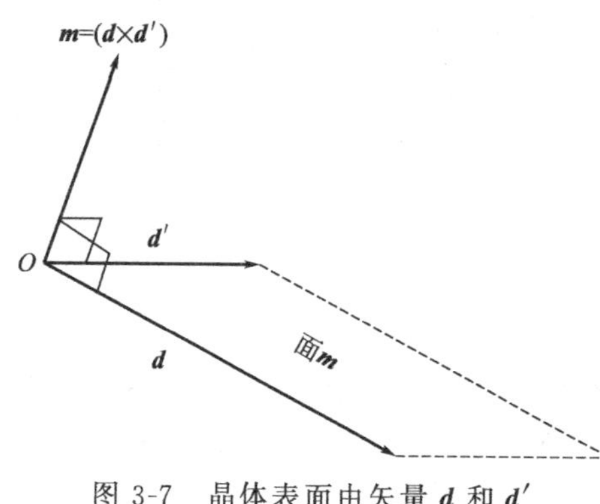

图 3-7　晶体表面由矢量 $\boldsymbol{d}$ 和 $\boldsymbol{d}'$ 决定的平面及其取向 $\boldsymbol{m}$

$$\begin{aligned}\boldsymbol{M}&=[\boldsymbol{d}+\gamma(\boldsymbol{d}\cdot\boldsymbol{n})\boldsymbol{b}]\times[\boldsymbol{d}'+\gamma(\boldsymbol{d}'\cdot\boldsymbol{n})\boldsymbol{b}]\\&=\boldsymbol{d}\times\boldsymbol{d}'+\gamma(\boldsymbol{d}\cdot\boldsymbol{n})(\boldsymbol{b}\times\boldsymbol{d}')+\gamma(\boldsymbol{d}'\cdot\boldsymbol{n})(\boldsymbol{d}\times\boldsymbol{b})\\&=\boldsymbol{d}\times\boldsymbol{d}'-\gamma\boldsymbol{b}\times[\boldsymbol{n}\times(\boldsymbol{d}\times\boldsymbol{d}')]\\&=\boldsymbol{m}-\gamma\boldsymbol{b}\times[\boldsymbol{n}\times\boldsymbol{m}]\\&=\boldsymbol{m}-\gamma(\boldsymbol{b}\cdot\boldsymbol{m})\boldsymbol{n}\end{aligned}\tag{3-30}$$

在笛卡儿坐标系 Ox_i 中，上式可以表示为

$$M_i=m_i-\gamma(b_jm_j)n_i\tag{3-31}$$

由此以预测发生单滑移后晶体表面上某一参考平面的取向和面积的改变。当所考虑的平面与滑移方向平行时，上式第二项为零，参考平面的取向和面积的大小不受滑移的影响。

某单晶体拉伸变形时，假设单晶体变形前后其滑移面取向始终不变，拉伸轴用 $\boldsymbol{l}$ 来表示，根据方程 (3-28) 可得到变形后的拉伸轴 $\boldsymbol{L}$ 为

$$\boldsymbol{L}=\boldsymbol{l}+\gamma(\boldsymbol{l}\cdot\boldsymbol{n})\boldsymbol{b}\tag{3-32}$$

拉伸变形过程中拉伸轴应该发生如图 3-8 所示的旋转。然而，实际拉伸过程中拉伸机的夹头固定，即拉伸轴的方向是不变的。那么晶体的取向势必不断发生变化，这相当于在滑移面取向不变的情况下，拉伸轴转过 θ 角度，如图 3-9 所示。现在考虑这一转动轴 $\boldsymbol{r}$。显然它应与 $\boldsymbol{l}$ 和 $\boldsymbol{L}$ 垂直，所以

$$\boldsymbol{r}=(\boldsymbol{L}\times\boldsymbol{l})=\gamma(\boldsymbol{l}\cdot\boldsymbol{n})(\boldsymbol{b}\times\boldsymbol{l})\tag{3-33}$$

因此，转轴 $\boldsymbol{r}$ 垂直于 $\boldsymbol{b}$ 和 $\boldsymbol{l}$ 所决定的平面。这一旋转的几何意义在于它减小了 $\boldsymbol{L}$ 与 $\boldsymbol{b}$ 的夹角。在较大的切应变下，式 (3-32) 中第二项占主导作用，所以新的拉伸方向 $\boldsymbol{L}$ 趋于与滑移方向 $\boldsymbol{b}$ 平行。同样的方法推导可以发现，压缩变形时压缩轴逐渐转向与滑移面法向 $\boldsymbol{n}$ 平行。

由式 (3-32) 和式 (3-33) 可知，晶体转动与初始取向 $\boldsymbol{l}$、滑移系（包括滑移面法向 $\boldsymbol{n}$ 和滑移方向 $\boldsymbol{b}$)、滑移量 γ 相关。滑移系与晶体结构相关，一般为密排晶体学面和密排晶体学方向，而滑移量 γ 则取决于塑性应变，下面就主要讨论塑性应变 ε_{ij} 与滑移量 γ 之间的

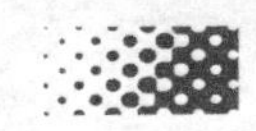

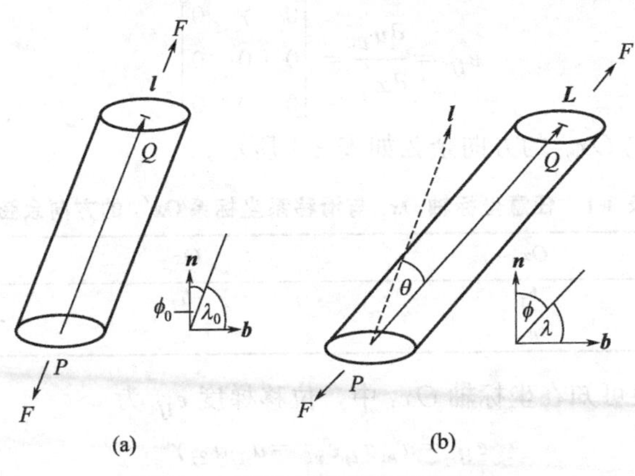

图 3-8　晶体拉伸时的滑移变形

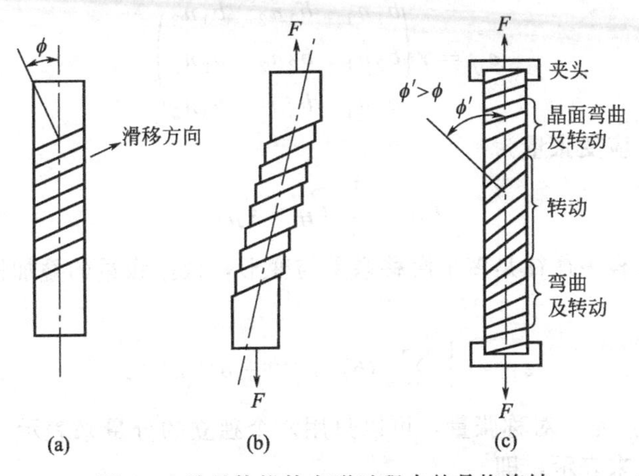

图 3-9　单晶体拉伸变形过程中的晶格旋转

关系。

3.2.1.2　位错滑移与应变

考虑某变形多晶体中内部的一个晶粒，此晶粒即为单晶。下面推导由单滑移产生的晶体应变。如图 3-10 所示，考虑单滑移系（$\boldsymbol{n}$，$\boldsymbol{b}$），设滑移产生的切应变为 γ，建立坐标系 Ox'_i，其中 Ox'_1 平行于 $\boldsymbol{b}$，Ox'_2 平行于 $\boldsymbol{n}$，滑移产生的位移矢量为 $\boldsymbol{u}$，这样单滑移表示为

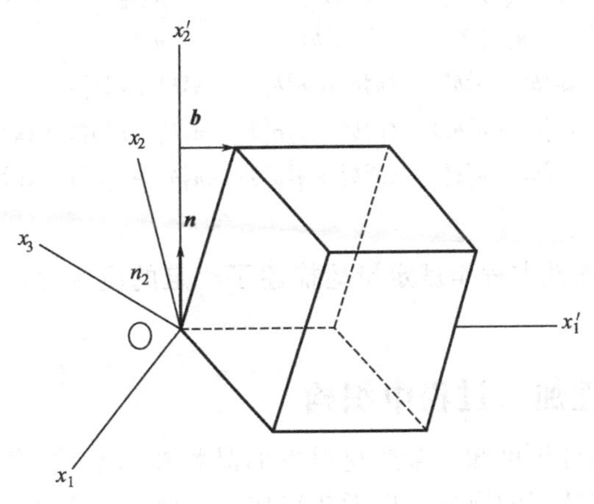

图 3-10　矢量 $\boldsymbol{n}$ 和 $\boldsymbol{b}$ 与坐标轴 Ox_i 之间的关系

$$e'_{ij}=\frac{\partial u'_i}{\partial x'_j}=\begin{bmatrix}0 & \gamma & 0\\0 & 0 & 0\\0 & 0 & 0\end{bmatrix}$$

任意坐标轴 Ox_i 与 Ox_i'的方向余弦如表 3-1 所示。

表 3-1 任意坐标轴 Ox_i 与滑移系坐标系 Ox'_i 的方向余弦

坐标系	Ox_1	Ox_2	Ox_3
Ox'_1	b_1	b_2	b_3
Ox'_2	n_1	n_1	n_3

根据张量坐标变换可知在坐标轴 Ox_i 中，位移梯度 $\boldsymbol{e}_{ij}$ 为

$$\boldsymbol{e}_{ij}=a_{ki}a_{lj}e'_{kl}=a_{1i}a_{2j}\gamma$$

展开为

$$\boldsymbol{e}_{ij}=\gamma\begin{pmatrix}b_1n_1 & b_1n_2 & b_1n_3\\b_2n_1 & b_2n_2 & b_2n_3\\b_3n_1 & b_3n_2 & b_3n_3\end{pmatrix}$$

根据几何方程，应变张量为

$$\boldsymbol{\varepsilon}_{ij}=\frac{1}{2}(\boldsymbol{e}_{ij}+\boldsymbol{e}_{ji})$$

实际塑性变形过程中往往是多个滑移系参与变形，根据张量的叠加性质则有多滑移情况下的应变张量为

$$\boldsymbol{\varepsilon}_{ij}=\frac{1}{2}\sum_{\alpha}(b_i^{(\alpha)}n_j^{(\alpha)}+b_j^{(\alpha)}n_i^{(\alpha)})\tag{3-34}$$

由于应变张量 $\boldsymbol{\varepsilon}_{ij}$ 是一对称张量，可以只用六个独立的分量来表示，这样可以将应变张量用一个六维的向量来表示，即

$$\boldsymbol{\varepsilon}_{11}=\boldsymbol{\varepsilon}_1,\boldsymbol{\varepsilon}_{22}=\boldsymbol{\varepsilon}_2,\boldsymbol{\varepsilon}_{33}=\boldsymbol{\varepsilon}_3$$

$$\boldsymbol{\varepsilon}_{23}=\boldsymbol{\varepsilon}_4/2,\boldsymbol{\varepsilon}_{13}=\boldsymbol{\varepsilon}_5/2,\boldsymbol{\varepsilon}_{12}=\boldsymbol{\varepsilon}_6/2$$

由于塑性变形时晶体体积的变化可以忽略不计（<0.2%），则有

$$\boldsymbol{\varepsilon}_{11}+\boldsymbol{\varepsilon}_{22}+\boldsymbol{\varepsilon}_{33}=0$$

这样条件下可以用一五维向量来描述应变张量 $\boldsymbol{\varepsilon}_{ij}$，这样式（3-34）可以展开为

$$\begin{bmatrix}\boldsymbol{\varepsilon}_2\\\boldsymbol{\varepsilon}_3\\\boldsymbol{\varepsilon}_4\\\boldsymbol{\varepsilon}_5\\\boldsymbol{\varepsilon}_6\end{bmatrix}=\begin{bmatrix}n_2^1b_2^1 & n_2^2b_2^2 & n_2^3b_2^3 & n_2^4b_2^4 & n_2^5b_2^5 & \cdots\\n_3^1b_3^1 & n_3^2b_3^2 & n_3^3b_3^3 & n_3^4b_3^4 & n_3^5b_3^5 & \cdots\\(n_2^1b_3^1+n_3^1b_2^1) & (n_2^2b_3^2+n_3^2b_2^2) & (n_2^3b_3^3+n_3^3b_2^3) & (n_2^4b_3^4+n_3^4b_2^4) & (n_2^5b_3^5+n_3^5b_2^5) & \cdots\\(n_1^1b_3^1+n_3^1b_1^1) & (n_1^2b_3^2+n_3^2b_1^2) & (n_1^3b_3^3+n_3^3b_1^3) & (n_1^4b_3^4+n_3^4b_1^4) & (n_1^5b_3^5+n_3^5b_1^5) & \cdots\\(n_1^1b_2^1+n_2^1b_1^1) & (n_1^2b_2^2+n_2^2b_1^2) & (n_1^3b_2^3+n_2^3b_1^3) & (n_1^4b_2^4+n_2^4b_1^4) & (n_1^5b_2^5+n_2^5b_1^5) & \cdots\end{bmatrix}\begin{bmatrix}\gamma_1\\\gamma_2\\\gamma_3\\\gamma_4\\\gamma_5\\\vdots\end{bmatrix}\tag{3-35}$$

上面这个关于 γ_i 的线性方程组就定量地描述了给定的应变向量 $\boldsymbol{\varepsilon}_i$ 或者应变张量 $\boldsymbol{\varepsilon}_{ij}$ 与各滑移系 γ_i 之间的关系。

3.2.2 实际金属塑性加工过程中织构

根据前面 3.2.1 节的分析可知，金属材料中的晶粒在以滑移/孪生晶体学机制为主的塑性变形过程中会转向某些特定的取向，即形成织构。因此，金属及合金经过挤压、拉拔、锻造和轧制以后，都会产生变形织构。塑性加工方式不同，可出现不同类型的织构。主变形图

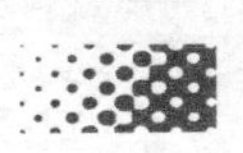

对变形织构有决定性的影响，对于体积成形过程，通常变形织构可分为丝织构和板织构。

3.2.2.1 板织构

板材轧制过常容易形成特定的板织构，通常是某一特定晶面平行于板面，某一特定晶向平行于轧制方向，常用其晶面和晶向密勒指数（*hkl*）〈*uvw*〉来表示。大量的研究表明面心立方（fcc）结构金属如铜、铝、金、镍等，轧制变形时形成的主要织构类型如表 3-2 所示。

表 3-2 fcc 金属中常见变形织构组分

织构组分	{*hkl*}	<*uvw*>	φ_1	ϕ	φ_2
Copper,C(铜)	112	111	90	35	45
Brass,B(黄铜)	011	211	35	45	0
S	123	634	59	37	63
Goss,G(高斯)	011	100	0	45	0

这些稳定织构在取向空间中位于不同取向线附近，可采用取向线来表征材料中晶体取向在欧拉空间内的主要分布特征。图 3-11 展示了面心立方（fcc）晶体结构金属板材在轧制变形过程中的主要取向线。fcc 金属轧制变形后晶体取向往往沿图 3-11 所示的 α-和 β-取向线上聚集，α-取向线上所有取向晶体的 {110} 面平行于轧面，典型的晶体取向有 G 和 B 取向；β-取向线则从 C 取向出发，经过 S 取向，最后在 B 取向位置与 α-取向线相交；中低层错能 fcc 金属轧制变形以后除了 α-和 β-取向线以外晶体取向还有可能聚集在 γ-和 τ-取向线上，对应 γ-取向线上的所有晶粒的 {111} 面平行于轧面，典型取向有 {111}〈112〉和 {111}〈110〉，而 τ-取向线上所有取向晶粒的〈110〉方向平行于 TD 方向（轧制板材的横向）。图 3-11 只是给出了 τ-取向线在取向空间的位置，取向空间图中是无法表示出 TD 的。

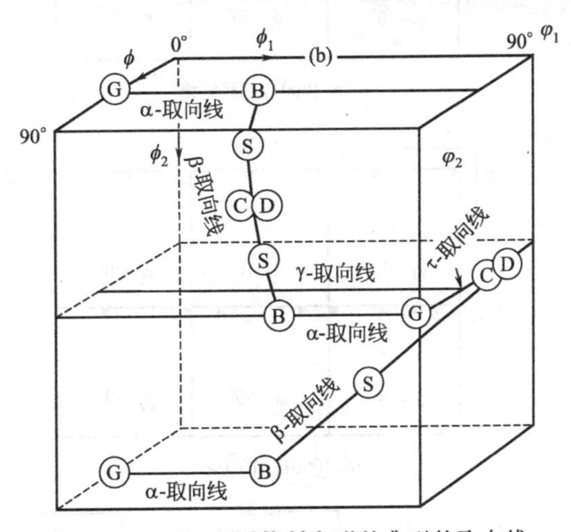

图 3-11 FCC 金属轧制变形的典型的取向线

体心立方（bcc）结构金属，如钢铁、钼等轧制变形织构比较复杂，典型的板织构有 {100}〈011〉、{112>〈110〉、{111}（112）与 {111}〈110〉等；面织构有 {111}。密排六方（hcp）结构金属，如镁、锌、钛等，典型的板织构有 {0001} 〈1120〉；面织构有 {0001}，常见的织构如表 3-3 和图 3-12 所示。

表 3-3 镁合金中重要织构

织构类型	φ_1/(°)	ϕ/(°)	φ_2/(°)
{0001}基面织构	0～90	0	0～60
{*hkil*}	0～90	[0001]‖[*hkil*]	$[2\bar{1}\bar{1}0]$‖[*hkil*]
$\{0001\}\langle 10\bar{1}0\rangle$	0.60/0.60	0	0/60
	$\varphi_1+\varphi_2=60$	0	$\varphi_1+\varphi_2=60$
$\{0001\}\langle 11\bar{2}0\rangle$	0.90/0.60	0	0/30
	$\varphi_1+\varphi_2=30$	0	$\varphi_1+\varphi_2=30$
$\{10\bar{1}0\}$	0～90	90	30

续表

织构类型	φ_1/(°)	ϕ/(°)	φ_2/(°)
$\{10\bar{1}0\}\langle 0001\rangle$	90	90	30
$\{10\bar{1}0\}\langle 11\bar{2}0\rangle$	0	90	30
$\{11\bar{2}0\}$	0～90	90	0/60
$\{11\bar{2}0\}\langle 0001\rangle$	90	90	0/60
$\{11\bar{2}0\}\langle 10\bar{1}0\rangle$	0	90	0/60

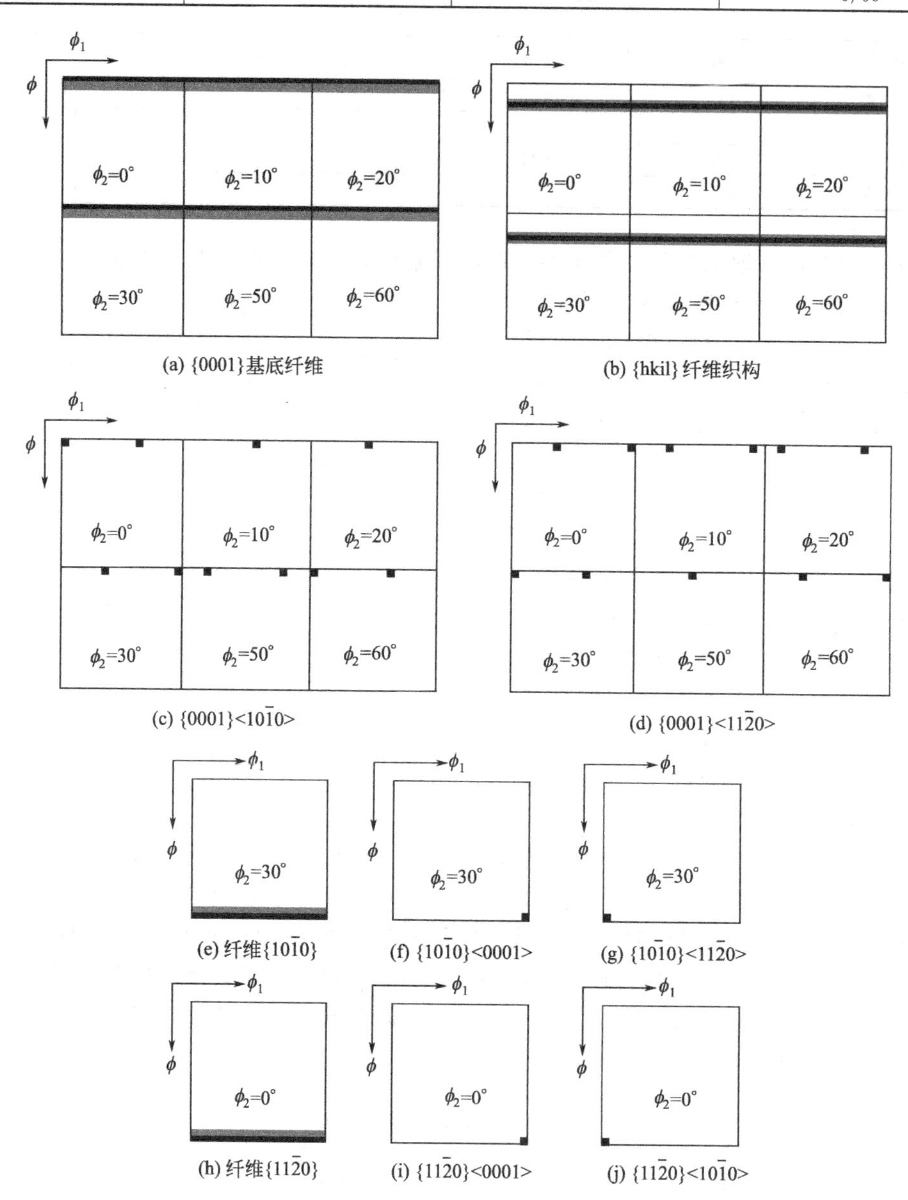

(a) {0001}基底纤维　(b) {hkil}纤维织构

(c) $\{0001\}\langle 10\bar{1}0\rangle$　(d) $\{0001\}\langle 11\bar{2}0\rangle$

(e) 纤维$\{10\bar{1}0\}$　(f) $\{10\bar{1}0\}\langle 0001\rangle$　(g) $\{10\bar{1}0\}\langle 11\bar{2}0\rangle$

(h) 纤维$\{11\bar{2}0\}$　(i) $\{11\bar{2}0\}\langle 0001\rangle$　(j) $\{11\bar{2}0\}\langle 10\bar{1}0\rangle$

图 3-12　镁合金中典型织构

3.2.2.2 丝织构

丝织构主要是在拉拔和挤压加工中形成，这种加工都是在轴对称情况下变形，其主变形图为两向压缩一向拉伸。变形后晶粒有一共同晶向趋向与最大主变形方向平行。以此晶向来表示丝织构。如图 3-13 所示，金属经挤压变形后其特定晶向平行于最大主变形方向（即拉

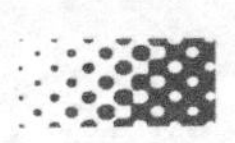

拔方向)，形成丝织构。

实验研究表明，对面心立方金属如金、银、铜、镍等，经较大变形程度的拉拔后，所获得的织构为〈111〉和〈100〉。这两种丝织构的组成变化是与试样内杂质、加工条件及材料内原始取向有关。对体心立方金属，不论其成分和纯度如何，其丝织构一般是相同的。经过拉丝后的铁、铝、钨等金属具有〈110〉丝织构。

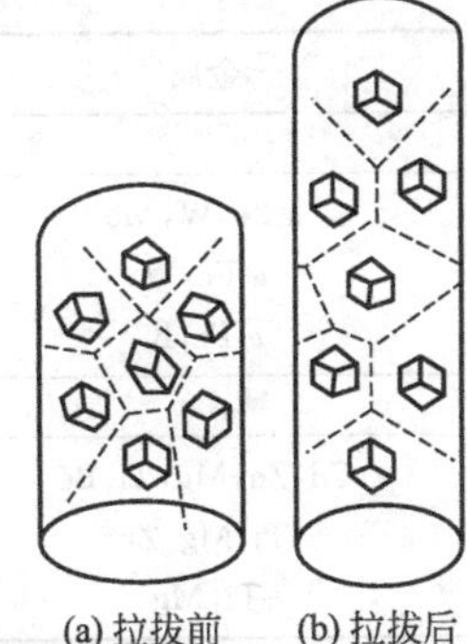

图 3-13 丝织构示意图

如图 3-14 所示，镁合金挤压棒材易形成诸如{0001}基面平行于挤压方向并且成 360°旋转的环形织构。因为在挤压过程中压应力垂直于挤压方向，并沿挤压方向成轴对称分布。

3.2.3 影响应变织构的因素

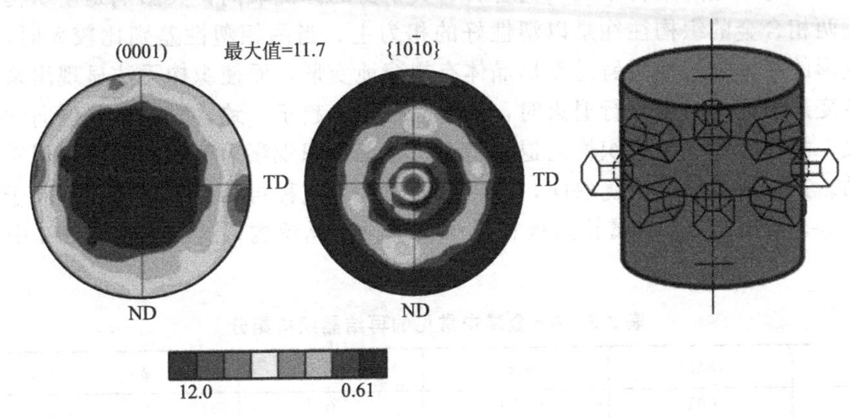

图 3-14 AZ31 挤压棒材(0002)和(10$\bar{1}$0)极图及晶粒取向分布示意图

从前面典型变形织构类型中可以看出，晶体结构对织构也有决定性的影响，这主要是由于不同晶体结构金属塑性变形时滑移系的晶体学特征不一样所导致，表 3-4 给出了常见金属塑性变形滑移系的晶体学特征。图 3-15 以示意图的形式列出了六方金属典型滑移系的空间位向。

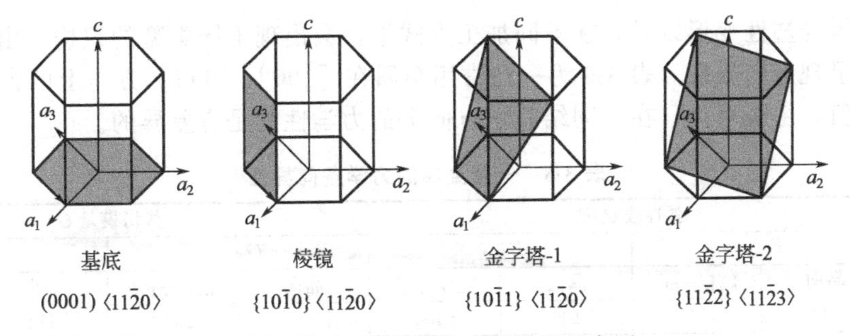

图 3-15 hcp 结构晶体中滑移系示意图

表 3-4 常见金属塑性变形的滑移系

金属	滑移面	滑移方向
	fcc 金属	
Cu,Al,Ni,Ag,Cu	{111}	〈1$\bar{1}$0〉

续表

金属	滑移面	滑移方向
bcc 金属		
α-Fe,W,Mo	{110}	⟨$\bar{1}11$⟩
α-Fe,W	{211}	⟨$\bar{1}11$⟩
α-Fe,K	{321}	⟨$\bar{1}11$⟩
hcp 金属		
Cd,Zn,Mg,Ti,Be	{0001}	⟨$11\bar{2}0$⟩
Ti,Mg,Zr	$10\bar{1}0$	⟨$11\bar{2}0$⟩
Ti,Mg	$10\bar{1}1$	⟨$11\bar{2}0$⟩

一般情况下变形程度越大，变形状态越均匀，则织构表现得也越明显。

合金元素对变形织构的影响小，形成固溶体的合金一般产生与纯金属相同的变形织构，两相合金，由于每个相的结构不同，而各自有其本身的择优取向，其影响是使织构的完整性受到削弱，两相合金的织构往往是以塑性好的相为主。当两相塑性差别比较大时，如 Al-Si 合金，难变形的晶体强烈地阻碍易变形晶体有规律地变形，而使织构无法显现出来。

具有冷变形织构的材料进行退火时，由于晶粒位向趋于一致，总有某些位向的晶粒易于形核及长大，故往往形成具有织构的退火组织，金相组织观察为等轴的晶粒，但它们的取向又是一致的。这种退火后的择优取向，称再结晶织构。这种再结晶织构往往不同于之前的变形织构。表 3-5 给出了 fcc 金属轧制板材退火典型再结晶织构，这与前面表 3-2 中的织构完全不一样。

表 3-5 fcc 金属中常见的再结晶织构组分

织构组分	{*hkl*}	<*uvw*>	φ_1	ϕ	φ_2
Cube(立方)	001	100	0	0	0
再结晶黄铜	236	385	79	31	33
P	011	122	70	45	0
Q	013	231	58	18	0
R(铝)	124	211	57	29	63

3.3 织构与各向异性

金属材料经塑性变形以后，在不同加工方式下，会出现不同类型的织构。由于织构的存在而使金属呈现各向异性。表 3-6 为一些常用金属在 [100]、[111] 方向上的弹性模量与剪切模量的数值，由表可见，在不同结晶学方向上的力学性能是有差异的。

表 3-6 一些金属的力学各向异性

金属	弹性模量 E				剪切模量 G			
	$E_{最大}$		$F_{最小}$		$G_{最大}$		$G_{最小}$	
	晶向	kgf/mm^2	晶向	kgf/mm^2	晶向	kgf/mm^2	晶向	kgf/mm^2
铝	[111]	7700	[100]	5400	[100]	2900	[111]	2500
金	[111]	11400	[100]	4200	[100]	4100	[111]	1800
铜	[111]	19400	[100]	2300	[100]	7700	[111]	3100
银	[111]	11700	[100]	4400	[100]	4450	[111]	1970
钨	[111]	40000	[100]	40000	[100]	15500	[111]	15500
铁	[111]	29000	[100]	13500	[100]	11800	[111]	6100

注：$1kgf/mm^2=9.80665MPa$。

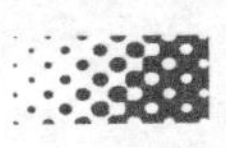

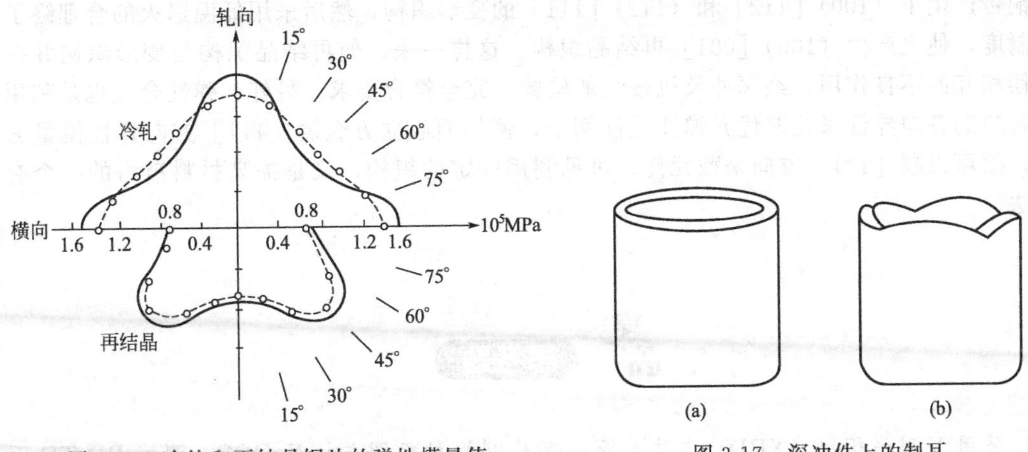

图 3-16 冷轧和再结晶铜片的弹性模量值

图 3-17 深冲件上的制耳

J. Weerts 对冷轧和再结晶铜板的弹性模量进行了测定，并与理论值做了比较。如图 3-16 所示，冷轧板为 (110) $[11\bar{2}]$ 和 (112) $[11\bar{1}]$ 织构，退火后，为 (100) [001] 再结晶立方织构。由图 3-16 可见，不同取向的弹性模量的理论值与实验值符合得较好。

具有各向同性的金属板材，经深冲后，冲杯边缘通常是比较平整的。具有织构的板材冲杯的边缘则出现高低不平的波浪形（图 3-17）。把具有波浪形凸起的部分称为“制耳”。把由于织构而产生的制耳现象称为“制耳效应”。

冲压后制品如产生制耳，必须切除。这样不仅增加了金属的损耗和切边工序，而且还会因各向异性使冲压件产生壁厚不均匀，影响生产效率与产品质量。因此，在生产上，必须设法避免“制耳效应”的发生。

为了避免各向异性，消除或减轻制耳效应，可以通过恰当地选择塑性加工变形工艺和退火制度，或者通过适当地调整化学成分来达到。

一些研究者指出，不同压下量和不同退火温度对黄铜板的制耳效应是有影响的。由于工艺制度不同，制耳可出现在离轧制方向 45°处、60°或 120°处、55°或 120°处。一般情况是，最后退火温度高，制耳大；成品前的最后一次中间退火温度低，则制耳小。制耳的分布与黄铜的 (111) 极图的取向强度位置基本相应。同样，铜板的退火温度也影响制耳位置的变化。

铝也有这样的影响。冷轧后，相的变形织构为 (110) $[1\bar{1}2]$ + (112) $[11\bar{1}]$ + (123) [634]。冲压后形成与轧向成 45°方向上的制耳。退火后为立方织构，则在与轧向成 0°、90°制耳，如退火后为 (100) [001] + (124) [211] 织构，则在与轧向成 30°和 90°位置上产生制耳。当变形织构与退火织构共存时，各向异性小。

事物总是一分为二的，在某些情况，方向性也有好处，例如变压器用硅钢片含硅大约 3%（质量分数）的铁-硅合金，具有体心立方结构的铁素体组织。当采用适当的热轧、中间退火、冷轧及成品退火工艺时，可以获得所希望具有 (011) [100] 织构的板材。因为沿着 [100] 方向磁化率最大，如果将这种板材沿轧制方向切成长条，使织构轴与磁场平行而堆垛成芯棒或拼成矩形铁框，可得到磁化率最高的铁芯。这样一来，由于铁损大大减少，可提高变压器的功率；或者在一定的功率下，可以减小变压器的体积。又如在使用条件下零件承受各向不同载荷时，若使材料的方向性特征与负载的特性相协调，则可提高零件的使用寿命。又如生产雷管紫铜带时需要尽量避免方向性。过去在生产中，采用控制成品前的总变形程度不超过 80%的方法，这样加多了中间退火与酸洗工序，不但生产率低而且造成许多浪费。后来经过反复实践研究采取了热轧后直接冷轧至成品的方法，使冷变形程度达 99%以上，这时铜带产生了（100）$[11\bar{2}]$ 和（112）$[11\bar{1}]$ 的变形织构，然后采用低温退火的合理终了退火制度，使之产生（100）[001] 再结晶织构。这样一来，使再结晶织构与变形织构并存以抵偿相互的不良作用，经深冲及机械性能检验，完全符合要求。另外，弹性合金也是利用织构材料的各向异性来获取优异弹性元件例子，例如面心立方金属 [111] 方向弹性模量 E 最大，故可以顺 [111] 方向来截元件。可见利用一定的织构，又是提高材料潜力的一个有效方法。

思考题

1. 采用 X 射线衍射（XRD）方法，测试某轧制板材极图并计算 ODF，测试 RD-TD 面极图计算的 ODF 与 TD-ND 极图计算的 ODF 是否相同，为什么？
2. 能否通过织构来分析塑性变形的不均匀性？为什么？
3. 影响塑性变形织构演变的因素有哪些？
4. 举例说明金属材料中的织构对性能的影响。

第 4 章

金属在塑性加工过程中的塑性行为

4.1 金属的塑性和塑性指标

4.1.1 塑性的概念

金属或其他固体材料，在外力作用下能够产生永久变形而不致破坏，这是因为它们具有可塑性（简称“塑性”）的缘故。通常认为，材料在出现破坏的迹象之前，所能承受的变形程度越大，其塑性越好，如果材料受外力后，只产生极小的变形即发生破裂，则认为它们是脆性的。

塑性（ductility）是指金属或其他固体材料，在外力作用下，稳定地发生永久变形而不破坏其完整性的能力。用塑性指标即金属或其他固体材料在断裂前（破坏前）所产生的最大变形程度衡量塑性的大小。对于给定化学成分的金属与合金，其塑性的好坏总是取决于组织结构、变形的温度-速度条件、变形的力学状态等三个主要因素。掌握材料的塑性概念的重要性至少有两个：一是可以知道材料断裂前能够发生塑性变形的程度；二是可以知道在加工过程中允许的变形程度。

对于塑性的认识是与时俱进的。曾有人认为塑性是固体物质的天然属性，如金属铅、金等的塑性很好，而大理石很脆，此即早期所谓的塑性的“属性说”。而有人则认为塑性是固体物质的一种状态，因为材料塑性的好坏，受变形时的条件影响很大，在不同的变形条件下具有不同的表现，例如具有良好塑性的铅，当其承受一定大小的三向拉伸应力时，竟能像脆性材料一样裂成碎块；而公认为脆性材料的大理石和红砂石，在强大的静水压力下被压缩时，却表现出保持完整性的明显的塑性变形，处于“塑性状态”，此即早期所谓的塑性的“状态说”。金属的塑性不仅受其自然属性的影响，还与变形的外部条件有关，应当说塑性是金属固有的一种属性，并与变形的外部条件有关，它是某种状态下金属自然属性的表现。以自然属性为依据，以变形状态为条件。

塑性针对金属的流变性能而言，反映其变形能力。用断裂前的变形程度的大小衡量。柔软性反映金属的软硬程度，反映金属流变应力的大小。讨论金属在塑性加工中的软硬程度不用柔软性，而用流变应力。例如，高温下的奥氏体不锈钢，塑性好，但其柔软性不好，即流变应力大；过烧的金属，其柔软性很好，但塑性很低，甚至失去塑性变形能力。流变应力小的金属塑性就好的说法是错误的。

韧性是强度和塑性的综合表现，是材料从弹性变形到断裂全过程中吸收能量的能力。所吸收的能量愈大，则断裂韧性愈高。在静态（低应变速率）载荷条件下，可由拉伸应力-应变曲线测量韧性，即 σ-ε 曲线下直到断裂的面积，韧性的单位为 J/m^3（即材料单位体积吸收的能量），脆性材料即使具有较高的屈服强度和拉伸强度，但由于其塑性小，所以它比韧

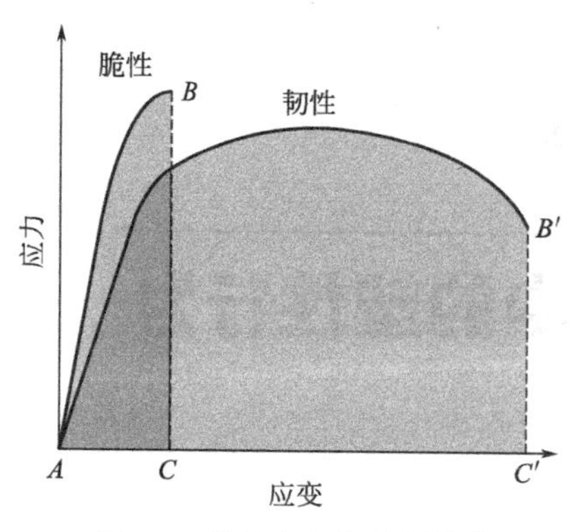

图 4-1 脆性和韧性材料拉伸的应力-应变曲线示意图

性材料的韧性低，如图 4-1 所示。在动态（较高应变速率）载荷条件下，通常用断裂韧性和冲击韧性表征，试样几何形状以及加载方式对于韧性的测量有重要影响。组织结构不同，断裂方式不同，断裂机制不同。断裂分为韧性断裂和脆性断裂。描述材料韧性的指标通常有两种：冲击韧性 α_K、断裂韧性 K_{1C}。

冲击韧性（α_K），冲击韧性是在冲击载荷作用下，抵抗冲击力的作用而不被破坏的能力。通常用冲击韧性指标 α_K 来度量，α_K 是试件在一次冲击实验时，单位横截面积（m^2）上所消耗的冲击功（J），其单位为 J/m^2。α_K 值越大，表示材料的冲击韧性越好。

冲击实验原理如图 4-2 所示。标准冲击试样有两种：一种是常用的梅氏试样（试样缺口为 U 形）；另一种是夏氏试样（试样缺口为 V 形）。同一条件下同一材料制作的两种试样，其梅氏试样的 α_K 值显著大于夏氏试样的 α_K 值，所以两种试样的 α_K 值不能互相比较。夏氏试样必须注明 α_K（夏）。

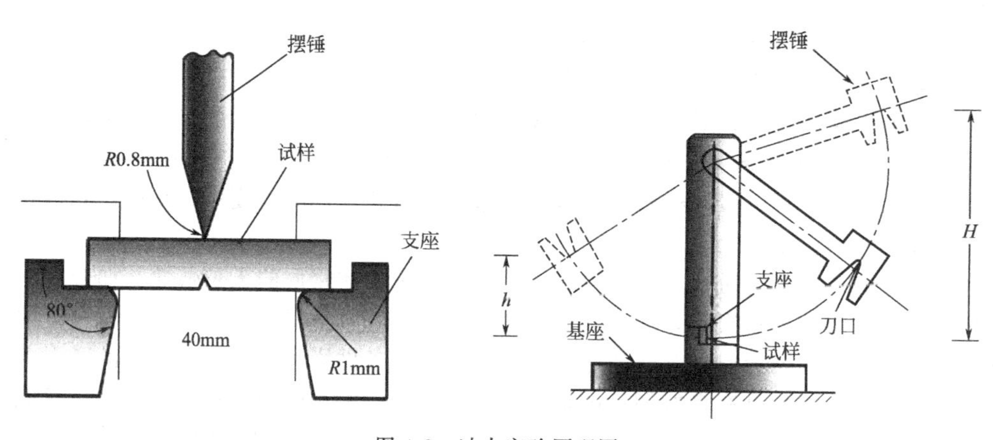

图 4-2 冲击实验原理图

实际工作中承受冲击载荷的机械零件，很少因一次大能量冲击而遭破坏，绝大多数是因小能量多次冲击使损伤积累，导致裂纹产生和扩展的结果。所以需采用小能量多次冲击作为衡量这些零件承受冲击强度的指标。实践证明，在小能量多次冲击下，冲击强度主要取决于材料的强度和塑性。

断裂韧性（K_{1C}）：在实际生产中，有的大型传动零件、高压容器、船舶、桥梁等，常在其工作应力远低于屈服强度 σs 的情况下，突然发生低应力脆断。通过大量研究认为，这种破坏与制件本身存在裂纹和裂纹扩展有关。实际使用的材料，不可避免地存在一定的冶金和加工缺陷，如气孔、夹杂物、机械缺陷等，它们破坏了材料的连续性，实际上成为材料内部的微裂纹。在服役过程中，裂纹扩展，造成零件在较低应力状态下，即低于材料的屈服强度，而材料本身的塑性和冲击韧性又不低于传统的经验值的情况下，发生低应力脆断。

材料中存在的微裂纹，在外加应力的作用下，裂纹尖端处会产生较大的应力集中和应力场。断裂力学分析指出，这一应力场的强弱程度可用应力强度因子 K_1 来描述。K_1 值的大

小与裂纹尺寸（$2a$）和外加应力（σ）有如下关系：

$$K_1 = Y\sigma(\pi a)^{1/2}(\mathrm{N \cdot m^{-3/2}}) \tag{4-1}$$

式中，Y 为与裂纹形状、加载方式及试样几何尺寸有关的系数；σ 为外加应力；a 为裂纹的半长。

由上式可见，随应力的增大，K_1 也随之增大，当 K_1 增大到一定值时，就可使裂纹前端某一区域内的内应力大到足以使裂纹失去稳定而迅速扩展，发生脆断。这个 K_1 的临界值称为临界应力强度因子或断裂韧性，用 K_{1C} 表示。它反映了材料抵抗裂纹扩展和抗脆断的能力。材料的断裂韧性 K_{1C} 与裂纹的形状、大小无关，也和外加应力无关，只决定于材料本身的特性（成分、热处理条件、加工工艺等），是一个反映材料性能的常数。

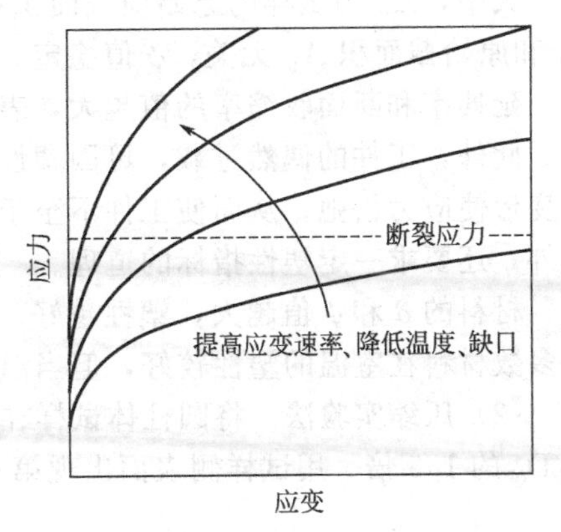

图 4-3 降低温度、提高应变速率、缺口的存在都减小塑性

人们一直在努力研发具有高的屈服强度的材料，然而高屈服强度总是伴随着低的塑性和韧性。高强度材料具有低韧性是因为其能够承受较高的应力，在发生大的塑性变形吸收能量前，就可能达到断裂所需应力。抑制塑性流动的因素都降低塑性和韧性。如图 4-3 所示，这些因素包括降低温度、提高应变速率、缺口的存在等提高了塑性流动所需的应力水平，因此在较小的应变时就达到了断裂所需应力。强韧化就是使金属材料具有较高强度的同时，又具有足够的塑性和韧性，以防止构件脆性断裂。

4.1.2 塑性指标及测量方法

4.1.2.1 塑性指标（塑性极限）

金属塑性的大小，可用金属在断裂前产生的最大变形程度来计算，它表示塑性加工时金属塑性变形的限度，一般通称为“塑性指标”。

由于影响塑性的因素复杂，很难找到一种通用指标来描述，所以目前只能依靠力学及工艺性能试验的方法来确定各种具体变形条件下的单一的塑性指标（或称单项塑性指标）。应用较广并列入标准的，主要是指拉伸时的断面收缩率及延伸率，还有冲击韧性等指标。此外，试样在开模镦粗时第一个裂纹出现前的压缩率（最大压缩率）、扭转试验时出现破坏前的扭转角（或扭转转数）、用楔形轧件在平辊上轧制或用偏心轧辊轧制矩形轧件时出现第一个裂纹前的变形量、工艺弯曲试验时破坏前的弯曲次数、爱里克森平板杯突试验时出现裂口时的突杯深度等，也可以作为度量塑性性能的指标。

4.1.2.2 塑性指标的测量方法

（1）拉伸实验法　变形速度一般小于 $10^{-3}/\mathrm{s}$，可确定的塑性指标为延伸率和断面收缩率。

$$\text{延伸率}\ \delta\% = \left(\frac{L_f - L_0}{L_0}\right) \times 100\%$$

式中，L_0 为试样的原始长度；L_f 为试样的最终长度；δ 包括试样的均匀变形部分和不均匀（缩颈）变形部分。所以，δ 的大小与试样的原始长度 L_0 有关。试样原始长度 L_0 越短，集中局部变形数值的比值越大，δ 越大；而试样原始长度 L_0 越长，集中局部变形数值的比值越小，δ 越小；所以，必须把计算长度与直径固定下来。

$$断面收缩率\ \psi\% = \left(\frac{A_0 - A_f}{A_0}\right) \times 100\%$$

式中，A_0 为试样的原始横截面积；A_f 为试样的断口面积，ψ 值与试样的原始计算长度 L_0 和原始截面积 A_0 无关，ψ 值稳定。

延伸率和断面收缩率的值越大，表示材料的塑性越好。塑性对材料进行冷变形有重要意义。此外，工件的偶然过载，可因塑性变形而防止突然断裂；工件的应力集中处，也可因塑性变形使应力松弛，从而使工件不至于过早断裂。这就是大多数机械零件除要求一定强度指标外，还要求一定塑性指标的道理。

材料的 δ 和 ψ 值越大，塑性越好。两者相比，用 ψ 表示的塑性更接近材料的真实应变。大多数材料在室温的塑性较好，但当温度降低时塑性降低。

（2）压缩实验法　将圆柱体试样在压力机或落锤上进行镦粗，试样的高度 H_0 一般为直径 D_0 的 1.5 倍。用试样侧表面出现第一条裂纹时的压缩程度作为塑性指标，即：

$$e = \frac{H_0 - h}{H_0} \times 100\% \tag{4-2}$$

式中，H_0 为试样原始高度，h 为试样变形后出现第一条裂纹时的高度。

（3）扭转实验法　用试样破断前的扭转数（n）或扭转角表示塑性的大小。

（4）冲击实验：冲击韧性 α_k 即冲击力作用下试样破坏所消耗的功（包括消耗于弹性变形的 E_e、塑性变形的 E_d、裂纹扩展断裂的撕裂功）。冲击韧性常用夏氏冲击实验测量。

（5）轧制时的塑性指标：平辊轧制楔形试样，偏心辊轧制矩形试样。以出现第一可见裂纹时的临界压下量为塑性指标。

4.2　影响金属塑性的因素

4.2.1　影响金属塑性的内部因素

金属与合金的纯度、化学成分及组织结构是影响塑性的内因。工业用金属都含有一定数量的杂质，为了改善其使用性能也往往人为地加入一些其他元素而成为合金。这些混入的杂质和加入的元素，对金属或合金的塑性均有影响。一般金属的塑性主要取决于基体金属。凡是提高强度的因素一般都降低塑性。

4.2.1.1　化学成分的影响

（1）纯度的影响

金属的塑性随其纯度的提高而增加，例如纯度为 99.96%的铝，延伸率为 45%，而纯度为 98%的铝，其延伸率则只有 30%左右。

（2）杂质的有害影响

金属和合金中的杂质，有金属（不是人为加入的金属元素）、非金属、气体等。它们所起的作用各不相同。杂质是韧性断裂中的一个主要影响因素，杂质的体积分数、本性、形状、分布起重要作用。钢中的氧化物、硫化物、碳化物对拉伸塑性的影响如图 4-4 所示。

应该特别注意那些使金属和合金产生脆化现象的杂质，由于它们的混入或者当它们的含量达到一定数量之后，使冷热变形都非常困难，甚至无法进行。例如：Bi 在 Cu、Au 中的膜状分布；Fe_3C 在钢中的网状分布、硬粒子周围的高变形区（图 4-5）。纯铜中的铋与铅都是有害的金属杂质，含十万分之几的铋，使热变形困难，当铋含量增加到万分之几时，热变

形将产生强烈的开裂，冷变形也难进行。铅含量超过0.03%～0.05%也能引起热脆现象。

杂质的有害影响，不仅与杂质的性质及数量有关，而且与其存在状态，杂质在金属基体中的分布情况和形状有关。例如：铅在纯铜及低锌黄铜中的有害作用，主要是由于铅在晶界形成低熔点物质，破坏了热变形时晶间的结合力，产生热脆性。但在α+β两相黄铜中则不同，分散于晶界上的铅由于β－α的相转变而进入晶内，对热变形无影响，此时的铅不仅无害，而且是作为改善制品切削性能的少量添加元素。

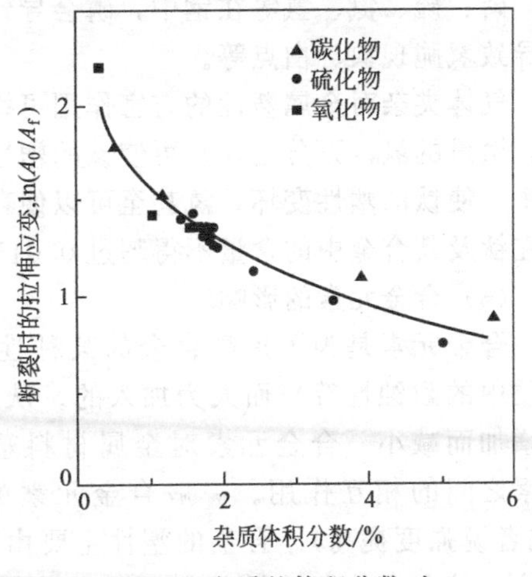

图 4-4 杂质的体积分数对钢的拉伸塑性的影响

通常金属中含有铅、锡、锑、铋、磷、硫等杂质。当它们不溶于金属中，而以单质或化合物的形式存在于晶界处时，将使晶界的联系削弱，从而使金属冷热变形的能力显著降低。当其在一定条件下能溶于晶内时，则对合金的塑性影响较小。

(a)

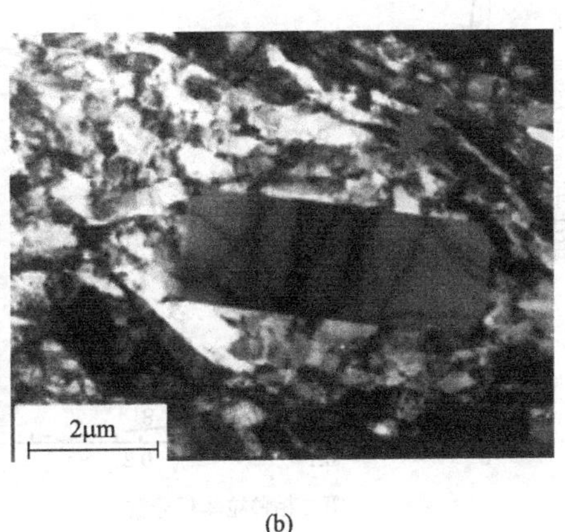

(b)

图 4-5 Fe_3C 在钢中的网状分布（a）、硬粒子周围的高形变区（b）

在讨论杂质元素对金属与合金塑性的有害影响时，必须注意各杂质元素之间的相互影响。因为某杂质的有害作用可能因为另一杂质元素的存在而得到改善。例如铋在铜中的溶解度约为0.002%，若铜中含铋量超过了此数，则多余的铋能使铜变脆。这是由于铋和铜之间的界面张力的作用，促使铋沿着铜晶粒的边界面扩展开，铜晶粒被覆一层金属铋的网状薄膜，显著降低晶粒间的联系而变脆，故一般铜中允许的含铋量不大于0.005%。但若在含铋的铜中加入少量的磷，又可使铜的塑性得到恢复。因为磷能使铋和铜之间的界面张力降低，改善了铋的分布状态，使之不能形成连续状的薄膜。又如，硫几乎不溶于铁中，在钢中硫以FeS及Ni的硫化物（NiS，Ni_3S_2）的夹杂形式存在。FeS的熔点为1190℃，Fe-FeS及FeS-FeO共晶的熔点分别为985℃和910℃；NiS和Ni-Ni_3S_2共晶的熔点分别为797℃和645℃。当温度达到共晶体和硫化物的熔点时，它们就熔化，变形中引起开裂，即产生所谓的红脆现象。这是因为Fe、Ni的硫化物及其共晶体是以膜状包围在晶粒外边的缘故。如在钢中加入少量Mn，形成球状的硫化锰夹杂，并且MnS的熔点又高（1600℃），因此，在钢中同时有硫和适量的锰元素存在而形成MnS以代替引起红脆的硫化铁时，可使钢的塑性提高。

磷、硫、氮、氢等在钢中，磷会导致冷脆性，硫会导致热脆性，氮会导致时效脆性，氢会导致氢脆现象、白点等。

气体夹杂对金属塑性的有害作用可举工业用钛为例来说明。氮、氧、氢是钛中的常见杂质，微量的氮（万分之几）可使钛的塑性显著下降。氧可以在高温中强烈地以扩散方式渗入钛中，使钛的塑性变坏，氢甚至可以使存放中的钛及其合金的半成品发生破裂。因此，规定氢在钛及其合金中的含量不得超过0.015%。

（3）合金元素的影响

合金元素是为了提高合金的某种性能（为了提高强度、提高热稳定性、提高在某种介质中的耐蚀性等）而人为加入的。从图4-6看见，拉伸塑性随人为杂质（第二相）数量的增加而减小。合金元素对金属材料塑性的影响，取决于加入元素的特性、加入数量、元素之间的相互作用。一般合金元素的加入，会导致合金的塑性降低而流变应力增大（或者说强度提高）。合金的塑性主要由基体金属的塑性决定。Fe-Ni、Au-Ag形成连续固溶体，其合金的塑性很高。

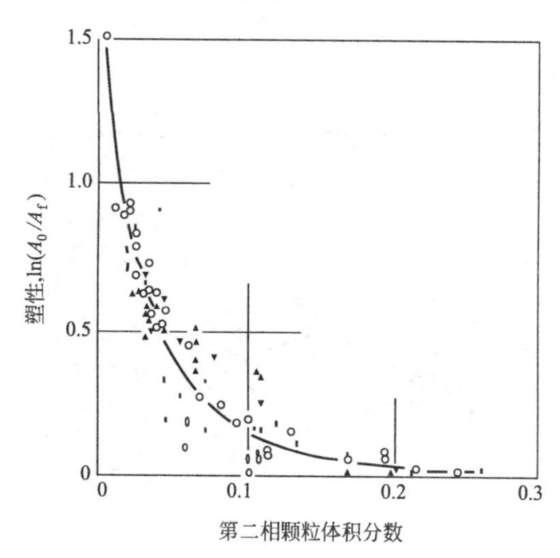

图4-6　第二相颗粒对铜拉伸塑性的影响

数据包括氧化铝、Si、Mo、Cr、Fe、杂质以及孔洞等

合金元素与基体金属形成固溶体时，当加入的合金元素与基体的作用（或者几种元素的相互作用），在加工温度范围内形成单相固溶体（特别是面心立方结构的固溶体）时，则合金具有较好的塑性。如果加入元素的数量及组成不适当，形成过剩相，特别是形成金属间化合物或金属氧化物等脆性相，或者是在塑性加工温度范围内两相共存，则塑性降低。例如，紫铜的塑性是很好的，如果往纯铜中加入适量的锌，形成铜锌合金（即普通黄铜），则因黄铜是面心立方结构的α相固溶体组织，塑性仍然较好。可是，当加入的锌量超过39%～50%，就形成两相组织（α+β）或单相组织（β）。β相是体心立方结构，其低温塑性较差，因此，双相黄铜的塑性比α黄铜的塑性差。又如在锰黄铜中，由于锰可以溶于固态黄铜中，添加少量的锰对黄铜组织无显著影响，并可提高其强度而不降低塑性。当锰含量超过4%时，由于溶解度的降低，出现锌的锰含量多的ζ相。ζ相是脆性相，使锰黄铜的塑性降低。

塑性加工会产生方向性微观组织（图4-7、图4-8）。塑性加工中，晶界、弱界面（如第二相和基体的界面）、杂质和第二相沿主变形方向拉长和排列，形成纤维组织和带状组织。如果载荷方向平行于这些界面和夹杂方向，则这些界面和夹杂对塑性近乎没有影响，例如线材和棒材的外加应力平行于它们的轴向以及轧制板材的法向应力垂直于板面，此时弱面平行于线材或者棒材的轴向，而夹杂平行于轧面，因而弱面和夹杂对塑性没有大的影响。然而，由于这些界面和夹杂降低了垂直于加工方向的断裂强度和塑性，如果最大的应力垂直于弱面和夹杂的排列方向，则会产生分层破坏。剧烈弯曲时，棒材可能沿平行于以前的加工方向碎断。锻件可能沿由夹杂和弱面定向排列形成的流线断裂。加工件的退火不能消除这种方向性，因为即使再结晶产生了等轴晶，夹杂的定向排列也不会受影响。锻铁即是一个典型例子，裂纹轨迹和夹杂物的排列一致，产生木材状的断裂（图4-9）。

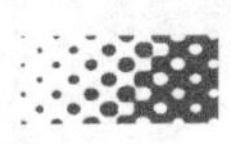

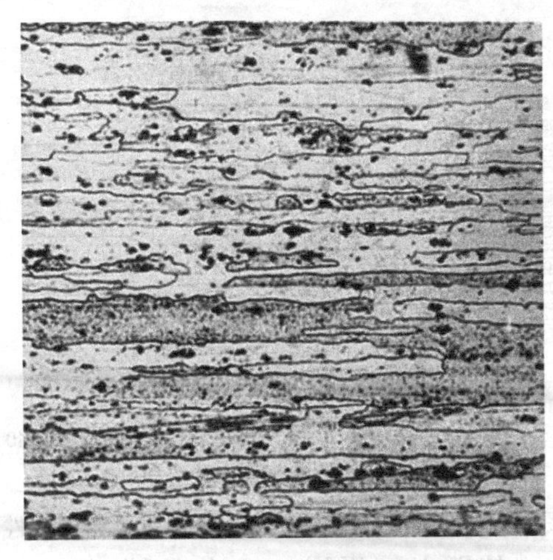

图 4-7 2024-T6 铝合金板中的带状组织包括晶界及拉长的杂质

(Metals Handbook. Vol 7. eighth ed. ASM，1972)

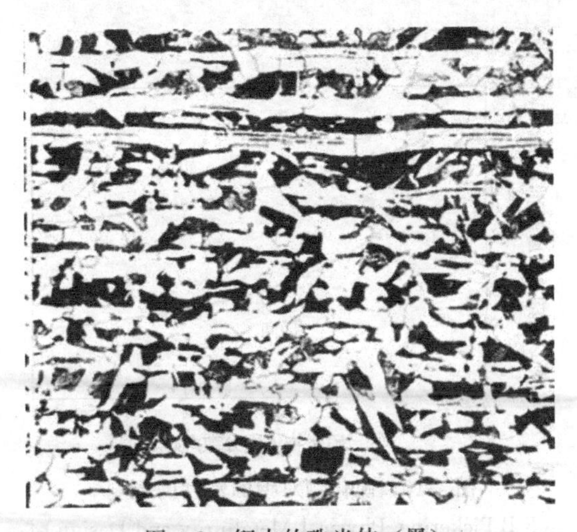

图 4-8 钢中的珠光体（黑）和铁素体（白）构成纤维组织

(Metals Handbook. Vol 7. eighth ed. ASM，1972)

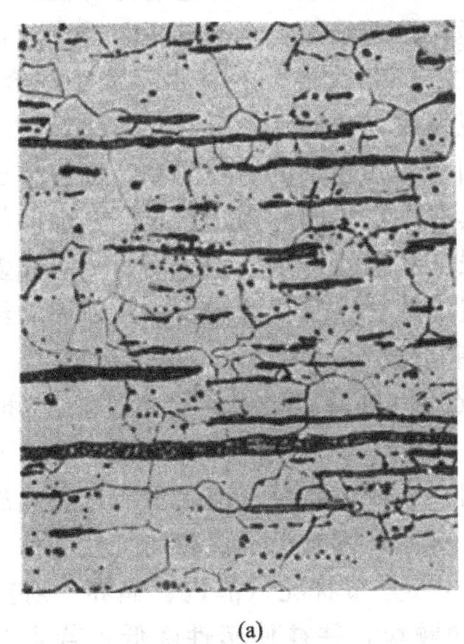

(a)

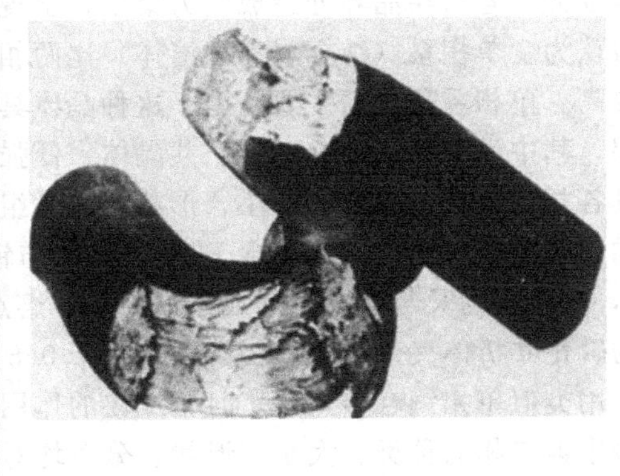

(b)

图 4-9 锻铁的微观组织（a）和沿杂质断裂形成的木材状断裂（b）

钢中的杂质 MnS，在热加工过程中沿主应力方向拉长，导致断裂的各向异性如图 4-10 所示，横向塑性低的原因在于杂质在热轧中沿轧制方向拉长。添加少量 Ca、Ce、Ti，或者稀土元素与硫反应，形成硬的杂质，在轧制过程中保持球状，通过杂质形状控制可显著提高横向塑性（图 4-11）。此外，通过球化碳化物，可提高中碳钢和高碳钢的塑性（成形性）。

4.2.1.2 组织结构的影响

一般而言，晶体结构影响金属塑性的规律是：fcc 的 Cu、Al、Ni、Pb、Ag、Au 等具有较高的塑性，bcc 的 α-Fe、Cr、W、Mo、β-黄铜的塑性居次，而 hcp 的 Zr、Hf、α-Ti 等塑性较低。

多数金属单晶体在室温下有较高的塑性，相比之下多晶体的塑性则较低。这是由于一般情况下多晶体晶粒的大小不均匀、晶粒方位不同、晶粒边界的强度不足等原因所造成的。因为细晶粒是快速结晶形成的，金属成分分布较均匀；晶粒细，杂质相对浓度偏差小；晶粒多

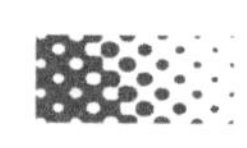

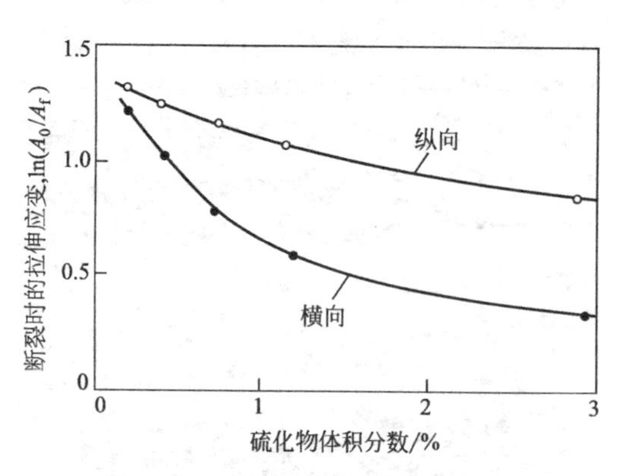

图 4-10　硫化物对钢的塑性的影响

(F B Pickering. Physical Metallurgy and Design of Steels. London：Applied Science Pub，1978：82)

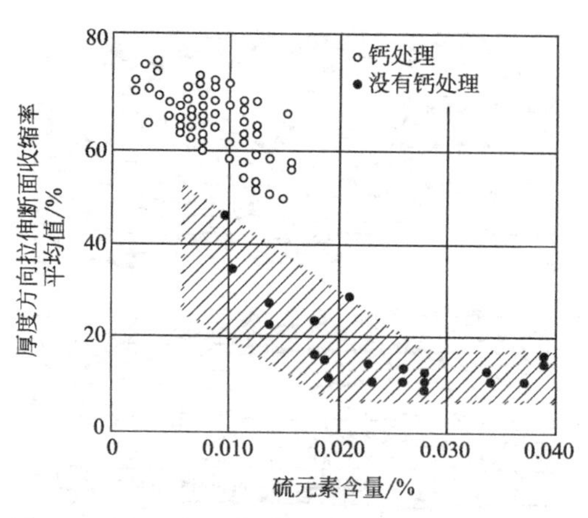

图 4-11　杂质形状控制提高钢的厚度方向的塑性

[H Pircher，W Klapner. Micro Alloying, Union Carbide，1977，75：232-240]

则有利于塑性变形的晶体取向的晶粒较多，变形均匀。晶粒细小，标志着晶界面积大，晶界强度提高，变形多集中在晶内，故表现出较高的塑性。超细晶粒，因其近于球形，在低变形速度下还伴随着晶界的滑移，故呈现出更高的塑性，而粗大的晶粒，由于大小不容易均匀，且晶界强度低，容易在晶界处造成应力集中，出现裂纹，故塑性较低。

一般认为，单相系（纯金属和固溶体）比两相系和多相系的塑性要高，固溶体比化合物的塑性要高。单相系塑性高主要是由于这种晶体具有大致相同的力学性能，其晶间物质是最细的夹层，其中没有易溶的夹杂物、共晶体、低强度和脆性的组成物。而两相系和多相系的合金，其各相的特性、晶粒的大小、形状和显微组织的分布状况等均不一致，因而给塑性带来不良的影响。如在锡磷青铜中含 P0.1%，磷与铜形成熔点为 707℃的化合物 Cu_3P（P 占 14.1%），此化合物又与锡青铜形成三元共晶，熔点为 628℃；当磷含量超过 0.3%时，磷以淡蓝色的磷化共析体夹杂析出；当磷含量大于 0.5%时，磷化物在热加工温度条件下处于液态，其作用类似单相铜合金热加工时铅或铋的作用，造成热脆性，使之不能进行热加工。

合金中第二相的种类、大小、形状、分布均对塑性有影响。不仅相的特性（种类）对塑性有影响，第二相的形状（球状、针状、块状）、显微分布状况（晶内、晶界）对塑性亦有重要影响。若第二相为硬相，且为大块均匀分布的颗粒，往往使塑性降低；若第二相为软相，则影响不大，甚至对塑性有利。如在两相黄铜中，若 α 相（软相）以细针状分布于 β 晶粒的基体中，则有较大的塑性；若 α 相以细小圆形夹杂物形态在晶界析出，则黄铜的塑性较低。含铝 8.5%～11%的铜铝合金，在缓冷时 β 相分解成 α+γ 相，并形成连续链状析出的 γ 相大晶粒，使合金变脆，加入铁，能使这种组织细化，消除其不利影响。钢中的碳化物，呈板状渗碳体，则加工性能不好，当经过球化热处理使其球状分布时，则提高了塑性。

综上所述，合金中的组元及所含杂质越多，其显微组织与宏观组织越不均匀，则塑性越低，单相系具有最大的塑性。金属与合金中，脆性的和易溶的组成物的形状及它们分布的状态，也对塑性有很大影响。

4.2.2　影响金属塑性的外部因素

变形过程的工艺条件（变形温度、速度，变形程度和应力状态等）以及其他外部条件（尺寸、介质与气氛），对金属的塑性也有很大影响。

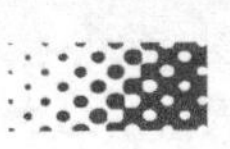

4.2.2.1 变形温度

一般，变形温度升高，则塑性增大。这是由于温度升高，位错滑移的临界切应力降低。温度升高，可开动新滑移系，滑移系增多（滑移方向不变、滑移面增加），例如，Al的最大塑性在450～550℃内，此时不仅（111）面可滑移，（001）面也可滑移；Mg在室温加工困难，而在225℃以上，滑移系增加，塑性提高。温度升高，热激活能升高，扩散特性的塑性变形机制（扩散性蠕变，晶界滑动等）可能会发挥作用。此外，温度升高，热软化机制（动态回复/再结晶等）抵消加工硬化效应。

实际上，塑性并不是随着温度的升高而直线上升的，因为相态和晶粒边界随温度的波动而产生的变化也对塑性有着显著的影响。在一般情况下，温度由绝对零度上升到熔点时，可能存在三个脆性区（图4-12）：

Ⅰ **低温脆性区**：低温脆性区主要指具有六方晶格的金属在低温时易产生脆性断裂的现象。如镁合金冷加工性能就不好。因为镁是六方晶格，在低温时只有一个滑移面，而在225℃以上时，由于镁合金晶体中产生了附加滑移面，因而塑性提高了。故一般镁合金在350～450℃的温度范围内可进行各种塑性加工。某些金属间的化合物也具有这种行为，如Mg-Zn系中MgZn、$MgZn_2$是低温脆性化合物，它们随着温度的降低而沿晶界析出，使低温塑性降低。

Ⅱ **中温脆性区**：中温脆性区的出现是由于在一定温度-速度条件下，塑性变形可使脆性相从过饱和固溶体中沉淀出来，引起脆化；晶间物质中个别的低熔点组成物因软化而强度显著降低，削弱了晶粒之间的联系，导致热脆；在一定温度与应力状态下，产生固溶体的分解，此时可能出现新的脆性相。

Ⅲ **高温脆性区**：高温脆性区则可能是由于在高温下周围气氛和介质的影响结果引起脆化、过热或过烧。如镍在含硫的气氛中加热、钛的吸氢。晶粒长大过快，或因晶间物质熔化等，也显著降低塑性。

上述三个典型的脆性区，是指一般而言，对于具体的金属与合金，可能只有一个或两个脆性区。总之，出现几个脆性区及塑性较好的区域，要视温度的变化、金属及合金内部结构和组织的改变而定。碳钢的脆性区有四个，塑性较好的区域有三个，各区的温度范围见图4-12。

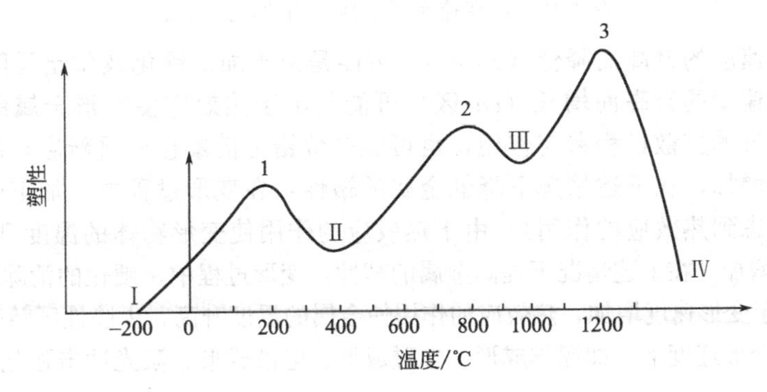

图4-12 碳钢的塑性随温度变化曲线

4.2.2.2 变形程度

变形程度对塑性的影响，是同加工硬化以及加工过程中伴随着塑性变形的发展而产生的裂纹倾向联系在一起的。

在热变形过程中，变形程度与变形温度-速度条件是相互联系着的。当裂纹坯芽的修复速度大于发生速度时，可以说变形程度对塑性影响不大。

对冷变形而言，由于没有上述的修复过程，一般都是随着变形程度的增加而降低塑性。至于从塑性加工的角度来看，冷变形时两次退火之间的变形程度究竟多大最为合适，尚无明确结论，还需进一步研究。但可以认为这种变形程度是与金属的性质密切相关的。对硬化强度大的金属与合金，应给予较小的变形程度即进行中间退火，以恢复塑性；对于硬化强度小的金属与合金，则在两次中间退火之间可给予较大的变形程度。

对于难变形的合金，可以采用多道次小变形量的加工方法。实验证明，这种分散变形的方法可以提高塑性 2.5～3 倍。这是由于分散小变形可以有效地发挥和保持材料塑性的缘故。因为，首先，每道次的变形量小，远低于塑性指标，所以变形金属内产生的应力也较小，不足以导致断裂；再者，热加工中各道次的间隙时间内，由于热软化机制，塑性在一定程度上得到恢复；此外，热加工对其组织也有所改善等。所以，使断裂前的总变形量增大。对于难变形合金，一次大变形所产生的变形热甚至可以使其局部温度升高到过烧温度，从而引起局部裂纹。例如：高电阻合金 NiMoVGa 的开坯，Cr23Ni13 耐热钢等。

对容易过烧、过热的合金，在高温时采用多道次小变形对提高塑性更有利，因为一次大变形不仅产生的应力大，更主要的是塑性变形中由于热效应使变形温度升高产生过烧、过热。

4.2.2.3 变形速度

一般地，塑性随变形速度的变化可以用图 4-13 概念化表述。

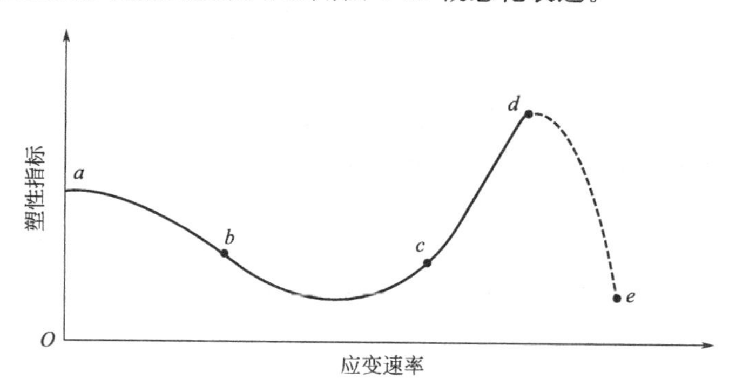

图 4-13 应变速率对塑性影响的示意曲线

塑性随变形速度的升高而降低（*ab* 区），可能是由于加工硬化及位错受阻而形成显微裂口所致；塑性随速度的升高而增长（*cd* 区）可能是由于热效应使变形金属的温度升高，硬化得到消除和变形的扩散过程参与作用，也可能是位错可借攀移而重新启动的缘故。

变形速度的增加，在下述情况下降低金属的塑性：在变形过程中，加工硬化的速度大于软化的速度（考虑到热效应的作用）；由于热效应的作用使变形物体的温度升高到热脆区。

变形速度的增加，在下述情况下提高金属的塑性：变形过程中，硬化的消除过程比其增长过程进行得快；由于变形速度增加，热效应的作用使金属的温度升高，由脆性区转变为塑性区。

在非常高的变形速度下，如爆炸成形、电磁成形、电液成形、激光冲击强化等，金属的流变行为将发生变化。

变形速度的影响与温度密切相关。变形速度对塑性的影响，实质上是变形热效应在起作用。由第 2 章的表 2-1 可见，热效应显著地改变了金属的实际变形温度，其作用是不可忽视的。一般说来，金属的实际流变应力越大，挤压系数越高，挤压速度越快，则发热越严重。所以在塑性加工生产中，一定要把变形温度和变形速度（“变形温度-变形速度”条件）联系起来考虑，否则容易超过可加工温度范围出现过热或过烧。变形温度、变形速度和变形程度

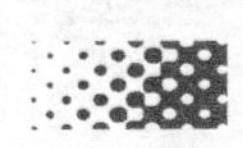

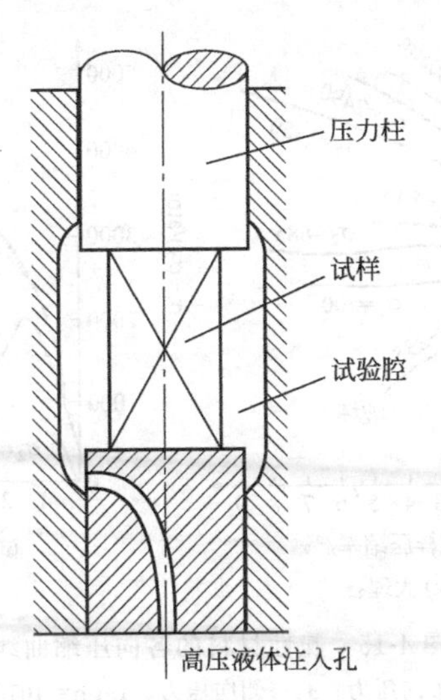

图 4-14 卡尔曼实验示意图

三者因热效应而相互联系，相互影响。在设计工艺参数时要将三者综合考量。例如挤压时，铸锭尺寸和产品尺寸确定时（即变形程度确定），此时变形温度-变形速度条件需要统筹考量，有两种工艺制度可供选择，即高温慢挤或者低温快挤。

塑性变形过程，金属的温升（温度效应），不仅决定于塑性变形功而转化的热量，而且也取决于接触表面摩擦功作用所转化的热量。在某些情况下（在变形时不仅变形速度高而且接触摩擦系数也很大），变形过程的温度效应可能达到很高的数值。由此可见，控制适当的温度，不但要考虑导致热效应的变形速度这一因素，还应充分估计到，金属塑性加工工具与金属的接触表面间的摩擦在变形过程中所引起的温度升高。

4.2.2.4 应力状态

应力状态种类对塑性的影响，从卡尔曼经典的大理石和红砂石试验中可清楚地看到。卡尔曼用白色大理石和红砂石做成圆柱形试样，将其置于专用的仪器（图 4-14）内镦粗，在其中可以产生轴向压力和附加的侧向压力（把甘油压入试验腔室内）。

当只用一个轴向压力实验时，大理石与砂石表现为脆性。如果除轴向压力外再附加上侧向压力，那么情况就发生了变化，大理石和红砂石可产生塑性变形，并且随着侧向压力的增加，变形能力也加大，如图 4-15 所示。可见，大理石和红砂石的塑性随静水压力的提高而得到改善。这一原理是提高脆性材料塑性的理论依据之一。

应力状态对塑性起影响作用的是流体静水压力即应力张量的分量——应力球张量 $[\sigma_m = (\sigma_1+\sigma_2+\sigma_3)/3]$。静水压力增大，则金属的塑性增大，这是因为：①使晶粒间变形困难，减轻或避免了晶间破坏；②促使晶内和晶间各种破坏的联系得到恢复，因为静水压力增大，抑制了微孔洞的长大，其显微或宏观破坏得以修复，而在拉应力作用下，将在这些地方形成应力集中，促进金属的破坏；③减轻或避免脆性夹杂物和液相对塑性的不利影响；④抵消或减轻了不均匀变形引起的附加拉应力的破坏作用。总之，在三向压缩应力条件下，裂纹的发生与发展比较困难，因而有利于塑性的提高。

静水压力的高低对塑性有很大的影响，静水压力抑制孔洞的形核和长大。

在塑性加工中，可以通过改变应力状态来提高金属的塑性，以保证生产的顺利进行。例如，在加工低塑性材料时，可用包套的方法增加径向压力（包套用塑性较高的材料制成）。用作外套的材料和其厚薄需选择适当，否则会因外套变形大，对芯材产生很大的附加拉应

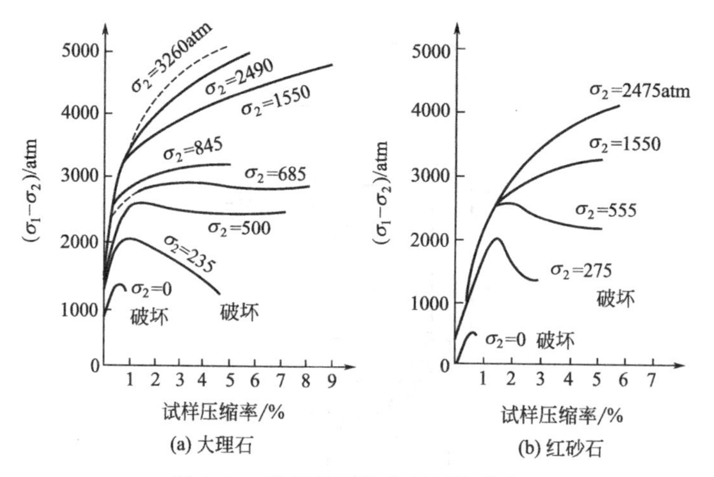

图 4-15 脆性材料的各向压缩曲线

σ_1—轴向压力；σ_2—侧向压力；1atm=101325Pa

力，反而拉裂低塑性芯材。另外，在制造加工设备时也采取了许多措施，以增加三向压应力球张量的比重，提高材料的塑性，减少开裂现象，譬如利用限制宽展孔型或 Y 型三辊轧机来轧制型材，用三辊轧机穿孔和轧管来生产管材，用四个锤头高速对打（冲击次数为 400 次/分以上）进行旋转精锻等均可提高材料的塑性。如图 4-16 所示。

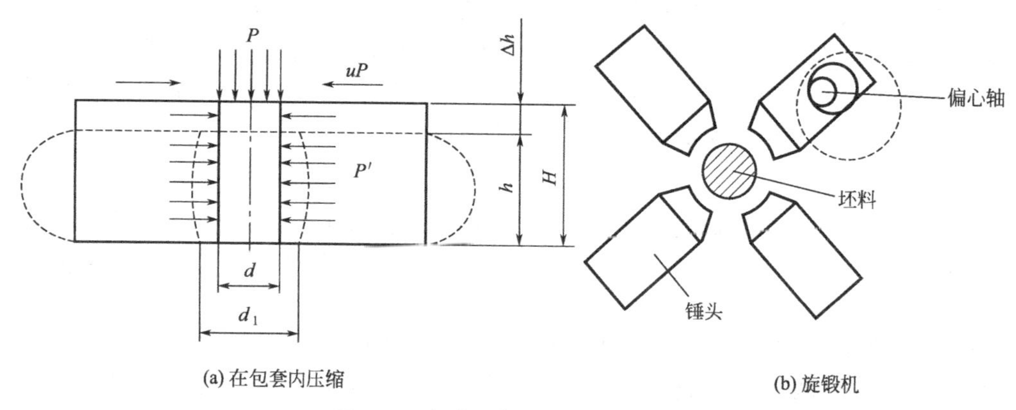

图 4-16 提高塑性的加工工艺方法

从提高塑性的角度来看，体应力状态图中三向压应力图最好，两压一拉次之，两拉一压更次之，三向拉应力最不利于塑性变形。因为三向压应力状态图的静水压力值最大，而三向拉应力状态图则没有静水压力。而即使应力状态图相同，但对金属塑性的发挥的影响程度也不同。例如，金属的挤压、圆柱体在两平板间压缩和板材的轧制等，其基本的应力状态图皆为三向压应力状态图，但对塑性的影响程度却不完全一样。这就要根据其静水压力的大小来判断。静水压力越大，变形金属所呈现的塑性越大。

4.2.2.5 变形状态

显然变形越均匀，越有利于金属塑性的发挥。变形状态对塑性的影响可用主变形图说明，因为压缩变形有利于塑性的提高，而延伸变形有损于塑性的提高，所以主变形图中的压缩分量增大则塑性增大。主变形状态图中，两缩一伸图最有利于金属塑性的发挥，一缩一伸图次之，一缩两伸的主变形图则最差。这可以从主变形对金属中杂质的不同分布的状况（图

4-17）明显看出。因为实际变形金属中存在各种缺陷如气孔、夹杂、缩孔、空洞等，这些缺陷在两向延伸一向压缩的作用下可向两个方向扩大而暴露弱点；在两向压缩一向延伸时变成线性缺陷，危害减小。

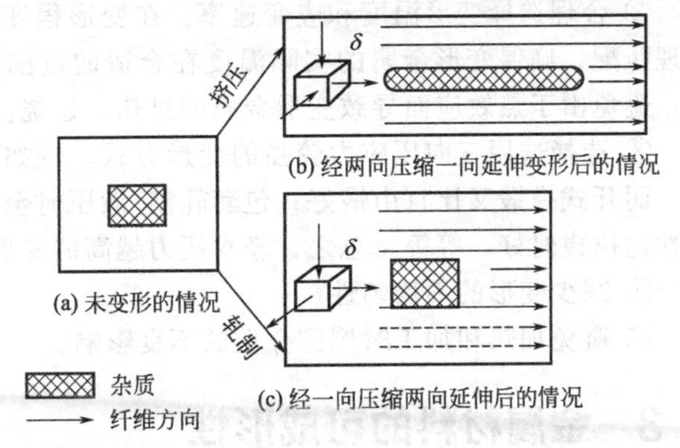

图 4-17 主变形对金属中缺陷形状的影响

可见，变形力学图（“主应力图+主变形图”）对塑性的影响规律：以三向压应力的主应力图和两向压缩一向延伸的主变形图的组合对金属塑性的提高最为有利，挤压正是这种情形。但是三向压应力状态导致单位变形力上升和外载荷增大、能耗增大。

4.2.2.6 尺寸因素

尺寸因素对加工件塑性的影响，基本规律是随着加工件体积的增大而塑性有所降低。因为：变形体内都存在大量不均匀分布的组织缺陷，变形体体积增大，则其组织缺陷分布不均匀性增大，应力（变形）不均匀增大，因此其塑性下降；此外变形体体积减小，则其表面积和体积之比增大，此时要考虑介质的影响。

4.2.2.7 介质

塑性加工过程中周围介质对变形金属塑性的影响主要表现为如下几方面：

① 在金属表面层形成脆性相。

镍及其合金在煤气炉中直接加热，热轧时易裂是由于炉内气氛中含有硫，硫被金属吸收后生成 Ni_3S_2，此化合物又与 Ni 形成低熔点（625～650℃）共晶，并呈薄膜状分布于晶界，使镍及其合金产生红脆性。若盖上铁皮加热，可避免含硫气氛的直接作用。当镍及其合金在600℃以上加热时，要特别注意气氛中是否含有硫。

钛和钛合金在铸造和在还原性气氛中加热以及酸洗时，均能吸氢而生成 TiH_2，使其变脆。因此，钛和钛合金在加热和遇火时要防止在含氢的气氛中进行。对于已经吸氢的钛和钛合金，应在900℃以上在真空炉中退火，以降低其含氢量，提高其塑性。

② 使表面层腐蚀。

黄铜的脱锌腐蚀与应力腐蚀都和周围介质有关。黄铜在加热、退火，以及在温水、热水、海水中使用时，锌优先受腐蚀溶解，使工作表面残留一层海绵状（多孔）的纯铜而损坏。这种脱锌现象，在α相和β相中都能发生，当两相共存时，β相将优先脱锌，变成多孔性纯铜，这种局部腐蚀，也是黄铜腐蚀穿孔的根源。加入少量合金元素（砷、锡、铝、铁、锰、镍）能降低脱锌的速度。

③ 有些介质（如润滑剂）吸附在变形金属的表面上，可使金属塑性变形能力增加。

润滑剂吸附在金属表面，减小了摩擦和不均匀变形，从而有利于塑性的提高。

4.2.2.8 提高金属塑性的主要途径

① 控制化学成分、改善组织结构，提高材料的成分和组织均匀性。例如热加工前对铸锭进行高温均匀化退火，以提高成分及组织的均匀性。

② 合理选择变形温度和应变速率。在变形程度一定的条件下，变形温度和变形速度要合理匹配，确保变形金属的实际温度在合适的范围，尽可能在单相区的温度范围内完成变形，避免由于热效应而导致变形金属的过热、过烧。

③ 选择选用三向压应力较强的变形方式。例如，挤压时金属的塑性比一般开式模锻时好，而开式模锻又比自由锻好；包套轧制/锻压时金属的塑性比不包套时好；旋锻时金属的塑性比拉拔时好；等等。总之，静水压力越高的变形方式，越有利于发挥金属的塑性。

④ 减少变形的不均匀性。

⑤ 避免加热和加工时周围介质的不良影响。

4.3 金属材料的可成形性

可成形性（又称可加工性）是个复杂的技术概念。它不仅取决于材料的塑性，而且也与工艺过程的特定条件，诸如变形量、摩擦、温度和应变速率等有关。

塑性加工工艺可分为两大类：块料成形和板料成形。块料成形包括轧制、挤压、拉拔、锻造，块料成形中使材料变形的应力主要是压应力；弹壳、饮料罐、汽车车身、轻舟壳体等产品则由板料的深拉或者冲压加工而成，板料成形中的应力通常是拉应力，如果应力变为压应力，则会产生弯曲或起皱，限制了加工的继续。

块状金属的加工极限（又称为成形极限或者可成形性）是以表面出现裂纹为准。板料成形极限则由材料的本构失稳（如局域化缩颈）确定。可见，可成形性是指在金属加工过程中产生变形而不形成裂纹（块料）或者本构失稳（板料）的变形程度。

4.3.1 块料的可成形性

块状金属加工过程中产生的裂纹主要有三种类型：①镦粗时自由表面的裂纹；②挤压时接触面的高摩擦下形成的表面裂纹；③拉拔棒材时中心破裂或箭样裂纹。裂纹产生的原因：①附加拉伸应力的结果；②工件内常产生温度梯度；③局部的不均匀变形区，以及难变形区和易变形区两种区域的存在导致其交界面上剪切错动。

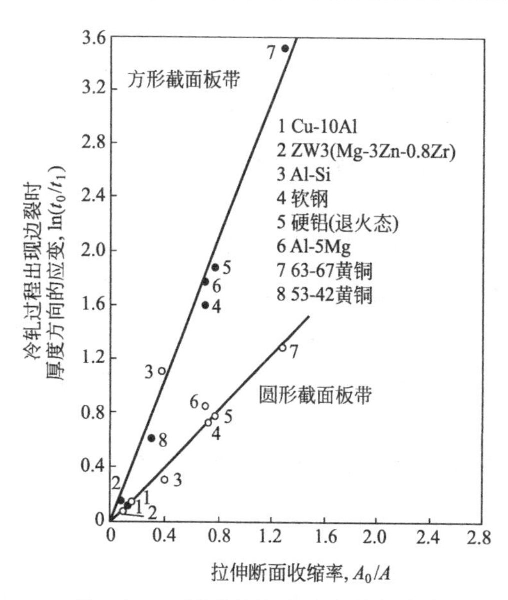

图 4-18 平板轧制过程中出现边裂时的应变和拉伸断面收缩率的相关性

在工件没有失效的前提下，能否完成预期的变形过程是一个重点关注的问题。在加工工艺和变形区形状一定的情况下，成形极限取决于材料，是否出现断裂取决于材料和加工工艺。具有高的断裂应变（即塑性）的材料具有高的成形性。在大多数块料成形过程中，可成形性以表面出现裂纹为限。丝材拉拔是一个例外，每道次最大的断面收缩率受限于不出现缩颈的能力，一旦拉伸丝材缩颈，就不能再承受所需载荷。在拉伸实验中，材料的成形性和其面积收缩率有关。

块体料的成形极限和材料的拉伸实验的断面收缩率非常吻合，图 4-18 给出了平板轧制过程中出现边裂时的应变和拉伸断面收缩率的关系。夹杂含量高和高的强度

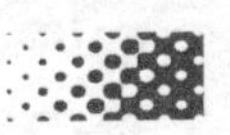

都降低塑性和成形性。成形性也取决于加工过程中的流体静水压力，流体静水压力越小，断裂应变越小可成形性也越小。

成形性并不总是与拉伸塑性相关联，尤其是当裂纹在表面开始时。因此，提出了除拉伸实验以外的其他实验方法。Kuhn（H A Kuhn. Formability Topics—Metallic Materials，ASTM STP，1978：647）提出了一个利用镦粗压缩实验评估成形性的简单方法。在镦粗过程中，鼓形的产生导致环向拉伸应力，环向拉伸应力导致裂纹的产生。观测到第一条裂纹时的环向拉伸应变 ε_{1f} 与压缩应变 ε_{2f} 的关系曲线如图 4-19 所示，ε_{1f} 与 ε_{2f} 的比随润滑和试样的高度/直径比值的变化而变化。图中额外的点是由宽试样的弯曲实验获得的。图中的直线表明：

$$\varepsilon_{1f}=C-(1/2)\varepsilon_{2f} \tag{4-3}$$

式中，C 是平面应变时的 ε_{1f} 值。该直线平行于均匀压缩时的 $\varepsilon_{1f}=C-(1/2)\varepsilon_{2f}$。

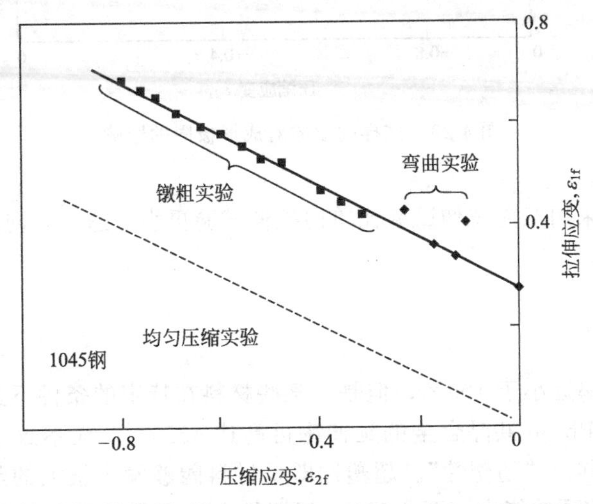

图 4-19　1045 钢在镦粗过程中，由断裂时的应变定义的成形极限

试样的取向对成形极限也有影响，断裂应变随取向而变，如图 4-20 所示。由于热加工时的流变应力较低，热加工中的成形性通常比冷加工中的要好。然而有时候在热加工过程中，在很小的应变时就出现断裂，这是由于热加工过程中产生了液相。例如，铝合金的热加工温度非常接近共晶温度，有时液相是非金属。钢中没有锰时，硫即和铁反应形成铁的硫化物，硫化铁的熔点低并在晶界融化；钢中添加锰后，硫优先和锰结合形成 MnS，在热加工时 MnS 为固体。

4.3.2　板料的可成形性

板料成形时，例如深拉，拉伸变形是主要的，并且在变形区的金属，常有一个或两个表面是自由表面。板料成形时横截面积基本不变，几何形状的变化是主要的。而块状金属成形时，压缩变形是主要的，变形区内金属的自由表面是很少的。块状金属成形时，不但几何形状变化，而且横截面积的变化也是很明显的。因此，板料金属成形时的应力和应变分布具有一定的特殊性。

板料成形的两种极端的情形：一是平面应变状态，在板平面的主应变中，一个是拉伸变形，一个是压缩变形，厚度的变形很小可忽略不计，近乎于平面应变条件；二是平面应力状态，板平面上的两个主应力为拉伸应力，厚度上的应力近乎为零，接近于平面拉伸应力状态。大多数的真实成形过程是介于这两种极端情形之间。

板料的成形极限由拉伸失稳而不是由破裂决定的。板料的成形过程中，其应力状态接近

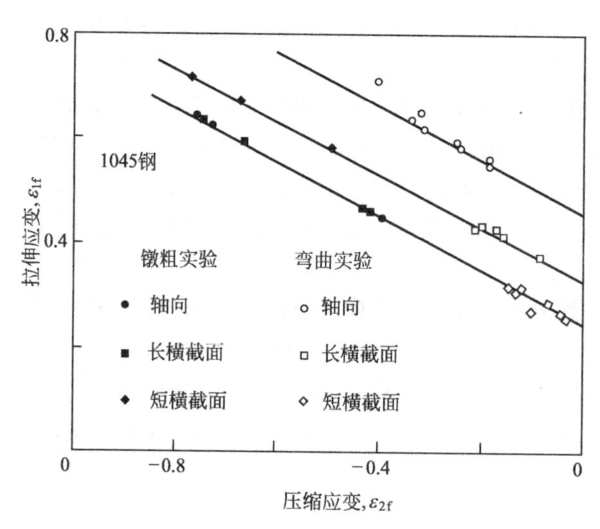

图 4-20　试样的取向对成形极限的影响

于平面拉伸应力状态。

板料的成形性能采用双向拉伸试验比单向拉伸试验更为合适。双向拉应力状态，通常用静液胀形试验来完成。

4.4 超塑性

一般材料的延伸率远小于100%，但是，某些材料在特定的条件下进行热加工能获得特别高的延伸率，如某 Pb-Sn 共晶合金的延伸率可高达4850%，而不致过早地产生缩颈和断裂，通常把这种现象称为“超塑性”。超塑性即是材料能够发生很大的延伸变形（延伸率大于100%）而不出现缩颈的能力（图 4-21），超塑性主要和晶界滑移的变形机制相关（图 4-22）。具有这种性质的合金称为“超塑合金”。此现象早在20世纪30年代就已经被发现，但直到近二十年来才引起人们的高度重视和广泛研究。人们发现许多金属材料（甚至包括金属间化合物如 Ni_3Al）均有超塑性，其中 Zn-22%Al 合金的超塑成形已在工业上得到应用，这种合金可以采用精密模锻、甚至类似于塑料和玻璃的热加工工艺，使之成为形状复杂的零件。超塑成形对于强度高而塑性差的合金（如 hcp 结构的钛合金）尤有重要意义。

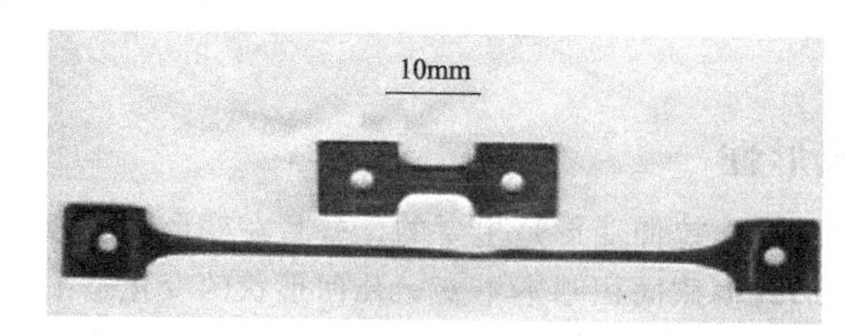

图 4-21　某铝合金的超塑性变形

4.4.1 超塑性变形的宏观特征

金属材料在超塑性状态下的宏观变形特征，可用大变形、小应力、无缩颈、易成形等来描述。

（1）大变形　超塑性材料在单向拉伸时伸长率极高，目前已有达8000%以上的报道。超塑性材料塑性变形的稳定性、均匀性要比普通材料好得多，这就使材料成形性能大为改

善，可以使许多形状复杂，难以成形构件的一次变形成为可能。

(2) 小应力 材料在超塑性变形过程中的流变应力很小，它往往具有黏性或半黏性流动的特点，在最佳超塑变形条件下，超塑流变应力σ通常是常规变形的几分之一乃至几十分之一。例如，Zn-22%Al合金在超塑变形时的流动应力不超过2MPa，钛合金板料超塑成形时，其流动应力也只有几十兆帕甚至几兆帕。

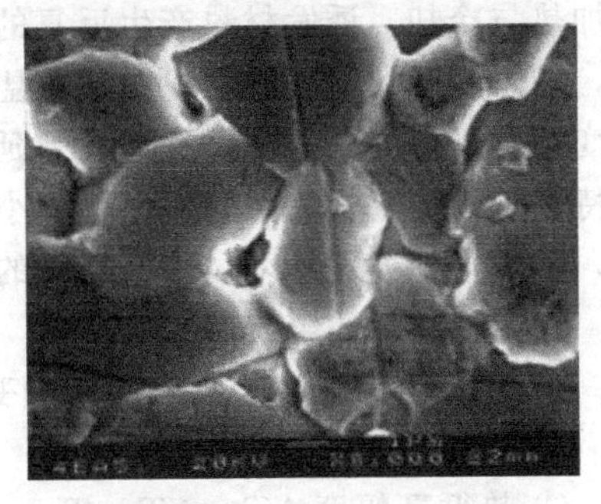

图4-22 某Pb-Sn合金超塑性变形过程中晶粒的运动

(3) 无缩颈 一般具有一定塑性变形能力的材料在拉伸变形过程中，当出现早期缩颈后，由于应力集中效应使缩颈继续发展，导致提前断裂。超塑性材料的塑性流变类似于黏性流动，没有（或很小）应变硬化效应，但对变形速度敏感，有所谓“应变速率硬化效应”，即变形速度增加时，材料的流变应力增大（强化）。

因此，超塑材料变形时虽然也会有缩颈形成，但由于缩颈部位变形速度增加而发生强化，从而使变形在其余未强化部分继续进行，这样能获得巨大的宏观均匀变形而不发生断裂。超塑性的无缩颈是指宏观的变形结果，最终断裂时断口部位的截面尺寸与均匀变形部位相差很小。例如Zn-22%Al合金超塑拉伸试验时最终断口部位可细如发丝；即断面收缩率几乎达到100%。

(4) 易成形 超塑材料在变形过程中呈现极好的稳定流动性，流变应力很小且没有明显的加工硬化现象，压力加工时的流动性和填充性很好，可进行诸如体积成形，气胀成形，无模拉拔等多种形式的塑性成形加工。

4.4.2 超塑性分类

超塑性的产生首先取决于材料的内在条件，如化学成分、晶体结构、显微组织（包括晶粒大小、形状及分布等）及是否具有固态相变（包括同素异晶转变、有序-无序转变及固溶-脱溶变化等）能力。在上述内在条件满足一定要求的情况下，在适当的外在条件（通常指变形条件）下将会产生超塑性。由于产生超塑性的冶金因素不同，可把超塑性归纳为以下几类。

(1) 微晶超塑性（或称组织超塑性） 即指具有微细晶粒组织的金属在特定变形条件下产生的超塑性。产生这种超塑性的基本条件是：

① 材料具有微细的等轴晶粒组织，晶粒尺寸范围在0.5～5μm之间。一般晶粒越细越有利于超塑性的发展，但对于有些材料来说（例如钛合金），晶粒尺寸达几十微米仍有好的超塑性，同时，要求在变形温度范围内组织稳定，不发生明显的晶粒长大；

② 加工温度要高于$0.5T_m$（K）；

③ 变形速度要小，约为10^{-1}～$10^{-4}s^{-1}$。

目前已发现许多共晶型、共析型的复相合金具有超塑性，因为这些合金经过适当处理后可获得细小而均匀分布的第二相，能阻止晶粒长大，有利于保持细晶粒组织而获得超塑性。在单相固溶体合金中，甚至在工业纯金属（如镁、锌、镍等）中也发现了超塑性现象。但它们的晶粒比较容易长大，要求更严格地控制变形温度和变形速度。

(2) 相变超塑性 这类超塑性不要求材料有超细晶粒，但要求材料应具有固态相变（如钛、锆、钢铁以及具有相变的粉末冶金制品等），这样在外载荷作用下，在相变温度上下循环加热与冷却，诱发材料产生反复的组织结构变化而获得大的伸长率。以碳钢和低合金钢为例，加以一定负荷的同时，在A1温度附近施以反复加热和冷却，每次循环发生 α—γ 两次转变，可以得到二次跳跃式的均匀延伸，这样多次循环就可得到累积的大延伸率。这种变形的特点是：初期每一次变形量比较小，以后（例如几十次变形以后）变形逐步加大，到断裂时，可积累为大延伸率。许多钢种的延伸率都可以达到500%以上。

相变超塑性的影响因素有：

① 材质（材料必须具有固态相变）；

② 作用应力 σ；

③ 热循环幅度 ΔT，$\Delta T=T_{max}-T_{min}$（即最高和最低加热温度差）；

④ 热循环速度 $\Delta T/t$（即加热-冷却的速度）；

⑤ 循环次数 N 等，由于相变超塑性是在相变温度上下进行反复的升温与降温而产生的，因此，ΔT、$\Delta T/t$ 和 N 是影响相变超塑性的最重要因素。

相变超塑性在生产条件下难以应用，所以目前研究最多的是微晶超塑性。本节只讨论微晶超塑性的基本问题。

(3) 其他超塑性　某些不具有固态相变但晶体结构各向异性明显的材料，经过反复加热、冷却循环也能获得大的伸长率。而某些材料在特定条件下快速变形时，也能显示超塑性。例如标距25mm的热轧低碳钢棒快速加热到 $\alpha+\gamma$ 两相区，保温5～10s并快速拉伸，其伸长率可达到100%～300%。这种在短暂时间内产生的超塑性称为短暂超塑性或临时超塑性。短暂超塑性是在再结晶及组织转变时的极不稳定的显微组织状态下生成等轴超细晶粒，并在晶粒长大之前的短暂时间快速施加外力才能显示出超塑性。从本质上来说，短暂超塑性是微细晶粒超塑性的一种，控制微细的等轴晶粒出现的时机是实现短暂超塑性的关键。

某些材料在相变过程中伴随着相变可以产生较大的塑性，这种现象称为相变诱发超塑性。如Fe-28.7%Ni-0.26%C合金在－11℃进行拉伸，使准稳定奥氏体向马氏体转变，伸长率高达110%。利用相变诱发超塑性，可使材料在成形期间具有足够高的塑性，成形后又具有高的强度和硬度，因此，相变诱发超塑性对高强度材料具有重要的意义。

纳米金属铜在室温下的“奇异”性能——具有超塑性而没有加工硬化效应，延伸率高达5100%，见图4-23。

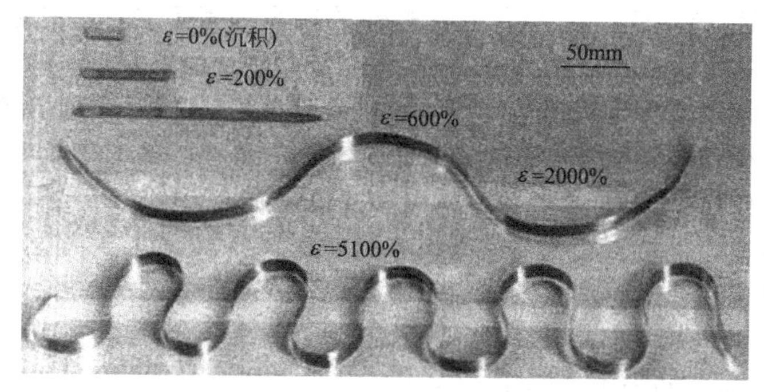

图4-23　室温下不同变形量的轧制态纳米铜样品

(K Lu, et al. Superplastic Extensibility of Nanocrystalline Copper at Room Temperature. Science, 2000, 287, n25: 1463-1465)

高应变速率超塑性指的是材料在高的应变速率条件下变形时呈现出的超塑性现象。日本标准协会提出在应变速率大于 $10^{-2}s^{-1}$ 时获得的超塑性称为高应变速率超塑性，有研究表明，甚至在大于 $10^{0}s^{-1}$ 的应变速率下也可以获得超塑性。高应变速率超塑性与金属在高应

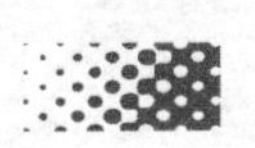

变速率条件下变形时产生的动态再结晶有关，高应变速率超塑性对金属的高速率加工成形具有重要意义。

电致超塑性（electro-plastic effect）是材料在电场或电流作用下所表现出的超塑性现象。当高密度电流通过正在塑性变形的金属时，因电流而产生的大量定向漂移电子会对金属中的位错施加一个额外的力，帮助位错越过它前进中的障碍，从而降低流变应力，提高变形能力使金属产生超塑性。例如 7475 铝合金在沿拉伸方向施加电流，在 480℃时获得 710%的拉伸伸长率，比常规超塑性变形温度降低 50℃，其 m 值也比无电流作用时明显提高。研究表明，电致超塑性的根本原因是电流或电场对物质迁移的影响，包括空位、位错、间隙原子等。

4.4.3 超塑性的力学特征

4.4.3.1 流变应力 σ

超塑性材料的流变应力对应变速率、温度和晶粒大小极为敏感。图 4-24（a）所示为 Mg-Al 共晶合金在 350℃变形的流变应力与应变速率的关系，在Ⅱ区域，其流变应力 σ 随应变速率 $\dot{\varepsilon}$ 的增加而快速增加。σ 与 $\dot{\varepsilon}$ 的关系可用下式描述：

$$\sigma = K\dot{\varepsilon}^{m} \tag{4-4}$$

式中，K 为常数，由变形温度、试样的显微组织和缺陷决定；m 为材料的应变速率敏感指数，由式（4-4），m 可定义为：$m=\frac{\mathrm{d}\ln\sigma}{\mathrm{d}\ln\dot{\varepsilon}}$，即 $\ln\sigma-\ln\dot{\varepsilon}$ 曲线［图 4-24（a）］上每一点的斜率。m 与应变速率 $\dot{\varepsilon}$ 的关系如图 4-24（b）所示，m 的最大值 0.6，出现在应变速率为 $10^{-2}\mathrm{min}^{-1}$。

图 4-24 中的曲线可以划分为三个区域。Ⅰ区和Ⅲ区的 $m \leqslant 0.3$。Ⅰ区对应于蠕变类型的极低的应变速率，Ⅲ区对应于一般压力加工的高应变速率。Ⅱ区的 $m>0.3$，它对应于超塑性状态，因此人们对这个区域内的应变速率很感兴趣。

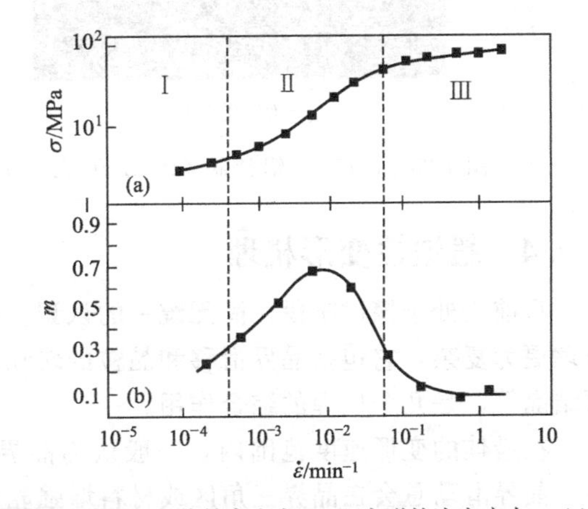

图 4-24 Mg-Al 共晶合金在 350℃变形的流变应力 σ（a）和参数 m（b）与应变速率的关系（晶粒尺寸 10.6μm）

超塑性材料的变形性能还对温度十分敏感。在一定温度范围内随变形温度升高将发生以下的变化：

① 变形温度升高，流变应力下降，在低应变速率时下降更明显。

② 变形温度升高，m 的最大值增加，并向高应变速率方向移动，而且发生超塑性的高 m 值的Ⅱ区也向高应变速率方向移动。

晶粒尺寸对 m 值的影响与变形温度相似。晶粒减小，流变应力下降，m 的最大值增加，并向高应变速率方向移动。具有良好超塑性的材料其晶粒尺寸 d 一般小于 10μm，小于 5μm 最好。

4.4.3.2 应变速率敏感性指数 m

m 是超塑性的一个重要参数，m 表征金属抵抗颈缩的能力，m 增大则抵抗颈缩的能力增强。m 值愈大（即愈接近于1），材料在拉伸时愈不容易出现缩颈，愈难断裂，所以延伸率愈高。因为当某一部位一旦出现缩颈，应变速率就会局部地增加，如果材料的 m 值大，则该部位的流变应力就会急剧升高，使该部位暂时停止变形，并使变形传到其他部位，这样就可以使材料比较均匀地变形，推迟缩颈和断裂的产生，从而获得特别高的延伸率。大量实验证实，很多材料的延伸率都是随 m 值的增大而增加的。

4.4.3.3 显微组织的变化特征

材料经超塑性变形后，其组织具有下列一些特征：

① 变形后的晶粒虽有一些长大，但仍为等轴晶粒，并未变形拉长；

② 在特别制备的试样中（如将试样表面抛光，然后在此表面划上细线）能观察到明显的晶界滑动和晶粒转动的痕迹；

③ 事先经过抛光的表面在超塑性变形后不出现滑移线；

④ 超塑性的试样制成薄膜在透射电镜下观察，看不到晶粒内的亚结构，也很少看到位错组织；

⑤ 超塑性变形后的试样内存在孔洞，孔洞是由于临近晶粒变形的不协调而产生的。这些孔洞可以通过施加静水压力而减小或者消除，如图 4-25 所示。

这些显微组织特征都说明，超塑变形机制和一般的塑性变形机制不同，由①、②可见是晶界滑动，而不是晶粒被拉长；由③、④可见是原子的扩散迁移，而不是晶内位错的运动。

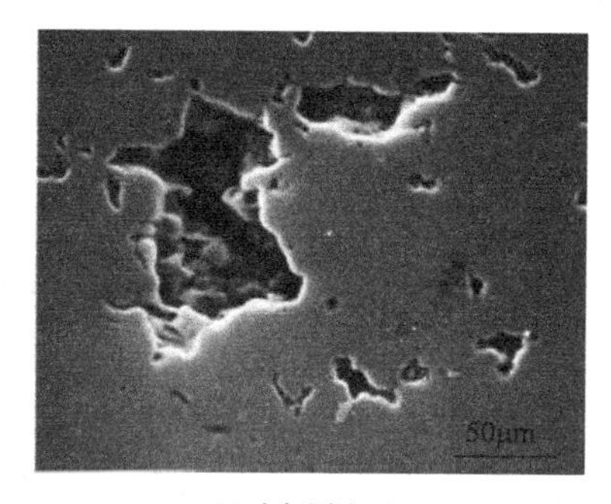

(a) 大气压力下

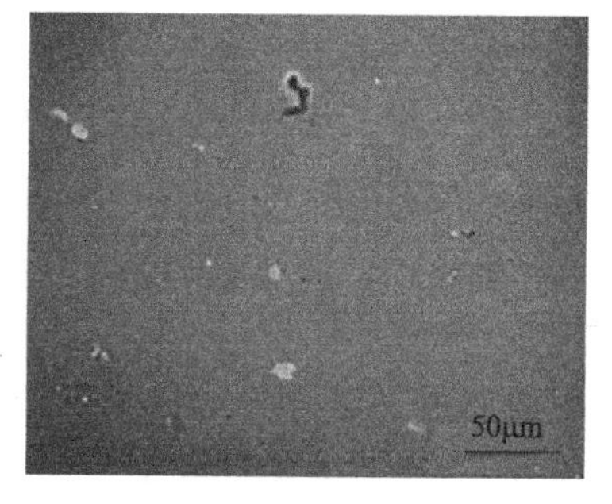

(b) 通过气体介质施加静水压力p=4MPa

图 4-25　7475-T6 铝合金（$\varepsilon=3.5$）在 475℃和 $5\times10^{-4}s^{-1}$ 时超塑变形后产生的孔洞

4.4.4 超塑性变形机理

目前仍处于探讨阶段，尚无统一的认识。一般地认为，超塑性变形机理比常规塑性变形机理更为复杂，它包括晶界滑移和晶粒的转动、扩散蠕变、位错的运动、在特殊情况下还有再结晶等，是几个机理的综合作用。

在最佳的变形速度范围内，一般认为晶界滑动是超塑成形的主要机制。超塑变形过程中，晶界滑动总会在晶界三角区或材料增强相与基体的相界处产生应力集中，使滑动受阻，如果材料的变形继续进行，就需要一个协调过程。一般认为晶界滑动的协调机制是位错滑移和扩散流动［图 4-26（a）］。晶粒越细，其表面积越大，有利于晶界滑动；晶粒越细小、等轴性越好，产生的空洞尺寸也就越小，晶粒的转动和滑动就越容易，从而合金的超塑性就越好。

在应变速率较低的区域，扩散蠕变机制的作用增大。超塑性流动可看作应力场中原子作定向位移的结果，这种变形称作扩散蠕变［图 4-26（b）］（参见 1.1.4.2 蠕变机制中的 Nabarro-Herring 蠕变机制）。

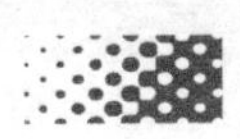

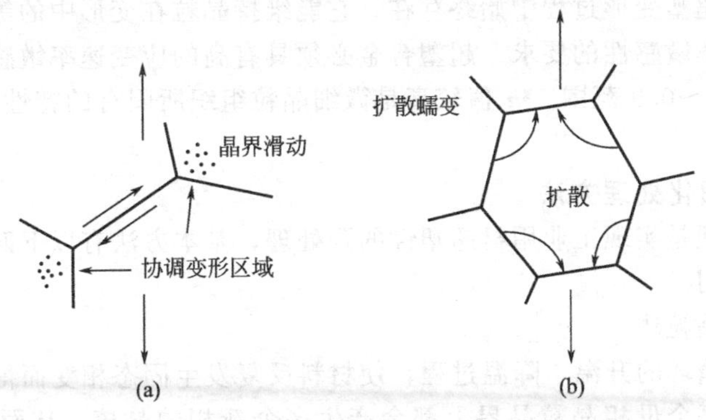

图 4-26 两种可能的超塑性变形机理的示意图

此外还有比较著名的有 A-V 超塑变形机理，它是由 Ashby 和 Verrall 提出的晶界滑动和扩散蠕变联合机理，简称 A-V 机理。该理论认为，在晶界滑动的同时伴随有扩散蠕变，对晶界滑移起调节作用的不是晶内位错的运动，而是原子的扩散迁移。

4.4.5 实现超塑性的条件

4.4.5.1 概述

原则上所有材料在一定条件下都具有超塑性，只是有些材料的超塑性条件不易实现，超塑性指标较低而没有工业应用价值，有些材料则相反，这些材料通常被称为超塑性材料。超塑性的产生首先取决于材料的内在条件，如化学成分、晶体结构、显微组织（包括晶粒尺寸、形状及分布等）及是否具有固态相变（包括同素异晶转变、有序-无序转变及固溶-脱溶转变等）能力；外在条件包括变形温度、加热方式（恒温或温度循环）及应变速率等。材料的超塑性通常指的是微细晶粒超塑性（恒温超塑性或组织超塑性），它要求材料具有微细而稳定的等轴晶粒组织，即所谓晶粒的微细化、等轴化及稳定化。超塑性变形温度通常在 $0.5\sim1T_m$（K）的范围内，应变速率一般为 $10^{-2}\sim10^{-4}/s$。

实现组织超塑性的组织条件，概括起来有以下几个方面：

(1) 组织超细化　晶粒尺寸应小于 10μm，一般为 0.5～5μm。但也有例外，如 β 钛合金（500μm）、金属间化合物 Fe_3Al（100μm）等，这些合金粗大晶粒时也会出现超塑性。

(2) 晶粒等轴化　等轴晶粒有利于晶界在切应力作用下产生晶界滑动。在变形过程中被拉长的晶粒只有通过再结晶变为等轴晶粒时，才能在变形中发生大量的晶界滑动。

(3) 晶粒稳定性　在超塑合金中应有第二相存在，因为第二相能在合金的变形过程中有效地控制基体晶粒的长大。准单相合金因为在晶界存在极少量的第二相粒子或夹杂物、杂质等，对晶界有钉扎作用，因而较单相合金有更好的晶粒稳定性。

(4) 对组织中第二相的要求　超塑合金中的第二相强度和硬度应与基体相处于相同的量级上。如果第二相强度和硬度高于基体相，那么在变形应力的作用下在两相界面上易产生孔洞，导致过早断裂。两相强度差越大，超塑性效应越差。若第二相强度和硬度高于基体相时，应使第二相在基体中以更微细化的尺寸呈弥散状的均匀分布；虽然这种粒子也会在基体相的界面上产生显微孔洞，但在连续的变形中，这种孔洞会被粒子周围的各种回复机制所抑制，不至于酿成较大孔洞。

(5) 对基体晶粒晶界的要求　超塑合金的基体相晶界应具有大角晶界性质。因为大角晶界在切应力作用下很容易发生晶界滑动，而小角晶界不易发生滑动。晶界还应具有易迁移性质，当晶界滑动在三角晶界或晶界上的各种障碍处产生应力集中时，晶界迁移能使应力集中松弛。晶界迁移在超塑变形过程中始终存在，它能维持晶粒在变形中的等轴性。

（6）对应变速率敏感性的要求　超塑合金必须具有高的应变速率敏感性，应变速率敏感性指数（m）在0.3～0.9范围。m值较高是微细晶粒组织所固有的特性，所以m值能间接反映对组织的要求。

4.4.5.2 组织超细化处理方法

组织超细化处理是实现工业用材超塑性的预处理，基本方法有以下四种，这些方法可以单独或相互结合使用。

（1）相变细化晶粒法

该工艺是通过循环的升温、降温过程，使材料反复发生固态相变而得到微细化晶粒。在每次相变过程中，每个母相晶粒晶界上都会产生多个新相的晶核，从而使晶粒不断得到细化，细化程度可以达到亚微米的晶粒尺寸，但当晶粒达到亚微米尺寸时，再增加循环的次数，细化效果就不明显了。这种细化工艺是钢超塑预处理常用的方法。例如工业用CrWMn钢超细化处理的工艺，即是利用盐浴炉快速加热循环淬火，可使晶粒尺寸细化到2μm以下，淬火加热温度、循环淬火次数对该钢奥氏体晶粒尺寸有重要的影响。利用循环相变实现晶粒超细化的方法工艺简便，原则上适用于一切具有同素异构转变的材料，很容易在生产中推广。不同材料的最佳的循环相变温度和循环次数可通过试验确定。

（2）双相合金变形细化晶粒法

对许多双相合金如Pb-Sn共晶合金、Al-Cu共晶合金、Zn-Al共晶合金，α/β双相黄铜、Al-Ni合金等，可以在超塑性变形温度范围内进行较大变形量的变形，如轧制或挤压，然后再进行退火处理使晶粒再结晶细化，或在热变形过程中利用动态再结晶细化晶粒。此方法的关键是变形量较大的不均匀变形会使变形组织发生再结晶，并经过充分扩散而变为微细的等轴晶粒。如果变形量不足，则再结晶也不可能形成超塑性要求的微细等轴晶粒组织。例如，对供货状态（退火态）2Al2（LY12）铝合金可不经过任何热处理直接在450℃挤压，在大变形量的热挤压过程中发生了动态再结晶，使组织得到超细化；挤压后在480～485℃、应变速率为8.9×10^{-4}/s条件下，超塑性伸长率达600%以上，m值为0.35～0.42。

变形细化晶粒采用冷变形时要达到足够的变形量，而且要进行交叉轧制；以防止变形织构的生成和第二相分布的方向性。轧后的合金要在$0.5\sim0.8T_m$（K）的温度下进行再结晶退火。如Al-Cu-Zr合金（Supral100）和Al-9Zn-Mg合金利用这种方法细化后晶粒尺寸都在10μm左右。Supral100合金经过处理得到10μm的晶粒尺寸，它在450℃以应变速率为10^{-3}/s拉伸，得到可观的伸长率，如果再细化，使晶粒尺寸减小到1μm左右，则超塑性应变速率可提高约100倍，达到10^{-1}/s。

热变形和温形变退火处理细化晶粒的方法能使晶内产生超细的晶胞，但超细的晶胞会为晶粒长大提供驱动力，从而导致在超塑性变形中的晶粒长大。在超塑性变形之前进行一定变形量的室温预变形可以起到稳定晶粒尺寸的作用，这是由于在预变形中，部分晶胞边界因迁移或合并而消失，导致了晶粒长大驱动力的减小。

热变形和温变形之后，再进行动态相变也可以获得微细晶粒组织。如在高温相存在的温度区间进行大变形量的变形，变形合金中大量的晶界或亚晶界可以成为相变中新相的形核部位而使晶粒细化；相变后的迅速冷却能制止晶粒的长大，这样便得到稳定的微细晶粒组织。

还有一种有效的晶粒细化方法是利用第二相的两种不同尺寸的粒子，分别钉扎晶界和亚晶界，以稳定微细晶粒和亚晶组织，如对于超高碳钢首先在A_{c_1}温度以上进行大变形量的变形，以产生1μm左右的均匀分布的粒状先共析碳化物；然后在A_{c_1}以下温度进行变形，使珠光体球化，其结果碳化物变成超细粒子，其尺寸在0.2μm左右。

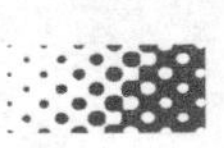

(3) 快速结晶细化晶粒法

利用快速凝固技术可以制备微细晶粒合金。例如熔淬液化法是将熔融金属液流在喷射流体（如压缩气体、蒸汽或水等）的直接冲击下粉碎成液滴，液滴在自由飞行的过程中快速凝固成极细颗粒的粉末。还有一种方法是通过高速旋转的圆盘、坩埚或电极等使熔液流粉碎成液滴，然后在飞行过程中急冷成粉末，用这种方法制备的粉末用包套热挤压或者热等静压等方法热压成实体的材料具有微细的晶粒组织，在实际应用中某些超合金和白口铸铁等都可以利用此方法获得微细晶粒组织。

(4) 双相合金的相分解细化晶粒法

该方法是通过退火处理使非平衡组织发生相分解，从而得到微细晶粒的两个平衡相。非平衡组织通常是马氏体或淬火过饱和固溶体。马氏体中的亚结构可以为平衡相的形成提供很多的形核点。对淬火固溶体在发生相分解之前进行适当的温变形，可提高相分解过程中的晶粒细化程度。在双相（$\alpha+\beta$）钛合金中，马氏体是由β相淬火得到的，马氏体在（$\alpha+\beta$）相区进行退火时发生分解并形成（$\alpha+\beta$）平衡组织。退火条件决定晶粒细化程度，控制着平衡相的形核和长大速率。

Zn-22Al合金的超细化预处理也是很典型的利用相分解细化晶粒。该合金在275℃以上是α'单相固溶体，α'相是不稳定的，过冷到275～100℃会得到层片状（$\alpha+\beta$）双相组织，这种组织不具有超塑性；当过冷到≤50℃时，转变后的组织为粒状（$\alpha+\beta$）双相组织，两个相的晶粒尺寸大约在5μm以下，这种组织会呈现很高的超塑性。

4.4.6 超塑变形的应用

很多金属材料在一定条件下都可显示超塑性，迄今为止，超塑成形已经在许多方面得到了应用，如超塑性板材气胀成形、等温锻造、超塑挤压及差温拉伸等。超塑成形技术的应用范围已经发展到锌铝合金、铝合金、钛合金、铜合金、镁合金、镍基合金、黑色金属材料，现又扩展到陶瓷材料、复合材料、金属间化合物等。超塑成形作为一种新的材料成形技术，具有成形压力小，模具寿命高，可一次精密成形等优点。成形件质量好，不存在由于硬化引起的回弹导致的零件成形后的变形问题，故零件尺寸稳定，对钛合金等零件更能显示其优点。超塑性主要应用于金属成形尤其是形状复杂构件的成形，利用材料的超塑性可以加工普通方法难以加工的零件（图4-27），在航空航天、建筑、交通、电子等方面的应用获得越来越广泛的应用，尤其在航空航天领域已成为不可或缺的加工手段。

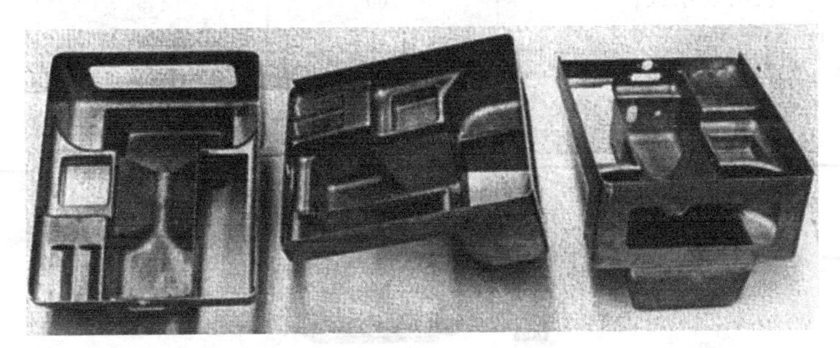

图4-27 Zn-22%Al合金超塑性成形的复杂零件（壁由超塑性变形成形）

（W F Hosford，R M Caddell. Metal Forming：Mechanics and Metallurgy. Second ed. Prentice-Hall，1983）

超塑性成形技术和扩散连接（DB）技术的结合，可生产一些复杂的SPF（superplastic forming）/DB（diffusion bonding）结构。SPF/DB构件的生产即是将几个具有特殊形状的板材扩散连接，然后通过超塑性膨胀成一个加筋结构（图4-28）。

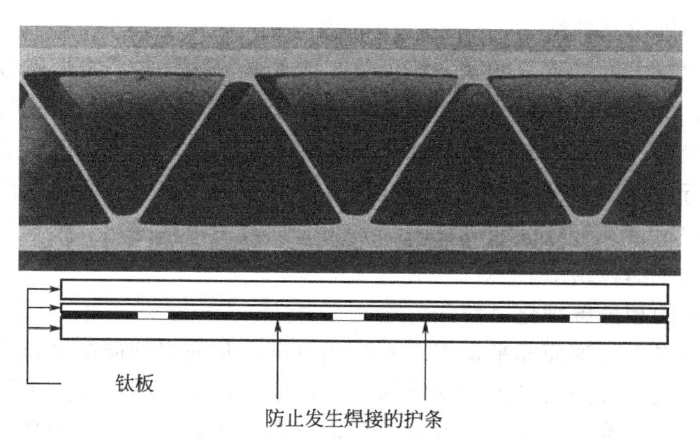

图 4-28 由扩散连接和超塑性制备的航空器用钛合金嵌板

三块钛板在几个位置由扩散连接，然后通过高压氩气使得中间钛板的未连接部分超塑性延伸

(W F Hosford, R M Caddell. Metal Forming: Mechanics and Metallurgy. Second ed. Prentice-Hall, 1983)

目前已在多种合金中实现了超塑性，表 4-1 给出一些实例。

表 4-1 一些超塑性合金材料

材料		超塑性变形温度/℃	延伸率 δ/%	m
锌基	Zn-22Al	250	1500～2000	0.7
锡基	Sn-38Pb	20	700	0.6
铝基	Al-33Cu-7Mg	420～480	>600	0.72
	Al-25.2Cu-5.2Si	500	1310	0.43
	Al-11.7Si	450～550	480	0.28
	Al-6Cu0.5Zn	420～450	～2000	0.5
	Al-6Mg-0.6Zr	400～520	890	0.6
铜基	Cu-9.8Al	700	700	0.7
	Cu-19.5Al-4Fe	800	800	0.5
钛基	Ti-6Al-4V	800～1000	1000	0.85
	Ti-5Al-2.5Sn	900～1100	450	0.72
镍基	Ni-39Cr-10Fe-2Ti	810～980	1000	0.5
镁基	Mg-6Zn-0.5Zr	270～310	1000	0.6
铁基	Fe-0.91C	716	133	0.42
	Fe-1.2C-1.6Cr	700	445	0.35
	Fe-0.18C-1.54Mn-0.11V	900	320	0.55
	Fe-0.16C-1.54Mn-1.98P-0.13V	900	367	0.55
	Fe-4Ni	900	820	0.58
	Fe-4Ni-3Mo-1.6Ti	960	615	0.67

思考题

1. 简述塑性的定义，评述塑性的“属性说”与“状态说”。
2. 塑性、柔软性、韧性三者有何异同？
3. 简述塑性指标的定义，塑性指标常见的有哪些？各自如何测试？各有何特点？
4. 影响塑性的因素有哪些？其影响的基本规律？在工业生产中可采取哪些措施提高金属

塑性？

5. 在塑性加工生产中，为什么一定要把变形温度和变形速度联系起来考虑？

6. 为什么“多道次小变形量”可以提高塑性？

7. 金属的挤压、圆柱体在两平板间压缩、板材的轧制等，其基本的应力状态图皆为三向压应力状态图，因此对塑性发挥的影响程度完全一样。该说法对吗？为什么？

8. 块状金属的加工极限是什么？板料的成形极限是什么？

9. 简述超塑性的定义和分类，两类超塑性产生的条件是什么？

10. 简述应变速率敏感性指数 m 的物理意义。

11. 材料经超塑性变形后组织特征有哪些？

12. 超塑变形的机制有哪些？

第5章

金属塑性加工过程中的摩擦与润滑

摩擦现象是自然界中普遍存在的物理现象。当在正压力作用下相互接触的两个物体受切向力的影响而发生相对运动或相对运动的趋势时，在接触表面上会产生抵抗运动的阻力，这种自然现象叫做摩擦。塑性加工中的摩擦，是指工模具与变形金属相互接触的情况下，金属沿工模具表面滑动，工模具必然产生阻止金属流动的摩擦力，即金属与工模具的界面间的切向阻力，如轧制过程中轧件与轧辊间的摩擦，锻造过程中锻件与锻模间的摩擦。润滑就是在相对运动物体表面加入第三种物质（润滑剂），改善摩擦状态以降低摩擦阻力、减少磨损的技术措施。润滑是减小摩擦、减少磨损的最常用、最有效方法。摩擦与润滑是金属材料在塑性加工过程中必然会遇到的重要实际问题。

摩擦学作为一门独立的学科始于20世纪60年代。1964年英国以乔斯特为首的一个小组，调查了摩擦与润滑方面的科研与教育状况及工业在这方面的需求，调查报告提到，通过充分运用摩擦学的原理与知识，就可以使英国工业每年节约5100万英镑，相当于英国国民生产总值的1%。这项报告引起了英国政府和工业部门的重视，同年英国开始将研究摩擦、磨损、润滑及有关的科学技术归并为一门新学科——摩擦学。机械产品的易损零件大部分是由于摩擦磨损超过限度而报废。对于机器来讲，摩擦会使效率降低，温度升高，表面磨损。过大的磨损会使机器丧失应有的精度，进而产生振动和噪声，缩短使用寿命。世界上使用的能源大约有1/3以上乃至达到1/2消耗于摩擦。如果能够尽力减少无用的摩擦消耗，便可大量节省能源。因此，摩擦学的研究进展具有重要的意义，与之相关的就是耐磨材料的发展。到目前，可以说摩擦学的研究已经发展成为理论体系比较完善的一门学科。

由于篇幅的原因，本章主要阐述教学大纲中要求的在金属塑性加工过程中所涉及的摩擦与润滑的基本概念、规律和方法。

5.1 塑性加工中摩擦的特点及作用

5.1.1 塑性加工中摩擦的特点

塑性加工中的摩擦，相对在机械传动过程中存在的摩擦有很大的区别，具有下列特点：

① 在较高温度下产生的摩擦。塑性加工时界面温度条件比较恶劣。在金属塑性加工过程中，一部分塑性变形功转化为热量，使金属和工模具升温。对于热加工，对于不同金属，温度在数百摄氏度到一千多摄氏度之间；对于冷加工，由于变形热效应、表面摩擦热，也可以达到颇高的温度。高温下的金属材料，除了内部组织和性能变化外，金属表面发生氧化，给润滑带来很大影响。例如，不锈钢板料在拉伸过程中局部温度可以达400℃以上。高温使得润滑剂变稀，改变了摩擦条件，给润滑带来很大的困难。

 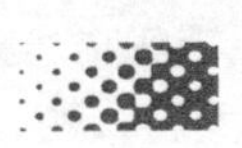

② 在高压下产生的摩擦。金属塑性成形时，接触表面上的单位压力很大，通常热加工时为100～150MPa，冷加工时可高达500～2500MPa，而在机器轴承中的接触表面上的单位压力通常只有20～50MPa。塑性成形是在如此高的接触压力下进行，使润滑剂难以带入或容易从变形区挤出，并且润滑油膜容易破裂，使润滑比较困难及润滑方法特殊，要求润滑剂与变形金属有非常好的亲和力。

③ 接触表面不断更新。在塑性变形过程中，会不断有新的金属接触表面出现，新的金属表面的物理、化学性能与原先的金属材料表面不同，使工模具与金属之间的接触条件不断改变，接触面上各处的塑性流动情况不同，有的滑动，有的黏着，有的快，有的慢，因而在接触面上各点的摩擦状态也不一样。此外，新的接触面往往也没有润滑剂保护，易于与工模具发生黏着现象，也给润滑带来了困难。

④ 工模具在金属材料塑性成形中的摩擦是一种间断的、非稳定摩擦，工模具接触表面的不同部位的摩擦都不相同。

⑤ 摩擦副的性质相差大。塑性加工中的摩擦副是指相互接触的金属与工模具产生摩擦而组成的一个摩擦体系。一般工模具硬度高且要求在使用时不容易产生塑性变形；而金属要求比工模具柔软得多，希望有较大的塑性变形能力。二者的性质与作用差异如此之大，因而变形时摩擦情况也很特殊。

5.1.2 塑性加工中摩擦的作用

塑性加工中的外摩擦，多数情况下是有害的，应设法减小，但在某些情况下，外摩擦有利于塑性加工过程。

1）外摩擦对金属塑性加工的不利影响

① 改变金属的应力状态，使变形力和能耗增加。一般情况下，摩擦力的加大可使负荷增加30%。

② 引起工件变形与应力分布不均匀，产生残余应力。金属塑性成形时，因摩擦的作用，金属流动受到阻碍，这种阻力在接触面的中部很强而在边缘部分比较弱，这导致金属的不均匀变形，产生残余应力。摩擦引起的这种不均匀变形使金属过多的集中会产生局部变形，当局部变形超过材料的变形能力时会导致金属的断裂，这将使得金属材料的整体变形能力降低。

③ 摩擦还会改变金属的变形方式。例如在对筒形金属料进行扩口与缩口，当摩擦力比较大时，筒形工件将会产生轴向受压失稳而导致加工失败。

④ 恶化金属工件表面质量，加速工模具磨损，降低工模具寿命。塑性成形时接触面间的相对滑动、摩擦热、变形与应力的不均匀、摩擦提高金属的成形力增加能耗，都会加速工模具磨损，降低其使用寿命。此外，摩擦提高金属的变形温度，使金属容易与工模具产生粘连，不仅缩短了工模具寿命，也降低了产品的表面质量与尺寸精度。

2）塑性加工中摩擦有效性的利用

在实际生产中，有时可以有效利用外摩擦的问题，使其有利于塑性加工过程。例如，在开式模锻时利用飞边阻力来保证金属充满模膛；在轧制时采用增大摩擦方法改变咬入条件，强化轧制过程；在冲压生产中增大冲头与板片间的摩擦，可以强化生产工艺，减少由于起皱和撕裂等造成的废品。挤压时，由于摩擦力而产生了死区，从而提高了金属的表面质量。还可以通过设计，摩擦力变成金属流动的动力，如Conform连续挤压。

近年来，在深入研究接触摩擦规律，寻找有效润滑剂和润滑方法来减少摩擦有害影响的同时，积极开展了有效利用摩擦的研究。即通过强制改变和控制工模具与变形金属接触滑移运动的特点，使摩擦应力能促进金属的变形发展。

5.2 塑性加工中摩擦的分类及机理

5.2.1 摩擦的常见分类

摩擦的分类方法很多，因研究和观察的依据不同，分类方法也就不同。常见的有下列几种：

① 按摩擦是否发生在同一物体分类，可分为内摩擦和外摩擦。内摩擦是指在物体的内部发生的阻碍分子之间相对运动的现象，属于同一物体内各部分之间发生的摩擦；而外摩擦是指在相对运动的物体表面间发生的相互阻碍作用现象，属于两个物体的接触表面间发生的摩擦。塑性加工中的摩擦通常指的就是外摩擦。

② 按摩擦副的运动形式分类，可分为滑动摩擦和滚动摩擦。滑动摩擦是指两接触表面间存在相对滑动时产生的摩擦；而滚动摩擦是指两物体沿接触表面滚动时产生的摩擦。

③ 按摩擦副的运动状态分类，可分为静摩擦和动摩擦。静摩擦是指两接触表面存在相对运动趋势，但尚未发生相对运动时的摩擦；而动摩擦是指两接触表面间存在相对运动时的摩擦。

④ 按摩擦副的润滑状态分类可分为干摩擦、流体摩擦、边界摩擦和混合摩擦。对塑性加工中的摩擦进行分类通常采用这种方法，随后将分别进行简要的阐述。

5.2.2 按润滑状态分类的摩擦

1）干摩擦

干摩擦是指不存在任何外来介质时金属与工模具的接触表面之间的摩擦，两接触表面间无任何润滑介质存在。但在实际生产中，这种绝对理想的干摩擦是不存在的。因为金属塑性加工过程中，其表面多少存在氧化膜，或吸附一些气体和灰尘等其他介质。通常说的干摩擦指的是不人为添加润滑剂的摩擦状态。

2）流体摩擦

流体摩擦是指当金属与工模具表面之间的润滑层较厚，两摩擦副在相互运动中不直接接触，完全由润滑油膜隔开（见图 5-1），发生在流体内部分子之间的摩擦，又常被称为湿摩擦，与上述的干摩擦相对应。流体摩擦不同于干摩擦，摩擦力的大小与接触面的表面状态无关，而是与流体的黏度、速度梯度等因素有关。塑性加工中接触面上压力和温度较高，使润滑剂常易挤出或被烧掉，所以流体摩擦只发生在有限情况下。

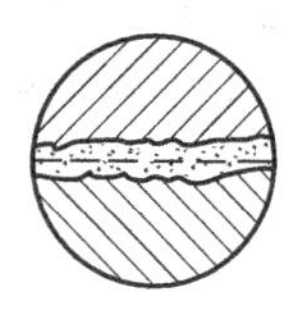
图 5-1 流体摩擦

3）边界摩擦

边界摩擦是指介于干摩擦与流体摩擦之间的摩擦状态，两接触表面上有一层极薄的边界膜（吸附膜或反应膜）存在时的摩擦（见图 5-2）。

4）混合摩擦

混合摩擦是指两接触表面同时存在着流体摩擦、边界摩擦和干摩擦的混合状态时的摩擦。混合摩擦一般是以半干摩擦和半流体摩擦的形式出现。半干摩擦是指两接触表面同时存在着干摩擦和边界摩擦的混合摩擦，而半流体摩擦是指两接触表面同时存在着边界摩擦和流体摩擦的混合摩擦。

在实际生产中，由于摩擦条件比较恶劣，理想的流体润滑状态较难实现。此外，在塑性加工中，无论是工具表面，还是坯料表面，都不可能是“洁净”的表面，总是处于介质包围

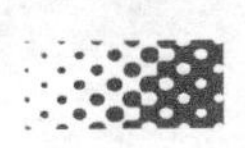

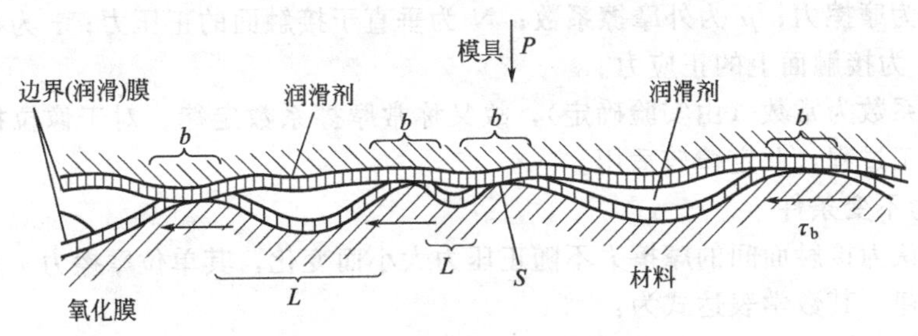

图 5-2 接触面的放大模型图

S—黏着部分；b—边界摩擦部分；L—流体摩擦部分

之中，总是有一层敷膜吸附在表面上，这种敷膜可以是自然污染膜，油性吸附形成的金属膜，物理吸附形成的边界膜，润滑剂形成的化学反应膜等。因此理想的干摩擦不可能存在。实际上常常是上述三种摩擦形式共同存在的混合摩擦。

5.2.3 摩擦的机理

塑性加工时摩擦的性质是复杂的，目前尚未能彻底地揭露有关接触摩擦的规律。关于摩擦机理，即摩擦产生的原因，有机械凸凹学说和分子吸附学说。

1）机械凸凹学说

所有经过机械加工的表面并非绝对平坦光滑，都有不同程度的微观凸起和凹入。当凹凸不平的两个表面相互接触时，一个表面的部分凸峰可能会陷入另一表面的凹坑，产生机械咬合。当这两个相互接触的表面在外力的作用下发生相对运动时，相互咬合的部分会被剪断，此时摩擦力表现为这些凸峰被剪切时的变形阻力。根据这一观点，相互接触的表面越粗糙，相对运动时的摩擦力就越大。降低接触表面的粗糙度，或涂抹润滑剂以填补表面凹坑，都可以起到减少摩擦的作用。

2）分子吸附学说

当两个接触表面非常光滑时，接触摩擦力不但不降低，反而会提高，这一现象无法用机械咬合理论来解释。分子吸附学说认为：摩擦产生原因是由于接触面上分子之间相互吸引的结果。物体表面越光滑，实际接触面积就越大，接触面间距离也就越小，分子吸引力就越强，因此滑动摩擦力也就越大。

近代摩擦理论认为，以上两种作用均有。摩擦力不仅来自接触表面凹凸部分互相咬合产生的阻力，而且还来自真实接触表面上原子、分子相互吸引作用产生的黏合力。对于流体摩擦来说，摩擦力则为润滑剂层之间的流动阻力。

5.2.4 塑性加工时接触表面摩擦力的计算

计算金属塑性加工时的摩擦力，通常分如下两种情况考虑：

1）摩擦系数不变条件

这种情况不考虑接触面上的黏合现象，是处于全滑动状态，认为摩擦符合库仑定律，又称库仑摩擦条件，具有以下特点：

① 摩擦力与作用于摩擦表面的垂直压力成正比，与摩擦表面的大小无关。

② 摩擦力与滑动速度的大小无关。

③ 静摩擦系数大于动摩擦系数。

其数学表达式为：

$$F=\mu N \text{ 或 } \tau=\mu\sigma_N \tag{5-1}$$

式中，F 为摩擦力；μ 为外摩擦系数；N 为垂直于接触面的正压力；τ 为接触面上的摩擦切应力；σ_N 为接触面上的正应力。

由于摩擦系数为常数（由实验确定），故又称常摩擦系数定律。对于像拉拔及其他润滑效果较好的加工过程，此定律较适用。

2）摩擦力不变条件

这种情况认为接触面间的摩擦力不随正压力大小而变化，其单位摩擦力 τ 是常数，故又称常摩擦力定律，其数学表达式为：

$$\tau = mk \tag{5-2}$$

式中，m 为摩擦因子，介于 0～1 之间。

在 m 为 1 时，就是所谓的最大摩擦条件。此时，当接触表面没有相对滑动，完全处于黏合状态时，摩擦切应力 τ 等于变形金属流动时的临界切应力 k，即：

$$\tau = k \tag{5-3}$$

根据塑性条件，在轴对称情况下：

$$k = 0.5\sigma_T \tag{5-4}$$

在平面变形条件下：

$$k = 0.577\sigma_T \tag{5-5}$$

式中，σ_T 为该变形温度或变形速度条件下金属的真实应力，在热变形时，常采用最大摩擦力条件。

对于面压较高的挤压、变形量大的镦粗、模锻以及润滑比较困难的热轧等变形，由于金属的剪切流动主要出现在次表层内，$\tau = \tau_s$，因此摩擦应力与相应条件下变形金属的性能有关。

在实际金属塑性加工过程中，接触面上的摩擦规律，除与接触表面的状态（粗糙度、润滑剂）、材料的性质与变形条件等有关外，还与变形区几何因子密切相关。在某些条件下同一接触面上存在常摩擦系数区与常摩擦力区的混合摩擦状态。这时求解变形力、能有关方程的边界条件是十分重要的。

5.3 摩擦系数的影响因素和测定方法

5.3.1 摩擦系数

接触表面上出现滑动时，任意一点的单位摩擦力 F 与正压力 N 之比就是摩擦系数 μ，即 μ=F/N。这也符合一般力学概念的点的滑动摩擦系数，其值取决于表面粗糙度、滑动速度和润滑剂种类等因素，而和接触面积的大小无关。在塑性加工的摩擦过程中，摩擦系数是指接触面上的平均摩擦系数，是由基本摩擦力之和与正压力之和的比值或平均单位摩擦力与平均压力之比来确定的，即

$$\mu = \sum F / \sum N = F_{均} / N_{均} \tag{5-6}$$

如果在变形区的接触面上存在黏着区时，μ 值就是平均条件摩擦系数，其值取决于黏着区的长度及变形区的几何参数。因为黏着区内的摩擦力值不取决于接触面上的物理条件，而取决于变形金属的内应力。如果在整个接触面上发生滑动时，就存在平均物理摩擦系数。平均条件摩擦系数小于平均物理摩擦系数。摩擦系数可以按工艺过程的阶段和表面相对位移的方向进行分类。例如轧制时，可以分为咬入时的摩擦系数；从开始咬入向稳定轧制过渡阶段

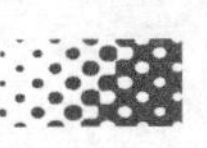

的摩擦系数；稳定轧制阶段的摩擦系数等。由于摩擦有各向异性，必须考虑摩擦系数与滑动方向的关系。如轧制时，要区分纵向摩擦系数和横向摩擦系数。通常在最大滑动方向确定摩擦系数。

常用金属及合金在不同加工条件下的摩擦系数可查有关加工手册（或实际测量）。

5.3.2 摩擦系数的影响因素

除无润滑挤压及其他一些变形条件恶劣、润滑剂难以发挥作用的变形过程外，在通常使用润滑剂的金属塑性加工过程中，接触面上的摩擦可以认为服从常摩擦系数定律，摩擦系数是常数，数值与金属性质、工艺条件、表面状态、单位压力以及采用润滑剂的种类等因素有关，其主要影响因素可归结于如下几方面：

1）金属的种类和化学成分

摩擦系数随着不同金属、不同化学成分而不同。由于金属表面的硬度、强度、吸附性、扩散能力、导热性、氧化速度、氧化膜的性质以及金属间的相互结合力等都与化学成分有关，因此不同种类的金属，摩擦系数不同。例如，用光洁的钢压头在常温下对不同金属进行压缩时测得摩擦系数：软钢为0.17；铝为0.18；黄铜为0.10，电解铜为0.17。即使同种金属，化学成分变化时，摩擦系数也不同。如碳钢热变形时，钢中碳含量增加时，摩擦系数会减小，这一方面可能是金属组织中黏着倾向较低的珠光体相的体积增加的缘故，另一方面可能是硬度提高的缘故。金属中通常随着合金元素的增加，摩擦系数下降。对工具有明显黏着倾向的金属，其摩擦系数值较高，热轧时不锈钢的摩擦系数比碳钢高30%～50%；如使用工艺润滑剂进行冷轧，其差值达10%～20%。因此，作为一般的规律，金属硬度、强度越高，摩擦系数就越小。因而凡是能提高金属硬度、强度的化学成分都可使摩擦系数减小。黏附性较强金属通常具有较大摩擦系数，如铅、铝、锌等，金属中所有能够降低氧化皮熔点或促使其软化的杂质和元素，都能降低热加工时的摩擦系数。

2）工模具材料及其表面状态和金属的表面状态

（1）工模具材料的选择　工模具选用铸铁材料时的摩擦系数，比选用钢时摩擦系数可低15%～20%，而淬火钢的摩擦系数与铸铁的摩擦系数相近。硬质合金轧辊的摩擦系数较合金钢轧辊摩擦系数可降低10%～20%，而金属陶瓷轧辊的摩擦系数比硬质合金辊也同样可降低10%～20%。

（2）工模具的表面状态　工模具表面精度及机加工方法不同，摩擦系数可能在0.05～0.5范围内变化。一般来说，工模具表面光洁度越高，摩擦系数越小。但如果两个接触面光洁度都非常高，由于分子吸附作用增强，反而摩擦系数增大。工模具表面加工刀痕常导致摩擦系数的异向性。如垂直刀痕方向的摩擦系数有时要比沿刀痕方向高20%，这是由于被变形的较软的金属嵌入工模具表面，阻碍了金属的流动。用久了的热轧辊表面产生龟裂、环状裂、纵向裂等，不仅使摩擦系数加大，而且具有明显的方向性。

（3）金属的表面状态　金属的表面越粗糙，摩擦系数越大，但有时由于表面粗糙有利于润滑剂的导入，反而可使摩擦系数降低。如镦粗坯料表面的凸凹不平，构成了许多“润滑小池”，从而有助于降低表面的摩擦系数。热加工时，表面氧化膜对摩擦系数有较大影响。一般来说，金属表面轻度氧化可使表面活性减小，并易与活性润滑剂反应生成化学吸附膜，从而使摩擦减小。然而过厚、性脆、带有磨料性质的氧化膜，不仅加大摩擦，而且易被压入金属表面而恶化制品表面质量。不过，关于金属表面状态对摩擦系数的影响，一般认为只有初次（第一道次）加工时才起明显作用，随着变形的进行，金属表面已成为工模具表面的印痕，故以后的摩擦情况只与工模具表面状态相关。

3）接触面上的单位压力

单位压力较小时，表面分子吸附作用不明显，摩擦系数与正压力无关，可认为是常数。当单位压力增加到一定数值后，润滑剂被挤掉或表面膜破坏，这不但增加了真实接触面积，而且使分子吸附作用增强，从而使摩擦系数随压力增加而增加，但增加到一定程度后趋于稳定，如图 5-3 所示。

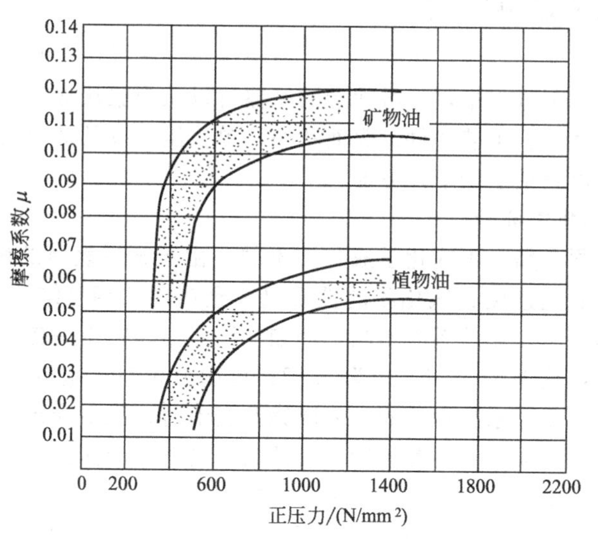

图 5-3　正压力对摩擦系数的影响

4）变形温度

温度变化时，对金属表面形成氧化膜的情况、金属基体的力学性质、表面上润滑剂存在状态及其润滑作用效果等都有一定影响，因此，变形温度是影响摩擦系数最积极、最活泼的一个因素。在一般情况下，其影响规律大体是开始随温度升高而增大，当达到某一较高温度之后，则随温度的升高而减小，如图 5-4 所示。这是因为温度较低时，金属的硬度大，氧化膜薄，摩擦系数小。随着温度升高，金属硬度降低，氧化膜增厚，表面吸附力、原子扩散能力加强；同时，高温使润滑剂性能变坏，所以，摩擦系数增大。当温度继续升高，由于表面氧化物软化和脱落，在接触表面间起润滑剂的作用，摩擦系数反而减小。

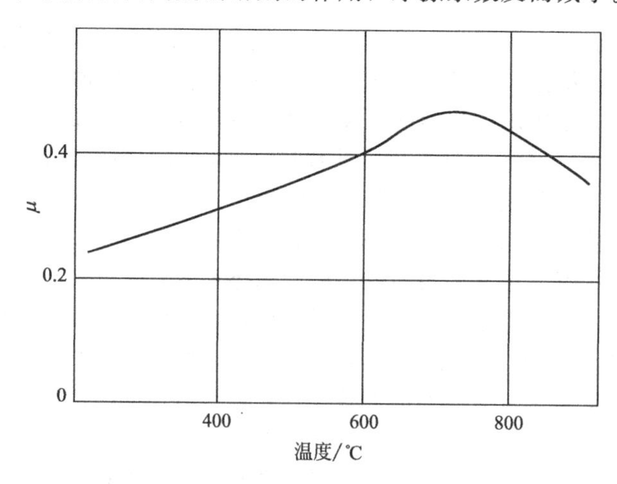

图 5-4　温度对铜的摩擦系数的影响

5）变形速度

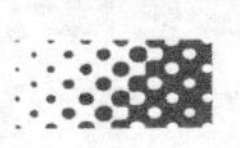

通常，变形速度或工具与金属表面相对滑动速度增加，摩擦系数降低（如图5-5所示）。变形速度增加引起摩擦系数下降的原因，与摩擦状态有关。在干摩擦时，变形速度增加，表面凹凸不平部分来不及相互咬合，表现出摩擦系数的下降；在边界润滑条件下，由于变形速度增加，油膜厚度增大，导致摩擦系数下降。

塑性加工中，通常低速咬入摩擦系数大，高速轧制摩擦系数小。一般速度较低时，工具与金属的接触时间长，表面塑性变形及时发展形成的新表面起作用，新表面形成时，干净而粗糙，摩擦系数增大，此外接触时间长，表面相互咬合的紧密度增加，摩擦系数增大。高速变形时，表面来不及咬合，摩擦系数降低。但是，变形速度往往与变形温度密切相关，并影响拽入润滑剂的效果。因此，实际生产中，随着条件的不同，变形速度对摩擦系数的影响也很复杂。有时会得到与上述情况相反的结果。例如轧铅时，当轧速由0.1m/s提高到1.0m/s时，摩擦系数几乎增加1倍。

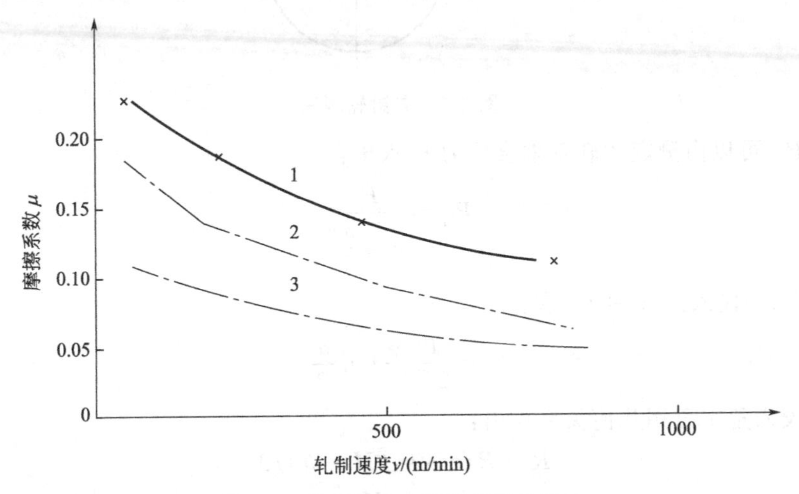

图5-5 轧制速度对摩擦系数的影响

1—压下率60%，润滑油中无添加剂；2—压下率60%，润滑油中加入酒精；3—压下率25%，润滑油中加入酒精

6）润滑剂

塑性加工中采用润滑剂能起到防黏减摩以及减少工模具磨损的作用，而不同润滑剂所起的效果不同。因此，正确选用润滑剂，可显著降低摩擦系数。

5.3.3 摩擦系数的测定方法

当前测定塑性加工中摩擦系数的方法中，大都是利用常摩擦系数定律，即求相应正压力下的切应力，然后求出摩擦系数。由于上述多种因素的影响，加上接触面上各处情况不一致，因此，只能按平均值确定。下面简要介绍几种常用的测定摩擦系数的方法。

1）夹钳轧制法

这种方法的基本原理是利用纵轧时力的平衡条件来测定摩擦系数，如图5-6所示，实验时用钳子夹住板材的未轧入部分，钳子的另一端与测力仪相联，由该测力仪可测得轧辊打滑时的水平力T。轧辊打滑时，板料试样在水平方向所受力的平衡条件，即：

$$T+2P_n\sin\frac{\alpha}{2}=2\mu P_n\cos\frac{\alpha}{2} \tag{5-7}$$

$$\mu=\frac{T}{2P_n\cos\frac{\alpha}{2}}+\tan\frac{\alpha}{2} \tag{5-8}$$

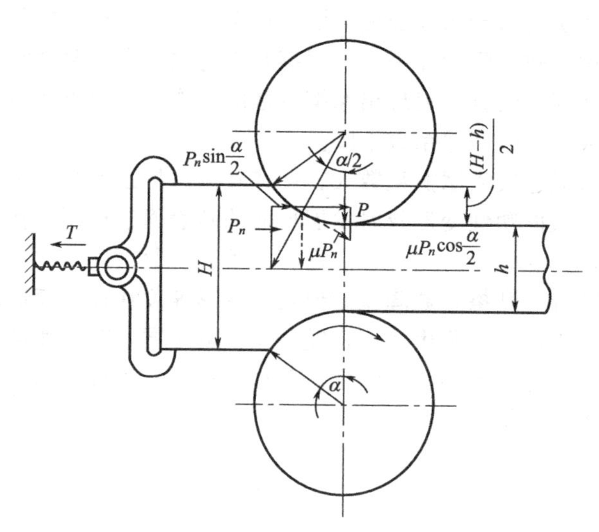

图 5-6 夹钳轧制法

式中，P_n 可以由测定的轧辊垂直压力 P 求出：

$$P_n=\frac{P}{\cos\frac{\alpha}{2}} \tag{5-9}$$

将式（5-9）代入式（5-8），有：

$$\mu=\frac{T}{2P}+\tan\frac{\alpha}{2} \tag{5-10}$$

式中，咬入角 α 可用几何关系算出：

$$R-R\cos\alpha=(H-h)/2 \tag{5-11}$$

即：

$$\sin^2\frac{\alpha}{2}=\frac{H-h}{4R} \tag{5-12}$$

当 α 很小时，$\sin\alpha/2\approx\alpha/2$，由式（5-12）有：

$$\alpha=\sqrt{\frac{H-h}{R}} \tag{5-13}$$

由于 P、T 可以测得，将式（5-13）代入式（5-10）即可求出摩擦系数 μ。这种测定方法操作简单，也比较精确，可以用来测定冷、热状态下塑性加工中的摩擦系数。

2）楔形件压缩法

在倾斜的平锤头间塑压楔形试件，可根据试件变形情况以确定摩擦系数。如图 5-7 所示，试件受塑压时，水平方向尺寸要扩大。按照金属流动规律，接触表面金属质点要朝着流动阻力最小的方向流动，因此，在水平方向中间，一定有一个金属质点朝两个方向流动分界面，即中立面，那么根据图 5-7 所示建立力的平衡方程时，可以得出

$$P'_x+P''_x+T''_x=T'_x \tag{5-14}$$

设锤头倾角为$\frac{\alpha}{2}$，试件宽度为 b，平均单位压力为 P，那么

$$P'_x=PbL'_c\sin\frac{\alpha}{2} \tag{5-15}$$

$$P''_x=PbL''_c\sin\frac{\alpha}{2} \tag{5-16}$$

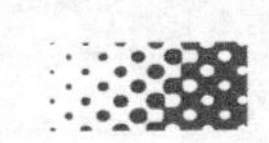

$$T_x' = \mu P b L_c' \cos\frac{\alpha}{2} \tag{5-17}$$

$$T_x'' = \mu P b L_c'' \cos\frac{\alpha}{2} \tag{5-18}$$

将式（5-15）～式（5-18）代入式（5-14），得：

$$L_c' \sin\frac{\alpha}{2} + L_c'' \sin\frac{\alpha}{2} + \mu L_c'' \cos\frac{\alpha}{2} = \mu L_c' \cos\frac{\alpha}{2} \tag{5-19}$$

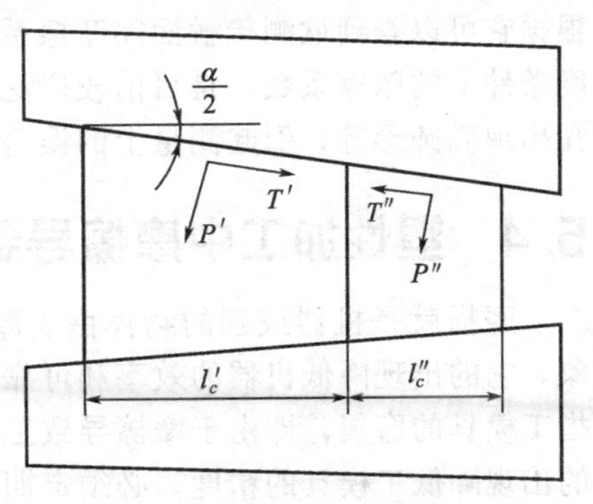

图 5-7 斜锤间塑压楔形件

当 α 很小时，有：

$\sin\frac{\alpha}{2} \approx \frac{\alpha}{2}$，$\cos\frac{\alpha}{2} \approx 1$，代入式（5-19）有：

$$\mu = \frac{(L_c' + L_c'')\frac{\alpha}{2}}{L_c' - L_c''} \tag{5-20}$$

当 α 角已知，并在实验后能测出 L_c' 和 L_c'' 的长度，即可根据式（5-20）计算出摩擦系数。这种测定方法的实质可以认为与轧制过程及一般的平锤下镦粗相似，故可以用来确定这两种塑性加工过程中的摩擦系数。此法应用比较方便，主要困难是在于较难准确地确立中立面的位置及精确地测定有关数据。

3）圆环镦粗法

这种方法是把一定尺寸圆环试样（如 $D : d_0 : H = 20 : 10 : 7$）放在平砧上镦粗。由于试样和砧面间接触摩擦系数的不同，圆环的内、外径在压缩过程中将有不同的变化。在任何摩擦情况下，外径总是增大的，而内径则随摩擦系数而变化，或增大或缩小。当摩擦系数很小时，变形后的圆环内外径都增大；当摩擦系数超过某一临界值时，在圆环中就会出现一个

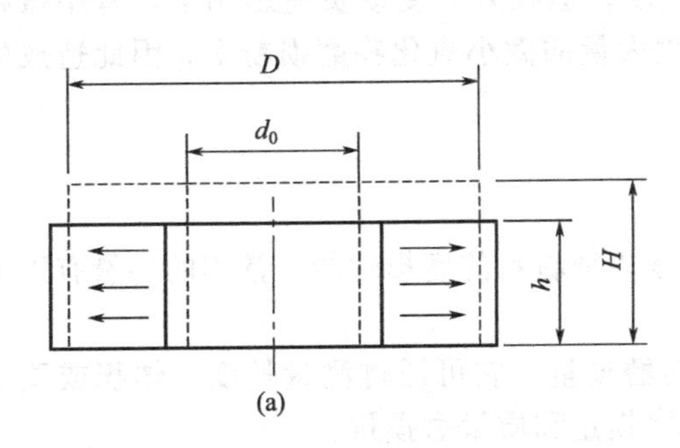

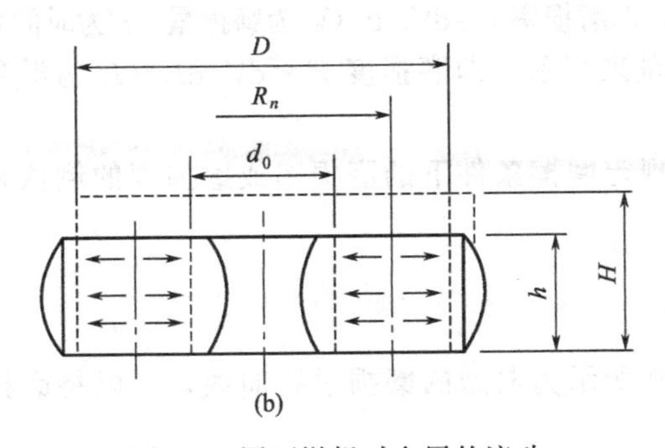

图 5-8 圆环镦粗时金属的流动

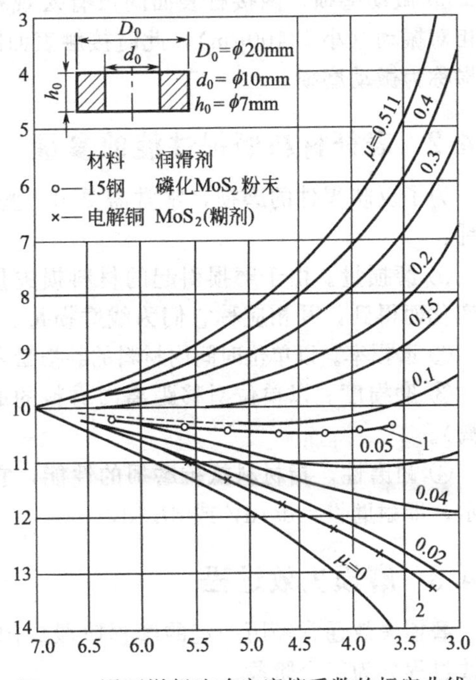

图 5-9 圆环镦粗法确定摩擦系数的标定曲线

以 R_n 为半径的分流面。分流面以外的金属向外流动，分流面以内的金属向内流动。所以变

形后的圆环其外径增大，内径缩小，如图 5-8 所示。用上限法或应力分析法可求出分流面半径 R_n、摩擦系数和圆环尺寸的理论关系式。据此可绘制成如图 5-9 所示的理论校准曲线，根据它可以查到欲测接触面间摩擦系数。这种测定方法较简单，一般用于测定各种温度、速度条件下的摩擦系数，是目前较广泛应用的方法。但由于圆环试件在镦粗时会出现鼓形、环孔出现椭圆形等，引起测量上的误差，影响结果的精确性。

5.4 塑性加工中摩擦导致的磨损

磨损就是机器或别的物体由于摩擦导致其表面材料的逐渐丧失或迁移而造成的损耗现象，它的出现降低机器的效率和可靠性，甚至促使机器提前报废。塑性加工中的磨损通常是指工模具的磨损，即由于摩擦导致工模具表面材料的逐渐丧失或迁移而造成的损耗现象，它的出现降低工模具的精度，必须定期更换工模具。

5.4.1 磨损的分类

按照表面破坏机理特征，磨损可以分为磨粒磨损、黏着磨损、表面疲劳磨损、腐蚀磨损和微动磨损等。前三种是磨损的基本类型，后两种只在某些特定条件下才会发生。

① 磨粒磨损。物体表面与硬质颗粒或硬质凸出物（包括硬金属）相互摩擦引起表面材料损失。

② 黏着磨损。摩擦副相对运动时，由于固相焊合作用的结果，造成接触面金属损耗。

③ 表面疲劳磨损。两接触表面在交变接触压应力的作用下，材料表面因疲劳而产生物质损失。

④ 腐蚀磨损。零件表面在摩擦的过程中，表面金属与周围介质发生化学或电化学反应，因而出现的物质损失。

⑤ 微动磨损。两接触表面间没有宏观相对运动，但在外界变动负荷影响下，有小振幅的相对振动（小于 100μm），此时接触表面间产生大量的微小氧化物磨损粉末，因此造成的磨损称为微动磨损。

5.4.2 表征材料磨损性能的参量

为了反映零件的磨损，常常需要用一些参量来表征材料的磨损性能。常用的参量有以下几种：

① 磨损量。由于磨损引起的材料损失量称为磨损量，它可通过测量长度、体积或质量的变化而得到，并相应称它们为线磨损量、体积磨损量和质量磨损量。

② 磨损率。以单位时间内材料的磨损量表示，即磨损率 $I=\mathrm{d}V/\mathrm{d}t$（$V$ 为磨损量，t 为时间）。

③ 磨损度。以单位滑移距离内材料的磨损量来表示，即磨损度 $E=\mathrm{d}V/\mathrm{d}L$（$L$ 为滑移距离）。

④ 耐磨性。指材料抵抗磨损的性能，它以规定摩擦条件下的磨损率或磨损度的倒数来表示，即耐磨性$=\mathrm{d}t/\mathrm{d}V$ 或 $\mathrm{d}L/\mathrm{d}V$。

5.4.3 磨损失效过程

磨损失效通常经历一定的磨损阶段。图 5-10 所示为典型的磨损过程曲线，可以将磨损失效过程分为三个阶段。

① 磨合磨损阶段（图中 Oa 段）。新的摩擦副在运行初期，由于对偶表面的表面粗糙度值较大，实际接触面积较小，接触点数少而多数接触点的面积又较大，接触点黏着严重，因

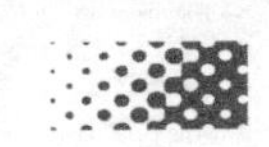

此磨损率较大。但随着磨合的进行，表面微峰峰顶逐渐磨去，表面粗糙度值降低，实际接触面积增大，接触点数增多，磨损率降低，为稳定磨损阶段创造了条件。为了避免磨合磨损阶段损坏摩擦副，因此磨合磨损阶段多采取在空车或低负荷下进行；为了缩短磨合时间，也可采用含添加剂和固体润滑剂的润滑材料，在一定负荷和较高速度下进行磨合。磨合结束后，应进行清洗并换上新的润滑材料。

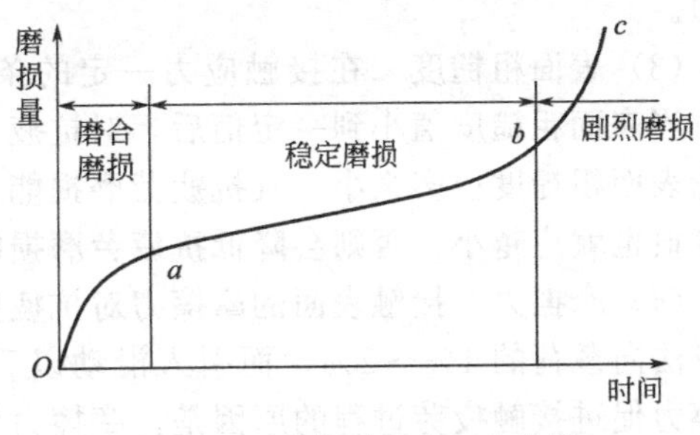

图 5-10 磨损过程的三个阶段

② 稳定磨损阶段（图中 ab 段）。这一阶段磨损缓慢且稳定，磨损率保持基本不变，属正常工作阶段，这一阶段的长短直接影响机器的寿命。

③ 剧烈磨损阶段（图中 bc 段）。经过长时间的稳定磨损后，由于摩擦副对偶表面间的间隙和表面形貌的改变以及表层的疲劳，其磨损率急剧增大，使机械效率下降、精度丧失、产生异常振动和噪声、摩擦副温度迅速升高，最终导致摩擦副完全失效。

设计时，应该力求缩短磨合期，延长稳定磨损期，推迟剧烈磨损的到来。有时也会出现下列情况：

① 在磨合磨损阶段与稳定磨损阶段无明显磨损。当表层达到疲劳极限后，就产生剧烈磨损，滚动轴承多属于这种类型。

② 磨合磨损阶段磨损较快，但当转入稳定磨损阶段后，在很长的一段时间内磨损甚微，无明显的剧烈磨损阶段。一般特硬材料的磨损（如刀具等）就属于这一类。

③ 某些摩擦副的磨损，从一开始就存在着逐渐加速磨损的现象，如阀门的磨损就属于这种情况。

5.4.4 影响磨损的因素

如前所述，磨粒磨损和黏着磨损，都起因于固体表面间的直接接触。如果摩擦副两对偶表面被一层连续不断的润滑膜隔开，而且中间没有磨粒存在时，上述两种磨损则不会发生。但对于表面疲劳磨损来说，即使有良好的润滑条件，磨损仍可能发生，可以说这种磨损一般是难以避免的。因此，如下讨论影响磨损的因素主要是讨论影响表面疲劳磨损的因素。

(1) 材料性能　钢中的非塑性夹杂物等冶金缺陷，对疲劳磨损有严重的影响。如钢中的氮化物、氧化物、硅酸盐等带棱角的质点，在受力过程中，其变形不能与基体协调而形成空隙，构成应力集中源，在交变应力作用下出现裂纹并扩展，最后导致疲劳磨损早期出现。因此，选择含有害夹杂物少的钢（如轴承常用净化钢），对提高摩擦副抗疲劳磨损能力有着重要意义。在某些情况下，铸铁的抗疲劳磨损能力优于钢，这是因为钢中微裂纹受摩擦力的影响具有一定方向性，且也容易渗入油而扩展；而铸铁基体组织中含有石墨，裂纹沿石墨发展且没有一定方向性，润滑油不易渗入裂纹。

(2) 硬度　一般情况下，材料抗疲劳磨损能力随表面硬度的增加而增强，而表面硬度一旦越过一定值，则情况相反。钢的心部硬度对抗疲劳磨损有一定影响，在外载荷一定的条件下，心部硬度越高，产生疲劳裂纹的危险性就越小。因此，对于渗碳钢应合理地提高其心部硬度，但也不能无限地提高，否则韧性太低也容易产生裂纹。此外，钢的硬化层厚度也对抗疲劳磨损能力有影响，硬化层太薄时，疲劳裂纹将出现在硬化层与基体的连接处而易形成表面剥落。因此，选择硬化层厚度时，应使疲劳裂纹产生在硬化层内，以提高抗疲劳磨损能力。

(3) 表面粗糙度　在接触应力一定的条件下，表面粗糙度值越小，抗疲劳磨损能力越高；当表面粗糙度值小到一定值后，对抗疲劳磨损能力的影响减小。如果接触应力太大，则无论表面粗糙度值多么小，其抗疲劳磨损能力都低。此外，若零件表面硬度越高，其表面粗糙度值也就应越小，否则会降低抗疲劳磨损能力。

(4) 摩擦力　接触表面的摩擦力对抗疲劳磨损有着重要的影响。通常，纯滚动的摩擦力只有法向载荷的1%～2%，而引入滑动以后，摩擦力可增加到法向载荷的10%甚至更大。摩擦力促进接触疲劳过程的原因是：摩擦力作用使最大切应力位置趋于表面，增加了裂纹产生的可能性。此外，摩擦力所引起的拉应力会促使裂纹扩展加速。

(5) 润滑　润滑油的黏度越高，抗疲劳磨损能力也越高；在润滑油中适当加入添加剂或固体润滑剂，也能提高抗疲劳磨损能力；润滑油的黏度随压力变化越大，其抗疲劳磨损能力也越大；润滑油中含水量过多，对抗疲劳磨损能力影响也较大。

此外，接触应力大小、循环速度、表面处理工艺、润滑油量等因素，对抗疲劳磨损也有较大影响。

根据上述有关论述可知，减小磨损的主要方法有：润滑是减小摩擦、减小磨损的最有效的方法；合理选择摩擦副材料；进行表面处理；注意控制摩擦副的工作条件等。

5.5 塑性加工中的润滑目的和分类

5.5.1 润滑的目的

在金属的塑性加工过程中，为减少或消除塑性加工中外摩擦不利影响，往往在工模具与变形金属接触界面上施加润滑剂，进行工艺润滑。其主要目的是：

① 降低金属变形时的能耗。当使用有效润滑剂时，可大幅度减少或消除工模具与变形金属的直接接触，使接触表面间的相对滑动剪切过程在润滑层内部进行，从而大幅度降低摩擦力及变形功耗。例如，采用适当的润滑剂，拉拔铜线时，拉拔力可以降低10%～20%；轧制板带材时，则可降低轧制压力10%～15%，节约主电机电耗8%～20%。

② 提高产品质量。由于外摩擦可导致产品表面黏结、压入、划伤及尺寸超差等诸多缺陷，甚至产生废品，并且对金属内外质点塑性流动阻碍作用的显著差异，致使各部分剪切变形程度（晶粒组织的破碎）明显不同。因此，采用有效的润滑方法，利用润滑剂的减磨防黏作用，有利于提高产品的表面和内在质量。

③ 减少工模具磨损，延长工模具使用寿命。润滑具有降低面压、隔热和冷却等作用，从而使工模具磨损减少，使用寿命延长。

④ 还有防锈、减振、密封、传递动力等作用。

为达到上述目的，应采用有效润滑剂及润滑方法，充分考虑工模具及变形金属与润滑剂的吸附性质以及工模具与变形金属之间的配对性质。

5.5.2 润滑的分类

通常可根据润滑剂的不同或摩擦副之间的摩擦状态的不同进行分类。

1) 根据润滑剂分类

根据润滑剂的不同，润滑可分为流体润滑、固体润滑和半固体润滑。

(1) 流体润滑　指使用的润滑剂为流体，包括气体润滑（采用气体润滑剂，如空气、氢气、氦气、氮气、一氧化碳和水蒸气等）和液体润滑（采用液体润滑剂，如矿物润滑油、合

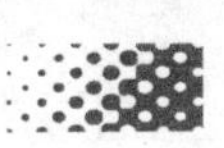

成润滑油、水基液体等）两种。

(2) 固体润滑　指使用的润滑剂为固体，如石墨、二硫化钼、氮化硼、尼龙、聚四氟乙烯、氟化石墨等。

(3) 半固体润滑　指使用的润滑剂为半固体，是由基础油和稠化剂组成的塑性润滑脂，有时根据需要还加入各种添加剂。

2) 根据摩擦状态分类

根据摩擦副之间摩擦状态的不同，润滑可分为流体摩擦润滑和边界摩擦润滑。

(1) 流体摩擦润滑　两相互摩擦表面被一层具有一定厚度（1.5～2μm 以上）的黏性流体隔开，由流体压力平衡外载荷，流体层内的分子大部分不受摩擦表面离子电力场的作用而可自由移动，即摩擦只存在于流体分子之间的润滑状态。流体润滑的摩擦系数很低（小于 0.01）。根据润滑膜压力的产生方式不同又可分为流体动压润滑和流体静压润滑两类。

① 流体动压润滑是靠摩擦表面的几何形状和相对运动由黏性流体的动力作用产生压力平衡外载荷的润滑状态。

② 流体静压润滑是由外部将一定压力的流体送入摩擦表面间，靠流体的静压平衡外载荷的润滑状态。

(2) 边界摩擦润滑　摩擦表面间存在一层薄膜（边界膜）时的润滑状态。它可分为吸附膜和反应膜两类。

① 吸附膜指润滑剂中的极性分子吸附在摩擦表面所形成的膜，包括物理吸附膜和化学吸附膜。其中物理吸附膜指的是分子的吸引力将极性分子牢固地吸附在固体表面上，并定向排列形成一至数个分子层厚的表面膜；而化学吸附膜指的是润滑油中的某些有机化合物（如二烷基二硫代磷酸盐、二元酸二元醇酯等）降解或聚合反应所生成的表面膜，或润滑油中极性分子的有价电子与金属表面的电子发生交换而产生的化学结合力，使金属皂的极性分子定向排列，并吸附在表面上所形成的表面膜。吸附膜达到饱和时，极性分子紧密排列，分子间的内聚力使膜具有一定的承载能力，防止两摩擦表面直接接触。当摩擦副相对滑动时，吸附膜如同两个毛刷子相对滑动，能起润滑作用，降低摩擦系数。影响吸附膜润滑性能的因素，有极性分子的结构和吸附量、温度、速度和载荷等。当极性分子中碳原子数目增加时，摩擦系数降低。极性分子吸附量达到饱和时，膜的润滑性能良好并稳定。当工作温度超过一定范围时，吸附膜将散乱或脱附，润滑失效。通常吸附膜的摩擦系数随速度的增加而下降，直到某一定值。在一般工况下，吸附膜的摩擦系数与干摩擦的类似，不受载荷的影响。

② 反应膜指润滑剂中的添加剂与金属表面起化学作用生成能承受较大载荷的表面膜。反应膜熔点高，不易黏着，剪切强度低，摩擦阻力小，又能不断破坏和形成，故能防止金属表面直接接触而起润滑作用。反应膜在极高压力下有很强的抗黏着能力，润滑性能比任何吸附膜更稳定，它的摩擦系数随速度的增加而增加，直到某一定值。反应膜常用于重载、高速和高温等工况下。

在一定的工作条件下，边界膜抵抗破裂的能力称为边界膜的强度。它可用临界 pv 值、临界温度值或临界摩擦次数来表示。

① 临界 pv 值：在正常的边界润滑中，当载荷 p 或速度 v 加大到某一数值，摩擦副的温度突然升高，摩擦系数和磨损量急剧增大。边界膜强度达到极限值时相应的 pv 值称为临界 pv 值。

② 临界温度值：当摩擦表面温度达到边界膜散乱、软化或熔化的程度时，吸附膜发生脱附，摩擦系数迅速增大但仍具有某些润滑作用，这时的温度称为第一临界温度。当温度继续升高到使润滑油（脂）发生聚合或分解，边界膜完全破裂，摩擦副发生黏着，磨损剧增时

的温度称为第二临界温度。临界温度是衡量边界膜强度的主要参数。

③ 临界摩擦次数：边界膜达到润滑失效时所重复的摩擦次数称为临界摩擦次数。

5.6 塑性加工中的润滑机理

5.6.1 流体力学原理

根据流体力学原理，当固体表面发生相对运动时，与其粘接的液体层被以相同速度带着运动，即液体与固体层之间不产生滑动，如图 5-11 所示。当润滑剂压力增加到工具与坯料间的接触压力时，润滑剂就进入接触面间。如果变形速度、润滑剂黏度越大，则润滑剂压力上升得越急剧，接触面间的润滑膜也越厚。此时，所发生的摩擦力在本质上是一种润滑剂分子间的吸引力，这种吸引力阻碍润滑剂质点之间的相互移动。这种阻碍称为相对流动阻力。液体层与层之间的剪切抗力 T（液体内摩擦力），由牛顿定律确定：

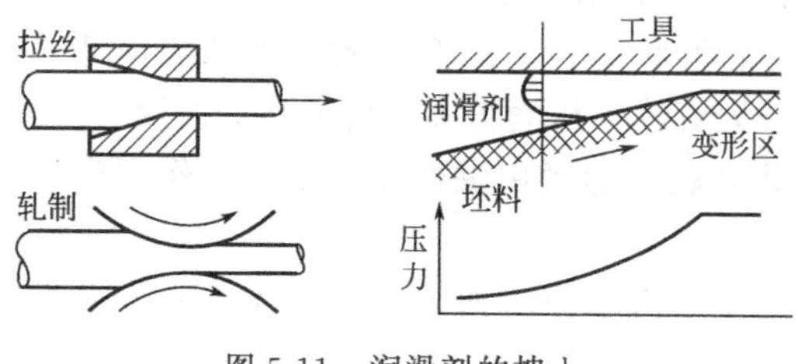

图 5-11 润滑剂的拽入

$$T=\eta\frac{d_{v}}{d_{y}}S \tag{5-21}$$

式中，$\frac{d_{v}}{d_{y}}$为垂直于运动方向的内剪切速度梯度；S 为剪切面积，即滑移表面的面积；η 为动力黏度，Pa·s，即帕·秒。

通常取液体厚度上的速度梯度为常数或取其平均值，即

$$\frac{d_{v}}{d_{y}}=\frac{\Delta v}{\varepsilon} \tag{5-22}$$

式中，ε 为液体层厚度。

将式（5-22）代入式（5-21），得

$$T=\eta\frac{\Delta v}{\varepsilon}S \tag{5-23}$$

因此流体的单位摩擦力 t 为

$$t=\eta\frac{\Delta v}{\varepsilon} \tag{5-24}$$

对液态润滑剂来说，最重要的物理指标是黏度及在整个变形区形成的润滑层厚度。在流体润滑理论中，润滑油的黏度是评价润滑油性质的重要指标。所谓润滑剂的黏度是指润滑剂本身黏稠程度，是衡量润滑油流动阻力的参数，表示流体分子彼此流过时所产生的内摩擦阻力的大小。在金属塑性加工过程中润滑油的黏度影响很大，黏度过小即过分稀薄润滑油，易从变形区挤出，起不到良好润滑作用；黏度过大即过分稠厚润滑油，往往剪切阻力较大，形成油膜过厚，不能获得光洁制品表面，也不能达到良好润滑目的。同时，黏度增加使润滑剂进入困难，如拉拔中，多使用较稀的润滑剂（个别金属除外），或把金属或工具全部浸入液体润滑剂的槽中。因此，在实际生产中如何根据工艺条件以及产品质量要求选择适当黏度的润滑油是十分重要的。润滑剂的黏度与温度及压力有关，随温度的增加，黏度急剧下降；随压力的增加，黏度升高。分析表明，矿物油的黏度受压力影响比动植物油更为明显。

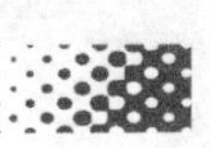

5.6.2 吸附机制

润滑剂从本质上可分为不含有表面活性物质（如各类矿物油）和含有表面活性物质（如动植物油、添加剂等）两大类。这些润滑剂中极性或非极性分子对金属表面都具有吸附能力，可在金属表面形成油膜。

矿物油属非极性物质，当它与金属表面接触时，这种非极性分子与金属之间靠瞬时偶极而相互吸引，于是在金属表面形成第一层分子吸附膜（如图5-12所示）。而后由于分子间吸引形成多层分子组成的润滑油膜，将金属与工具隔开，呈现为液体摩擦。然而由于瞬时偶极的极性很弱，当承受较大压力和高温时，这种矿物油所形成的油膜将被破坏而挤走，导致润滑效果不理想。

当润滑剂中有极性物质存在时，会减少纯溶剂表面张力，而加强工模具与变形金属之间接触面与润滑剂分子间吸附力。一般动植物油脂及含有油性添加剂矿物油与金属表面接触时，润滑油中极性基因与金属表面产生物理吸附，从而在变形区内形成油膜。而当润滑剂中含有硫、磷、氯等活性元素时，这些极性物质还能与金属表面起化学反应形成化学吸附膜，起良好润滑作用。例如硬脂酸与金属表面的氧化膜（只需极薄的氧化膜）发生化学反应，生成脂肪酸盐，在塑性加工过程中起到良好的润滑作用。

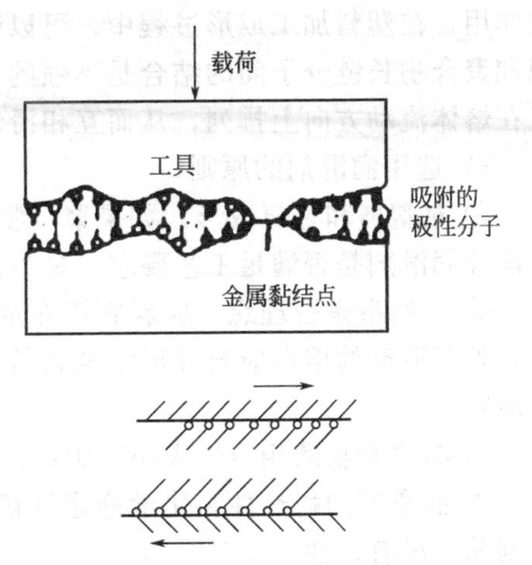

图5-12 单分子层吸附膜的润滑作用模型

可见润滑剂能否很好地起润滑作用，取决于其能不能很好地保持在工具与金属接触表面之间，并形成一定厚度、均匀、完整的润滑层。而润滑层厚度、完整性及局部破裂取决于润滑剂的黏度及其活性、作用的正压力、接触面的粗糙度以及加工方法的特征等。所谓润滑剂的活性，就是润滑剂中极性分子在摩擦表面形成结实的保护层的能力。它决定润滑剂的润滑性能及与摩擦物体之间吸引力的大小。

5.7 塑性加工中的润滑剂

5.7.1 润滑剂的分类和作用

润滑剂是指在相对运动物体表面加入用以润滑、冷却和密封机械的第三种物质，达到改善摩擦状态以降低摩擦阻力、减少磨损的效果，在金属塑性成形中，也常用于改进流动性和脱模性，防止在机内或工模具内黏着而产生鱼眼等缺陷。润滑剂最重要的特性是化学成分，其中也包括物理状态及表面活性剂的含量。

1）润滑剂的分类

润滑剂的种类很多，应用广泛。常见的分类有如下几种：

① 根据来源有矿物性润滑剂（如机械油）、植物性润滑剂（如蓖麻油）和动物性润滑剂（如牛脂）。此外，还有合成润滑剂，如硅油、脂肪酸酰胺、油酸、聚酯、合成酯、羧酸等。

② 根据形态有液体润滑剂、固体润滑剂、液-固润滑剂以及熔体润滑剂。

③ 根据用途可分为工业润滑剂（包括润滑油和润滑脂）、人体润滑剂、医用外科器械润滑剂。

2）润滑剂的作用

润滑剂之所以能起润滑作用，是因为它的加入可以降低摩擦。针对外摩擦和内摩擦相应有外润滑剂和内润滑剂。常用的外润滑剂有石蜡、硬脂酸及其盐类；内润滑剂有相对低分子量的PE（聚乙烯）、PTFE（聚四氟乙烯）、PP（聚丙烯）等。这些低分子量的聚合物不但是优良内润滑剂，而且也是很好的外润滑剂。有时候，一种润滑剂的效果往往不理想，需要几种润滑剂配合使用，由此产生了复合润滑剂。润滑剂的用量一般为0.5%～1%。

① 外润滑剂的作用主要是改善相互接触物体的表面摩擦状况。在金属的塑性成形过程中，外润滑剂能在变形金属与工模具间形成一层很薄的隔离膜，使金属不粘住工模具表面，并且可以使变形金属容易脱模，

② 内润滑剂与聚合物有良好的相容性，它在聚合物内部起着降低聚合物分子间内聚力的作用，在塑料加工成形过程中，可以改善塑料熔料的内摩擦生热和熔体的流动性。内润滑剂和聚合物长链分子间的结合是不强的，它们可能产生类似于滚动轴承的作用，因此其自身能在熔体流动方向上排列，从而互相滑动，使得内摩擦力降低，这就是内润滑的机理。

3）选用润滑剂的原则

① 对塑料和金属成形，如果聚合物和金属的流动性已可满足成形工艺的需要，则主要考虑外润滑剂是否满足工艺要求，是否便于脱模，以保证内外平衡。

② 外润滑是否理想，应看它能在成形时，在接触面表面能否形成完整的液体薄膜。因此，外润滑剂的熔点应与成形温度相接近，但要注意有10～30℃的差异，这样才能形成完整薄膜。

③ 与聚合物的相容性大小适中，内外润滑作用平衡，不喷霜，不易结垢。

④ 润滑剂的耐热性和化学稳定性优良，在加工中不分解，不挥发、不腐蚀设备，不污染制品、没有毒性。

4）有关润滑剂优劣评判标准的几个重要性能

① 黏度。如上述，黏度可定性地认为是反映润滑剂的流动阻力的重要参数。

② 油性。油性是指润滑油中极性分子与金属表面吸附形成一层边界油膜的性能，油性越好，油膜与金属表面的吸附能力就越强。

③ 极压性。极压性是润滑油中加入硫、氯、磷的有机极性化合物后，油中极性分子在金属表面生成抗磨、耐高压的化学反应边界膜的性能。

④ 闪点。当油在标准仪器中加热所蒸发出的油气，遇到火焰即能发出闪光时的最低温度，称为油的闪点。

⑤ 凝点。凝点是指润滑油在规定的条件下冷却到液面不能自由流动时所达到的最高温度，又称凝固点。

5.7.2 金属塑性成形中对润滑剂的基本要求

金属塑性成形中，在选择和配置润滑剂时，必须符合下列要求：

① 润滑剂应有良好的耐压性能，在高压下，润滑膜仍能吸附在接触表面上，保持良好润滑状态。

② 润滑剂应有良好的耐高温性能，在热加工时，润滑剂应不分解，不变质。

③ 润滑剂有冷却工模具的作用。

④ 润滑剂不应对金属和工模具有腐蚀作用。

⑤ 润滑剂应对人体无毒，不污染环境。

⑥ 润滑剂要求使用、清理方便，来源丰富，价格便宜等。

5.7.3　金属塑性成形中常用的润滑剂

1）液体润滑剂

液体润滑剂是金属塑性成形中使用最广泛的润滑剂类型，通常可分为纯粹性油（矿物油或动植物油）和水溶型液体（如乳液等）两类。

① 矿物油系指机油、汽缸油、锭子油、齿轮油等。矿物油分子组成中只含有碳、氢两种元素，由非极性的烃类组成，当它与金属接触时，只发生非极性分子与金属表面的物理吸附作用，不发生任何化学反应，润滑性能较差，在塑性加工中较少直接用作润滑剂。通常只作为配制润滑剂的基础油，再加上各种添加剂，或是与固体润滑剂混合，构成液-固混合润滑剂。

② 动植物油有牛油、猪油、豆油、蓖麻油、棉籽油、棕榈油等。它们都含有极性根，属于极性物质。这些有机化合物的分子中，一端为非极性的烃基；另一端则为极性基，能在金属表面定向排列而形成润滑油膜。这就使润滑剂在金属上的吸附力加强，故在塑性加工中不易被挤掉。

③ 乳液是一种可溶性矿物油与水均匀混合的两相系。在一般情况下，油和水难以混合，为使油能以微小液珠悬浮于水中，构成稳定乳状液，必须添加乳化剂，使油水间产生乳化作用。另外，为提高乳液中矿物油的润滑性，也需添加油性添加剂。乳化剂是由亲油性基团和亲水性基团组成的化合物。图 5-13 示出了硬脂酸钠乳化剂作用机理示意图。乳化剂用于形成 O/W 型乳液时，由于这两个基端的存在，能使油水相连，不易分离，如经搅拌之后，可使油呈小球状弥散分布在水中，构成 O/W 型乳液，主要用于带材冷轧、高速拉丝、深拉延等过程。

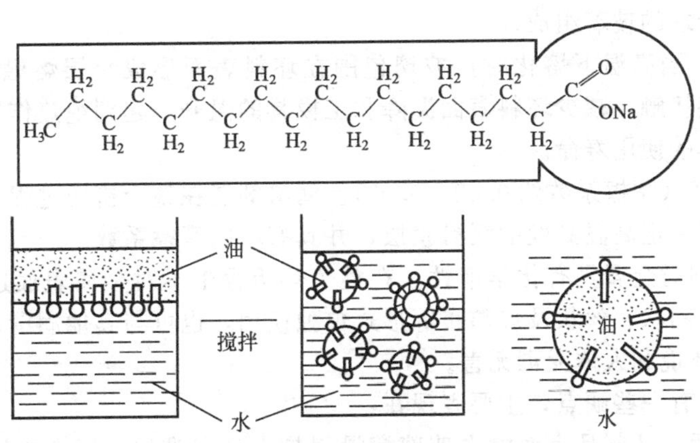

图 5-13　硬脂酸钠乳化剂作用机理示意图

2）固体润滑剂

固体润滑剂主要包括石墨、二硫化钼、肥皂类等。除上述三种外，用于金属塑性加工的固体润滑剂还有重金属硫化物、特种氧化物、某些矿物（如云母、滑石）和塑料（如聚四氟乙烯）等。固体润滑剂的使用状态可以是粉末状的，但多数是制成糊状剂或悬浮液。此外，目前新型的固体润滑剂还有氮化硼（BN）和二硒化铌（$NbSe_2$）等。由于金属塑性加工中的摩擦本质是表层金属的剪切流动过程，因此从理论上讲，凡剪切强度比被加工金属流动剪切强度小的固体物质都可作为塑性加工中的固体润滑剂，如冷锻钢坯端面放的紫铜薄片；铝合金热轧时包纯铝薄片；拉拔高强度丝时表面镀铜；以及拉拔中使用的石蜡、蜂蜡、脂肪酸皂粉等均属固体润滑剂。然而，使用最多的还是石墨和二硫化钼。

3）液-固润滑剂

液-固润滑剂是把固体润滑粉末悬浮在润滑油或工作油中，构成固-液两相分散系的悬浮液。如拉钨、钼丝时采用的石墨乳液及热挤压时所采用的二硫化钼（或石墨）油剂（或水剂），均属此类润滑剂，它是把纯度较高，粒度小于2～6μm的二硫化钼或石墨细粉加入油或水中，其质量约占25%～30%，使用时再按实际需要用润滑油或水稀释，一般浓度控制在3%以内。为减少固体润滑粉末的沉淀，可加入少量表面活性物质，以减少液-固界面张力，提高它们之间的润滑性，从而起到分散剂的作用。

4）熔体润滑剂

此类润滑剂出现相对比较晚。某些高温强度大、工模具表面黏着性强、而且易于受空气中氧、氮等气体污染的钨、钼、钽、铌、钛、锆等金属及合金，在热加工（热锻及挤压）时常采用玻璃、沥青或石蜡等作润滑剂。其实质是当玻璃等与高温坯料接触时，可以在工具与坯料接触面间熔成液体薄膜，达到隔开两接触表面的目的。下面以玻璃润滑剂作为一个例子进行简单阐述。

玻璃润滑剂具有以下优点：

① 玻璃润滑剂对变形金属具有很好的浸润性（黏附性）和结合力，在金属变形过程中具有良好的延展性和耐压性。玻璃润滑剂在挤压过程中能随着金属的延展而延展，玻璃膜层不断裂，变形金属表面始终存在完整的玻璃膜层，形成良好的液态摩擦条件，降低因摩擦造成的模具磨损和制品表面缺陷。

② 玻璃的适用温度范围广，从350～2200℃的工作温度范围都可选用。玻璃润滑剂的高温黏度是重要性能指标，不同玻璃有不同的温度-黏度特性，合理的高温黏度是保证加工的必要条件，根据金属热挤压加工温度的不同和加工金属种类的不同，需要确定适合的高温黏度，选择或设计合理的玻璃组成。

③ 热导率小。当高温下熔化时，玻璃包围在坯料表面形成一层熔融状态的致密膜层，坯料与模具不直接接触，减少坯料表面温降和工模具的温升，起到绝热作用，既改善金属的塑性又提高工模具的使用寿命。

④ 润滑性能好（摩擦系数约0.02～0.05）。润滑剂能在整个挤压过程中存在于金属与工模具之间，形成有一定高温黏度的润滑膜层，并具有小的摩擦系数。

⑤ 玻璃润滑剂对金属具有化学惰性。在整个热历程中不对金属表面造成化学腐蚀，使用时可以粉末状、网状、丝状及玻璃布等形式单独使用，也可与其他润滑剂混合使用。

⑥ 环保，对环境和人体无毒无害。

玻璃润滑剂也有一些缺点，主要表现在：

① 润滑完毕后，从制品表面除去玻璃润滑剂是十分困难的，通常要用喷砂法、急冷法和化学法。前两种方法不易将玻璃完全清除干净，后一种方法则要使用氢氟酸或者熔化的氢氧化钠，二者都有危险性，且废液的处理也困难。

② 由于在变形区内的润滑层较厚，制品的质量有时不能保证。

③ 变形速度在一定程度上受玻璃软化速度的限制。

玻璃润滑剂的使用方法主要有以下几种：

① 涂覆法。用浸泡或喷涂的方法在坯料的表面涂覆上由黏合剂和玻璃粉混合而成的玻璃润滑剂。

② 玻璃饼垫法。这种方法主要用于挤压模具的润滑。用硅酸钠做胶合剂，把高纯度的玻璃润滑剂粉轻轻压实成与坯料直径相同的垫，厚度约10mm，中心有一个直径与挤压制品相同的孔。

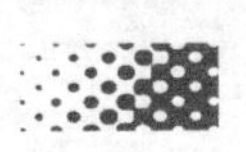

③ 滚粘法。将坯料加热到变形温度，然后在盛有玻璃粉的浅盘里翻滚，使坯料形成覆盖层。

④ 玻璃布包盖法。将由玻璃润滑剂编织而成的玻璃布包在坯料上。

以上这些方法可单独使用，也可混合使用，应根据不同的条件和要求进行处理。

5.7.4 润滑剂中的添加剂

润滑剂中的添加剂指的是为了提高润滑油的润滑、耐磨、防腐等性能，需在润滑油中加入少量的活性物质的总称，一般应易溶于机油，热稳定性要好，且应具有良好的物理化学性能。润滑剂中加入适当的添加剂后，摩擦系数降低，金属粘模现象减少，变形程度提高，并可使产品表面质量得到改善。因此目前广泛采用有添加剂的润滑油。例如，在使用最多的润滑剂石墨和二硫化钼中，常用三氯化二硼作为添加剂来提高抗氧化性和使用温度。

塑性加工中常用的添加剂及其添加量见表5-1，常用的添加剂有极压剂、油性剂、抗磨剂和防锈剂等。

表5-1 润滑油中常用的添加剂及其添加量

种类	作用	化合物名称	添加量/%
油性剂	形成油膜，减少摩擦	长链脂肪酸、油酸	0.1～1
极压剂	防止接触表面黏合	有机硫化物、氯化物	5～10
抗磨剂	形成保护膜，防止磨损	磷酸酯	5～10
防锈剂	防止生锈	羧酸、酒精	0.1～1
乳化剂	使油乳化，稳定乳液	硫酸、磷酸酯	～3
流动点下降剂	防止低温时油中石蜡固化	氯化石蜡	0.1～1
黏度剂	提高润滑油黏度	聚甲基丙烯酸等聚合物	2～10

① 极压剂是指能够提高润滑剂在低速高负荷或高速冲击负荷摩擦条件下，即在所谓的极压条件下，防止摩擦面发生烧结、擦伤的能力而使用的含硫、磷、氯等的有机化合物活性物质的添加剂物质，如氯化石蜡、硫化烯烃等。在高温、高压下易分解，分解后产物与金属表面起化学反应，生成熔点低、吸附性强的氯化铁、硫化铁薄膜。由于这些薄膜的熔点低，易熔化，且具有层状结构，因此在较高温度下仍然起润滑作用，如图5-14所示。

② 油性剂是指为提高润滑剂减少摩擦的性能而使用的天然酯、醇、脂肪酸、动物油脂等添加剂物质。这些物质都含有羧类（—COOH）活性基，活性基通过与金属表面的吸附作用，在金属表面形成润滑膜，起润滑和减磨作用。

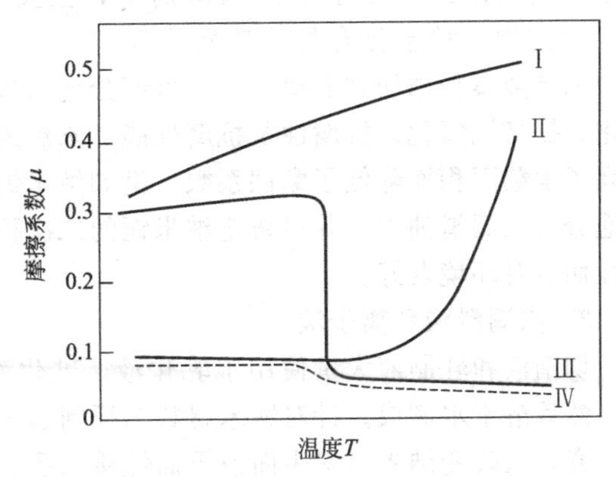

图5-14 各种润滑剂的效果

Ⅰ—矿物油；Ⅱ—脂肪酸；Ⅲ—极压剂；Ⅳ—极压剂加脂肪酸

③ 抗磨剂是指为提高润滑剂在轻负荷和中等负荷条件下能在摩擦表面形成薄膜，防止磨损的能力而使用的添加剂，常用的有硫化油脂、磷酸酯、硫化棉籽油、硫化鲸鱼油等，这些硫化物可以在S—S键处分出自由基，然后自由基与金属表面起化学反应，生成抗腐蚀、减磨损的润滑油膜，起到抗腐、减磨作用。

④ 防锈剂是一种极性很强的化合物，其极性基团对金属表面有很强的吸附力，在金属

表面形成紧密的单分子或多分子保护层，阻止腐蚀介质与金属接触，起到防锈作用。此外，溶解防锈剂的基础油，可在防锈剂吸附少的地方进行吸附，深入到防锈添加剂分子之间，借助范德华力与添加剂分子共同作用，使吸附膜更加牢固；并且基础油还可以与添加剂形成浓缩物，从而使吸附膜更加紧密。总之，基础油的这些作用，有利于保护吸附分子，保持油膜厚度，起到一定的防锈作用。最常用的防腐蚀剂如：磺酸钡、磺酸钙、改性磺酸钙、硼酸胺等，当加入润滑油后，在金属表面形成吸附膜，起隔水、防锈的作用。

5.7.5 先进润滑剂

为了减少摩擦，人们不断改进润滑剂的性能和研制新的润滑剂。下面就当前几种比较先进的常见润滑剂进行简单阐述。

1）环境友好润滑剂

随着润滑剂的广泛使用，润滑剂在使用过程中能通过各种途径进入环境中，从而造成环境污染。目前全世界使用的润滑剂中，除一部分由机械运转正常消耗掉或部分回收再生利用外，在装拆、灌注、机械运转过程中仍有4%～10%的润滑剂流入环境。环境友好润滑剂应运而生。

环境友好润滑剂是一类生态型润滑剂，是指润滑剂既能满足机械设备和生产的使用要求，又能在较短时间内被活性生物（细菌）分解为CO_2和H_2O，润滑剂及其损耗产物对生态环境不产生危害，或在一定程度上为环境所容许。

2）微纳米润滑材料

微纳米润滑材料是微纳米材料与润滑技术相结合，制备出的同时具有减摩、抗磨和修复功能的润滑材料。微纳米自修复技术是机械设备智能自修复技术的主要研究内容之一，它是指在不停机、不解体状况下，以液体或半固体润滑剂为载体将微纳米材料输送到装备摩擦副表面，并通过摩擦副之间产生的摩擦机械作用、摩擦化学作用、摩擦电化学作用等交互作用，使微纳米材料与摩擦副材料和润滑剂之间产生复杂的物质交换和能量交换，最终在零部件磨损表面原位生成一层具有耐磨、耐腐蚀、耐高温或超润滑等特点的保护层，实现设备磨损表面的动态自修复。现有的微纳米润滑材料多以添加剂的形式存在于液体润滑剂中，主要有微纳米单质粉体、硫属化合物、氢氧化物、氧化物、稀土化合物、硅酸盐等。

纳米金属粉添加到润滑油中，可部分地渗入到摩擦表面，改变表面结构，使其硬度发生变化，提高抗氧化、抗腐蚀及抗磨性能。未渗入的纳米金属粉则填充到摩擦表面的凹凸处，提高了承载面积而降低了摩擦系数。例如纳米铜添加剂，纳米铜的表面改性工艺能均匀、稳定地分散在润滑油中，并可防止纳米铜的二次积聚和沉淀。纳米铜是一种无机润滑剂，无腐蚀性而且对环境友好。

3）水润滑液和离子液

切削液和轧制液大量使用水乳化液，乳化液的制备是在润滑油中加入大量的表面活性剂，然后溶于水制成。针对纳米材料本征问题——表面或界面问题的二元协同纳米界面材料的研究，从改变纳米材料表面或界面性质入手，实现性质不同材料的界面重组，可将油和水这两类不管在宏观还是微观尺度上都完全不相溶的材料界面性质加以改变，使其相溶，由此制备出性能更加优异的金属加工乳化液。

离子液体的快速发展产生了许多具有应用价值的新型离子液体。目前，离子液体作为绿色溶剂已广泛应用于合成、催化和分离等许多领域以替代传统有机溶剂。由于离子液体具有低熔点、低蒸气压、极性可调和安全稳定等诸多特性，可作为一种潜在的高效、通用型润滑

剂。离子液体本身带有负电荷，在摩擦过程中很容易与摩擦副的正电荷点结合，形成稳定的过渡态，而且这种过渡态的构型非常有序，能形成有一定厚度的不易被切断的边界润滑膜；从极性来说，离子液体具有两重性，遇极性物质表现极性，遇非极性物质表现非极性，因此可与各种表面作用形成保护膜，从而可承载高负荷，降低摩擦系数和磨损率。例如，含磷酸酯的离子液体因可与铝形成五元或六元配合物，导致二者的结合能力更强，从而在基底上形成致密的化学吸附层，减缓了对铝的腐蚀，提高了润滑性能，解决了烷基咪唑类离子液体在较高载荷下作为钢/铝摩擦副润滑剂时对铝基体的腐蚀磨损问题。

5.8 金属塑性加工中常用的摩擦系数和润滑方法的改进

5.8.1 金属塑性加工中常用的摩擦系数

润滑剂对摩擦系数的影响集中归结到润滑剂所能起到的防黏降磨作用以及减少工模具磨损作用的程度上。以下介绍不同塑性加工条件下摩擦系数的一些数据，可供使用时参考。

① 热锻时的摩擦系数，见表 5-2。

② 磷化处理后冷锻时的摩擦系数，见表 5-3。

③ 拉伸时的摩擦系数，见表 5-4。

④ 热挤压时的摩擦系数，钢热挤压（玻璃润滑时）为 0.025～0.05，其他金属热挤压见表 5-5。

表 5-2 热锻时的摩擦系数

材料	不同润滑剂的 μ 值					
	坯料温度/℃	无润滑	润滑			
$45^{\#}$钢	1000	0.37		0.18(炭末)		0.29(机油石墨)
	1200	0.43		0.25(炭末)		0.31(机油石墨)
锻铝	400	0.48	0.09 (汽缸油＋10%石墨)	0.1 (胶体石墨)	0.09 (精制石蜡＋10%石墨)	0.16 (精制石蜡)

表 5-3 磷化处理后冷锻时的摩擦系数

压力/MPa	μ 值			
	无磷化膜	磷酸锌	磷酸锰	磷酸铬
7	0.108	0.013	0.085	0.034
35	0.068	0.032	0.07	0.069
70	0.057	0.043	0.057	0.055
140	0.07	0.043	0.066	0.055

表 5-4 拉伸时的摩擦系数

材料	μ 值		
	无润滑	矿物油	油＋石墨
08 钢	0.2～0.25	0.15	0.08～0.1
12Cr18Ni9Ti	0.3～0.35	0.25	0.15
铝	0.25	0.15	0.1
杜拉铝	0.22	0.16	0.08～0.1

表 5-5 热挤压时的摩擦系数

材料	μ 值					
	铜	黄铜	青铜	铝	铝合金	镁合金
无润滑	0.25	0.18～0.27	0.27～0.29	0.28	0.35	0.28
石墨＋油	比上面相应数值减低 0.03～0.035					

5.8.2 润滑方法的改进

为了减小金属塑性成形时的摩擦和磨损，改进润滑方法也是一个很重要的问题。下面就当前几种常见的改进的润滑方法进行简单阐述。

1）流体润滑

在线材拉拔、反挤压、静液挤压和充液拉深等工艺中，通过模具的特殊设计，使润滑剂能够起到良好的润滑效果，实现流体润滑作用。5.9.3 和 5.9.4 中将做进一步阐述。

2）表面处理

(1) 表面磷化-皂化处理　冷挤压、冷拉拔钢制品时，表面磷化-皂化处理能够起到良好的润滑作用。磷化处理就是将经过去油清洗，表面洁净的坯料放置于磷酸锰、磷酸锌或磷酸铁等溶液中，使金属与磷酸盐相互作用，生成不溶于水且与坯料牢固结合的、能短时间经受400～500℃工作温度的磷酸盐膜层，这种在坯料表面上用化学方法制成的磷化膜的厚度约在10～20μm之间，呈多孔状态，对润滑剂有吸附作用，它与金属表面结合很牢，而且有一定塑性，在塑性加工时能与坯料一起变形。为了加速磷化反应，往往加入少量硝酸盐、亚硝酸盐或氯酸盐等催化剂，一般在处理时都是将固体或液体的化学原料用水稀释成溶液状态以浸渍法或喷洒法来进行。磷化处理后的坯料要经过皂化处理，即将磷化处理后用清水冲洗干净的坯料投入皂化处理液中，利用硬脂酸钠或肥皂与磷化层中的磷酸锌反应生成硬脂酸锌，在挤压中起润滑作用。磷化-皂化经干燥处理后就可进行冷挤压。在磷化处理后，也可再用二硫化钼拌猪油或羊毛脂进行润滑处理，如使用3%～5%二硫化钼与95%～97%羊毛脂的混合物。

(2) 表面氧化处理　对于一些难加工的高温合金，如钨丝、钼丝、钽丝等，在拉拔前，需进行阳极氧化或氧化处理，使这些氧化生成的膜，成为润滑底层，对润滑剂有吸附作用。

(3) 表面镀层　电镀得到的镀层，结构细密，纯度高，与基体结合力好。目前常用的是镀铜，坯料经镀铜后，镀膜可作为润滑剂，其原因是镀层的屈服强度比零件金属小得多，因此，摩擦也较小。

5.9 金属塑性加工中摩擦与润滑的实践应用

5.9.1 锻造工艺中的摩擦与润滑

锻造是一种间歇变形工艺过程，锻造过程中的摩擦与润滑，很少有稳定状态，在研究时通常采取瞬间状态进行处理。为了提高工件质量和工模具寿命、降低生产成本，有必要不断地研制、开发锻造新工艺和新型润滑剂。

1）锻造工艺中的摩擦特点

镦粗是最基本的一种锻造方式，是用冲击压力将处于锤头与砧座之间的金属坯料压短，由于体积不变而导致在坯料侧表面金属可向各方向变形从而横向尺寸增大的一种锻造过程。摩擦改变锻件应力状态，使变形力和能耗增加，引起应力分布不均匀和工件变形。

以平锤圆柱体试样镦粗为例，当无摩擦时，为单向压应力状态，即 $\sigma_s=\sigma_1$；而有摩擦时，则呈现三向应力状态，为了评价中间主应力 σ_2 对金属屈服的影响，常用罗德应力参数 μ_σ 将 Mises 屈服准则写成：

$$\sigma_1-\sigma_3=(2/\sqrt{3+\mu_\sigma^2})\sigma_s \tag{5-25}$$

即

$$\sigma_1=\sigma_3+\beta\sigma_s \tag{5 26}$$

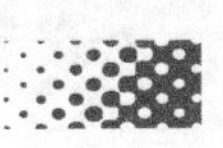

式中，$\beta=2/\sqrt{3+\mu_{\sigma}^{2}}$；$\sigma_1$ 为主变形力；σ_3 为摩擦力引起的变形力。若接触面间摩擦越大，则 σ_3 越大，即静水压力愈大，所需变形力随之增大，从而消耗的变形功增加。此外，接触面中心受摩擦影响大，远离接触面的边缘部分受摩擦影响小，最后工件变成鼓形。同时，摩擦使接触面单位压力分布不均匀，由边缘至中心压力逐渐升高。变形和应力的不均匀，直接影响产品的性能，降低产品的合格率。

2）锻造工艺中的润滑特点

(1) 锻造用润滑剂的作用

① 降低锻造负荷；

② 促进金属在模具中流动；

③ 防止模具卡死；

④ 减少模具磨损；

⑤ 在工件和模具间进行冷却；

⑥ 便于工件脱模。

(2) 锻造润滑剂的分类

锻造润滑剂的选择取决于多种因素，其中主要考虑锻造温度、锻造速度、变形的难易程度以及模具表面粗糙度等。锻造润滑剂的分类标准有多种，常用的分类方法如下。

① 传统分类法　若按传统的分类方法则可分为石墨系和非石墨系两大类，每一类都有水溶性和油活性两种。目前石墨类润滑剂因为润附性好、价廉易得而广泛应用于锻造加工，但是，石墨色黑粒小易扩散，会污染环境，且有害工人的身体健康，因此，在环保和身体健康要求日益严格的情况下，人们正在开发非石墨系的锻造润滑剂。目前，在一些发达国家已有逐渐取代石墨系润滑剂的趋势。

② 按原材料分类法　若以原材料分类则可分为以下几类。

a. 固体润滑剂。主要包括石墨和二硫化钼、氮化硼、云母、滑石粉等，它们润滑性、耐热性极佳，既可单独作锻造润滑剂，也可制备成乳状液使用。

b. 高分子润滑剂。主要包括四氟乙烯、合成蜡和三聚氰胺树脂等。它们在较低温度条件下具有优良的润滑性；但在 300～400℃条件下开始分解，因此高温锻造时应防止发生火灾。

c. 金属盐类润滑剂。主要指钙、钾、钠、铝和锌等金属的脂肪酸盐，它们常混合使用。其中以羧酸钾和羧酸钠等的水溶性白色润滑剂使用最为广泛。

d. 矿物油型润滑剂。一般使用含有极压剂等添加剂的高黏度润滑油。由于在高温下容易着火，常做成乳化液，以增加使用的安全性和减少对环境的污染。

③ 按锻造温度分类法　按照锻造工艺的锻造温度，可以分为：冷锻用润滑剂、温锻用润滑剂和热锻用润滑剂。

5.9.2 轧制工艺中的摩擦与润滑

轧制加工主要应用在生产各种规范的坯料、管材、型材，是金属材料生产的主要加工工艺之一。

1）轧制工艺中的摩擦特点

(1) 轧制过程中的金属材料滑动特点

在轧制过程中一般都存在坯料的前滑、后滑现象，所谓的前滑是指轧件的出口速度大于该处轧辊圆周速度的现象。后滑是轧件入口处的速度小于轧辊在入口断面上水平速度的现象。前、后滑区的交界面称为中性面。在前滑区内的摩擦力指向轧制的反方向；而后滑区内

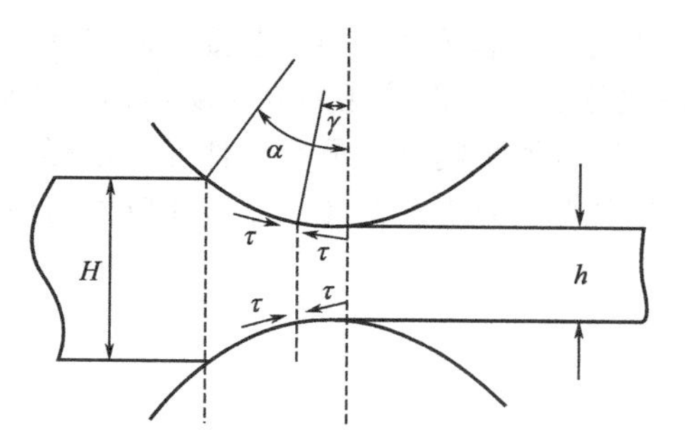

图 5-15 金属板料的轧制加工状态

的摩擦力指向轧制方向，即前、后滑区的摩擦方向相反，如图 5-15 所示。图中 γ 为中性角，表示中性面与轧辊重力垂线的夹角；α 为咬入角，表示轧件与轧辊相接触的圆弧所对应的圆心角。

在简单轧制条件下，中性角 γ 主要受摩擦系数的影响，在带张力轧制条件下，还要受前、后张力的影响。同时，在变形区内，改变相对滑动方向的界限不是一条线，而是一个区段，在这段长度上，后滑结束，而前滑还未开始，此段称为黏着区。这样，变形区将由前、后滑区和两者之间的黏着区等三部分组成。这种按轧件与辊面的相对滑动特性将变形区分为几个区段的情况在一般的金属材料塑性加工工艺中是少见的。并且，轧制过程将产生相当多的摩擦热量，从而对生产特性和产品质量带来严重影响。因此，要求润滑剂在起到润滑作用的同时，还必须对轧辊起到足够的冷却作用。此外，相对滑动速度的不断变化和在轧制过程中滑动方向颠倒，对解决摩擦和润滑技术问题增加了不少困难。

(2) 摩擦条件对轧制过程影响的复杂性

摩擦条件对轧制过程具有多方面的影响。目前对摩擦条件的研究，最终都归结为对摩擦系数的研究。摩擦系数的大小，与轧件和轧辊的材质与表面状态、变形量、轧制速度和润滑状态等一系列因素有关。因此其本身对轧制过程的影响是相当复杂的，而且，它又与应力状态的其他因素之间相互影响，从而使问题更趋复杂。例如，在用相同的坯料厚度 H、压下量 Δh 和不同辊径 D 的轧辊轧成相同厚度 h 轧件的条件下，当辊径 D 较大时，使金属材料的接触弧较长，摩擦路径增长，单位压力也增大，从而使摩擦力加大；而随着辊径 D 的减小，咬入角 α 将增大，轧辊压力的垂直分量随之减小，使单位压力减小，同时又使摩擦路径缩短，则会减小摩擦的影响。因此，辊径的大小除了对工具形状产生影响外，还对摩擦条件产生影响。

事实上，在大多数情况下，除了外部张力因素以外，其他因素的影响都混合在一起，很难彻底分清。

(3) 变形区内摩擦状态的复杂性

目前，普遍认为润滑轧制的大多数情况属于混合摩擦状态，即变形区内同时存在着干摩擦、边界摩擦和流体摩擦等区域。因此，轧制过程的摩擦状态比机械传动的摩擦状态复杂得多。

测定结果表明，摩擦系数沿接触弧呈不均匀分布状态。在生产过程中，任一个工艺条件的变化都会引起摩擦系数的波动。在润滑轧制条件下，很难确定各种摩擦状态在变形区内所占面积的比例，从而难以对摩擦系数进行精确的估计，而且随着轧制条件的波动和变化，摩擦状态会从一种形式转变为另一种形式，即各种摩擦状态所占变形区面积的比例会不断地发生变化。在所有的理论研究中，几乎都需要作出各种简化，大都假定摩擦系数沿接触弧均匀分布，取其平均值。另一方面，在工程应用中，摩擦系数大都是根据实测统计值进行选取。

(4) 温度对摩擦的影响

金属材料在轧制过程中，摩擦系数始终处于波动之中，给操作和产品质量控制带来很大困难。在冷轧的条件下，尤其在高速冷连轧过程中，强烈的热效应现象可使变形区内的温度高达 100～200℃，这样高的温度除了影响轧件的表面状态之外，还会影响润滑剂的吸附、

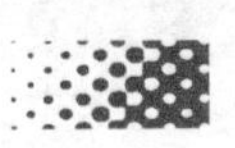

解吸附性能以及加速化学反应等，直接影响润滑剂的润滑效果及其老化过程。在轧制过程中，润滑剂所承受的恶劣条件，在一般的金属塑性加工工艺中是少见的。因此，在润滑剂的研制和使用中，都必须考虑这一特点。

(5) 有效摩擦与剩余摩擦

① 有效摩擦　能够维持轧件匀速前进的最小摩擦力称为有效摩擦力。金属坯料与轧辊之间必须存在有效摩擦力，否则无法实现金属材料的轧制加工。摩擦力太小，将会产生打滑现象，而摩擦力太大，将会产生前滑现象。既不产生打滑，又不产生前滑现象时的摩擦系数称为最小允许摩擦系数，研究最小允许摩擦系数对于理论研究和指导生产实践都具有重要的实际意义。

② 剩余摩擦　为了阐述这个问题，先引入摩擦角的概念。摩擦角就是轧制过程中作用在轧件上的正压力 P 与摩擦力 T 的合力 R 和正压力 P 之间的夹角。如图 5-16 所示，图中 α 和 β 分别表示咬入角和摩擦角，自然咬入的条件为 $\alpha>\beta$，稳定过程的条件为 $\beta\geqslant0.5\alpha$。可见，咬入过程对摩擦条件的要求比稳定过程的要求高出一倍以上。显然，稳定过程中有一半以上的摩擦是多余的，多余部分的摩擦称为剩余摩擦。

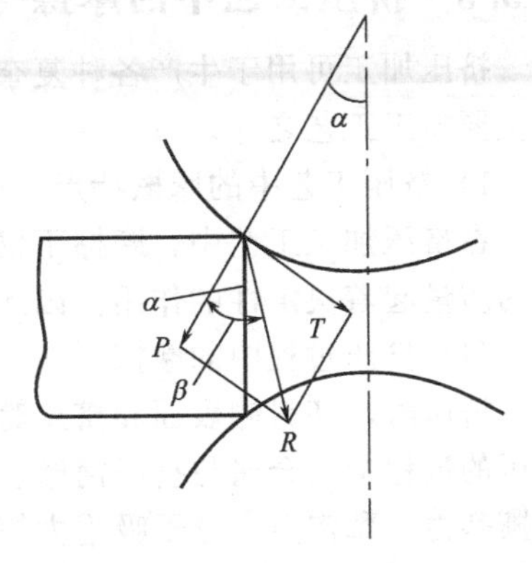

图 5-16　摩擦角示意图

在稳定轧制过程中，为了维持受力的平衡关系，有效摩擦力与金属的径向压力相平衡，剩余摩擦必须以另一种方式消耗掉，其中一部分推动靠近出口一定区段的金属，使其流动速度大于轧辊的线速度，即产生前滑，另一部分用来平衡前滑区的摩擦力。

2) 轧制工艺中润滑特点

(1) 轧制工艺中对润滑剂的特殊要求

通常，对于轧制工艺而言，由于接触压力大，材料的成形温度也高（尤其是热轧工艺），所以对所采用的润滑剂功能就提出了更高的要求，具体要求如下：

① 有效地减少轧辊和轧件之间的摩擦力，并控制摩擦系数。

② 在轧制过程中有效减轻轧制负荷，实现最大的压下率。

③ 保证轧制产品表面光泽并无污斑。

④ 冷却轧辊以保持轧辊的形状精度。

⑤ 降低摩擦，减少动力消耗。

⑥ 保证油膜的强度和润滑性能，减少轧辊的磨损。

⑦ 湿润轧制产品，提高轧制产品的表面质量和轧制效率。

⑧ 保证不粘辊，不焖辊。

⑨ 防锈性好且无腐蚀，防止工序间轧制件锈蚀。

(2) 常用润滑剂的基本组分

润滑剂通常由基剂、油性剂、极压剂以及用于特殊目的的各种添加剂组成。

① 基剂。基剂是润滑剂主体成分，用于混合各种添加剂。常用的基剂有水、矿物油、动植物油、酒精和苯等。

② 油性剂。油性剂用以改善润滑剂的性能，使金属材料与模具之间能形成边界润滑状态。常用的油性剂有油酸、脂肪酸、动植物油、乙醇及蜂蜡等。一般油性剂适于在温度140℃以下的环境使用，超过该温度，油性剂容易发生解吸，从而破坏边界润滑状态。

润滑剂油膜强度取决于润滑油中的某些分子与金属表面的吸附作用和亲和作用。由于不同润滑剂中这些分子的组成和结构不同，而其吸附力也有所不同。例如，油酸对金属表面的吸附能为 71128J/（g·mol），而一些非极性的如烷烃的吸附能则仅为 7113J/（g·mol）。吸附能大，其油膜比较坚固；吸附能小，则油膜不牢。油膜强度也受摩擦部分的金属化学成分的影响，例如，在由铁、铜、铅、锌、锡所组成的轴或轴承上形成的油膜强度，比在含镍、铬等的轴承上的油膜强度大得多。研究表明，润滑油的分子中的碳原子数有 10％～15％为环，并有 85％～90％为烷基侧链，少环长侧链的环带烷属烃，即带有长侧链和 1～2 个环结构的烃的润滑油的油性最好，且黏温性质也好，而多环的环烷或芳烃的油性较差。特别是含有硫、氧的长侧链少环烃类的油性最好，因为硫、氧等极性分子与摩擦金属表面的吸附力最大，而所形成的油膜也最强，但由于这些含极性基的化合物的抗氧化安定性较低，在使用过程中易于氧化或叠合，成为胶质而失去润滑性，因而对这类化合物的添加量一般不宜太多。

5.9.3 挤压工艺中的摩擦与润滑

挤压加工可用于生产各种复杂断面实心型材、棒材、空心型材和管材，是金属材料生产的主要加工工艺之一。

1）挤压工艺中的摩擦特点

在挤压加工工艺中，摩擦不仅对金属的流动和总挤压力有很大的影响，而且还对挤压制品的质量起着决定性的作用。因此必须对挤压过程中的摩擦问题引起足够的重视。

（1）挤压过程中的摩擦

挤压时，坯料侧表面和挤压筒壁之间的摩擦是影响金属流动的最主要的因素之一。正常挤压的过程中，金属与挤压筒壁、模具压缩锥面和定径带之间为相对滑动，摩擦力由黏着点的撕裂力、犁沟力、分子吸附力等组成。此时，可近似认为各自的摩擦系数为常数，摩擦应力与正应力成比例。随着变形条件的变化，位于变形“死区”的金属与挤压筒壁和模壁发生黏合而无相对滑动，金属变形发生在弹性变形“死区”形成的压缩锥，而与变形金属之间，以金属内部沿金属压缩锥面的剪切变形的方式进行。这时，摩擦力为常数（即等于金属材料的屈服剪应力），不再受压应力的影响。当摩擦力为常数时，摩擦系数则要随着正应力的变化而变化，即摩擦系数随着正应力的增加而减小。在静液挤压时，由于变形金属与模具之间存在一层高压工作液体，形成液体润滑状态，摩擦力的大小只取决于润滑剂的黏度和相对滑动速度。

在挤压过程中，变形区的几何参数也会对摩擦系数产生很大影响，随着模具入口锥角的增加，金属流动的状态会发生改变，使金属与模具表面的滑动逐渐转变为变形金属表层的剪切变形，外摩擦变成内摩擦，摩擦系数增大。在挤压异型材时，模孔形状复杂，一套模具上的模孔数目越多，金属塑性变形时的摩擦力就越大。

（2）摩擦在挤压工艺中的作用

① 摩擦使金属在挤压过程中流动不均匀，从而导致挤压件内部组织、力学性能不均匀和缩尾、表面裂纹以及波浪、翘曲和歪扭等外形质量缺陷。

当挤压筒壁与变形金属之间的摩擦应力达到一定程度时，外层金属的运动受阻，使挤压筒壁与坯料之间的相对滑动减小，坯料的次表面出现滑动，即金属的内部相互间滑动；当摩擦应力足够大时，外层金属与挤压筒壁完全黏合在一起，而使坯料的次表层发生剪切变形。摩擦力越大，坯料中心和外层金属的变形率差值也越大，从而使挤压制品横断面的中心区和外层区组织的形成条件不同，分别生成细晶环和粗晶环，导致横向的组织和性能的不均匀。在挤压过程中，随着金属坯料的逐渐变短，金属沿径向流动速度的增加导致金属的变形硬化、摩擦力和挤压力都增加，从而引起了作用在挤压筒上的正应力和摩擦应力的增加，促使

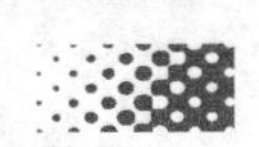

外层金属向坯料中心流动，从而使金属的流动逐渐地由平流阶段向挤压终了时的紊流阶段过渡，造成制品纵向的组织和性能的不均匀。

当金属流动完全进入紊流阶段之后，死区与塑性流动区界面因剧烈滑移使金属受到剧烈的剪切变形而断裂，表面层带有氧化物、各种表面缺陷及污物的金属，会沿着断裂面而流出，与此同时，死区的金属也逐渐流出模孔包覆在制品的表面上，形成皮下缩尾，或者起皮。

当模具与金属之间的外摩擦很大时，就会导致内部金属流动速度快，外部金属流动速度慢，从而在外部金属中出现附加轴向拉应力，内部金属出现附加轴向压应力。与轴向主应力叠加后，在变形区压缩锥部分有可能改变应力性质，使轴向主应力变为拉应力。当这个拉应力超过金属的变形抗力时，金属制品表面就会出现周期性裂纹。

在型材挤压时，除因型材断面复杂而造成金属流动失去对称性，使型材件薄壁部分出现波浪、翘曲、歪扭以及充不满模孔等缺陷之外，同时由于金属与模壁之间的摩擦对金属的流动也起着阻碍作用，若在某一部位不适当地增加了模具定径带长度，也可以使该处的摩擦阻力加大，流动的金属内的流体静压力增加，迫使金属向阻力小的部分流动，从而破坏了型材断面上金属的均匀流动，这同样可能使挤压制品上出现裂纹、波浪、翘曲和歪扭等缺陷。

② 摩擦对模具、生产过程和生产设备的影响。

摩擦加快了模具的磨损，缩短了模具的使用寿命。摩擦增加了从模具中取出挤压件的困难，有时会产生工件的粘模现象，影响正常生产。挤压使材料处于三向压应力状态，可以最大限度地发挥出金属材料的塑性，成形零件的硬度、强度均有不同程度的提高，但三向压应力使得变形力及变形功增加，需要较大吨位的设备。

③ 摩擦在挤压工艺中的有益作用。

在挤压过程中，摩擦的存在会给变形过程带来一定的麻烦和不利的影响。但在某一特定条件下，摩擦却对挤压工艺有益，对此部位在保证不发生黏着的前提下，希望增加摩擦力。例如在挤压的最后阶段，当挤压力变得很大时，坯料后端的金属趋于沿挤压坯料端面流动，产生缩尾。此时，若金属与挤压坯料的摩擦减小，金属就越容易向内流动，产生的缩尾就越长。因此，为减小缩尾，有时还在金属与挤压坯料之间放置石棉垫片或在挤压坯料上车削出一些同心环以增大摩擦系数。

为了利用摩擦，人们研究出了有效摩擦挤压法，该方法的特点在于挤压筒前进的速度比挤压轴前进的速度快，从而使坯料表面上的摩擦力方向指向金属流动方向，使摩擦力产生有效作用。当速度系数选择适当时，有效摩擦作用可完全消除挤压缩尾现象。该方法与正向无润滑挤压相比，能降低15%～20%的挤压力，并能在较低的挤压温度下进行，并提高金属流出速度和制品成品率，改善制品质量。

另一个利用挤压过程中的摩擦的例子是Conform连续挤压法，如图5-17所示，当从挤压型腔的入口端连续喂入挤压坯料时，由于它的三面是向前运动的可动边，在摩擦力的作用下，轮槽咬着坯料，并牵引着金属向模孔移动，当夹持长度足够长时，摩擦力的作

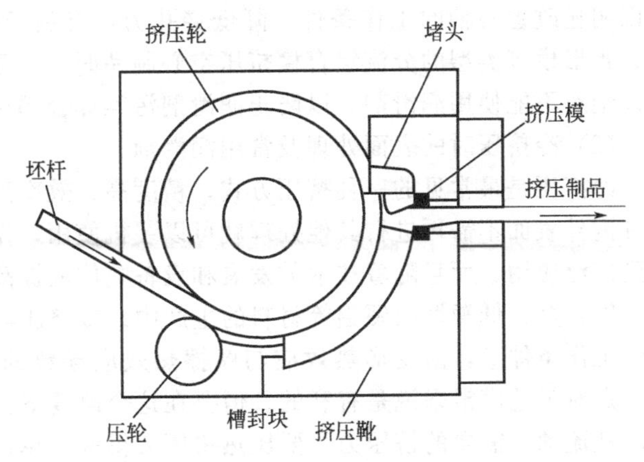

图5-17 Conform连续挤压原理

用在模孔附近产生高达 $1000N/mm^2$ 的挤压应力和高达 400～500℃的温度，使金属从模孔流出。可见 Conform 连续挤压原理上十分巧妙地利用了挤压轮槽壁与坯料之间的机械摩擦作为挤压力。同时，由于摩擦热和变形热的共同作用，可使铜、铝材挤压前无需预热，直接喂入冷坯（或粉末粒）而挤压出热态制品，这比常规挤压节省 3/4 左右的热电费用。此外因设置紧凑、轻型、占地小以及坯料适应性强，材料成材率高达 90%以上。目前广泛用于生产中小型铝及铝合金管、棒、线、型材的生产上。

2）挤压工艺中的润滑措施

研究挤压工艺的润滑措施时，必须根据不同的挤压工艺过程、被加工金属的性质和对制品的要求，来选择不同的挤压润滑剂、润滑部位和润滑方法，以便达到提高模具使用寿命和产品质量的目的。

（1）润滑剂在挤压工艺中的作用及相应措施

如上所述，挤压时，摩擦能够产生许多不利影响，若采用合理的润滑工艺，减少挤压坯料与挤压筒及模孔间的摩擦力，减少金属流动的不均匀性，从而防止或减少这些不利现象的产生。

挤压的工艺润滑作用可以降低摩擦系数和挤压力；扩大挤压坯料的长度；改善挤压过程中金属流动的性质，减少不均匀性；防止金属与模具的黏着；减小制品中的挤压应力等。同时，它还起到对挤压坯料的保温或绝热的作用，以改善工模具的工作条件，提高挤压速度，减小模具的磨损，延长模具使用寿命，降低力能消耗，提高挤压制品的成品率和表面质量等。

挤压过程中一般都要对挤压模具进行润滑，但需要指出的是，由于模具对制品的表面有一种抛光作用，若模具上存有过量的润滑剂会增大挤压制品的表面粗糙度，所以在挤压某些对表面光洁度要求高的制品时，还应该限制使用润滑剂。

挤压筒壁与金属坯料之间的润滑应根据它们之间的运动情况来确定，若存在相对运动（如正挤压），应该对挤压筒壁进行润滑；若不存在相对运动（如反挤压），则可以不考虑润滑问题。静液挤压时金属与挤压筒壁之间不直接接触，且挤压液体本身也起到润滑作用，因此可以不采用专门的润滑。而对于连续挤压、有效摩擦挤压等方法，则需要利用金属与挤压容器之间的摩擦力，所以更不能使用润滑剂。

应该注意的是：为了避免形成挤压缩尾或防止挤压缩尾扩大，必须减小金属沿挤压坯料端面的流动。因此，不要润滑挤压坯料端面，在设计挤压工艺和模具时还应该采取措施防止润滑挤压筒壁的润滑剂因各种其他原因错误地进入坯料端面。

对于空心型材的挤压过程，如果用穿孔挤压或是带心轴的挤压方式，对心轴部位的润滑可以明显改善心轴的工作条件，降低穿孔力，有利于挤压过程的正常进行。但是在用桥式模、舌形模等类型的分流组合模挤压空心制品时，由于金属流体必须在焊合腔中重新焊合，所以绝对不能使用润滑剂，以防止润滑剂污染焊合部位，使焊合质量降低，产生废品。

（2）冷挤压时的表面处理及常用润滑剂

冷挤压是最常见的一种挤压方式，精度高、效率高，一般不需要机械加工，如冷挤压杯状件内外表面不需再进行其他处理就可以装机使用，作为一种切屑少或无的塑性成形方法已得到广泛应用，而且随着技术的发展和设备吨位的提高，这种技术已扩大到不锈钢、低合金钢、铜合金、低塑性的硬铝等材料的生产中。冷挤压与热挤压相比，挤压温度较低，即使在连续工作条件下，由变形热效应与摩擦热效应导致的模具温度通常也不超过 200～300℃，这一点对工艺润滑来说是有利的。但要在这个温度下，使处于凹模内的金属产生变形时必要的塑性流动所需要的挤压力，要比热挤压大得多，单位压力一般可达 200～2500MPa，甚至更大，而且这种高压持续时间也较长。由于冷挤压使变形金属产生强烈的冷作硬化现象，又会导致变形抗力的进一步增加。此外，由于冷挤压时的变形量很大，新增加的表面多，新生

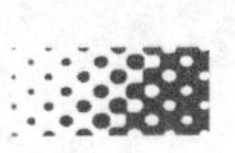

金属与模具表面很容易发生黏着，使润滑条件恶化，影响坯料的成形、制品的质量和模具寿命。所以，要求冷挤用润滑剂具有能显著降低摩擦力，在一定温度和高压下仍能保证良好的润滑性能，有很好的延展性以及使用时操作方便、无毒、无怪味，并且价格便宜等特点。

为了达到所要求的润滑性能，在冷挤压实际生产中，必须对坯料进行专门的表面处理和润滑处理，其方法主要有以下几种：

① 磷化-皂化处理，这种方法主要用于能与磷化液发生作用的金属（如钢）的冷挤压过程。

② 根据被挤压金属的性质选用不同的润滑剂，直接进行润滑处理，这种方法适用于大部分有色金属挤压。某些有色金属，如黄铜、紫铜、无氧铜和锡青铜等，在冷挤压前一般先经过钝化处理，然后再涂润滑剂。

③ 对硬而脆的有色金属进行冷挤压时，生产中需要采用其他表面处理方法。如镍在镀铜后采用紫铜的润滑处理；又如硬铝采用氧化处理、磷化处理或氟硅化处理。

④ 20世纪80年代以来，国内外对冷挤压加工使用的润滑剂进行了大量研究工作。各种新型挤压润滑材料相继问世，如英国D. Blake等人采用聚硫橡胶代替磷系挤压润滑剂，取得了较好效果。美国杜邦公司发明一种具有低摩擦系数的全氟聚合物，将金属坯料在室温下浸入该物质中，浸泡1min后取出，室温下10s内即蒸发掉大部分溶剂。在坯料表面留下一层很薄的润滑剂即可进行冷挤压加工，对不同种钢材进行试验，其冷挤压效果均超过磷化-皂化法。

(3) 温挤压时的表面处理及常用润滑剂

温挤压是在冷挤压基础上发展起来的，其挤压温度在挤压金属的再结晶温度以下，挤压金属材料在变形后将产生冷作硬化。与冷挤压相比，温挤压具有变形抗力较小，变形较容易，模具寿命较长的优点；与热挤压相比，氧化和脱碳的可能性较小，产品的尺寸精度和表面状态好，强度性能比退火材料要高。由于温挤压的这些特点，它除要求润滑剂具有一般挤压润滑剂的共同特点外，还要求润滑剂在大约800℃以下的温度范围内性能基本保持不变。

常用的温挤压润滑剂有：石墨、二硫化钼、二硫化钨、氟化石墨、氮化硼、聚四氟乙烯、氧化铅、金属粉（铅、锡、锌、铝和铜等）和无机化合物（滑石、云母、玻璃粉和瓷釉）等。

(4) 热挤压时的表面处理及常用润滑剂

热挤压是对金属在再结晶温度以上的某个合适温度范围内进行的挤压加工。热挤压时，变形抗力比较低，但由于变形温度相对较高，对润滑剂的热稳定性能和保温绝热性能提出了更高的要求。目前，热挤压工艺通常采用如下几种润滑方式：

① 无润滑挤压　无润滑挤压也称自润滑挤压，即在挤压过程中不采用任何工艺润滑措施，这种挤压方法主要应用于某些在高温下氧化物比基体金属软的金属（金属的氧化层就可作为一种良好的自然润滑剂）或变形抗力较低的软合金。如：纯铜在750～950℃的温度下，既可不加润滑剂，也可不进行扒皮挤压就可以顺利地挤制出产品。铝及铝合金在500～550℃的温度下挤压，通常都不进行润滑。金、镁等金属也都属于这一类可以自润滑的金属。

无润滑挤压挤出的制品表面较为光亮，与平模结合使用可以在一定程度上避免由于坯料夹带氧化皮和润滑剂而在制品表层或表面形成的缺陷。但是，它也容易划伤制品表面，在挤压黏附性较强的金属和合金（如铝和铝青铜等）时，易形成黏膜，从而使模具寿命下降；它与润滑挤压相比，延伸率较低，制品的组织性能均匀性较差，能耗较大。

② 油基润滑挤压　油基润滑剂主要是以某种润滑油脂为基础，加入适量的石墨、二硫化钼、盐类等固体润滑剂和其他添加剂配制成的具有良好高温性能的混合物。需要注意的是，应根据各种金属的挤压工艺和润滑部位的不同，配制不同性能的润滑剂，将配好的油基润滑剂直

接涂在需要润滑的部位后，进行润滑挤压。油基润滑剂的使用效果较好，制备较容易，便于调节性能，使用方便，运用较广。但是，在使用中会产生燃烧或烟雾，某些物质（如铅等）在燃烧时会分解出大量有毒气体，应设有良好的通风设备。此外，对这类润滑剂最好应随环境温度的变化，适当地调整其配方，以改善其性能。例如：在冬季常常加入5%～7%的煤油，以降低润滑剂的黏附性；在夏季则加入松香，以保证石墨质点处于悬浮状态。

必须指出，由于这类润滑剂绝热性能较差，且在一定条件下会与某些合金产生热化学作用。故在挤压长坯料及内孔很小的短管料或挤压温度和强度较高的材料以及黏附性较大、易受气体污染的软材和其他稀有金属坯料时，这类油基润滑剂就不太适用了。

③ 玻璃润滑工艺　这种润滑工艺既能起到润滑作用，又可在加热及热挤压过程中避免金属的氧化或减轻其他有害气体的污染，同时还具有热防护剂的作用，已广泛地应用于钢、铜、钛和稀有金属的热挤工艺中。例如：在350～650℃挤压铜合金时，使用软化点350～400℃的碱性磷酸钠玻璃；在800～1000℃挤压铜合金时，使用双组分或多组分的硼玻璃；在700～900℃挤压纯钛和纯锆、在900～1200℃挤压钢和不锈钢、在1100～1200℃挤压镍和钴、在1200～1600℃挤压难熔金属钨和钼等时，均可使用玻璃润滑剂，而且目前在以上这些加工温度范围内，最常用的工艺润滑剂就是玻璃润滑剂。

玻璃润滑剂的制备和配方，通常应根据被挤压材料的表面性质以及温度条件，改变玻璃中的各种成分和比例，调节其软化点、黏度和热稳定性等特性。

④ 软金属包覆润滑挤压　对于铌、钛、钽、锆及其合金材料进行挤压加工时，由于这些金属在加热时极易被氧化和受气体污染，所以常用紫铜、软钢和不锈钢等软而韧的材料包覆在坯料表面，然后采用包套材料对应的润滑剂直接润滑后进行挤压。如：挤钛时用铜包套后采用沥青或稠石墨油脂润滑挤压。又如：铍在50～650℃用钢包套后采用石墨润滑挤压。至于钨和钼，可以用紫铜、纯铁或其复合板作为包套材料，用石墨作为润滑剂在400～600℃进行挤压。

这种润滑挤压方法在稀有金属的挤压中应用较广。但是，挤压之后需用酸液除去包套材料，且回收包套材料的费用也很大。因此，一般仅用于小型挤压机挤钛或是锆及其合金制品。除此之外，目前一般均采用玻璃润滑挤压稀有金属。

目前正在发展使用具有更优良的润滑性、冷却性、高温润湿性以及防锈性能的水基石墨型润滑剂。在这类润滑剂中，除石墨外，还有部分液体润滑材料，通常还添加磷酸盐、硼酸盐、黏结剂、表面活性剂、防锈剂及水的增稠剂，调节其相应的性能。

(5) 等温挤压工艺中的润滑剂

等温挤压工艺中应用最好的润滑剂是熔融状态的无机玻璃润滑剂。等温挤压时，一般将玻璃润滑剂涂覆在被加工坯料上，而不涂在模具上。

3) 挤压工艺中摩擦与润滑的实践应用

在反挤压时，将凹模和坯料作成如图5-18所示形状，润滑剂能够持久稳定地起到隔离冲头与毛坯的作用，产生良好的效果。在静液挤压工艺中，如图5-19所示，高压液体是作为传递变形力的介质，同时又起到强制润滑作用。

5.9.4 拉拔工艺中的摩擦与润滑

金属材料的拉拔一般在冷态下进行，可用于制造断面尺寸较小的各种金属管材、棒材和线材等。金属材料冷拉拔过程中，主要变形区集中在冷拉拔模具的型腔部分，摩擦力大且为有害摩擦，金属材料的温升也大，因此模具的型腔部分通常采用比较耐磨的并且摩擦系数比较小的硬质合金制造。润滑剂的优劣对于模具的使用寿命和冷拉拔工件的表面质量都有重要

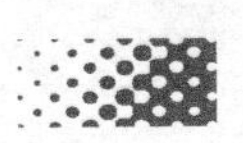

的影响，通常使用润滑性能比较好的动植物油和各种合成油脂。

1）拉拔过程中的摩擦分析

拉拔时，坯料与模具的相对运动就是黏着、撕脱交替进行的过程，这个过程中的各黏着点被剪切而撕脱的阻力的总和，是构成摩擦力的主要部分。构成摩擦力的另一部分是因犁削金属而产生的摩擦阻力，当两表面较光滑时，它与黏着造成的摩擦力相比影响较小。

在很大的接触压力作用下，接触点上的金属将发生塑性变形。这时，塑性接触点上的应力等于较软金属的压缩屈服极限。此时摩擦系数为金属的剪切强度与压缩屈服极限的比值。

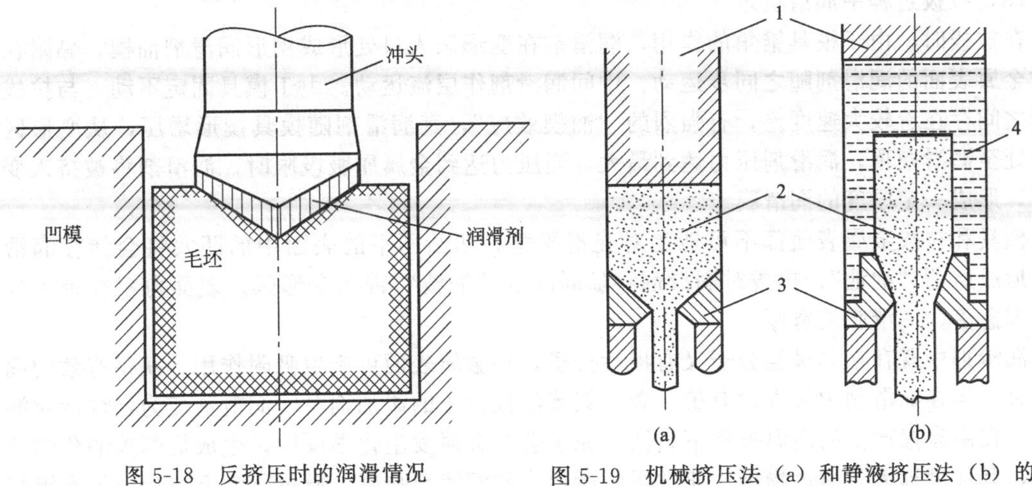

图 5-18 反挤压时的润滑情况

图 5-19 机械挤压法（a）和静液挤压法（b）的对比

1—挤压杆；2—坯料；3—模子；4—高压液体

研究表明，拉拔中总能量的10%消耗于金属与模具间的外摩擦。当低速拉拔时，模具与金属界面发生的热量，几乎都传到金属与模具中。而在高速拉拔时，产生的变形热和摩擦热来不及传递，从而使模具与金属界面的温度急剧上升，引起润滑膜的破坏，发生黏结现象。随着摩擦系数的增加，摩擦能耗占总能耗的比例增加。

2）拉拔过程中的润滑

（1）拉拔工艺采用润滑的目的

为减小拉拔过程中的摩擦，采用合理有效的润滑剂和润滑方式具有十分重要的意义。拉拔中润滑的作用主要表现如下。

① 减小摩擦。有效的润滑能降低拉拔模具与变形金属接触表面间的摩擦系数，降低表面摩擦能耗，降低拉拔动力消耗。

② 减小模具磨损、提高生产效率和降低生产成本。

③ 降低拉拔产品的表面粗糙度。润滑不良会导致拔制产品表面出现发毛、竹节状，甚至出现裂纹等缺陷，有效的润滑可以确保产品的表面质量。

④ 降低拉拔产品表面温度。有效的润滑能使摩擦发热减小，尤其是湿法拉拔，润滑液能将产生的热很快传递出去，从而控制模具温度不会过高以及避免因温度过高而导致的润滑剂失效。

⑤ 减小拉拔产品内应力分布不均。有效的润滑可以避免拉拔变形区应力的骤然改变，从而防止拉拔产品力学性能严重下降。

⑥ 防止制品锈蚀。常用的润滑剂一般都具有良好的化学稳定性，可以抵抗或减缓大气腐蚀的进行，从而提高了拉拔产品的抗腐蚀性，延长了使用寿命，便于生产中的保管与周转。

（2）拉拔对润滑剂的要求

拉拔过程中，润滑剂要起到减小摩擦、防止磨损及冷却模具等作用，以便提高拉拔速度和断面收缩率，提高生产效率和产品质量。为提高润滑效果，一般要事先进行造膜处理。造膜处理后的坯料表面易于吸附大量的润滑剂，从而减少了摩擦和防止模具与金属表面间的黏着。当拉拔模对坯料的接触压力很大和温度升高严重时为使润滑剂满足要求，必须加入抗磨油性剂或极压剂，采用强制润滑方式，施加大约相当于材料塑性变形应力强度的油压，使材料和模具间的接触面接近于流体润滑状态，从而使摩擦产生的剪切应力下降，防止烧结并减少模具的磨损。

(3) 拉拔过程中润滑机理

在拉拔时，由于模具锥角的作用，润滑剂在变形区入口处形成楔形润滑剂油楔，黏附在拉拔金属表面的润滑剂随之同步运动，中间润滑剂作层流运动。由于模具固定不动，与拉拔金属之间存在着较大速度差，有强烈的“油楔效应”，其润滑剂随模具楔形增压，从变形区入口处至润滑楔顶，润滑剂压力达到最大，当压力达到金属屈服极限时，润滑剂将被挤入变形区，形成一定厚度的润滑膜。

模具和拉拔金属表面都不可能绝对光滑平整，凹凸不平的表面中的凹穴将会储存润滑剂，形成所谓“油池”，拉拔时润滑剂将随同润滑“油池”带入变形区。表面愈粗糙带入的润滑剂愈多，润滑膜就愈厚。

润滑剂中既存在非极性分子又有极性分子，在金属表面可产生吸附作用，获得有效的润滑效果。当在润滑剂中加入含有硫、磷、氯等活性原子的添加剂时，润滑剂变为极性活化润滑剂，在由摩擦产生的高温条件下，活性原子会与金属发生化学反应，生成低摩擦的化学反应膜，其强度远大于通过物理、化学吸附所形成的润滑膜强度。通过化学反应形成的润滑膜在边界润滑过程中处于不断地破坏和建立过程。它在拉拔时的高温高压作用下生成，又在强烈摩擦下破裂；破裂的同时极性活化原子又与金属再次发生化学反应形成润滑膜，这就是极压作用，实质上就是对金属表层产生一种腐蚀作用，所生成的腐蚀层抗剪切强度极弱，从而减小了摩擦力。极性活化润滑剂的另外一个作用，就是使金属塑性变形容易进行，主要是通过极性物质的吸附，使金属表面能（表面张力）降低，从而有利于变形金属表面积的扩大，以及新鲜表面的形成。同时，极性活化润滑剂能浸入金属表面的微观裂纹等缺陷内，容易渗入到金属内部，从而使塑性变形时容易进行金属内的滑移。

由上述润滑机理可知，拉拔润滑工艺由流体动力润滑机制、接触表面微观不平度夹带机制与接触面的物理及化学吸附机制共同作用，起到润滑效果。金属在拉拔时变形区可能存在流体润滑区、边界润滑区以及部分金属微凸体处与模壁表面直接接触区。理想的润滑应使流体润滑区在变形区中占主导地位或占其全部，即实现流体动力润滑。

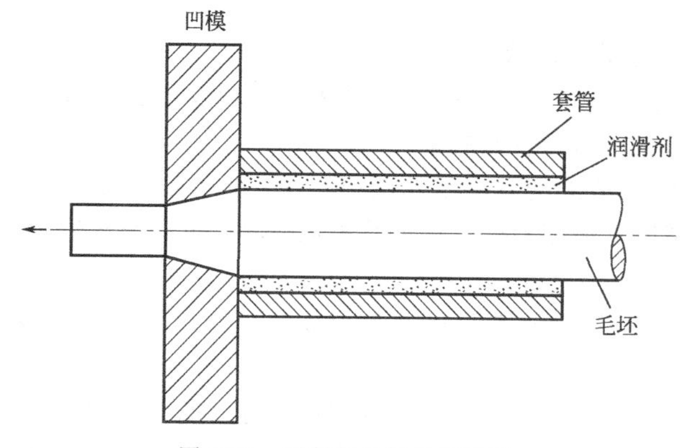

图 5-20　强制润滑拉拔示意图

3) 拉拔工艺中摩擦与润滑的实践应用

在拉拔生产中可以采用“强制润滑工艺”，如图 5-20 所示，在模具入口处加一个套管，套管与坯料间具有很小间隙，当坯料从套管中高速通过时，就把润滑剂带入模孔内。在模孔入口处，由于间隙变小，润滑油产生高压，

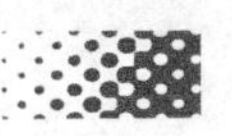

当压力高到一定数值时，产生“高压油楔”作用，在模具与坯料之间产生高压油膜，起到良好润滑作用。

另一个常见的例子就是拉拔生产中采用磷化-皂化处理。冷拉拔钢制品时，即使润滑油中加入添加剂，油膜还会遭到破坏或被挤掉，而失去润滑作用。

思考题

1. 金属塑性加工接触摩擦的主要特点是什么？其对加工过程有何影响和作用？
2. 简述金属塑性加工的摩擦分类及其机理。
3. 金属塑性加工中摩擦系数的影响因素有哪些？
4. 简述塑性加工接触摩擦系数的测定方法及原理。
5. 简述磨损失效过程及其影响磨损的因素。
6. 简述塑性加工中的润滑目的和分类。
7. 简述金属塑性加工中所使用的润滑剂的种类，以及各种润滑剂的作用机理。
8. 简述金属塑性成形中对润滑剂的基本要求。
9. 简述锻造工艺与轧制工艺中的摩擦与润滑的特点。

第6章

金属塑性加工过程中的不均匀变形与残余应力

在金属的塑性加工过程中，由于各种内因、外因的影响，变形金属内的变形状态和应力状态是不均匀的，它将导致产品的组织结构及性能的不均匀分布，并使得塑性加工过程复杂化。本章着重介绍不均匀变形的宏观特点和规律，以指导塑性加工中工艺参数的选择和产品质量的控制。

6.1 金属质点流动的基本规律

金属在塑性变形时遵循的基本规律有最小阻力定律和体积不变条件（此外还有弹塑共存定律、附加应力定律等），依据最小阻力定律和体积不变条件可以大体上确定出塑性成形时金属流动模型，进而可以合理地制定成形工序、设计成形模具、分析成形质量。因此，最小阻力定律在工艺分析中得到了广泛的应用。

最小阻力定律由前苏联学者古布金于1947年将它表达为“变形过程中，金属各质点总是向着阻力最小的方向移动”。最小阻力定律是力学普遍原理在金属流动中的具体体现，可以定性地用来分析质点的流动方向，或调整某方向阻力来控制金属的流动。

例如，粗糙平板间矩形断面棱柱体镦粗时，由于接触面上质点向四周流动的阻力与质点离周边距离成正比，因此离周边的距离愈近，阻力愈小，金属质点必然沿着这个方向移动，该方向恰好是周边最短法线方向，因此可用点划线将矩形分成两个三角形和两个梯形，形成4个流动区域，如图6-1所示。

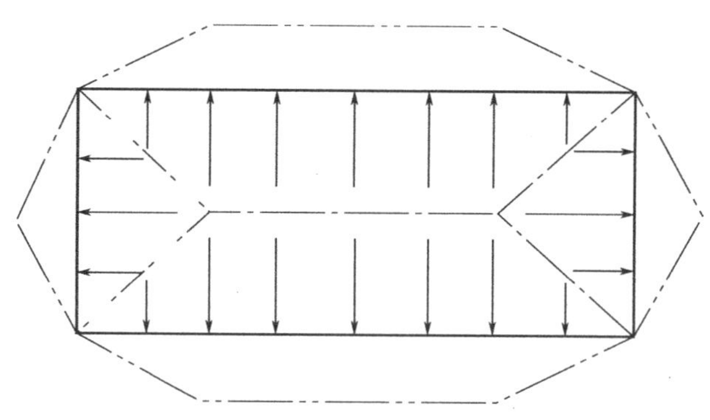

图6-1　有摩擦矩形断面镦粗的不均匀流动

图6-1中点划线是流动的分界线，线上各点至边界的距离相等，各个区域内的质点到各边界的法线距离最短。这样镦粗后，矩形断面将变成双点划线所示的多边形，继续镦粗，断面周边变成椭圆直至变成圆为止。以后各质点将沿着半径方向移动。由于相同面积的任何形

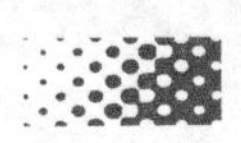

状，圆形的周边最小，故最小阻力定律在镦粗中也称为最小周边法则。

6.2 均匀变形与不均匀变形

在变形工艺上如果变形区内金属各质点（或各微小体积内）的变形状态相同，即它们相应的各个轴向上变形的发生情况、发展方向和变形量的大小都相同，该变形区内的变形称为**均匀变形**，否则称为不均匀变形。均匀变形的宏观特征是：变形前相互平行的直线和平面，变形后仍然是直线和平面且仍然相互平行。

显然，要实现均匀变形状态，就必须满足以下条件：

① 变形体内各质点的物理、力学状态相同（如温度、流变应力等），且变形体各向同性；

② 接触面上任一点的绝对/相对变形量相同；

③ 整个变形体同时处于工具的直接作用下，即无外端影响；

④ 接触面上无外摩擦。

这些条件在塑性变形过程中是无法实现的，由于金属本身的性质（成分、组织等）不均匀，各处受力情况也不尽相同，变形体中各处的变形有先有后，有的部位变形大，有的部位变形小，金属与工具的接触面总是存在摩擦等，因此塑性变形实际上都是不均匀的，金属的不均匀变形是绝对的，因此，在制定塑性加工生产工艺规程时，要尽可能创造接近均匀变形的条件。

不均匀塑性变形在不同的尺度有不同的表现形式。变形微观不均匀性即是指在微观尺度上塑性变形不均匀地分布在晶体内部的现象。由于滑移、孪生、扭折及非晶体学的切变等非均匀塑性变形模式的产生，金属材料中会形成一些具有特征性的组织，如滑移线（带）、变形孪晶、扭折带、变形带、过渡带、显微带、剪切带和嵌镶结构等，它们不均匀地分布在晶体内部。变形微观不均匀性具有明显的显微组织特征，它们的形成总是与不均匀变形相关并且具有规律性，其种类、数量和分布对材料的力学行为、物理性质，以及回复、再结晶和相变等物理冶金过程都要产生重要影响。金属经冷变形后，其强度、电阻提高，塑韧性、耐蚀性、疲劳强度降低，且力学性能、物理性能（如磁性）呈各向异性。实验表明，材料的回复、再结晶、相变、腐蚀、损伤与断裂等过程优先在变形微观不均匀处发生、发展并受其控制。因此，弄清这类变形组织形成的条件与规律对于研究材料的力学、物理冶金过程的机理，探明材料的力学冶金行为的规律，充分发挥材料的潜力具有重要的理论和实际意义。随着电子显微镜、X射线、计算机技术的深入发展，这方面的研究还将会深入到原子、电子结构层次。

宏观不均匀变形的研究方法主要有坐标网格法、硬度法、比较晶粒法和云纹法等。

坐标网格法是研究塑性变形过程中金属变形分布和质点流动的一种常用方法，即在变形前试样的表面或者内部剖面上刻上坐标网格，变形后测量和分析坐标网格的变化，以分析变形金属不同部位的变形大小和分布。

硬度法是利用金属应变硬化的特点，显然硬度值越大，则对应部位的变形程度越大，因此依据变形金属不同部位的硬度值的大小来分析其不同部位的变形程度的大小和分布。硬度法是一种比较粗糙的方法，只能用以定性地分析冷加工金属不均匀塑性变形的情况。

比较晶粒法是利用再结晶退火前的塑性变形程度与再结晶退火后晶粒尺寸间的关系，来分析变形金属各部位的变形程度。当然对于冷变形金属也可以通过观测其不同部位的金相组织，分析对应的晶粒的形状尺寸来判断其对应部位的塑性变形程度。可见比较晶粒法也只能运用于冷变形或者温变形。并且当变形程度很大时，晶粒大小的变化已不明显，此时比较晶粒法也将难以运用。

云纹法是用两系光栅，将其中之一固定于变形金属的表面，另一光栅则作为参考（标准）栅。当金属发生变形时，固定于其上的光栅也随之变形，将参考光栅叠置于变形光栅上，由于此二光栅几何位置的差异，当投射光时便可显示出云纹图。根据云纹图，获得位移分量数据，即可计算出应力和应变分布。

研究宏观不均匀变形，除了上述常用方法外，还有示踪原子法、光塑性法等。

6.3 不均匀变形的影响因素和典型现象

影响金属变形行为的因素有接触摩擦、变形金属的外端、变形金属的几何形状及变形工具的形状、变形金属自身的组织结构/性能以及温度的均匀性等。下面主要以平板间镦粗金属圆柱体来分别讨论。

1）接触摩擦

（1）产生单鼓形和三个变形区

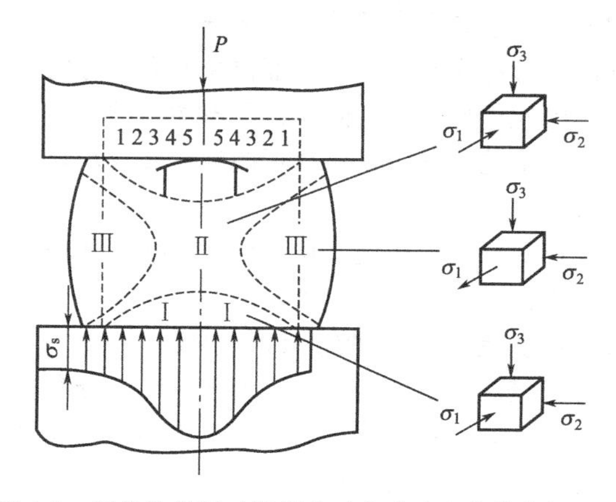

图 6-2 圆柱体镦粗时摩擦力对变形及应力分布的影响

两个平板间镦粗圆柱体，如图 6-2 所示，若接触面无摩擦力影响时（并认为材料性能均匀）则发生均匀变形。在变形力 P 的作用下，圆柱体受压缩而高度减小，横截面面积增加。当圆柱体的形状因子高度 H/直径 $d\leqslant 2$，由于接触面上有摩擦力存在，接触面中部金属流动极其困难，形成难变形区甚至产生黏着现象。受其牵制，导致圆柱体变成鼓形；变形体内形成三个变形程度不等的区域：Ⅰ区为难变形区；Ⅱ区为易变形区（又称大变形区）；Ⅲ区为变形程度居中的自由变形区。

Ⅰ区为难变形区：它处于接触面中心附近，是有一定高度的倒圆锥形，变形量很小。接触摩擦影响大，Ⅰ区内产生塑性变形较困难，处于强烈的三向压应力状态，由于Ⅰ区的变形小，Ⅱ区的变形大，由金属的整体性的影响可知在Ⅰ区金属产生的是附加拉应力，但由于接触摩擦的影响，Ⅰ区径向所受压缩应力大于附加拉应力，所以虽然不均匀变形会产生附加应力，但Ⅰ区仍保持较强的三向压应力状态。

Ⅱ区为易变形区：位于变形体中部，处于与垂直作用力 P 轴线大致为 45°夹角的区域，是最有利变形的区域，且距两端面较远，该区域最易塑性变形，塑性变形量最大；该区域承受三向压应力状态，所产生的附加应力也为压应力。

Ⅲ区为自由变形区：靠近圆柱表面，大致位于Ⅱ区中心部分的四周即变形体不与工具接触的周边，变形量介于Ⅰ、Ⅱ区之间。Ⅲ区金属产生的也是附加拉应力，原因是当Ⅱ区金属变形时要产生向外扩张，而外层的Ⅲ区金属，则像一套筒把Ⅱ区金属套住而限制了Ⅱ区金属变形的向外扩张。由于Ⅱ区与Ⅲ区相互作用，在Ⅲ区之外侧表面，便产生了较强的环向附加拉应力，当该拉应力大到一定程度后，将会导致金属在环向产生纵向裂纹。此环向拉应力越靠近外层越大，而径向压应力则越靠近外层越小。该区域内部的应力状态为二向压缩一向拉伸的三向应力状态；这种应力状态是镦粗圆柱体时沿高向中部侧表面开裂的力学根源。

另外，受外摩擦的阻碍及Ⅰ区变形量小的牵制，接触面上单位压力形成中大外小呈丘顶状的不均匀分布。应力/单位压力分布不均匀变化规律是：试样边缘上的应力等于屈服应力，

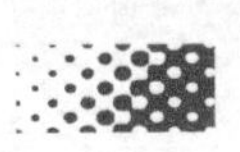

由边缘向中心应力增加。

圆柱体金属在压缩过程中，随着压下量的增大，其鼓形的程度也在发生变化。一般，圆柱体出现的鼓形，开始随压下量的增大而增大，达到最大鼓形后便逐渐减小；原始 H/d 值越小，压缩时所得到的鼓形越小。

(2) 呈现双鼓形

圆柱体的高径比 $H/d>2$ 或所施加的变形程度很小时，只产生表面变形，变形体中间部分的金属产生的塑性变形很小，甚至不产生塑性变形，此时圆柱体将呈双鼓形。

一般，圆柱体在压缩过程中，随压下量的增大，H/d 比值逐渐减小，当两个Ⅰ区靠近时，变形金属就会由双鼓形逐渐变为单鼓形。

此外，当压下量一定时，高径比大的变形金属在压缩时产生的双鼓形，除与接触摩擦和变形区几何因素有关外，还受变形速度的影响。当变形速度增大时，使得达到一定变形程度所需的加载时间减小，变形来不及向深部传播，结果表面变形增大，出现双鼓形。

(3) 侧面翻平现象

圆柱体金属压缩镦粗时，由于接触摩擦的作用，在出现单鼓形的同时，还会出现侧表面的金属局部地转移到接触表面上来的现象，称为**侧面翻平**。随着压下量的增大，接触面积的增加由接触面上金属质点的滑动和侧面质点的翻平两部分组成。

侧面翻平量的大小取决于接触摩擦条件和变形体几何尺寸（如高径比 H/d）。接触面上的摩擦越大，接触面上质点越不容易滑动，翻平上来的金属数量越多；试样高度越大，翻平越容易，当 $H>d$ 时接触面积的增加主要由翻平造成。

(4) 黏着现象

圆柱体镦粗时，若接触摩擦较大和高径比 H/d 较大，则端面的中心部位区域内的质点相对于工具完全不产生相对滑动而黏着在一起，此即黏着现象。黏着在一起的区域为黏着区（面积），黏着面为基底的近圆锥形体积为难变形区（体积），如图 6-3 所示。

影响黏着区范围大小的因素有变形区的几何因素以及接触摩擦。一般，随着 H/d（或轧件 h/l）的增大，黏着区范围（尺寸）会增加；随着接触摩擦的增大，则金属质点流动越来越困难，导致黏着区增大。当接触摩擦较大时，而且 H/d 增加到某一值时，会产生所谓的“全黏着”，即接触面的增加全靠翻平；当接触摩擦较小时，H/d 减小到某一值时，会出现所谓的“全滑动”，此时黏着区完全消失，接触面完全由滑动区组成。一般工艺条件下，在金属和工具的接触表面上黏着区与滑动区同时存在，此时接触面积的扩大既靠侧面翻平，又靠金属质点的滑动。

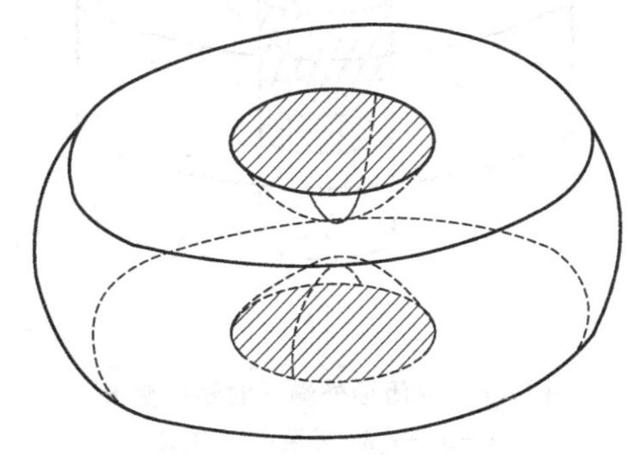

图 6-3　圆柱体镦粗时出现的黏着区及难变形区

(5) 接触面上应力分布不均匀

压缩时由于接触摩擦的影响，接触面上的应力（单位压力）分布不均匀，其变化规律是：试样边缘上的应力等于屈服应力，由边缘向着中心应力增大。一般规律是，$H/d>1$ 时，试样端面上各部分的单位压力差别不大；而当 $H/d=1$ 时，单位压力的差别大大增加；随 H/d 比值的继续减小，则单位压力的差别更大。这与当 $H/d=1$ 后，接触表面出现了滑动现象有关。

轧制时的不均匀变形与镦粗时的不均匀变形，在性质上相类似。镦粗时的各种不均匀现象，在轧制过程中都可以看到。实验表明：轧制时变形分布的不均匀性与变形区长度 l 和变形区的平均高度 $\bar{h}=(H+h)/2$ 有关，并随比值 $\bar{h}/l$ 的改变呈现不同状态。

2）外端

塑性变形过程中任一瞬间，变形体不直接承受工具而处于变形区以外的部分称之为**外端**（或者外区/刚端）。外端和变形区是相互联系相连、相互作用的，它必然对变形区的变形、应力、速度的分布等产生影响。

外端分为封闭形外端和非封闭形外端。

（1）封闭形外端

如图 6-4 所示，在被压缩体积的外部存在有封闭形外端时，被压缩体积的变形要影响到外端的一定区域。外端会阻碍被压缩体积的向外扩展。在变形过程中，当外端体积很小时，在被压缩体积变形的影响下，外端高度会有所减小，其减小程度向周边减弱，外端向外扩展。如果外端体积较大时，工件的变形很难进行。外压力非常大时，可能把工具（压头）压入工件内，此时部分金属沿工具周围被挤出。可见金属在具有封闭形外端条件下的压缩与无外端时有很大差别。

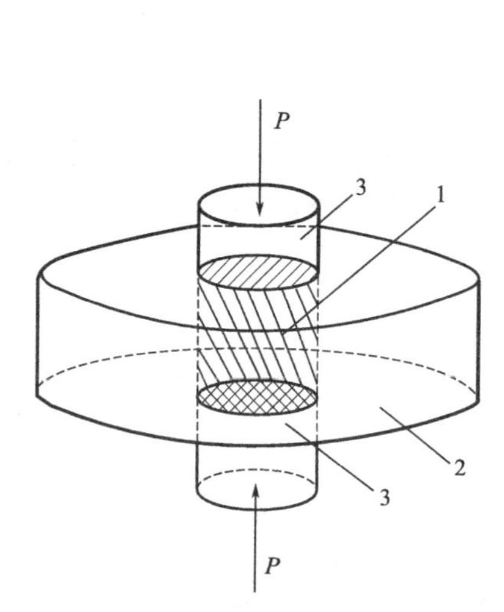

图 6-4　封闭形外端下的塑压变形
1—工件；2—外端；3—工具

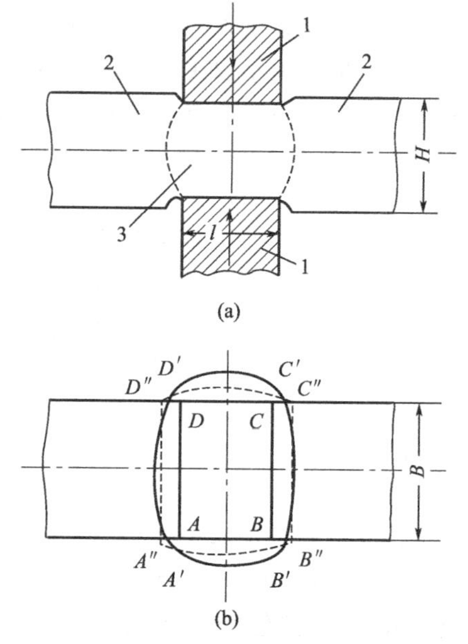

图 6-5　矩形件局部压缩时外端对延伸及宽展的影响
1—工具；2—外端；3—变形区

封闭形外端可以减小工件的不均匀变形，并可使工件的三向压应力状态增强。这也是包套技术有利于发挥金属塑性的原因。

（2）非封闭形外端

例如锻造延伸、拉拔等，现以矩形坯料的局部压缩为例讨论外端对变形区金属的变形与应力分布的影响（图 6-5）。

① 当局部压缩区（变形区）的原始尺寸 $H/l \leqslant 2$ 时：

a. 无外端时：则压缩后变形区出现单鼓形，即沿变形区高度、中部延伸和宽展较大，端部较小，如图 6-5 所示，$ABCD$ 变为 $A'B'C'D'$。

b. 有外端时：外端对变形物体沿高度方向的纵向延伸有“拉齐”作用，使得变形体沿高度方向的纵向延伸趋于一致。结果使得变形体内延伸大的中部产生附加压应力，而在其延

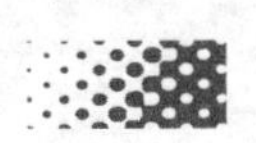

伸小的端部产生附加拉应力。同时，由于整体性的限制，在变形区的中部，由于外端对纵向延伸的“拉齐”作用，使变形区沿高向的中部的宽展最大，端部宽展最小，如图6-5所示，$A'B'C'D'$变为$A''B''C''D''$。可见，由于外端的存在，使变形体的纵向变形的不均匀性减小，横向变形的不均匀性增大。

② 对于$H/l>2$的高件进行局部压缩时，外端对变形物体的变形同样有“拉齐”作用，使得变形体的纵向变形的不均匀性减小，横向变形的不均匀性增大。

如果无外端时，变形体将呈现双鼓形，有外端时，由于外端的“拉齐”作用，使得变形体的纵向不均匀性减小，横向不均匀性增大。因此，靠近外端的鼓形处产生纵向附加压应力，而且宽展增大；沿变形区高度的中部则产生纵向附加拉应力，宽展减小。

3）变形工具和坯料的轮廓形状

变形工具和坯料的轮廓形状造成变形物体内变形与应力不均匀分布的根本原因是沿某一方向上所经受的变形量不同。工具与金属形状的差异，导致金属沿各个方向流动的阻力有差异，因而金属向各个方向的流动（即变形量）也有相应差别。

① 工具形状的影响。一是由于工具的轮廓形状导致变形体横断面上延伸不均匀。例如，在板材轧制时，由于辊型凸度控制不当，会产生舌形和鱼尾形；挤压或拉伸棒材的后端凹入；平砧下镦粗圆柱体时出现的鼓形；又如，在椭圆孔型中轧制方坯时，由于工具的凹形轮廓形状，使沿轧件宽度上的变形分布不均匀，此时中部的压下量比边缘部分小，按照自然延伸，边部的应比中部的大，由于金属的整体性和轧件外端的影响，结果使轧件各部分延伸趋向一致。二是变形的不同时性造成变形不均匀，例如菱形轧件进方孔时，垂直方向的对角线两点首先受到压缩；在槽钢孔型中轧制时，往往是腿部金属先受到压下，腰部金属后受到压下。正是由于轧件变形的不同时性，使得在每一变形瞬间的轧件变形不均匀，在轧件内部产生自相平衡的附加应力，造成应力分布也不均匀，如轧制窄带钢，轧件将产生旁弯现象；而轧制宽带钢时，在延伸大的一边将产生浪弯。

② 工件形状的影响。例如二平辊轧制两侧厚中间薄的坯料，则会产生三种结果：如果两侧宽度≫中间宽度，边缘部分给中间部分以较大的附加拉应力，使这个区域的中间部分产生周期性破裂；如果两侧的宽度逐渐变小，使得中间受的附加拉应力减小，两边受的附加压应力增加，但附加拉应力未引起金属破裂，实际情况是两侧延伸大于中间延伸；如果两侧宽度≪中间宽度，使得中间受的附加拉应力很小，两边受的附加压应力很大，边缘部分在附加压应力作用下，产生皱纹（波浪形）。

4）变形体温度的分布不均

同一变形体的温度分布不均匀，则其塑性、流变应力会不均匀，将导致其变形不均匀。

例如，利用钢锭做原料轧制时，若均热时间不足，造成钢锭中间部分温度较低，则在该中间区域因热膨胀不同而产生附加拉应力（热应力）；在轧制的开始阶段，由于表面变形较大，中间变形较小，在中间区域也要形成附加拉应力，这两种拉应力叠加在一起，容易超过金属的断裂强度而在钢锭中心区产生裂纹，这对塑性较低的金属与合金危险性更大。

再如在实际生产中，由于在加热时，坯料要放在炉筋管的两条滑轨上，由于滑轨的管子是用循环水冷却的。因此，必然会使坯料与炉筋管接触处的加热温度较其他部位低，故坯料在轧制时，温度低的部位其变形也就困难，即在高度方向的压缩量，尽管在同一辊缝中轧制，将会使低温处的真正压缩量较高温处的小，结果会导致轧件沿轧制方向（长度方向）的变形不均匀。这也是在正常轧制条件下，使钢板在纵向上产生同板差的重要因素之一。

又如在实际生产中还经常见到由于加热不足而造成钢坯的上面温度高，下面温度低，在轧制中沿高向产生压缩不均匀，致使钢坯上部延伸大于下部延伸，造成坯料向下弯曲，甚至

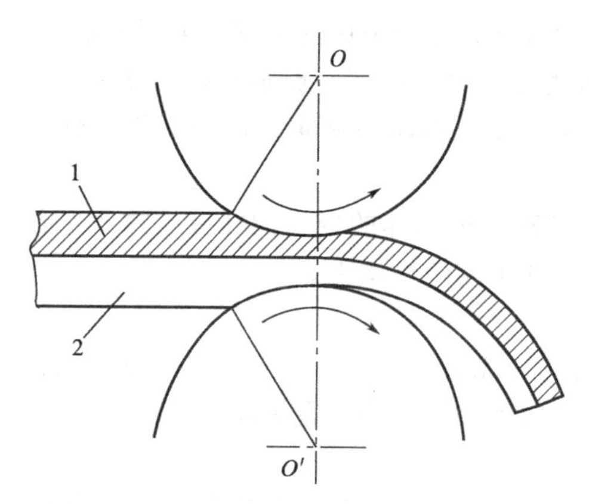

图 6-6　铝-钢双金属轧制时的不均匀变形

1—铝；2—钢

造成缠辊事故。轧件轧后上翘、下翘。其原因之一即是钢坯加热时上或下加热不足。

5）变形体材质不均匀

当变形金属内部的化学成分、组织结构、杂质以及加工硬化状态等分布不均匀时，都促使变形体内应力及变形分布不均匀，这是因为金属各部分的组织结构不均匀，必然会使各个部分的流变应力不相同，对于流变应力较小的部分容易变形，而对于流变应力较高的地方，则变形就比较困难。这种性能上的差异，产生不均匀变形将是不可避免的。铝-钢双金属轧制时由于不均匀变形产生的弯曲现象，如图 6-6 所示。

6.4　不均匀变形的后果与对策

金属在塑性加工过程中，总是存在不均匀变形，不均匀塑性变形必然影响金属的组织结构和性能，其影响规律如下。

1）导致产品组织性能不均，尺寸形状不合格，产品质量下降，甚至导致工件的断裂

不均匀变形导致金属的组织不均匀（晶粒大小形状、相分布等）及其性能尤其是力学性能如强度、塑/韧性等不均匀。由于不均匀变形而产生附加应力，导致在变形过程中产品尺寸精度、形状不规整，如薄板轧制时，由于在板材横向压下量的不均匀，而产生镰刀弯、翘曲、皱纹、波浪等缺陷，严重不均匀变形会导致在塑性加工过程中工件的断裂。变形终了会导致产品内存在残余应力、产品质量下降。

此外，金属塑性加工过程中严重的不均匀变形会导致工件断裂（图 6-7），例如：

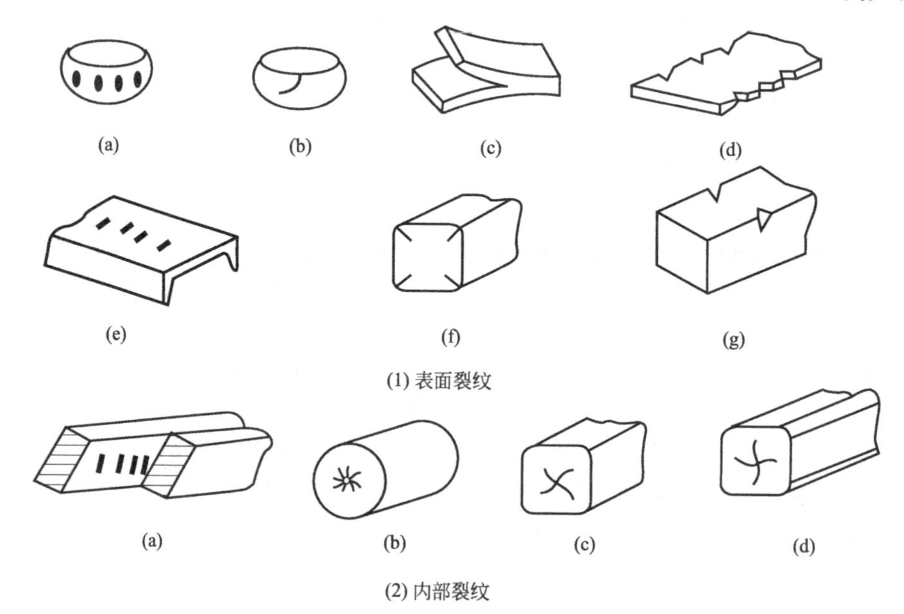

图 6-7　金属塑性加工制品的断裂现象

(1) 锻造时的断裂

① 锻造时的表面裂纹　圆柱体镦粗时由于表面存在摩擦而形成单鼓形，此时产生侧面周向拉应力，如果锻造温度过高，由于晶间结合力大大减弱，常出现晶间断裂，裂纹方向垂直于周向拉应力［图 6-7 (1) (a)］；如果锻造温度较低时，晶间强度常高于晶内强度，穿晶断裂，裂纹方向与最大主应力成 45°夹角［图 6-7 (1) (b)］。可以采取的措施：

a. 提高工具的表面光洁度，或者使用合适的润滑剂，以减小摩擦，减小不均匀变形的程度；

b. 采用凹形模，通过模壁对工件的横向压缩，减少侧面周向拉应力；

c. 使用软垫减小不均匀变形程度，软垫先变形，产生径向流动，圆柱体侧面呈凹形［图 6-8 (a)］；继续压缩，工件压缩，凹形变平直［图 6-8 (b)］；继续压缩，呈鼓形［图 6-8 (c)］。与未加软垫相比，圆柱体的凸度减小，侧面周向拉应力减小。

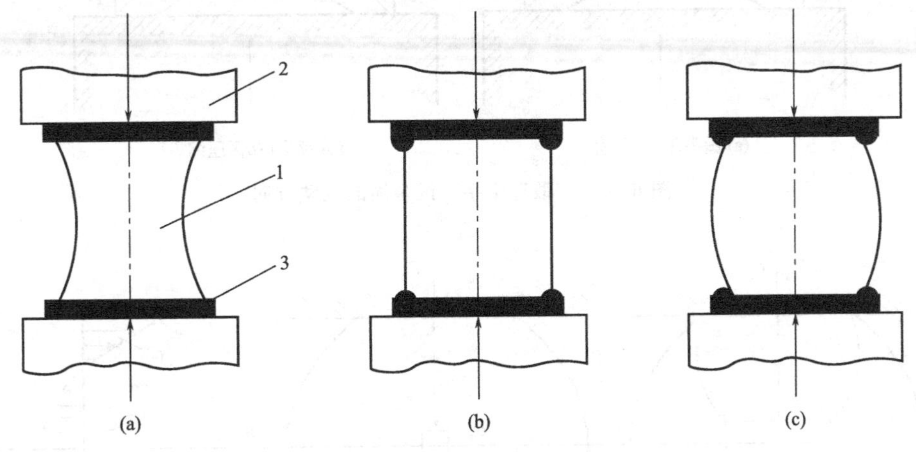

图 6-8　加软垫时的镦粗情况

1—工件；2—工具；3—软垫

d. 使用活动套环和包套，通过增加三向压应力防止裂纹，要求套环塑性好，其强度较工件高（图 6-9）。

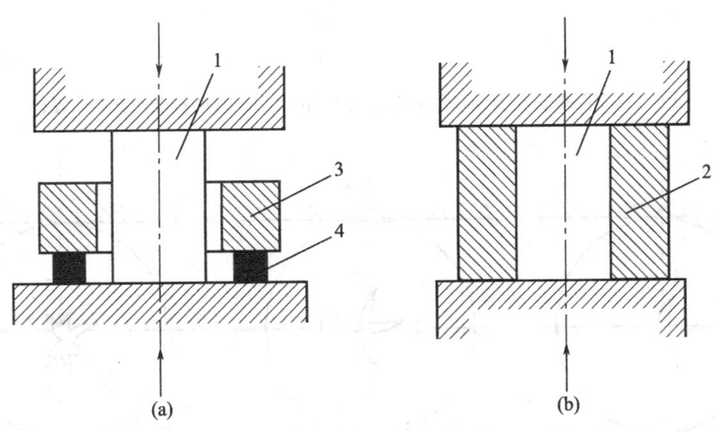

图 6-9　使用活动套环 (a) 和包套 (b) 镦粗

1—工件；2—外套；3—套环；4—套垫

② 锻造时的内部裂纹

a. 平锤头锻压方坯时，A 区即难变形区，沿最大剪切应力方向（即对角线方向）金属剧烈错动；翻转 90°压缩时，产生相反方向错动；反复翻转压缩、反复错动，最终导致疲劳开裂，如图 6-10 所示。

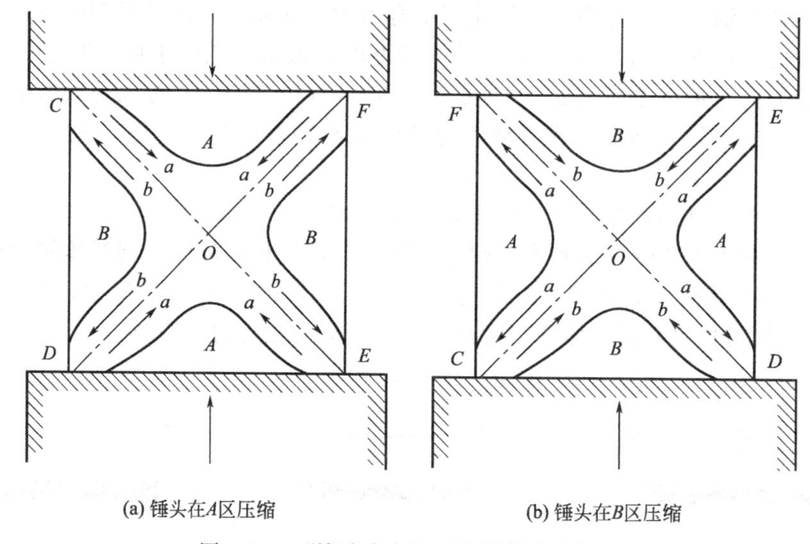

图 6-10 “锻造十字”区金属的流动方向

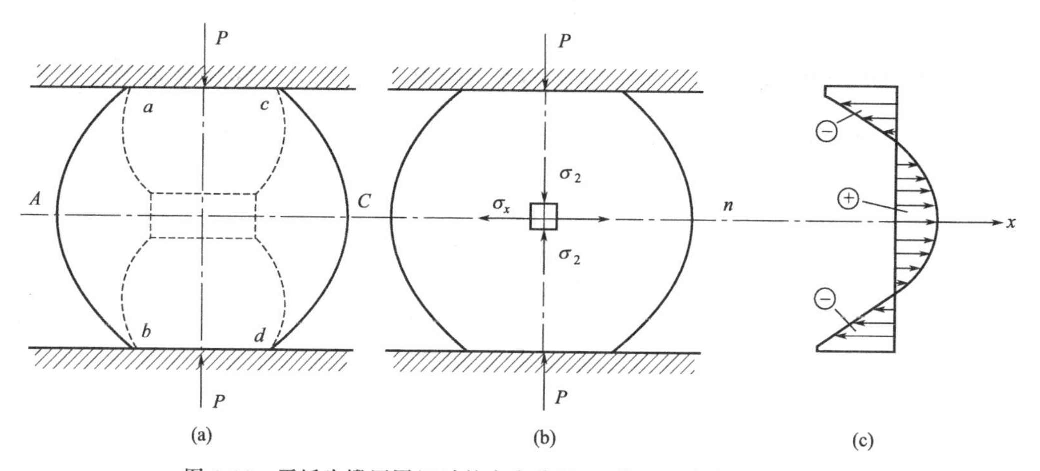

图 6-11 平锤头锻压圆坯时的应力分量 σ_x 沿毛坯高度的分布规律

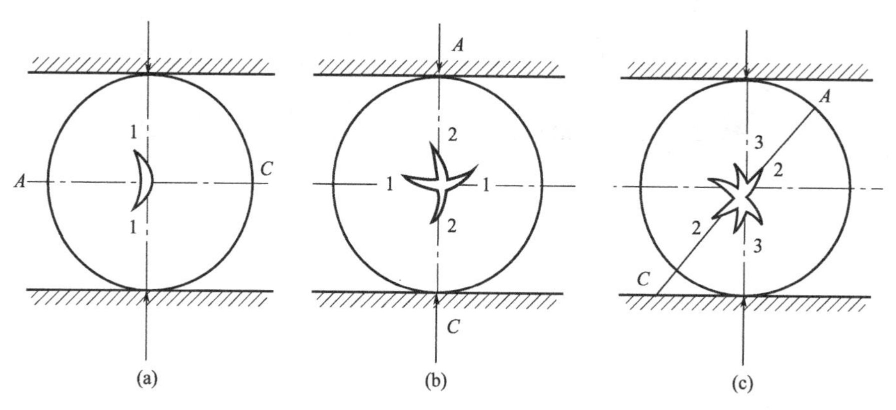

图 6-12 平锤头锻压圆坯时裂纹的形成

b. 平锤头锻压圆坯时（图 6-11），其与平锤锻压高件相似，压缩时形成双鼓形［图 6-11（a）］。因变形不深入，断面中心部位受到水平拉应力 σ_x，当 σ_x 超过断裂强度时就在心部产生与拉应力垂直的裂纹［图 6-12（a）］；当锻件翻转便产生如图 6-12（b）所示的裂口；锻件继续翻转锻造便产生图 6-12（c）所示的孔腔。

预防措施：为了防止锻压圆坯时内部裂纹的产生，可采用槽形和弧形锤头，从而减少坯料中心处的水平拉应力，或把原来的拉应力变为压应力（图 6-13）。实验结果表明，用图 6-13（b）所示两种锤头压缩总变形量达 40%时都未见任何裂纹。因此，最好采用如下两种锤头，顶角不超过 110°的槽形锤头和 $R \leqslant r$，包角为 100°～110°的弧形锤头，以增加工具对坯料作用的水平压应力，从而减少坯料中心水平附加拉应力。

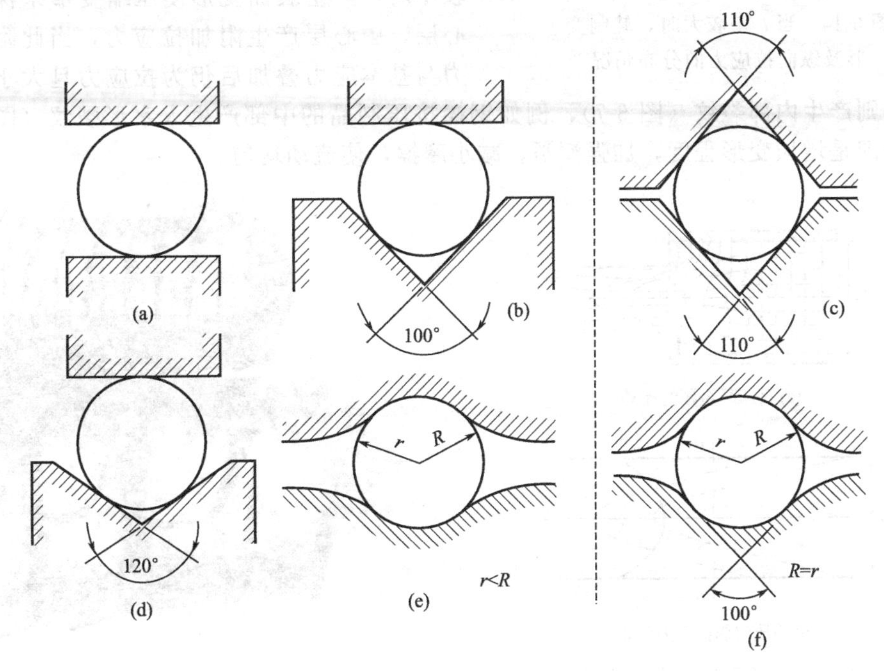

图 6-13 用各种锤头锻压圆坯

（2）轧制时的断裂

① 轧板时的表面开裂 凹形辊轧制平板时易出现中部周期裂纹，平辊轧制平板时易产生板材端头中央劈裂［图 6-7（1）（c）］，还可导致边部周期裂纹［图 6-7（1）（d）］，读者自己尝试分析。

可采取的措施有：良好辊形，合适的坯料尺寸形状，合理工艺规程（如压下量、张力、润滑等），包覆侧边防止边部裂纹等。

② 轧制时内部裂纹 在平辊间轧制厚坯料时，因压下量小而产生表面变形。中心层基本没有变形，因而中心层牵制表面层，给予表面层以压应力，表面层则给中心层以拉应力；当此不均匀变形与拉应力积累到一定程度时，就会引起心部产生裂纹，而使应力得到松弛，当变形继续进行；此应力又积累到一定程度时，又会产生心部裂纹，如此继续，便在心部产生了周期性裂纹（图 6-7）。

可采取的对策有：增加 l/h 值（即增加压下量）如图 6-14 示，随着 l/h 的增加，变形逐渐向内部深入，当 l/h 到一定值后，轧件中间部分便由原来的纵向拉应力变为纵向压应力。

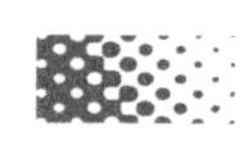

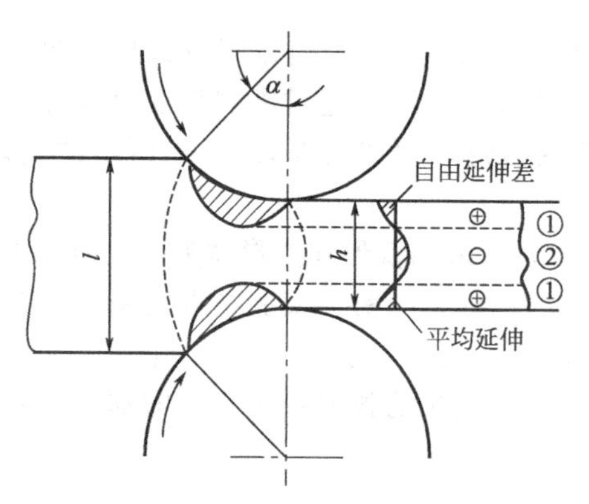

图 6-14 当 l/h 较大时，轧制变形及纵向拉应力的分布情况

(3) 挤压/拉拔时的断裂

① 表面裂纹 由于工件和挤压筒、挤压模之间存在摩擦，中心金属质点流动快、表面层流动慢，中部金属受附加压应力而边部受附加拉应力；摩擦很大时，表层附加拉应力与基本应力叠加后的工作压力仍为拉应力且大于断裂强度时产生表面裂纹，周而复始，于是在挤压制品表面产生周期性裂纹（图 6-15、图 6-16）。

② 内部裂纹 当在挤压比或拉拔变形程度较小时，产生表面变形使压缩变形未深入到轴心层，中心层产生附加拉应力，当此附加拉应力与基本应力叠加后仍为拉应力且大于材料断裂应力，则产生内部裂纹（图 6-7），例如钢棒挤压制品的中部产生人字形裂纹（图 6-17）。应对措施即是增加变形程度，加强润滑，减小摩擦，使流动均匀。

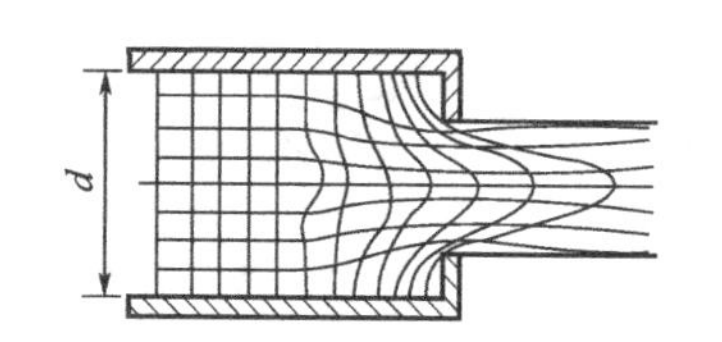

(a) 挤压时金属的流动

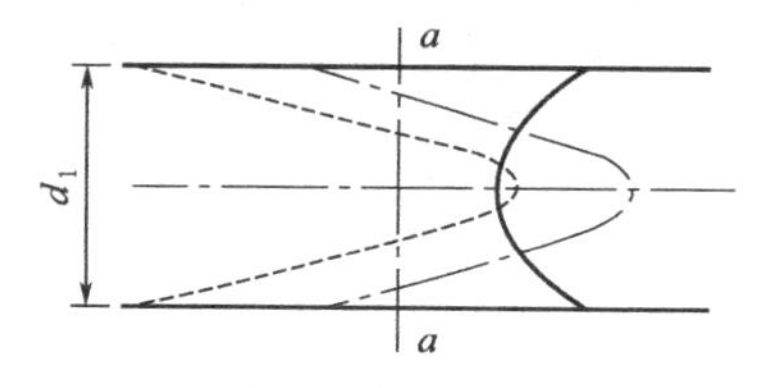

(b) 挤压时纵向应力分布

图 6-15 挤压时的表面断裂

—基本应力；---附加应力；-—-工作应力

图 6-16 挤压制品的表面周期性裂纹

2) 降低金属塑性加工工艺性能

变形不均会在变形过程中产生附加应力，使得变形金属的塑性降低、流变应力上升，并且加工性能下降。例如，低塑性金属的挤压过程中，由于接触面摩擦等的影响，导致变形体的变形不均匀，会在其表层产生较大的附加拉应力，当此附加拉应力与基本应力叠加后的工作应力仍为拉应力且其值大于或等于金属的断裂强度时，就会在挤压制品表层上产生周期性的向内扩展的裂纹。

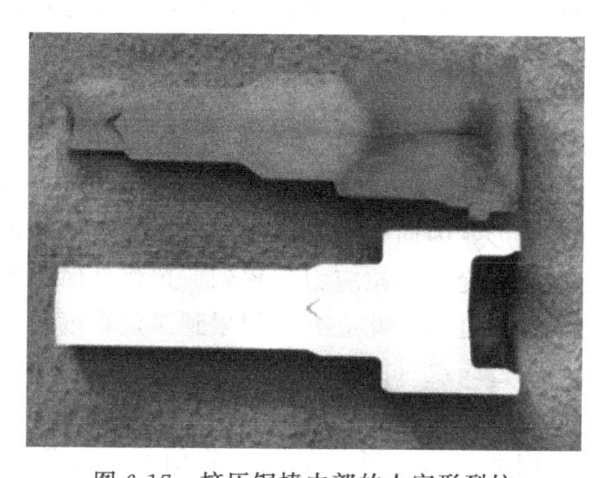

图 6-17 挤压钢棒内部的人字形裂纹

3) 加剧工具局部磨损，降低了工模具寿命

变形不均会导致应力分布不均，因此工具各部分的受力情况不同，从而导致工

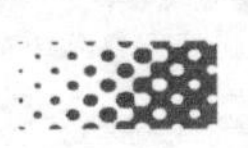

具各部分不均匀的摩损。这样不仅影响了金属制品的形状尺寸，而且也给工模具的寿命、调整、修理带来困难，例如孔型轧制型材，压下量不均使轧辊孔型产生不均匀磨损，影响产品形状和尺寸，给轧机调整增加困难。

因此，在塑性加工过程中应采取措施，尽可能地避免或减少变形与应力的不均匀分布。通常可采取如下措施：

① 尽量减小接触摩擦的有害影响。例如提高工具表面的光洁度（精磨轧辊），使用润滑剂，在接触面上加柔软垫片等。

② 选择合理的变形温度-速度制度以及变形程度（压下规程）。例如，尽量使得金属的加热温度均匀；变形温度区间选择在单相区温度范围；充分考虑“热效应”、摩擦等对金属实际变形温度的影响；在锻压 H/d 较大的工件时，采用低速变形，使得变形更深透；锻压 H/d 较小件时高速变形使鼓形减小，等等。

③ 合理设计工具形状使之和坯料形状很好地配合。例如热轧薄板时，由于轧制过程中轧辊中部温升大、热膨胀大，所以为了使得沿轧件宽度方向上的压下均匀，应将轧辊设计成凹形；而在冷轧薄板时，由于冷轧对轧辊的弹性弯曲和压扁较大，因此应将轧辊设计成凸形。

④ 尽量使坯料的成分和组织均匀。例如，要采取措施提高铸锭质量，并采取高温均匀化热处理使得金属的化学成分更为均匀。

6.5 残余应力

6.5.1 基本应力、附加应力和工作应力

(1) 基本应力　是变形体内与外力平衡的力（内力），是在外力的作用下与瞬时加载（或卸载）所发生的弹性变形相对应，外力除去，这部分弹性变形恢复，基本应力便立即消失。它是物体在塑性变形状态中，完全根据弹性状态所测出的应力。

(2) 附加应力　是指由于变形体内各部分的不均匀变形受到物体整体性的限制，而在变形体内产生的相互平衡的应力（内力）。例如，凸形轧辊轧制矩形坯料（板材）时，如图6-18所示，坯料边部 a 的压下率小于中部 b 的压下率，中部 b 比边部 a 的纵向延伸大，同时边部 a 和中部 b 是相互连接在一起相互牵制的，所以中部 b 将给边部 a 以附加拉应力使之增加延伸，而边部 a 给中部 b 以附加压应力使之减小延伸，变形体内产生相互平衡的内力，即中部 b 产生附加压应力，边部产生附加拉应力。

附加应力特征在于它是由不均匀变形引起的；是彼此平衡的，总是成对出现（拉应力和压应力两部分，且这两者在量上是相等的）；当外力除去时，不均匀的塑性变形并不因外力的消失而消失，不均匀变形引起的附加应力仍将保留在变形体内，形成残余应力。

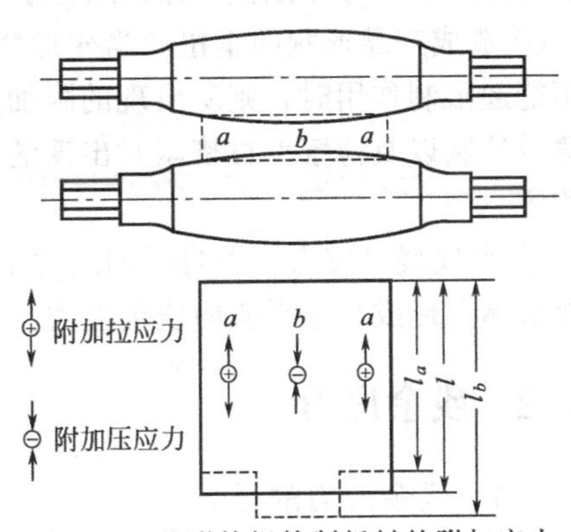

图6-18　凸形轧辊轧制板材的附加应力

塑性变形总是不均匀的，所以任何塑性变形的变形体内在变形过程中都有自相平衡的附加应力，此即所谓的附加应力定律。

(3) 工作应力　是指变形体在塑性变形过程中实际承受的力（外力），即基本应力（内力）和附加应力（内力）的和（代数和）。

按不均匀变形体内产生的区域不同，附加应力可分为三种：在变形体内大部分体积之间由不

均匀变形而引起的自相平衡的第一类附加应力；在变形体内几个晶粒之间由不均匀变形而引起的自相平衡的第二类附加应力；以及在变形体内一个晶粒内部由不均匀变形而引起的自相平衡的第三类附加应力。

由于不均匀变形引起了附加应力，因而对金属的塑性变形造成许多不良的后果：

① 可能改变变形体的应力状态，使得加工过程中的应力分布更不均匀。例如，正挤压时变形区某横截面上的应力分布如图 6-19 所示，实线是外载荷引起的基本应力，由于挤压筒与坯料间的摩擦而分布不均。挤压时，由于筒壁摩擦力的阻碍作用，使坯料边缘处的金属流动比中心慢，因而边部的变形比中心小，故造成边部受拉伸而中部受压缩的附加应力分布（图中虚线）。由于附加应力的出现，改变了变形体的应力状态，此时变形体实际的应力（工作应力）是基本应力与附加应力的代数和，如图中带黑色圆点的线所示。图 6-19（c）所示为摩擦系数很大时，可使工作应力的分布图中出现拉应力。

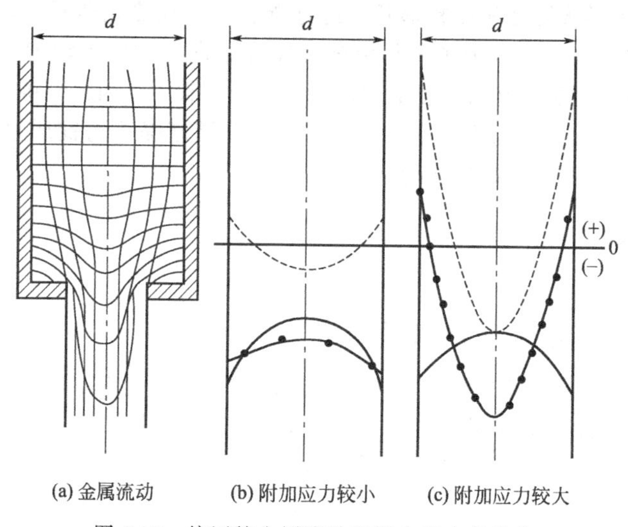

(a) 金属流动　(b) 附加应力较小　(c) 附加应力较大

图 6-19　挤压的金属流动和纵向应力的分布

——— 基本应力；------- 附加应力；—●—●— 工作应力

② 提高了单位变形力。不均匀变形引起附加应力，使变形所消耗的能量增加，从而使单位变形力增高。此外，附加应力使变形体的应力状态改变，往往也使单位变形力提高。

③ 使金属工件塑性降低，甚至可能造成工件的破坏。例如，当挤压件表层的工作应力为拉应力，而且大于其断裂强度时，挤压制品表面就会产生周期性向内扩展的裂纹。在 6.4 节较详细地讨论了不均匀变形产生附加应力，导致变形过程中工件的断裂问题，在此不再赘述。

④ 造成产品形状的歪扭。当变形物体某方向上各处的变形量差别太大，而物体的整体性不能起限制作用时，则所出现的附加应力不能自相平衡而导致变形体外形的歪扭。如薄板或薄带轧制以及薄壁型材挤压时出现的镰刀弯、上翘下弯、荷叶边、波浪形等，均由这种原因所致。

⑤ 形成残余应力。因为附加应力成对存在自相平衡，所以塑性变形完成后，仍会保留在变形体内形成自相平衡的残余应力。

6.5.2 残余应力

6.5.2.1 残余应力的概念

残余应力又称为内应力、自有应力、残留应力等，是指在没有外力和外力矩作用下而依

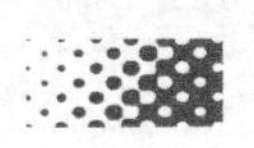

然存在于物体内部并维持自身平衡的应力。**残余应力**即是塑性变形完毕后，保留在变形体内的附加应力。残余应力属于弹性应力，所以不会超过材料的屈服极限，塑性变形不均匀的区域都会出现残余应力。金属制品内的残余应力大小随不同部位而变化。某区域的残余拉应力必须是和另一区域的残余压应力平衡，即内应力必须是相互平衡的。

1973年德国学者E. Macherauch提出的残余应力分类方法得到国内外学者普遍认同，即把材料中残余应力分为三类：

第一类残余应力即宏观残余应力，它在材料内部较大范围或大量晶粒范围内存在并维持平衡，它作为一个矢量（大小、方向）可通过物理或机械的方法进行测量，它所维持的力和力矩平衡状态一旦受到破坏，将引起构件在宏观尺寸上的变化。

第二类残余应力称为微观结构应力，它存在于一个或少数几个晶粒范围内并保持平衡，它存在于不同相材料或不同物理属性的材料间，也存在于夹杂物或复合材料基体间，它所维持的平衡状态一旦被破坏，也会引起宏观尺寸的变化。

第三类残余应力称为晶内亚结构应力，它是存在于晶粒若干原子范围内，仅在一小部分晶粒内保持平衡，它的平衡状态受到破坏不会引起宏观尺寸发生变化。

这三类残余应力的叠加即为材料内某一点的残余应力总值。在一般工程研究中，按工艺过程来命名的残余应力如轧制残余应力、淬火残余应力、拉伸残余应力、切削残余应力等实际上都是宏观残余应力和微观残余应力的叠加值。因为在通常情况下，宏观残余应力与微观残余应力总是并存的，产生第一类残余应力的过程中必然伴随着第二类和第三类残余应力的产生。如对铝合金板材进行拉伸消除残余应力时，主要是为了减小第一类（宏观）残余应力，实际上也可减小第二、三类（微观）残余应力。在研究材料的微观结构性能时必须考虑微观残余应力，而工程设计中主要考虑宏观残余应力的影响。

残余应力对材料的静态力学性能、抗疲劳性能、抗应力腐蚀性能、尺寸稳定性以及使用寿命均有着显著的影响。存在残余应力的材料在后续加工中容易发生弯曲和扭转等变形，产品合格率降低，制备成本提高，因此残余应力是材料制备加工过程中必须考虑的重要方面。

6.5.2.2 残余应力产生的原因

残余应力可能在微观或者宏观尺度上出现。一个晶粒内的应力可能由于位错在沉淀相或其他障碍附近塞积而变化；晶粒之间，以及中部和表面应力都会发生变化；多晶体中由于取向的差异导致晶粒之间应力的变化。微观（小尺度范围）残余应力的影响因素主要有如下因素：

① 取向的影响：在拉伸载荷下，取向有利于滑移的晶粒将比取向不利于滑移的晶粒在较低的应力下变形，卸载后所有晶粒的弹性收缩必须是相同的，因此那些在较低拉伸应力下变形的晶粒将保留残余压应力，而那些取向不利于滑移的晶粒将保留残余拉应力，如图6-20所示。弹性模量的取向依赖性是影响晶粒之间残余应力模式的另一个原因。卸载后，高弹性模量的晶粒比低弹性模量的晶粒经历了更大的应力变化。

② 表面的影响：棒材拉伸变形卸载后，棒的表面晶粒通常是残余压应力，其原因在于表面晶粒周围的晶粒少故表面晶粒比内部晶粒的约束小，约束小则变形所需的滑移系就要少些，因此表面晶粒变形比内部晶粒变形所需应力就低些，卸载后表面晶粒保留的是残余压应力。

③ 膨胀系数的影响：在非立方晶体中，热膨胀系数取决于晶体学方向。具有不同取向的相邻晶粒对温度变化的反应不同。为了协调热膨胀或者收缩的差异而发生的弹性变形导致了残余应力的产生。

④ 相变的影响：在多相材料中，每个相具有不同的屈服强度、弹性模量和热膨胀系数。

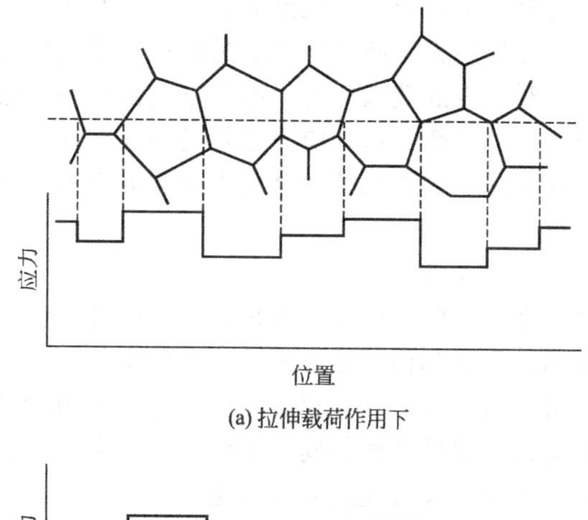

(a) 拉伸载荷作用下

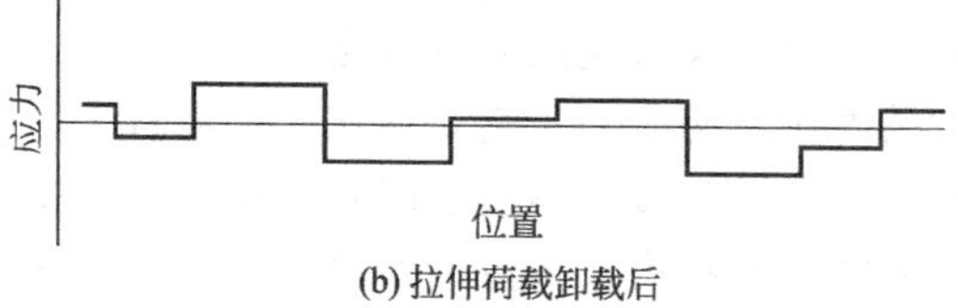

(b) 拉伸荷载卸载后

图 6-20　取向对残余应力产生的影响

当一个多晶体塑性变形时，不同取向的晶粒将承受不同的应力（a），卸载后晶粒弹性恢复（b），某些晶粒保留的是残余拉应力而其他晶粒保留的是残余压应力

这些差别导致在塑性变形或者温度改变后残余应力的产生。

材料在加热和冷却过程中发生相变，引起相变区域的体积变化，从而引起材料各部分的体积变化不均匀，如马氏体相变、脱溶相变等，而产生非常集中的显微残余应力。如果在冷却过程中发生相变，例如在钢的淬火过程中可能发生的奥氏体-马氏体相变，此时情况更为复杂。奥氏体-马氏体相变会导致体积的膨胀，表面可能的相变膨胀必须由表面自身来协调，因为工件内部的体积不能改变。表面的体积膨胀必须是靠垂直于表面的应变来协调。随后，相变和工件内部的膨胀使得表面产生残余拉应力。在表面产生残余拉应力的趋势，部分地被相变后法向的收缩来抵消。因此，其净效应取决于冷却速率以及 M_s、M_f 温度。

宏观上凡是塑性变形等不均匀的地方都可能出现残余应力。残余应力产生的原因主要有如下 3 个方面：

(1) 不均匀的塑性变形

当对材料施加外载荷时，由于接触摩擦、工具和变形体形状轮廓的不一致、外端、变形体的材质不均匀及温度不均匀，以及变形温度、变形速度、变形程度等加工工艺的原因使得工件的塑性变形不均匀，变形不均匀会产生附加应力，塑性变形完成后，变形不均匀状态不消失，附加应力将残留在物体内而形成残余应力。例如，钢在热轧和冷轧过程中因不均匀塑性变形产生的残余应力最高可分别达到其屈服强度的 20%和 70%。

轧制或拉拔的变形量很小时，将在其表层产生附加压应力。机械喷丸和激光冲击喷丸也将产生同样的效果。此即当塑性变形局限于表层区域而没有深入到工件内部时，表面塑性延伸必然伴随着工件表面的弹性压缩和内部的弹性拉伸，如图 6-21 所示。

除了很小的变形量外，在延伸方向工件的表面近乎总是残余拉应力，该应力的大小取决于变形区的几何因子 Δ，Δ 即工件在变形区的平均厚度（或线材直径）H 和工件/工具间接触的长度 L 的比值：

$$\Delta = H/L \tag{6-1}$$

如果 $\Delta \leqslant 1$，则残余应力很小；但是如果 $\Delta > 1$，则残余应力随 Δ 的增大而增大。图 6-22

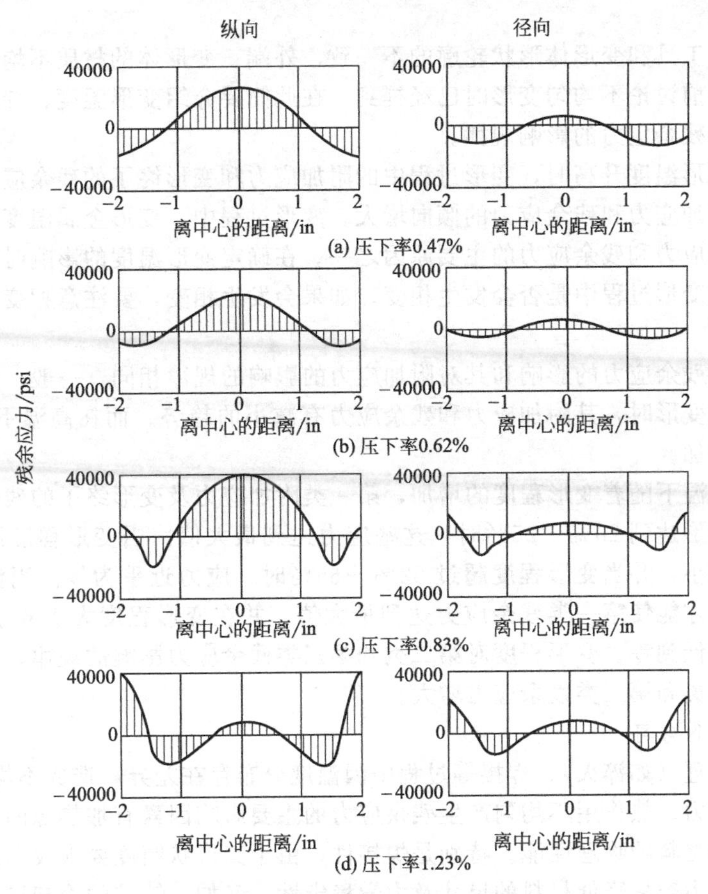

图 6-21 拉伸钢棒的残余应力分布

注意：仅当变形量很小时，表面产生残余压应力。1in＝0.0254m

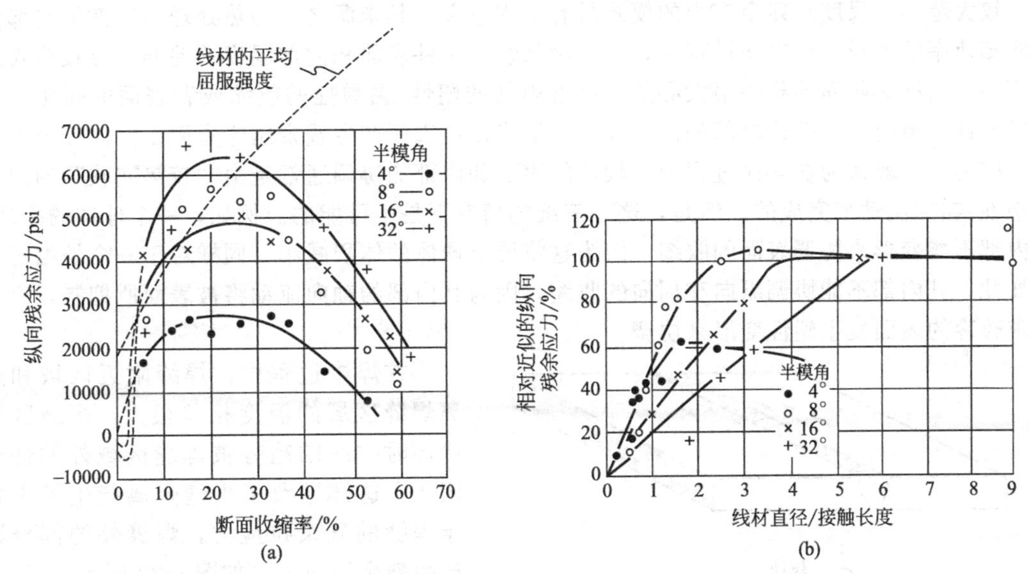

图 6-22 黄铜线材的纵向残余应力断面收缩率（a）和Δ（即线材直径和接触长度的比值）（b）的关系曲线

所示为冷拉黄铜线材的纵向残余应力与断面收缩率［图 6-22（a）］以及线材直径/接触长度比值［图 6-22（b）］的关系曲线，可见道次变形量小、则残余应力大；比值Δ越大，残余应力越大。

接触摩擦、工具和变形体形状轮廓的不一致、外端、变形体的材质不均匀及温度不均等因素的影响在此前讨论不均匀变形时已经提到，在此简要介绍变形温度、变形速度、变形程度等加工工艺对残余应力的影响规律。

一般，当变形温度升高时，变形过程中的附加应力和变形终了的残余应力减小。而温度降低时，产生附加应力和残余应力的倾向增大。变形过程中，变形金属温度分布的不均匀是产生大尺度附加应力和残余应力的主要原因之一。在确定变形温度的影响时应考虑到在此温度范围内的塑性变形过程中是否会发生相变。如果会发生相变，要注意相变的发生对残余应力产生的影响。

变形速度对残余应力的影响和其对附加应力的影响的规律相同。一般，金属在室温以非常高的变形速度变形时，其附加应力和残余应力有减小的趋势。而在高温下变形速度增大，这些应力反而增加。

在室温和低温下随着变形程度的增加，第一类附加应力及变形终了的残余应力开始急剧增加。当塑性变形达到20%～25%时，这些应力达到最大值。当变形程度继续增大时，这些应力将开始减小，并当变形程度超过52%～65%时，应力近乎为零。当温度升高，在较大的变形程度下才能使第一类残余应力达到最大值，并在变形程度大于60%～70%时，该残余应力也未降低到零。变形程度对第二类和第三类残余应力影响的规律，则是随着变形程度的增大，第二类和第三类残余应力增大。

(2) 热作用不均匀

材料在热处理（如淬火）、焊接等过程中因温度分布存在差异，造成不均匀的体积变化，导致产生残余应力。热作用不均匀产生残余应力的主要影响因素有加热源的位置及分布、工件的几何形状和材料的物理性能。特别是焊接件，由于其形状精度要求较高，焊接热影响区中存在的残余应力容易降低材料的尺寸及力学稳定性。又如，铸锭的冷却过程中，外层冷却快，收缩大，内层正相反，导致铸锭内部残余拉应力，这是铸锭突然破裂的原因。

较大范围（尺度）残余应力的模式具有工程意义，其来源之一为热处理后工件不同部位的冷却速率的差异。在冷却过程中，表面冷却快，工件表面和内部温度的差异，导致热收缩的不同。这种热收缩的相差很大必然伴随着内部的塑性/黏弹性的收缩或者表面的膨胀。在上述的任一情况下，随后内部的冷却和热收缩将使得表面产生残余压应力而工件内部产生残余拉应力。一般认为在淬火过程中，较冷的表面和内部的协调通常是由“较热或软”的内部的塑性/黏性流动来完成的。但是，这在三维的情况下是不可能的。例如，一个球体的冷却，其内部不能变形来协调表面的收缩，因为这将要求球体的体积减小。同样对于一个长细杆也是如此，其内部不能协调纵向和周向的收缩，因为其内部的轴向流动将被表面所抑制，所以要求较冷的表面发生塑性变形来协调。

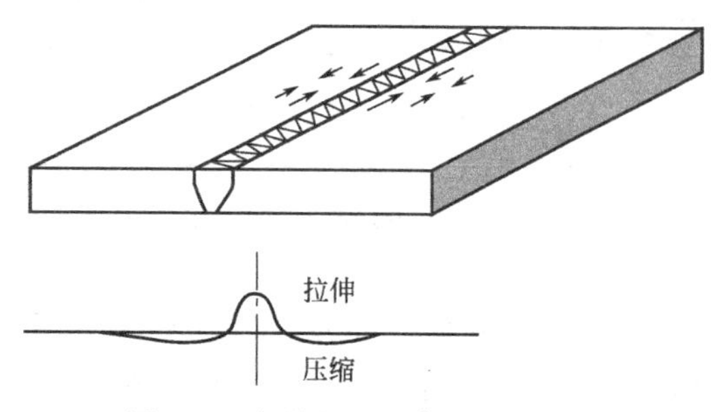

图 6-23 焊接板的残余应力示意图

在焊接过程中，焊缝附近区域和远离焊缝区域的温度相差很大，焊缝区域冷却时收缩的趋势被焊缝区域外的部分阻止，这样导致了焊缝金属产生了平行于焊缝的残余拉应力，焊缝外的部分则产生残余压应力，如图 6-23 所示。

可以看出，残余应力的产生原因有多种，但是产生残余应力的根本原因还是塑性变形的不均匀。外力、热等都造

成局部发生塑性变形，而为了整体的协调统一，发生塑性变形的区域与其周围产生力的作用并最终达到平衡，产生内应力，保留下来的部分即为残余应力。

(3) 材料不均匀

例如，对于复合材料，由于热膨胀的差异而产生残余应力。为简化问题，对一个含两种材料 A 和 B 的复合材料进行一维分析。当温度改变时，A 和 B 的长度必须是相同的，即 $L_A=L_B$，因此

$$\alpha_A\Delta T+\sigma_A/E_A=\alpha_B\Delta T+\sigma_B/E_B \tag{6-2}$$

式中，α_A、α_B 及 E_A、E_B 分别为材料 A、B 的热膨胀系数及弹性模量；σ_A、σ_B 为材料 A、B 的热膨胀应力，力的平衡需要满足下式：

$$\sigma_A A_A+\sigma_B A_B=0 \tag{6-3}$$

式中，A_A、A_B 为材料 A、B 的横截面积。由式（6-2）和式（6-3），得

$$\sigma_A=(\alpha_B-\alpha_A)\Delta T/[1/E_A+(A_A/A_B)/E_B] \tag{6-4}$$

如果是二维的问题，复合材料的两个组元均为平行的板材，没有垂直于板材的应力，则 x 方向有：

$$\alpha_A\Delta T+(1/E_A)\sigma_{Ax}-(\upsilon_A/E_A)\sigma_{Ay}=\alpha_B\Delta T+(1/E_B)\sigma_{Bx}-(\upsilon_B/E_B)\sigma_{By} \tag{6-5}$$

式中，υ_A、υ_B 分别为材料 A、B 的泊松比。

因为对称性要求 $\sigma_{Ax}=\sigma_{Ay}$ 和 $\sigma_{Bx}=\sigma_{By}$，所以 x、y 可以去掉，因此有：

$$\alpha_A\Delta T+(1/E_A)\sigma_A-(\upsilon_A/E_A)\sigma_A=\alpha_B\Delta T+(1/E_B)\sigma_B-(\upsilon_B/E_B)\sigma_B \tag{6-6}$$

代入力平衡，得

$$\sigma_A=(\alpha_B-\alpha_A)\Delta T/[(1-\upsilon_A)/E_A+(A_A/A_B)(1-\upsilon_B)/E_B] \tag{6-7}$$

如果 A 比 B 薄得多（$A_A\ll A_B$），则可简化为

$$\sigma_A=[E_A/(1-\upsilon_A)](\alpha_B-\alpha_A)\Delta T \tag{6-8}$$

6.5.2.3 残余应力引起的后果

有残余应力的样品在随后拉伸中将没有明显的屈服，残余应力的存在将改变材料对于疲劳、应力腐蚀、脆性断裂的敏感性。残余应力的存在会导致如下的后果：

① 引起制品形状和尺寸的变化，增加机加工的困难。物体内存在的残余应力是处于平衡状态的，机加工时这类平衡态遭到破坏，引起物体内应力分布的改变，为达到新的平衡，则需要产生一些弹性变形相适应，导致制品形状和尺寸的改变。此外，有残余应力的制品在承受打击/振动/热处理时，同样会使制品产生形状尺寸的变化，例如，如果铝型材存在残余应力，在刮风时风力的作用下，型材形状尺寸发生变化，导致幕墙玻璃崩裂。

② 缩短制品的使用寿命。具有残余应力的制品在使用时若承受载荷，其内部的实际应力是由外力所引起的基本应力与残余应力之和或二者之差，因此，引起应力分布极不均匀。当合成应力的数值超过了该零件强度的许用值时，零件将产生塑性变形而歪扭或破坏，这不但缩短了制品的使用寿命，并且容易使设备出现故障。例如存在残余应力的钛冲压件，放置一段时间后，产生表面裂纹。

③ 降低了金属的再加工性能。有残余应力的变形物体再承受塑性变形时，其应变分布及内部应力分布更不均匀。残余应力的存在会使塑性变形的流变应力上升，塑性、冲击韧性及疲劳强度下降。

④ 制品表面的残余拉应力会导致其耐蚀性下降。

冲压的黄铜制品在潮湿的气氛中（尤其是含氨的气氛），在弯曲的部位会产生裂纹，这

种现象称为“黄铜季节病”。

残余应力一般是有害的，特别是表面层中具有残余拉应力的情况。疲劳失效、应力腐蚀裂纹和脆性断裂等都是从零件表面开始并且总是出现在拉伸而不是压缩的应力状态下，因此，表面残余压应力状态是有利的，当表面层具有残余压应力时，可以提高使用性能。例如，轧辊表面淬火，零件的机械喷丸、激光冲击喷丸，表面滚压，表面渗碳，渗氮等。经上述处理后，零件表面层附近有很大的残余压应力，可以明显提高材料的硬度、抗疲劳强度、抗应力腐蚀性能以及尺寸稳定性，从而延长零件的使用寿命。

6.5.2.4 减小残余应力的措施

残余应力是由不均匀变形引起的，减小或者消除残余应力的措施主要有：

(1) 减小加工和热处理过程中的不均匀变形（见前述）

(2) 热处理法

例如可用退火、回火（钢）来消除。一般只有再结晶才能完全消除，但是再结晶会降低力学性能，因此在工业上广泛采用的方法是低于再结晶温度的低温热处理来减小制品的残余应力。第一类残余应力一般在再结晶温度下的低温处理便可以大部分消除，而制品的力学性能如硬度变化不大；第二类残余应力一般在退火温度接近再结晶时可以完全消除；第三类残余应力，因为存在于晶粒内部，只有充分再结晶后才可能消除。例如 70/30 黄铜在 40～140℃时退火只能消除很少一部分残余应力，在 200℃附近能消除大部分残余应力，其余的残余应力需经过再结晶才能完全消除。时效处理法是降低铝合金淬火残余应力的传统方法，铝合金材料对温度很敏感，提高时效温度会降低其强度指标，故淬火后时效处理通常在较低温度（200～250℃）下进行，其应力消除效果较差（仅为 10%～35%），该方法常与其他消除残余应力的方法结合使用，如振动时效法。

图 6-24 所示为退火的温度和时间对钛合金应力释放的影响，可见应力减小速率随着温度的升高而增大，但经长时间退火后应力减小速率会很慢。

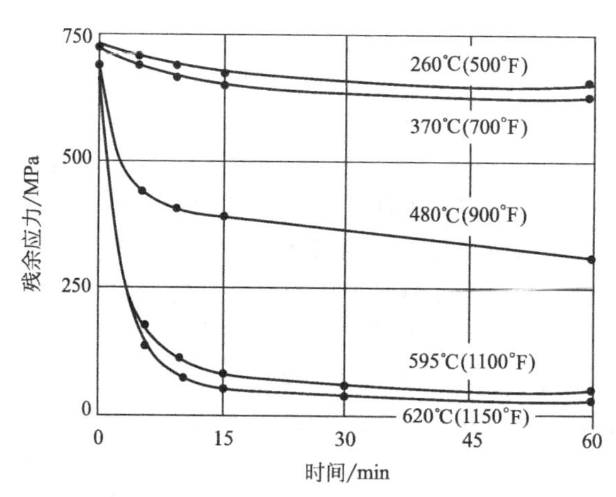

图 6-24 退火的温度和时间对钛合金（Ti-6Al-4V）应力释放的影响

(Metals Handbook. Voe4. ninth d. ASM，1981)

用热处理法消除残余应力时，尤其是较高温度下的退火，虽然残余应力消除了，但制品的晶粒明显长大，有损金属制品的力学性能。此外，热处理法也只有在制品允许退火时才能采用，对于不允许退火的制品，如双金属、淬火制品等，为了消除应变产生的形状歪扭现象，应采用机械处理法。

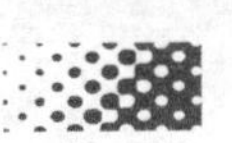

(3) 机械处理法

机械处理法即是使金属制品表面产生很小的塑性变形来减小残余应力。由于仅使工件产生表面变形，所以在变形中，表层产生附加压应力，工件中部产生附加拉应力。例如，机械喷丸、激光冲击喷丸，对管棒材采用多辊校直，对板材采用表面碾压及小变形量的拉伸，对模锻件在模具内作表面模压校形等。

图 6-25 所示为钢材表面原来有残余拉应力时用表面碾压法使之减轻的情况。拉伸黄铜棒经矫直碾压后，其内部的残余应力的变化如图 6-26 所示，可见表面变形可使原来的残余应力减小近一倍，甚至可使表面拉应力变成压应力。应当指出，机械处理法只能消除第一类残余应力，当表面变形量为 1.5%～3%左右时效果最好，继续加大变形量反而可能导致不良后果。

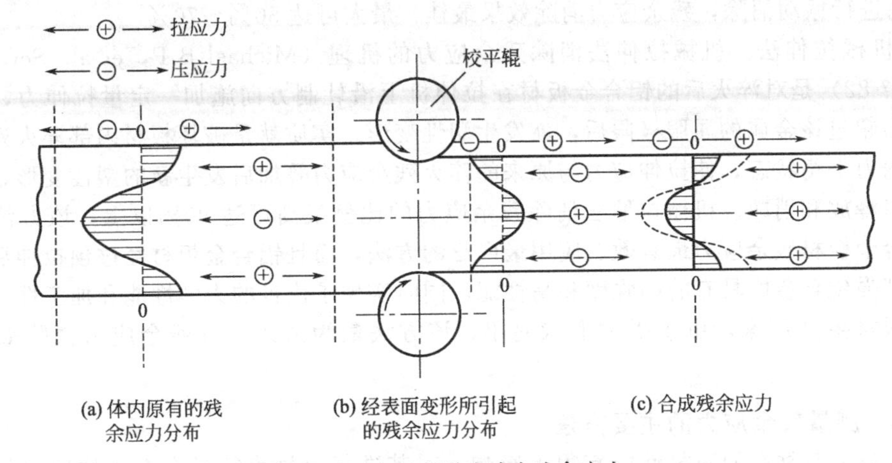

图 6-25 表面变形法减小残余应力

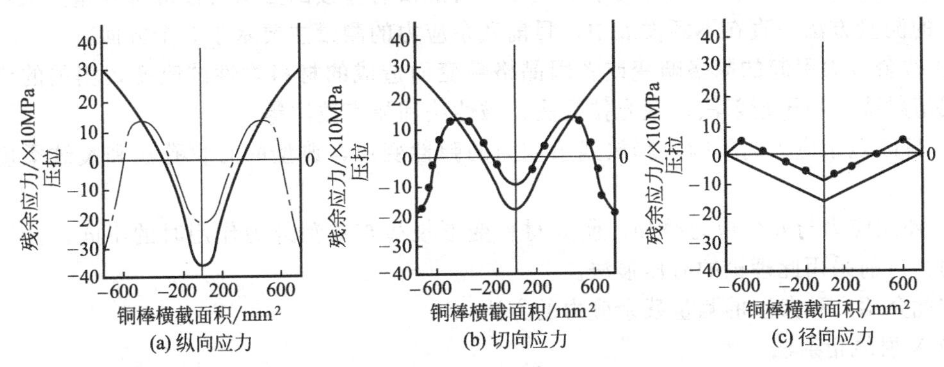

图 6-26 黄铜棒在矫直碾压前后的残余应力分布

(实线表示拉制黄铜的残余应力，点画线和带黑圆点线表示矫直后黄铜棒的残余应力)

淬火后的铝合金板材通常存在很大的残余应力场，通过采用有机介质淬火或热水淬火来消除残余应力的实际效果有限，因此在铝合金板材经过淬火工艺流程之后，必须进行专门消除残余应力的工艺作业。美英等发达国家从 20 世纪 50 年代就开始残余应力消除技术的研究，并已形成包括机械拉伸法、模冷压法、深冷处理法、振动消除法以及上坡淬火法等一整套专门的残余应力消除工艺，简介如下：

① 模冷压法。模冷压法是针对形状复杂的铝合金模锻件，利用特制的精整模具，以受严格控制的限量冷整形来消除残余应力。其主要机理是使铝合金模锻件局部受“压缩”或“拉伸”作用而使某些部位的残余应力得以释放。该方法主要是调整铝合金模锻件的整体应

力水平，它在减小某些部位残余应力的同时，也有可能增大其他部位的残余应力，模压变形过小会使消除效果不佳，而模压变形量过大则可能引起裂纹和断裂，故其局限性是在实际操作中需要精确控制模压变形量。

② 深冷处理法。深冷处理法是将含有残余应力的构件浸入液氮中一段时间，待构件内温度降至均匀后又迅速取出并喷射热蒸汽，由于急热和急冷会产生方向相反的热应力，依次可以抵消原有的残余应力场。该方法最高可降低80%左右的残余应力，适用于形状复杂的模锻件与铸件（Firouzdor V，et al. J Mater Proc Tech，2007，22：474-480）。

③ 振动消除法。振动消除法的工作原理是利用强力激振器，使金属结构产生振动从而引起金属结构产生弹性变形，当构件内相应部位的残余应力与振动载荷叠加后，某些部位超过材料的屈服极限引起塑性应变，从而引起残余应力的减小和重新分布。当铝合金在淬火后0～2h内进行振动消除，残余应力消除效果最佳，最大可达50%～70%。

④ 机械拉伸法。机械拉伸法消除残余应力的机理（Michael B P，et al. Scr Mater，2002：77-82）是对淬火后的铝合金板材在拉伸机上沿轧制方向施加一定量拉伸力，当外加的拉伸力超过该金属的屈服极限后，就发生塑性变形。实质就是破坏板材内部淬火残余应力原有的内力平衡状态，使拉伸应力与原来的淬火残余应力叠加后发生新的塑性变形，使残余应力得以释放和消减。机械拉伸法消除残余应力的比例最高可达90%以上，该方法不仅是消除铝合金板材残余应力最有效、应用最广泛的方法，而且铝合金板材经过预拉伸后还保留了热处理强化合金所具有的高强度和高性能，同时实现了优良的力学性能和加工性能。对于铝合金板材生产厂家，由于板材形状简单，该方法最为适用，且残余应力消除效果最为明显。

6.5.2.5 测量残余应力的主要方法

残余应力对材料的服役性能有很大影响，对其进行定量表征具有重要的理论与工程意义。残余应力是残留于材料内部的平衡应力，目前没有直接的方法可以准确测量其大小。残余应力的测量方法一直在不断发展中，目前残余应力的测量主要基于3个方面：

① 残余应力引起的晶格畸变或者因晶格畸变而造成的材料物性的改变，相关的应用有X射线衍射法、中子衍射法、激光拉曼法、磁性法和超声波法等；

② 打破残余应力的平衡，释放残余应力的弹性变形，典型的有盲孔法和裂纹柔度增量法等；

③ 外加应力与残余应力叠加，研究材料变形规律与单独外力作用时的不同，计算出残余应力，目前采用此理论的有压痕法。

在此介绍几种典型的测量残余应力的方法。

1）X射线衍射法

其基本原理是残余应力会造成材料晶格畸变，通过测量材料晶面间距的变化来确定应变，再通过弹性力学定律由应变计算出应力值，是一种无损测定表面残余应力的方法。

（1）测量原理

用单色X射线入射到晶体上，如衍射角为2θ、晶面间距为d、波长为λ的X射线满足布拉格方程：

$$2d\sin\theta=\lambda \tag{6-9}$$

则发生衍射，由于金属材料由大量随机取向的晶粒组成，总会在一些位向有利的晶粒内产生衍射。当构件承受外加应力或内部存在残余应力时，晶面间距产生的应变为：

$$\varepsilon = \Delta d / d = -\Delta\theta \cot\theta \tag{6-10}$$

且不同方向上的应变量不同，从而导致衍射谱线随入射角发生位移。测出峰位移可确定晶面法线方向上的应变，再按照弹性力学计算出应力。

表层残余应力通常可用基于X射线衍射的 $\sin^2\psi$ 法（Hauk V. Amsterdam：Elsevier，1997）测量。X射线衍射法测残余应力具有无损和快捷等特点，且理论研究深入，现被广泛应用于表面残余应力测试和生产现场。但该方法由于X射线穿透深度的限制，只能测得表面残余应力；由于测试结果是统计学平均值，受材料的各向异性、表面质量、衍射晶面等的影响较大。

(2) 应用特点

X射线法是一种无损的应力测试方法，具体特点如下：

① 穿透力较弱。由于X射线穿透能力的限制，穿透深度极浅，一般只能测试深度在 $10\mu m$ 左右的应力（表面应力）。

② 可进行点应力研究。被测面直径可小到1～2mm，因此可用于研究一点的应力和梯度变化较大的应力分布。

③ 弹性应变测量。因为工件塑性变形时晶面间距并不改变，不会引起衍射线的位移，所以X射线法测量的仅仅是弹性应变而不包含塑性应变。

④ 精度较高。对于能给出清晰衍射峰的材料，如退火后的细晶粒材料，精度可达10MPa。

⑤ 设备较复杂。X射线测试设备比较复杂，仅适用于晶体材料，且对测试表面的要求也比较高，因此X射线法受限于苛刻的测试条件。

2) 中子衍射法

中子衍射法应力分析始于20世纪80年代，是近年来发展起来的一种无损测定残余应力的方法，是目前唯一可以测定大体积工件三维应力分布的方法。与X射线衍射法相似的中子衍射法具有无损、精度高、穿透能力强、测量深度深的特点，可以测得残余应力沿深度方向的分布规律。近年来，中子衍射法测残余应力在国外得到一定的应用。

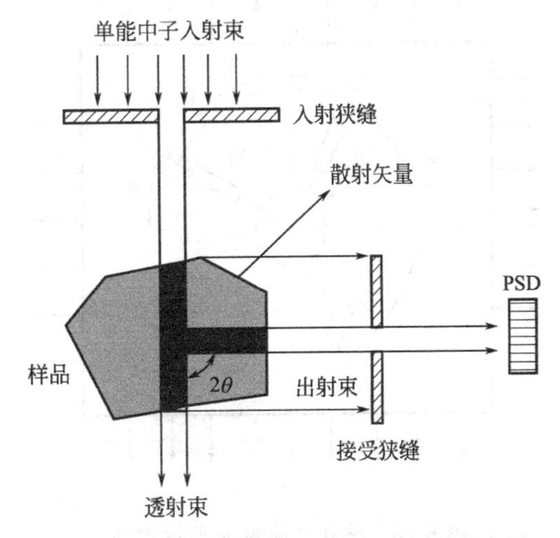

图6-27 中子衍射法测量应力的原理示意图

(1) 测量原理

中子衍射法是通过研究衍射束的峰值位置和强度，可获得应力或应变的数据。中子衍射应力测量方法首先是测定材料中晶格的应变，然后计算出应力（Schneider L C R，et al. Scr Mater，2005，52：917）。其测量残余应力的原理与X射线法基本一致，即根据布拉格定律从测量点阵的弹性应变来计算构件内部的残余应力。图6-27所示为中子衍射法测量应力的原理示意图。

(2) 应用特点

中子衍射技术相对于X射线和其他应力测试方法的主要特点如下：

① 穿透力强。中子在金属中的穿透深度较X射线大得多，穿透能力可达3～4cm以上，可测量构件内部的应力及其分布。因此，工程应用上比较适合大工程部件的测量。

② 非破坏性。可监视试件环境或加载条件下的应力变化状态，可多次重复测量实验样品。

③ 空间分辨可调。空间分辨可与有限元模式的空间网格相匹配，在检验有限元计算方面具有很大优势。

④ 适用范围广。中子衍射法可解决材料中特定相的平均应力和晶间应力问题。例如包含硬化相的陶瓷材料和形状记忆合金等，可以利用中子衍射法在高、低温环境下进行材料研究。

⑤ 设备复杂、昂贵。中子衍射法对设备和试样有严格要求，需要一个高强度的反应堆或脉冲中子源，设备复杂、昂贵，试样则要求足够小，以适应衍射仪。

3）机械法

（1）钻孔法

钻孔法又名盲孔法或小孔法，由 Mathar [Mathar J. Transaction ASME，1934，56(4)：249-254] 于1934年最先提出，后经长期的研究和改进，目前已成为应用最为广泛的残余应力测量方法。美国材料试验协会（ASTM）已于1981年为其制定了测量标准，并不断修订和补充（ASTME837-01：2001）。

钻孔法的测量原理是利用应力释放机理测残余应力，其通过移除一部分试样，打破内应力平衡，通过测量剩余部分在内应力作用下发生的弹性变形，进而利用弹性力学原理计算出残余应力。钻孔法测残余应力虽然是有损检测，但试样破坏小，测量方便，在试验和工程上广泛应用。钻孔法开始仅能测表面残余应用，后来学者们又开发出梯度钻孔法测深层平面残余应用，扩大了钻孔法的应用。

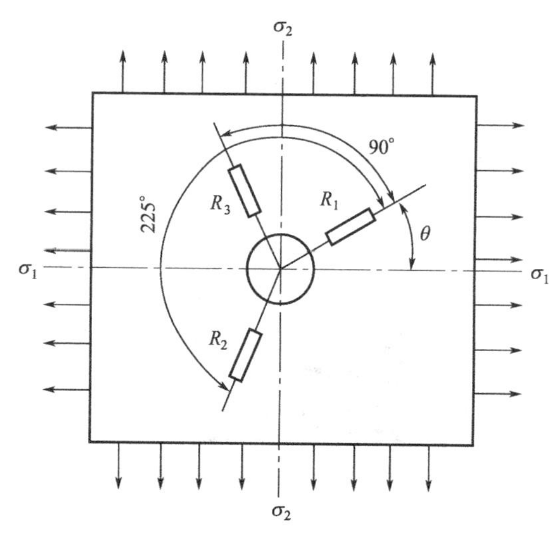

图 6-28 钻孔法测量原理示意图

钻孔法测量原理如图 6-28 所示，在一个存在一般状态残余应力场的区域表面上粘贴专用应变花，在应变花中心打一小孔，使小孔附近区域因应力释放而引起应变花丝栅区域产生释放应变，根据应变花测定的释放应变就可以计算出残余应力。其最大优点是对被测构件损伤小，甚至不影响构件的正常使用。对与钻孔法残余应力测试技术密切相关的应力释放系数也有不少学者进行了深入研究，旨在使标定的释放系数能在类似几何结构下适用于不同材质试件的测量，与此同时，关于钻孔偏心引起的残余应力误差修正问题也有大量学者进行了研究，还有学者对钻孔法中孔与孔之间以及孔与边界之间的距离对测量精度的影响开展了研究。经过不断的改进完善，国内船舶行业已将钻孔法作为测定焊接残余应力的标准方法（中华人民共和国船舶行业标准《残余应力测试方法——钻孔应力释放法》CB 3395—92）。

（2）剖分法

剖分法是早期最原始的残余应力测试方法，其基本思路是通过剖分材料引起残余应力释放，只有残余应力释放才能引起应变的释放，从而由测定的释放应变计算出残余应力。如图 6-29（a）所示，这是一种破坏性比较大的方法，测量时将被测部分完全分离，以使残余应力全部释放。

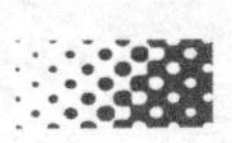

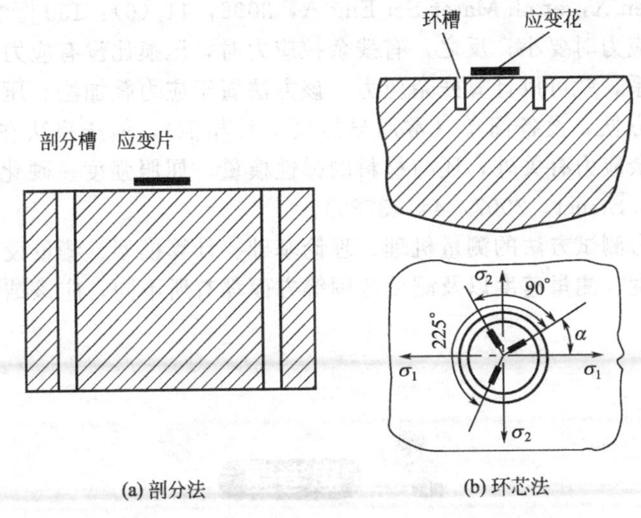

图 6-29 剖分法与环芯法残余应力测量示意图

(3) 环芯法

环芯法是改进了机械加工方式的剖分法，剖分时采用特制的环芯刀，使剖分法更便于实际应用。环芯法由德国的 Milbradt 在 1951 年最早提出，其原理如图 6-29 (b) 所示。在一个存在一般状态残余应力场的区域表面上粘贴一个应变花，以应变花为中心加工一个环槽，使得环芯边界上的残余应力得到释放后引起环芯表面应变释放，根据应变花测定的释放应变就可以计算出残余应力的大小和方向。环芯法又称为圆环法或者切槽法，目前国内外都将环芯法列为汽轮发电机组转子部件残余应力测定的标准方法（中华人民共和国机械行业标准《环芯法测量汽轮机、汽轮发电机转子锻件残余应力的试验方法》JB/T 8888—1999)。

(4) 剥层法

剥层法的工作原理为：从存在残余应力的平板上去除一层材料，破坏内部残余应力的平衡状态，当它重新达到平衡时将导致平板弯曲，平板弯曲的曲率取决于材料去除部分的原始残余应力分布和材料剩余部分的弹性性能。通过逐层去除材料并测量相应去除后的曲率，平板原始残余应力的分布就可以通过计算得出。

从剥层法的工作原理可以看出，该方法对材料的破坏性很大，它仅适合于几何形状简单的平板类样品，主要用于测定内部宏观残余应力，不能用于测量表面残余应力或近表层残余应力。

(5) 裂纹柔度法

裂纹柔度法的测定原理为：从存在残余应力的构件表面引入一条深度逐渐加深的裂纹来释放原始残余应力，通过测定不同裂纹深度相应指定点处的应变值来计算原有残余应力。在实际实验操作中，由于裂纹不易控制，一般通过铣削或线切割等加工工艺来产生一条宽度极小的窄槽来代替裂纹，从而计算被测物体沿深度方向的残余应力分布（M B Prime; et al. Mater Sci Forum，2000，347：223—228)。

裂纹柔度法最大的优点是能够测试物体内部残余应力，因此国内外学者在该方法的应用方面进行了很多有益的探索。该方法于 1971 年提出，但由于测试过程繁琐而没有引起足够的重视。随着计算机技术的提高和数值计算方法的改进，解决了该方法在工程应用上的关键难题，使得该方法得以重新推广。

4）压痕法

压痕法测残余应力始于 20 世纪 90 年代，其通过压痕试验测出压痕与应力的关系，进而计算残余应力［Chen X，et al. Mater Sci Eng A，2006，41（6）：139］。当试样有残余压应力时，压痕比没有应力时要小；反之，有残余拉应力时，压痕比没有应力时大。只要测出压痕与应力的定量关系，就可以计算残余应力，该方法属于应力叠加法。压痕法测残余应力对试样损耗小、测量方便，设备简单（常用显微硬度计相似），但压痕法在测量残余应力时，压痕大小除了与残余应力有关外，还与材料的弹性模量、屈服强度、硬化指数等有关（Yah J，et al. Int J Solids Struct，2007，44：3720）。

不同的残余应力测试方法的测量机理、理论基础、计算模型、测量设备不同，造成各种测量方法在测量精度、测量速度以及测量范围等方面都有所不同，应该结合具体情况和要求选择恰当的方法。

1. 有人认为："塑性加工过程中不均匀变形是绝对的，均匀变形是相对的"，该说法正确与否？为什么？

2. 举例说明最小阻力定律在塑性加工中的应用。

3. 以平板间镦粗圆柱体（不使用润滑剂）为例，说明不均匀变形的典型现象。

4. 变形及应力的不均匀分布都是哪些原因造成的？

5. 试分析外摩擦和变形区的几何形状对不均匀变形的影响。

6. 何谓黏着和侧面翻平？分析它们产生的原因。

7. 什么是外端（外区或刚端）？一般可分为哪两类？它对变形区金属质点的流动有何影响？

8. 分析挤压或拉伸棒材的后端凹入、平砧下镦粗圆柱体时出现的鼓形、板材轧制时易出现"舌头"和"鱼尾"等缺陷的原因。

9. 假设金属矩形铸锭加热时温度不均，上部温度高，下部温度低，请分析：该坯料轧后是上翘还是下翘？

10. 某铜合金薄板轧制时产生镰刀弯、上翘下弯、荷叶边、中间波浪等产品形状歪扭缺陷，试结合加工工艺，分析其产生原因以及为避免这些缺陷的产生可采取的措施。

11. 不均匀变形会导致哪些后果？可采取哪些措施？

12. 什么是附加应力？它有哪些特征？附加应力定律？

13. 塑性加工遵守哪些基本规律？它们在塑性加工中各有何用途？

14. 附加应力有哪些危害？

15. 残余应力的定义？它和附加应力有何异同？

16. 残余应力的来源有哪些？它有哪些危害？

17. 减小或者消除残余应力的措施有哪些？

18. 测定残余应力的主要方法有哪些？各有何特点？

第 7 章

金属塑性加工过程中的断裂

金属断裂，是指金属沿着一定方向产生机械破裂或裂开，失去其连续性和整体性的一种现象。断裂是金属材料在塑性加工过程中以及服役使用过程中遇到的重要实际问题。金属断裂后不仅完全丧失服役能力，而且还可能造成不应有的经济损失及伤亡事故。断裂现象的研究始于20世纪初期，英国物理学家Griffith最早研究了裂纹在脆性断裂中的作用，并给出了脆性断裂应力和裂纹长度的关系，从Griffith时代算起至今已有近100年的历史，很长一个时期研究进展十分缓慢。直到20世纪50年代初接连发生了很多次震惊工程技术领域的低应力脆断事故，人们在探求解决对策过程中逐渐形成了研究断裂的这一分支学科。20世纪60年代前后，在断裂现象研究方面已经开始逐渐建立起比较完整的学术体系，提出了断裂韧性这一概念，强调工程设计中的强韧结合和金属材料发展的强韧化方向。在随后的几十年中，随着关于裂纹和位错这两个控制金属断裂的基本缺陷之间相互作用的理论研究，以及裂纹尖端位错分布的研究，有了很大的发展。到目前，可以说金属断裂的研究已经发展成为理论体系比较完善的一门学科。

目前论述金属断裂的专著有很多，本章仅讲述教学大纲中要求的关于金属塑性加工过程中的断裂所涉及的基本概念和规律。

7.1 断裂的物理本质

7.1.1 理论断裂强度

完整晶体在正应力作用下沿着某一原子面被拉断时，其断裂强度称为理论断裂强度。它可以简单估计如下：设想如图7-1中被 mn 解理面分开的两半晶体其解理面间距为 d，沿拉力方向发生相对位移 x。当位移很大时，位移和作用应力的关系不是线性的，原子间的交互作用最初是随 x 的增大而增大，当达到一峰值后就逐渐下降，图7-2示出了原子间作用力与原子间位移关系曲线，σ_m 代表晶体在弹性状态下的最大结合力，即理论断裂强度。在拉断后产生两个解理断面，设裂纹面上单位面积的表面能用 γ 表示，在拉伸过程中，形成单位裂纹表面外力所做的功，应为图7-2中 σ-x 曲线下所包围的面积，就应等于断裂时形成两个新表面的单位面积的表面能，即应等于 2γ。为了近似地求出图7-2中 σ-x 曲线下所包围的面积，用一正弦曲线代替原有的曲线，其数学表达式为：

$$\sigma=\sigma_m \sin\frac{2\pi x}{\lambda} \tag{7-1}$$

这里 $\lambda/4$ 为曲线峰值处的 x 值，因而：

$$2\gamma=\int_0^{\lambda/2}\sigma_m \sin\frac{2\pi x}{\lambda}\mathrm{d}x=\frac{\lambda\sigma_m}{\pi} \tag{7-2}$$

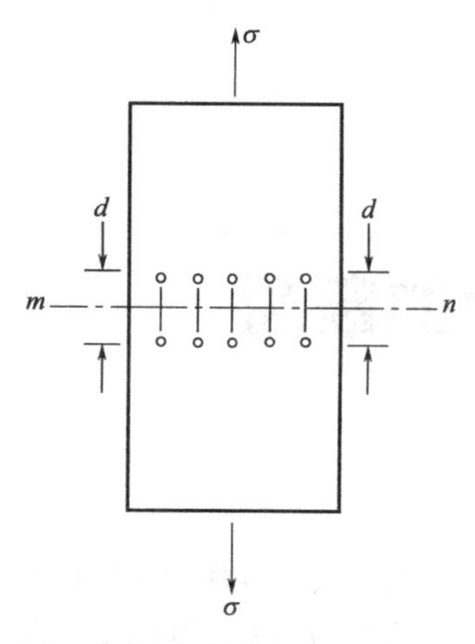

图 7-1 完整晶体拉断的示意图

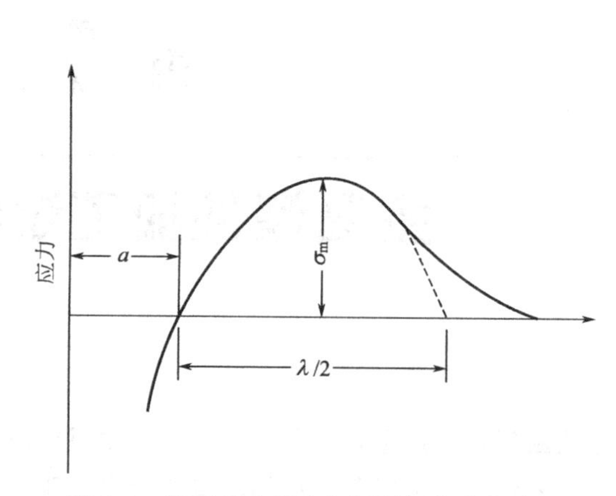

图 7-2 原子间作用力与原子间位移的关系

对于无限小的位移，有：

$$\sin\frac{2\pi x}{\lambda}\cong\frac{2\pi x}{\lambda} \tag{7-3}$$

因此，式（7-1）可以简化为：

$$\sigma=\sigma_m\frac{2\pi x}{\lambda} \tag{7-4}$$

而根据虎克定律，弹性状态下有：

$$\sigma=E\varepsilon=E\frac{x}{a} \tag{7-5}$$

式中，E 为杨氏模量；a 为原子间平衡距离

由式（7-4）和式（7-5）得：

$$\lambda=\frac{2\pi a\sigma_m}{E} \tag{7-6}$$

将式（7-6）代入式（7-2）可求得：

$$\sigma_m=\left(\frac{E\gamma}{a}\right)^{\frac{1}{2}} \tag{7-7}$$

式中，σ_m 即为理想晶体解理断裂的理论断裂强度。对于铁，$\gamma=2\text{J/m}^2$，$E=210\text{GPa}$，$a=2.5\times10^{-10}\text{m}$，得出：$\sigma_m\approx41\text{GPa}\approx E/5$。对于一般金属材料，$\sigma_m$ 的数量级为 $E/5\sim E/10$，但实际金属的断裂强度要比这个估计值低很多（只有它的 1/100～1/1000），这是由于存在缺陷的结果。

7.1.2 断裂强度的裂纹理论

为了解释实际材料的断裂强度和理论强度的差异，1921 年格雷菲斯提出一个断裂理论设想，材料中存在预裂纹，在拉应力作用下，裂纹尖端附近产生应力集中，使得断裂强度大为下降。对应于一定尺寸的裂纹，有一临界应力值 σ_c，当外加应力低于 σ_c 时，裂纹不能扩展；只有当应力超过 σ_c 时，裂纹迅速扩展，导致材料断裂。

假设试样为一薄板，中间有一长度为 $2a$ 的裂纹贯穿其间，如图 7-3 所示，板受到均匀张应力 σ 的作用，它和裂纹面正交。在裂纹面两侧的应力被松弛掉了（应力比 σ 低），而在裂纹两端局部地区引起应力集中（应力远超过 σ）。裂纹扩展增加新的表面，弹性能的降低

恰好足以提供裂纹扩展时表面能的增加。裂纹所松弛的弹性能可以近似地看作形成直径为 $2a$ 的无应力区域所释放的能量（单位厚度），由弹性理论计算，在松弛前弹性能密度等于 $\sigma^2/2E$（弹性能密度用应力应变曲线下阴影面积表示，即为 $\frac{1}{2}\sigma\varepsilon=\frac{1}{2}\sigma\frac{\sigma}{E}=\frac{\sigma^2}{2E}$），被松弛区域的体积为 πa^2，粗略估计弹性能的改变量等于 $-\pi a^2\sigma^2/2E$（系统释放的能量，前面加负号），精确计算求出的值为粗略估计值的2倍，即弹性能（U_1）为：

$$U_1=-\frac{\pi\sigma^2 a^2}{E} \tag{7-8}$$

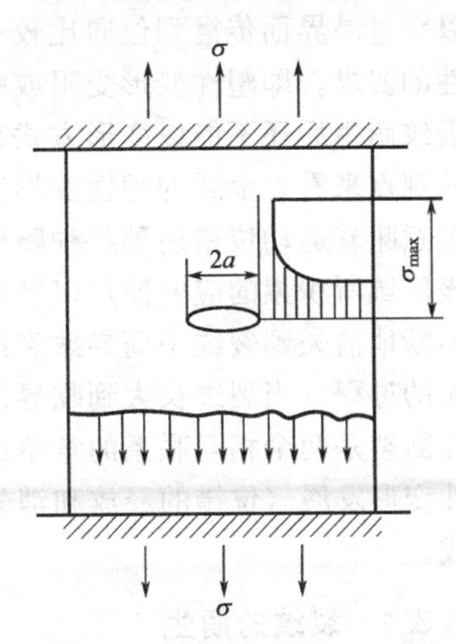

图 7-3 格雷菲斯裂纹的示意图

裂纹形成时产生新表面需提供表面能（U_2）为：

$$U_2=4a\gamma \quad （因为是2个表面） \tag{7-9}$$

式中，γ 为单位面积的表面能。

由于表面能 γ 及外加应力 σ 是恒定的，则系统总能量变化及每一项能量均与裂纹半长 a 有关（注：逐渐拉紧平板后，系统释放的弹性能是由小变大），在裂纹失稳扩展时，裂纹的长度对应于系统总能量变化（U_1+U_2）的极大值，此时，裂纹就可以自发地扩展，这样的过程降低系统的能量。因此裂纹传播的能量判据为：

$$\frac{d}{d_a}(U_1+U_2)=\frac{d}{d_a}\left(4a\gamma-\frac{\pi\sigma^2 a^2}{E}\right)=0 \tag{7-10}$$

这样就可以求出裂纹失稳扩展的临界应力 σ_c 为：

$$\sigma_c=\left(\frac{2E\gamma}{\pi a}\right)^{1/2} \tag{7-11}$$

式（7-11）称为格雷菲斯公式，表明裂纹传播的临界应力和裂纹长度的平方根成反比。以上推导情况，适合于薄板。Griffith 公式只适于脆性固体，如玻璃、金刚石等。格雷菲斯理论的重要贡献是将裂纹看作材料中的重要缺陷，这是裂纹研究的开端。

对于工程金属材料，如钢等，裂纹尖端由于应力集中产生较大塑性变形，消耗大量塑性变形功，是裂纹扩展所消耗的能量的一部分，其值远大于表面能（至少相差1000倍）。因此对格雷菲斯公式进行修正，Griffith 公式中表面能应由形成裂纹所需表面能 γ_s 及发生塑性变形所消耗的塑性变形功 γ_p 构成，则 Griffith 公式应当修正为：

$$\sigma_c=\left(\frac{2E(\gamma_s+\gamma_p)}{\pi a}\right)^{1/2} \tag{7-12}$$

根据式（7-11）或式（7-12），当拉应力超过临界应力时，裂纹就会传播。在裂纹传播后，裂纹 a 值变大，故使裂纹继续发展所要求的应力下降，从而使裂纹迅速扩展。在实际金属材料中或多或少存在有裂纹和缺陷，但当应力值（或裂纹长度）没有达到临界值时，裂纹不扩展。因此，可以容许存在有一定尺度内的裂纹。只是要设法使其不再发展，就可以保证不出现整体性的破坏了。

7.1.3 裂纹的萌生和扩展

金属的断裂过程通常可以分为裂纹的萌生和裂纹的扩展两个阶段。实践表明，金属的塑性变形过程和断裂过程是同时发生的。在外力作用下，金属多晶体发生塑性变形首先在位向有利的晶粒中发生塑性变形。为了保证各晶粒间变形的连续性，就要求在一个晶粒内的变形可以穿过晶界面传播到位向比较有利的晶粒中，一旦晶粒内的变形方式不能满足塑性变形连续性的要求，即塑性变形受阻或中断，则在严重变形不协调的局部区域将发生裂纹萌生，如果裂纹萌生后还不能以变形方式来协调整体变形的连续性，则裂纹继续扩展长大。从位错理论的观点来看，金属的塑性变形实质上是位错在滑移面上运动和不断增殖的过程，塑性变形受阻意味着运动位错遇到某种障碍而形成位错塞积，在其前端形成一个高应力集中区域，若在该区域所积累的应变能足以破坏原子结合键时，便开始裂纹萌生。随着变形过程发展，位错不断地消失到裂纹中而导致裂纹的扩展长大。断裂的发展过程是一种运动位错不断塞积和消失的过程。当裂纹长大到临界尺寸时，裂纹便开始失稳扩展直到最终断裂。因此，塑性变形和断裂是两个相互联系的竞争过程，塑性变形受阻（位错的增殖和塞积）导致裂纹萌生而塑性变形发展（位错的释放和消失）导致裂纹扩展，裂纹的萌生和扩展是协调变形的一种方式。

7.1.3.1 裂纹的萌生

金属发生断裂，先要形成微裂纹。这些微裂纹主要来自两个方面：一是金属内部原有的，如气孔、夹杂、微裂纹等缺陷；二是在塑性变形过程中，由于变形受阻或位错塞积等原因导致萌生的。下面简单介绍塑性变形促使裂纹萌生的几种常见机制。

（1）位错塞积理论

位错在运动过程中，遇到了障碍（如晶界、相界面等）而被塞积（如图 7-4 所示），在位错塞积群前端就会引起应力集中，塞积位错越多，应力集中程度越大。当此应力大于界面结合力或脆性第二相或夹杂物本身的结合力时，就会在界面或脆性相中萌生裂纹。

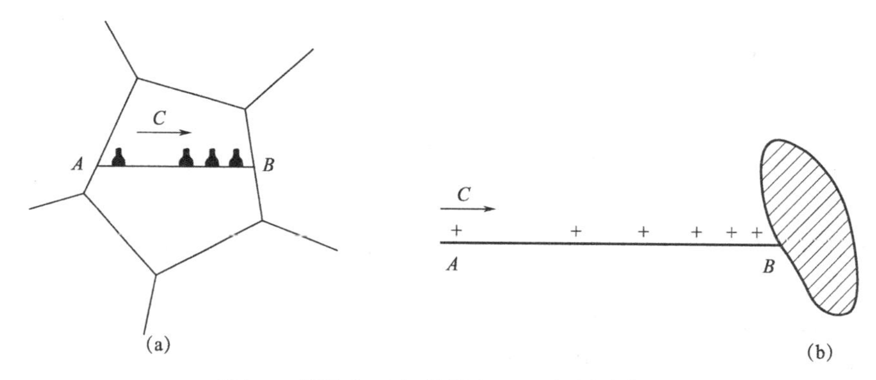

图 7-4 裂纹在（a）晶界和（b）相界处萌生

（2）位错反应理论

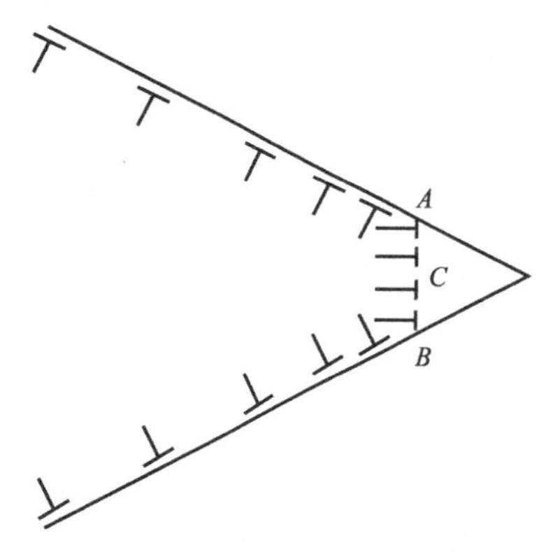

图 7-5 位错反应形成微裂纹示意图

Cottrell 最早指出，bcc 中在两个滑移面上的两组位错相交后通过位错反应会生成 [001] 不动位错，即：

$$\frac{1}{2}[111]+\frac{1}{2}[\bar{1}\bar{1}1]=[001] \qquad (7\text{-}13)$$

如图 7-5 所示，滑移面上的两个领先位错 A 和 B 通过反应后就成为不动位错 C。领先位错不断反应生成 C 位错，当合并在一起的 C 位错数目 n 增大到某一临界值时，它就会成为一个微裂纹。

（3）位错墙侧移理论

刃型位错缺少半个原子面，当同一滑移面上的 n 个同号刃型位错合并在一起，就会在其下方形成一个

尖劈型的微裂纹 ABE，如图 7-6（a）所示。另一种方式，由于刃型位错的垂直排列构成了位错墙，同时引起滑移面的弯折而使裂口形核［图 7-6（b）］，裂口面将和滑移面重合。hcp 金属沿滑移面断裂的原因正是这一理论。

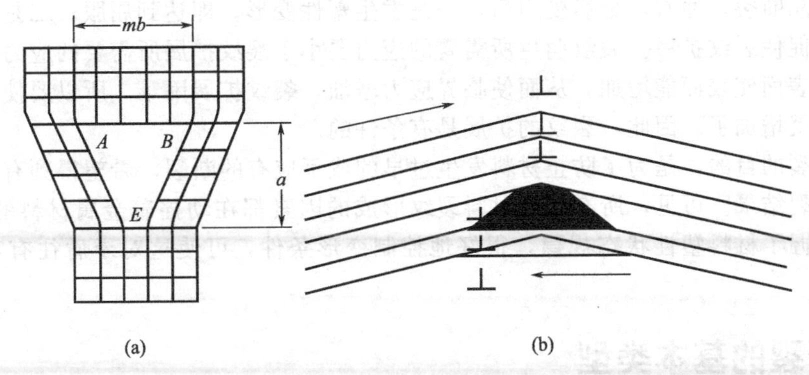

图 7-6 刃型位错采用（a）合并和（b）垂直排列的方式形成微裂纹

（4）位错销毁理论

位错在外力作用下发生相对运动，若两个相距为 $h<10$ 个原子间距的平行滑移面上，存在有异号刃型位错，当它们相互接近后，就会彼此合并而销毁，便在中心处形成孔隙，随着滑移的进行，孔隙逐渐扩大，形成长条形空洞（图 7-7）。

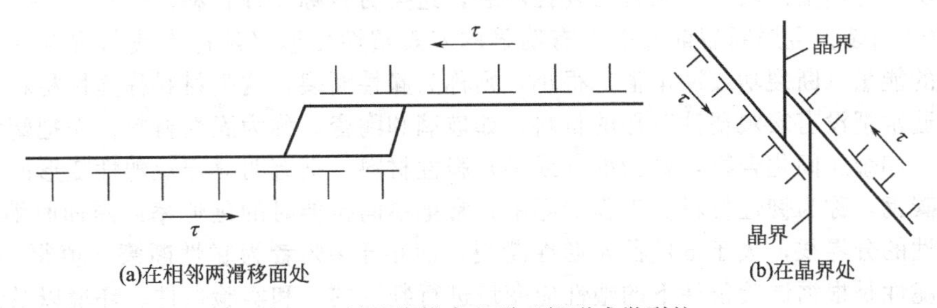

图 7-7 异号位错塞积群互毁形成微裂纹

7.1.3.2 裂纹的扩展

格雷菲斯理论说明，可以容许存在有一定尺度内的裂纹，只要裂纹没有达到临界值时，裂纹不扩展，只要设法使其不再扩展，就可以保证不出现整体性的破坏。因此，金属材料在塑性变形过程中形成微裂纹（或空洞），并不意味着材料即将断裂，从微裂纹形成到导致金属的最终断裂是一个扩展过程，这个过程与材料的性质、应力状态等外部条件密切相关。

如果材料塑性好，则微裂纹形成后其前端应力集中可通过塑性变形松弛，使裂纹钝化，因此裂纹将难以发展，这就是微裂纹的修复过程。此过程可以通过原子扩散、原子吸附使破断面减少，也可通过增加静水压力促使破断面贴合，所以回复、再结晶、固态相变和强静水压力等都有助于裂纹的修复。反之，若材料塑性差，吸收变形功的能力小，微裂纹一旦形成，就可凭其尖端所积聚的弹性能迅速扩展成宏观裂纹，最终导致断裂。对于相同材料，如果应力状态等外部条件不同，则微裂纹扩展的情况也不同。压应力抑制微裂纹发展，而拉应力促使微裂纹迅速扩展。因此，变形过程的静水压力越小、温度越低，微裂纹越容易很快发展为宏观裂纹，其塑性便不能充分发挥。裂纹扩展遵循能量消耗最小原理，即裂纹扩展总沿原子键合力最薄弱的表面进行。由于晶界具有较高的位错密度和一些沉淀、一些第二相夹杂物，因此晶界是裂纹最容易扩展路径之一。但对于一些 bcc 和 hcp 金属，它们都存在着一种原子键合力最薄弱的原子面［（001）面和（0001）面等］，它有时比晶界面上原子的键合力弱，因此也不能排除裂纹穿晶进行扩展的可能性。如果破坏晶界原子键合力的临界应力、破坏最薄弱面（即解理面）的临界应力和沿滑移面滑移的临界切应力等均已知，则比较三者的大小和相互关系，就可推出不论是塑性断裂还是脆性断裂，都可能存在两种断裂方式，即沿晶断裂和穿晶断裂。通常，金属受力后，一是发生塑性变形，即达到屈服；二是促进微裂纹萌生；三是促使裂纹扩展。裂纹萌生所需要的应力要小于裂纹扩展所需要的应力，因为裂纹扩展增加新表面使表面能增加，从而使临界应力增加，裂纹扩展困难，所以要使裂纹迅速扩展需要的功就增加了。因此，裂纹的扩展是有条件的。

研究断裂的目的，是为了防止材料发生过早的或不应有的断裂，希望得到有较大塑性变形的韧性断裂结果。可见，所有促使材料裂纹形成的因素都在动摇着金属材料的塑性能力。但是，当掌握了材料塑性状态规律，很好地控制变形条件，可使这对矛盾往有利塑性方向发展。

7.2 断裂的基本类型

7.2.1 按断裂应变分类

根据断裂前金属是否呈现明显的塑性变形，可将断裂分为韧性断裂和脆性断裂两大类。

① 韧性断裂：金属断裂前的宏观塑性变形（延伸率或断裂应变）或断裂前所吸收的能量（断裂功或冲击值）较大，则称为韧性断裂，这类材料称韧性材料。

② 脆性断裂：金属断裂前几乎没有明显的宏观塑性变形（延伸率或断裂应变）或断裂前所吸收的能量（断裂功或冲击值）很小，则称为脆性断裂，这类材料称脆性材料。

人们通常把没有宏观塑性变形的材料，如玻璃和陶瓷，称为脆性材料；而把塑性应变很小的材料，如金属间化合物，称为准（或半）脆性材料；把有明显宏观塑性变形的材料，如铝合金和碳钢，称为韧性材料。工程实际中，常把单向拉伸时的延伸率或断面收缩率为5%作为韧脆性的分界线，大于5%者为韧性断裂，而小于5%者为脆性断裂。值得一提的是，金属的韧脆性是根据试验条件下的塑性应变量进行判定的，和实验条件、环境以及试样类型等因素有关。这个工程判断完全是人为的，故并没有获得一致赞同。

7.2.2 按断口形貌分类

根据断口形貌特征可分为沿晶断裂（对应沿晶断口）、解理断裂（对应解理断口）、准解理断裂（对应准解理断口）、纯剪切断裂和微孔聚集型断裂（对应韧窝断口），其中前三类属于脆性断裂，后两类属于韧性断裂。

需注意的是，在很多情况下，断裂面会显示混合断口，例如同时存在沿晶断口和解理（或准解理）断口，也可能韧窝断口或准解理（或沿晶）断口共存，有时宏观断口的不同区域显示不同的微观断口。

7.2.3 按断裂路径分类

根据断裂路径分类，一般可分为沿晶断裂和穿晶断裂（非沿晶断裂）两类。也有科研工作者发现和提出了沿相间断裂类型，即裂纹在相与相的边界萌生和扩展，例如，Ti-24Al-11Nb 金属间化合物在甲醇中应力腐蚀时，裂纹沿 α_2 相和 β 相的边界萌生和扩展。

7.2.4 按断裂面的取向分类

根据断裂面相对作用力方向的取向分类，一般可分为正断和切断两类。

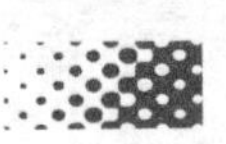

① 正断：宏观断裂面垂直于最大正应力的断裂称为正断。

② 切断：宏观断裂面和最大切应力方向一致的断裂，或沿最大切应力方向发生的断裂，称为切断。

应当指出，正断不等于脆断，相应的切断也不等于韧断。韧性金属圆柱试样拉伸时通常得到杯锥形断口，锥形中心区宏观上是平断口，它和拉应力垂直，因此属于正断，但微观断口则由韧窝构成，且断裂时塑性变形量很大，所以是韧断；杯锥形断口的杯形部分和拉应力成45°，它和切应力平行，所以是剪切断口，它也是典型的韧窝断口，属于韧断。对于脆性金属，在平行裂纹面且垂直裂纹扩展方向的剪应力作用下，裂纹面上下错开，裂纹沿原来的方向向前扩展的撕开型断裂，宏观断口永远平行剪应力面，所以是切断，但断裂前宏观应变很小，微观断口形貌也显示脆性特征（解理、准解理或沿晶），所以它属于脆性断裂。

7.2.5 按服役条件分类

根据金属的服役条件可分为过载断裂、疲劳断裂、蠕变断裂和环境断裂。

① 过载断裂：由于载荷不断增大，或工作载荷突然增加从而导致试样或构件的断裂称为过载断裂。按加载速率可分为静载断裂和动载断裂（如冲击、爆破）。

② 疲劳断裂：在循环应力（其最大值低于拉伸强度）作用下，金属经过一定的疲劳周次后通过疲劳裂纹形核、扩展而引起的断裂称为疲劳断裂。

③ 蠕变断裂：在中高温条件下施加恒定应力，经过一定时间的蠕变变形后导致金属的断裂称为蠕变断裂。

④ 环境断裂：存在腐蚀介质或氢的环境中，经过一定时间后在低的外应力作用下就能导致裂纹的形核和扩展直至试样或构件断裂，称为环境断裂（如应力腐蚀、氢脆）

7.3 断口特征分析

金属断口是金属试样或构件断裂后，破坏部分的外观形貌的通称，记录着裂纹的萌生和扩展的过程。由于金属中裂纹的扩展方向沿着消耗能量最小区域进行，且与最大应力方向有关，因此，断口是金属性能最弱或所受应力最大的部位。通过对断口形貌特征的研究，可确定断裂的类型，并可分析产生断裂的原因。

断口特征分析分为宏观分析和微观分析两种。宏观分析指的是用肉眼、放大镜或低倍光学显微镜等来研究断口形貌特征的一种方法，简单易行，是断口特征分析过程中的第一步，是整个断口特征分析的基础。通过宏观分析，可以确定金属断裂的类型和性质（例如：是脆性断裂、韧性断裂还是疲劳断裂）；可以分析断裂源的位置和裂纹传播的方向；可以判断材质的质量。但对断口的细节与裂纹的萌生和扩展的机理的进一步深化分析和研究，还需要借助微观分析，即用电镜等工具来研究断口形貌特征。

7.3.1 断口宏观特征分析

在研究通常的金属断裂（如拉伸断裂和冲击断裂）时，人们发现尽管材料不同，断裂方式不同，但从断裂过程来看，断口通常呈现三个区域，即纤维区、放射区及剪切唇区，称为断口的三要素，分别以F、R、S表示。图7-8（a）和（b）分别为圆柱拉伸试样和夏比冲击试样的断口的断裂区域示意图。

① 纤维区是断裂的开始区，裂纹源在这个区域产生。在应力作用下，金属内部的第二相粒子、晶界或有缺陷的地方产生显微空洞，随着应力的增加，空洞增加并且不断长大，互相连接最终发生断裂。纤维区呈现粗糙的纤维状，是韧性断裂区。

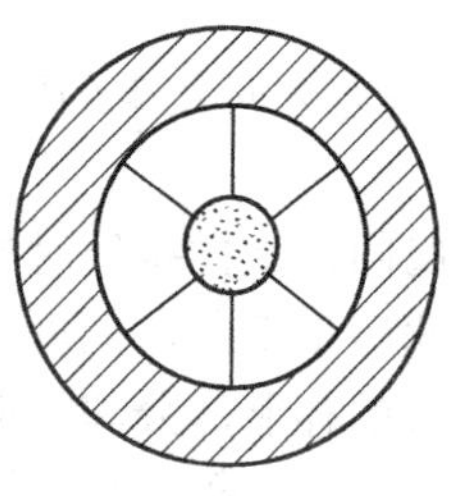

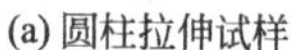

(a) 圆柱拉伸试样

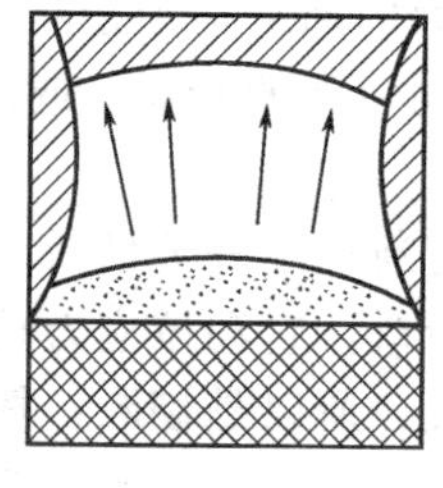

(b) 夏比冲击试样

图 7-8　断口的断裂区域示意图

② 放射区是裂纹扩展区，与纤维区相邻，其交界处标志着裂纹由缓慢扩展向快速扩展的转化。放射区呈现放射状花样，放射花样与裂纹扩展方向一致，并逆指向裂纹源。放射区是脆性断裂区。

③ 剪切唇区是裂纹的最后阶段，表面比较光滑，与应力轴大约呈 45°，是在平面应力条件下裂纹做快速不稳定扩展的结果，是典型的切断断裂。剪切唇区也是韧性断裂区。

断口上三个区域的存在与否、大小、位置、比例、形态等都随着金属的强度水平、压力状态、尺寸大小、几何形状、内外缺陷以及位置、温度、外界环境等的不同而有很大变化。例如，当加载速度降低、温度上升、构件尺寸变小时，都使纤维区和剪切唇区增大。加载速度增大，放射区增大，塑性变形程度减小。构件截面增大时，由于结构上的缺陷概率增大，塑性指标下降。通常，金属韧性好的，纤维区占的面积比较大，甚至没有放射区，全是纤维区和剪切唇区。当金属脆性增大，放射区增大，纤维区减小，甚至会不存在纤维区和剪切唇区，并且放射区的花纹很细小，变得不明显和呈现别的特征。

以上是关于通常的金属断口的主要宏观特征。在实际观察和分析断口时，要从以下方面入手：

① 观察断口是否存在放射花样，根据纹路的走向可找到裂纹源位置；根据断口上三个区的形态及在断面上所占的比例，可粗略地估计出金属的性能，判断其韧性。纤维区和剪切唇区所占的比例越大，金属的塑性、韧性越好；反之，放射区所占比例越大，则金属塑性越低，脆性大。

② 观察断口的粗糙程度、光泽和颜色，断口越粗糙，颜色越灰暗，表明裂纹扩展过程中塑性变形越大，韧性断裂的程度越大。反之，断口细平，多光泽，则脆性断裂的趋势大。

7.3.2　断口微观特征分析

在电子显微镜下呈现的断口形貌特征有各种不同类型，常见的有解理断口、准解理断口、沿晶断口和韧窝断口，将在 7.4 和 7.5 节中进一步讨论。注意：限于课程的大纲要求和篇幅原因，有关疲劳断口的相关内容不做描述。

7.4　韧性断裂

7.4.1　韧性断裂的表现形式

韧性断裂有不同表现形式，常见的表现形式如图 7-9 所示。

① 切变断裂：可以发生在单晶体和多晶体中。在单晶体金属中，剪切沿着一定的结晶学平面扩展；在多晶体金属中，剪切沿着最大切应力的平面扩展。如 hcp 金属单晶体沿基面作大量滑移后就会发生这种形式的断裂，其断裂面就是滑移面，如图 7-9（a）所示。一般情况下，这种韧性断裂过程和空洞的形核长大无关，在断口上看不到韧窝。

② 缩颈：在塑性变形后，一些塑性非常好的金属如高纯铜单晶、铝、金和铅，经拉伸屈服后，要经历大量塑性变形，直至发生缩颈至针尖状，最终断裂时断口接近一个点或一条线，此时断面收缩率接近 100%，如图 7-9（b）所示。

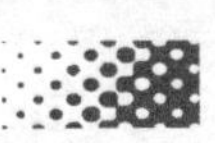

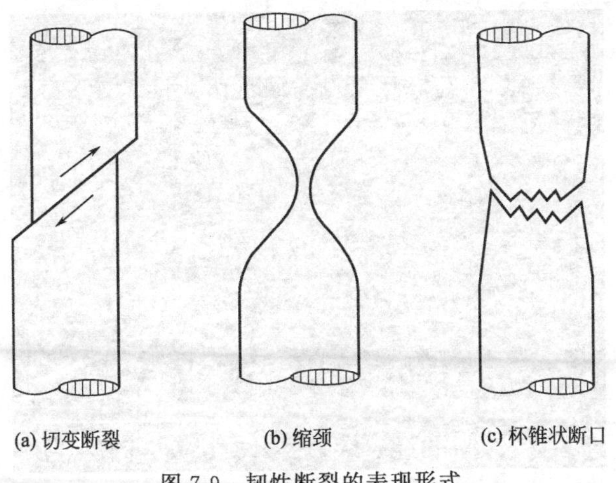

图 7-9 韧性断裂的表现形式

③ 微孔聚集型断裂：金属多晶体材料的断裂，通过空洞的形成、长大和相互连接的过程进行，这种断裂称为微孔聚集型断裂或韧窝断裂。对于一般韧性金属，拉伸的塑性变形量不如高纯铜单晶那样大，断面收缩率不能达到 100%，在发生一定程度的面缩后发生断裂，形成杯锥状断口，如图 7-9（c）所示。

7.4.2 杯锥韧性断裂的断裂过程

这类韧性断裂是由于微孔洞聚集引起，断裂过程分为两个阶段（见图 7-10）：

① 试样发生缩颈。当加工硬化所引起的强度增加不足以补偿截面收缩的效应时，就产生了缩颈［见图 7-10（a）］，相应的材料拉伸强度达到极大值，此后金属的变形变得不均匀，但是断裂尚未开始。

② 试样中心裂纹的萌生和扩展。缩颈的形成引入三向应力状态，由于缩颈中央流体静张力的作用，在夹杂物或第二相粒子处形成许多微小孔洞［见图 7-10（b）］，这些孔洞逐渐汇聚成一个裂纹［见图 7-10（c）］，裂纹沿着垂直于拉伸方向的方向扩展［见图 7-10（d）］，最终导致断裂［见图 7-10（e）］。

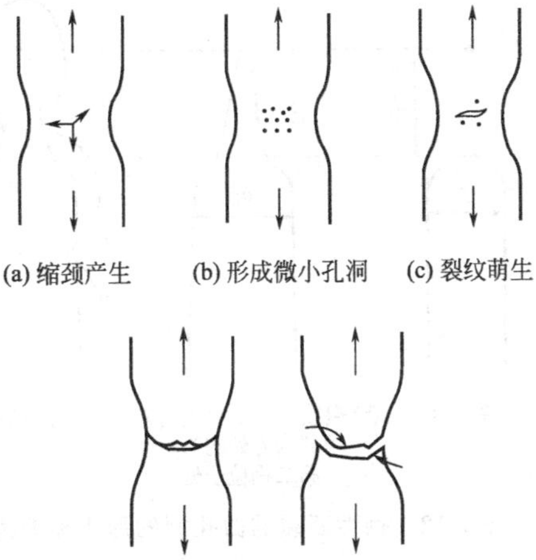

(a) 缩颈产生　(b) 形成微小孔洞　(c) 裂纹萌生

(d) 裂纹扩展　(e) 断裂

图 7-10 杯锥韧性断裂过程中裂纹的形成和发展的各个阶段

7.4.3 韧窝断口及其形成模型

在微孔聚集型断裂或韧窝断裂的断口上，覆盖着大量显微微坑（窝坑），称为韧窝，因此，这种断口称为韧窝断口。韧窝断口形貌特征如图 7-11 所示。

韧窝的产生通常与存在于金属中的夹杂物和第二相粒子有关，这些夹杂物和第二相粒子与金属本身有不同的塑性变形性能，当金属发生塑性变形时，由于变形的不协调，粒子与基体之间就会产生微孔洞，随着塑性变形的继续增大，微孔洞增加、长大、聚集、贯穿直至破断，这些微孔洞就形成断口上的韧窝，在断口上很多韧窝的底部存在这些粒子；而对于没有夹杂物和第二相粒子的高纯金属，微孔洞可以在位错胞墙空位簇处成核，这时韧窝的底部就

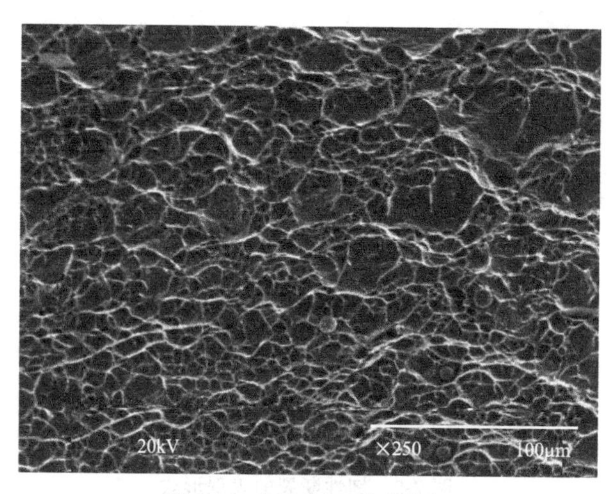

图 7-11　韧窝断口形貌特征

不存在第二相粒子。

韧性断裂的微孔洞的形成和聚集模型的示意图如图 7-12 所示，分为三个阶段：

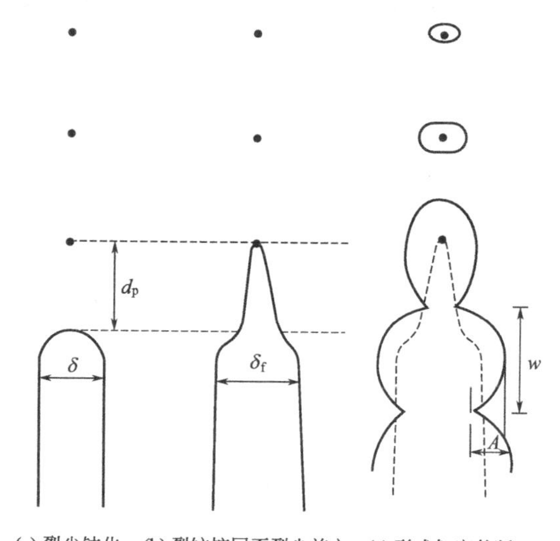

图 7-12　韧性断裂的微孔洞的形成和聚集模型

① 在外力作用下裂纹尖端发生钝化，裂纹尖端前方的夹杂物或第二相粒子处产生微孔洞［见图 7-12(a)］；

② 裂纹扩展启动，裂纹尖端扩展至下一个第二相粒子处［见图 7-12 (b)］；

③ 裂纹继续扩展，形成韧窝状断口［见图 7-12 (c)］。

断口表面呈粗糙的不规则状，根据受力的不同会形成不同形状的韧窝，如图 7-13 所示，有等轴韧窝［见图 7-13 (a)］，抛物线形韧窝［见图 7-13 (b)］和拉长型韧窝［见图 7-13 (c)］。

塑性越好的金属，韧窝越深，可以用韧窝深度和直径之比表征金属塑性的高低，其数学表达式为：

$$M=h/w \tag{7-14}$$

式中，h 为韧窝深度，w 为韧窝直径，M 为断口表面粗糙度。M 值越大，金属的塑性越好。

一般说来，韧窝断口是韧性断裂的标志。但也有例外，微观上出现韧窝，宏观上不一定是韧性断裂；而宏观上为脆性断裂，在局部区域内也可能有塑性变形，从而显示出韧窝形态。例如：赵明纯等人的研究表明，超细晶粒钢在低温变形时，属于脆断，但微观断口由韧窝构成。

7.4.4　韧性断裂的特点

综上所述，韧性断裂有如下几个特点：韧性断裂的断口呈纤维状，灰暗无光，具有韧窝断口特征。韧性断裂主要是穿晶断裂，如果晶界处有夹杂物或沉淀物聚集，则也可能是沿晶断裂。韧性断裂前已发生了较大的塑性变形，断裂时要消耗相当多的能量，所以韧性断裂是

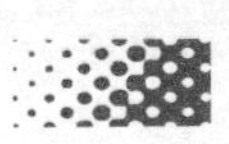

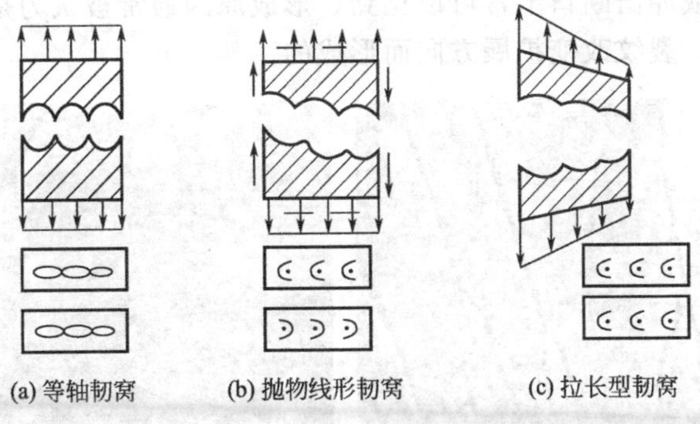

图 7-13 不同形貌特征的韧窝

一种高能量的吸收过程；在小裂纹不断扩大和聚合过程中，又有新裂纹不断产生，因此韧性断裂通常表现为多断裂源；韧性断裂的裂纹扩展的临界应力大于裂纹形核的临界应力，所以韧性断裂是个缓慢的撕裂过程；随着变形的不断进行裂纹不断生成、扩展和集聚，变形一旦停止，裂纹的扩展也将随着停止。

7.5 脆性断裂

金属断裂前基本上不发生塑性变形，直接由弹性变形状态过渡到断裂，是一种突然发生的断裂，断前没有预兆，因而危害性大。脆性断裂的断口平齐。在高倍下（如用扫描电镜），断口有解理断口、准解理断口和沿晶断口三种常见类型。

7.5.1 解理断裂的特点

解理断裂是一种穿晶断裂，是在外力作用下，裂纹沿着一定的晶体学平面扩展而导致的脆性断裂。解理断裂对应的断口称为解理断口，裂纹扩展的晶体学平面称为解理面。通常 bcc 结构金属的解理面为（100），hcp 结构金属的解理面为（0001），而 fcc 结构金属一般不发生解理断裂。

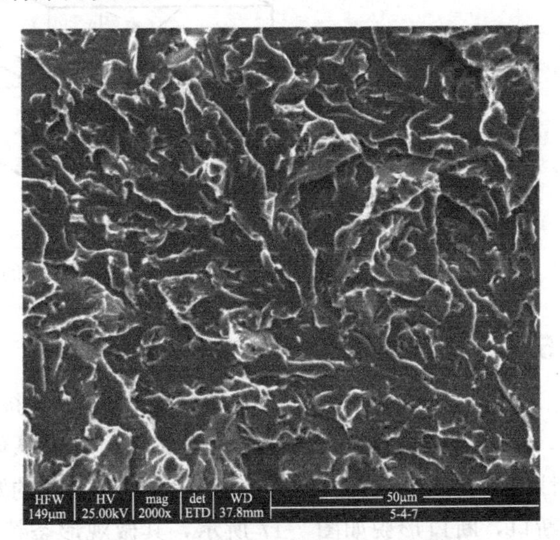

图 7-14 典型的解理断口形貌特征

由于解理断裂是在解理面上因原子键的简单破裂而发生的断裂，因而在一个晶粒内解理裂纹具有相对的平直性，而在晶界处要改变方向，所以典型的解理断口是由许多取向略微有差别的光滑小平面组成，每组小平面代表一个晶粒，如图 7-14 所示。这些小平面（即解理面）的反光性好，所以解理断口在宏观观察时常常可看到晶亮闪光。

解理断裂的断口特征除了平坦的解理断面之外还常观察到河流状花样，在有的解理断口上还存在舌状花样，分别如图 7-15（a）和（b）所示。所谓河流状花样形成原因之一目前通常认为系解理裂纹交截螺型位错所产生的阶梯，亦即形成解理台阶，其机制如图 7-16 所示。河流状花样也可以是两个相邻近而高度不同的解理裂纹扩展交叠连接在一起形成的二次解理台阶。“河流”的流向与裂纹扩展方向一致，反向追溯便可寻找断裂源所在。舌状花样

在低碳钢的低温拉伸或冲击断口上常可以见到，形成原因通常被认为是由于解理裂纹遇到孪晶和基体的交界面时，裂纹改变扩展方向而形成的。

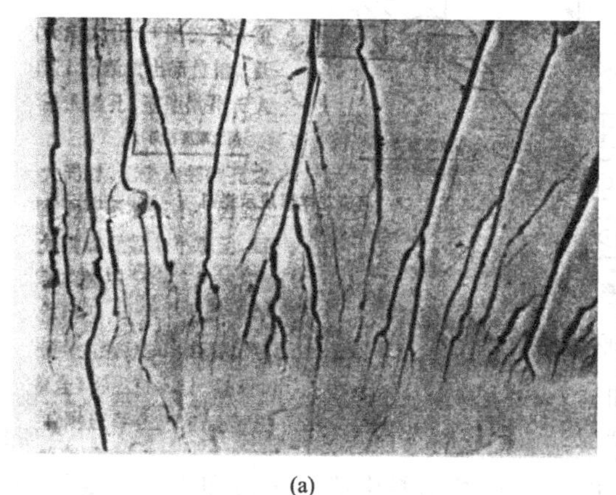

(a)

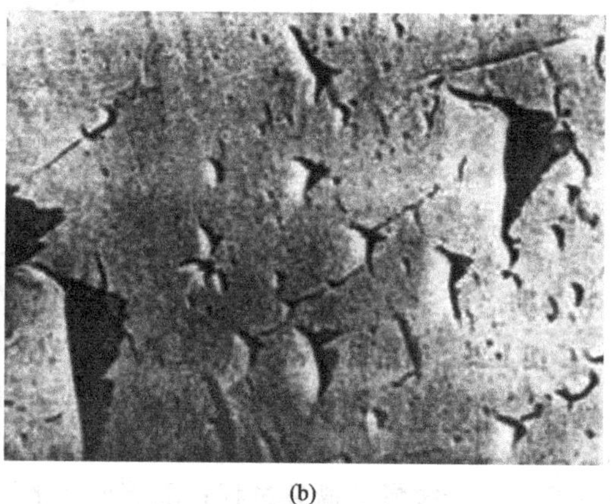

(b)

图 7-15　解理断裂中的河流状花样特征（a）和舌状花样特征（b）

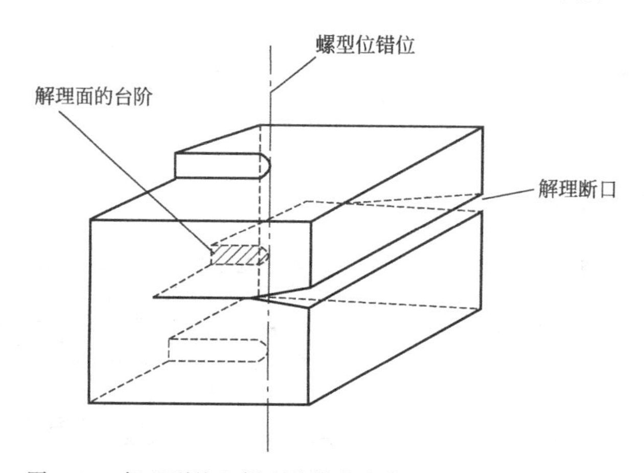

图 7-16　解理裂纹和螺型位错的交截形成解理面上的台阶

7.5.2　准解理断裂的特点

当解理裂纹并不总是沿着解理面扩展，在断口上除了存在平坦的解理面和解理台阶以外，还存在于二相粒子位置形成的韧窝，以及从解理向韧窝断口形貌过渡的撕裂带，这种由脆性解理和延性韧窝两种断裂过程混合在一起的断裂称为准解理断裂，对应的断口称为准解理断口，断口形貌如图 7-17 所示，其微观形态特征，似解理特征又非真正解理。

准解理断裂和解理断裂的共同点是：通常都是穿晶断裂，有小解理刻面，常有台阶或河流花样等特征。不同点是：准解理小刻面不是晶体学解理面，通常真正的解理裂纹源于晶界，断裂路径往往与晶粒位向有关，而准解理裂纹则源于晶内硬质点，常形成从晶内某点发源的放射状河流花样，断裂路径不一定再与晶粒位向相关，难以严格地沿一定晶体学平面扩展。因此，严格地说，准解理断裂不是一种独立的断裂机制，而是解理断裂的变种。

7.5.3　沿晶断裂的特点

大多数金属为多晶体材料，裂纹沿晶界扩展导致金属失效的一种断裂形式称为沿晶断裂，多数是脆性断裂，对应的断口称为沿晶断口。沿晶断裂的情况比较复杂，最常见的是由

于沿晶界的杂质原子、沉淀相或成分偏析等降低了晶界的黏合力，裂纹就会择优沿晶界扩展，从而引起沿晶界的脆断。沿晶断口形貌特征常呈冰糖状，在断面上可看到晶粒轮廓线或多边体晶粒的截面图，如图 7-18 所示。

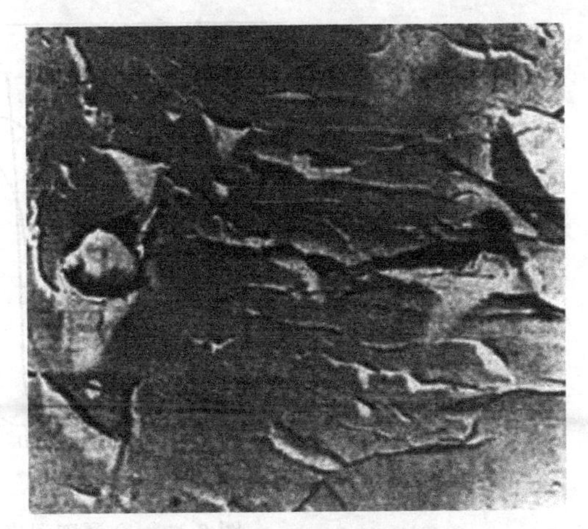

图 7-17 准解理断口形貌特征

7.6 韧性-脆性转变

韧性与脆性并非金属固定不变的特性。韧性断裂和脆性断裂只是相对的定性概念，在一定条件下韧性断裂的金属在另一些条件下可以转变为脆性断裂，这种现象称为韧性-脆性转变。在实际载荷下，同一种金属

图 7-18 沿晶断口形貌特征

会由于温度、应力、环境等因素的不同，表现不同的断裂性质和断裂类型。例如，金属钨在室温下呈现脆性，但在较高温度下却具有塑性。

在拉伸时为脆性的金属，在高静水压力下却呈现塑性。在室温下拉伸为塑性的金属，在出现缺口、低温、高变形速度时却可能变得很脆。因此，金属是韧性断裂还是脆性断裂，除了取决于金属本身的各种内在因素（诸如金属的化学成分、显微结构、杂质分布和应力状态等），还与金属使用时所处的外在条件（包括环境的温度、应变速率和环境介质等）有关。对塑性加工来说，很有必要了解韧性-脆性转变条件，尽可能防止脆性，向有利于塑性提高方面转化。

金属的韧性-脆性转变取决于多种因素，在这里先重点描述温度降低使金属由韧性断裂转变为脆性断裂的现象，这是金属使用中的一个十分重要的问题。一般的金属与合金（fcc 者除外），随温度降低，均有可能发生从韧性向脆性转变，存在有一个转变温度 T_c，在 T_c 以上，断裂是韧性的，在 T_c 以下，断裂就是脆性的，这个转变温度 T_c 称为韧性-脆性转变温度（韧脆转变温度）。图 7-19 示出了多种金属随温度变化的韧性-脆性转变曲线，可以看出，光滑圆棒拉伸试样的断面收缩率、延伸率和夏比冲击试样的冲击吸收功随温度变化，在某一温度范围急剧下降，金属由韧性断裂转变为脆性断裂。

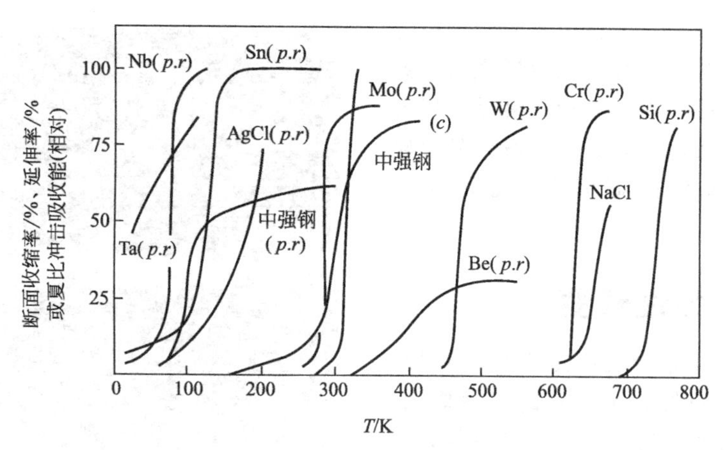

图 7-19 金属随温度变化的韧脆转变曲线

p—光滑拉伸试样延伸率；r—断面收缩度；c—夏比缺口冲击吸收能

如上所述，在韧脆转变温度处，金属从韧性向脆性转变，相应地反映金属强韧性能的韧性指标（如夏比冲击功、断裂韧性）和塑性指标（如延伸率、压缩率、断面收缩率）在该温度附近某一范围内必定有一个突变，因此可以用多种方式对韧脆转变温度进行测定。工程上通常采用 V 形缺口夏比冲击试样测定金属的韧脆转变温度。典型的曲线如图 7-20 所示，图中实线和虚线分别表示冲击吸收功和解理断口所占比例随温度的变化。当温度高于 T_1 时，金属的冲击吸收功基本保持恒定，即存在一个上平台区，断口为 100%韧性纤维状（低倍放大）和韧窝断裂（高倍放大）；当温度低于 T_1 时，断口上开始出现解理断裂，因此 T_1 为全韧性转变温度。当温度降低时，冲击吸收功急剧减少，断口上出现 50%的解理断裂形貌，此时所对应的温度 T_2 通常表征为韧脆转变温度 T_c。在温度 T_3 时，断口几乎 100%为解理形貌，表示材料已处于完全脆性断裂状态，此后冲击吸收功也基本上不再随温度的降低而减小，即存在一个下平台区，因此 T_3 为无韧性转变温度。如果金属在韧脆转变温度处突然由韧性（100%纤维）变为脆性（100%解理），则上述三个温度是相等的，否则，$T_1 > T_2$ （T_c） $> T_3$。当然，在工程实际中，也经常把图 7-20 中上平台区的吸收功的 50%所对应的温度表征为韧脆转变温度。

无论用何种方式对韧脆转变温度进行表征，很显然，某一金属的韧脆转变温度越高，表征该金属的脆性趋势越大。对这种现象的解释，可以认为断裂强度对温度不敏感，热激活对脆性裂纹的传播不起多大作用，但屈服强度却随温度变化很大，温度越低，屈服强度越高。

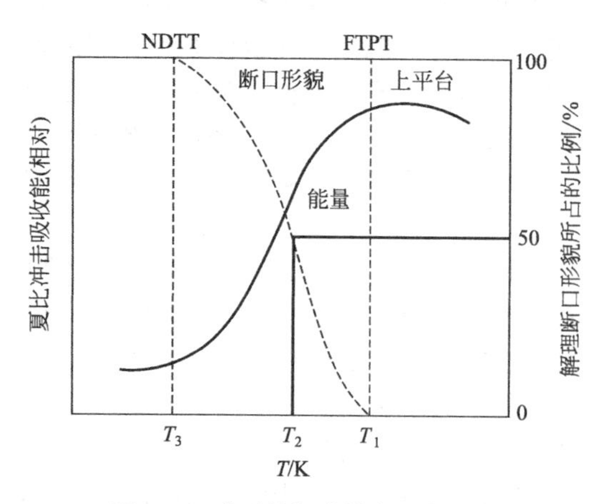

图 7-20 典型的韧脆转变温度曲线

将断裂强度与屈服强度对温度作图（见图 7-21），两条曲线必然相交，交点所对应的温度就是 T_c，当 $T > T_c$ 时，断裂强度大于屈服强度，此时材料要经过一段塑性变形后才能断裂，故表现为韧性断裂；在 $T < T_c$ 时，断裂强度小于屈服强度，此时材料未来得及塑性变形就已经发生断裂，则表现为脆性断裂。值得一提的是，对于大多数 fcc 结构金

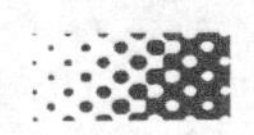

属，由于屈服强度和断裂强度随温度的变化并不明显，故这两条曲线并不相交，即不存在韧性-脆性转变。

这种将塑性变形和断裂看成相互独立的过程各有其临界应力（分别用屈服强度和断裂强度）解释韧性-脆性转变的方法，也可以解释其他参量对于韧性-脆性转变的影响。例如，变形速度的影响与此类同。由于变形速度的提高，塑性变形来不及进行而使屈服强度增高，但变形速度对断裂强度影响不大，所以在一定的条件下，就可以得到一个临界变形速度，高于此值便产生脆性断裂。变形速度的提高相当于变形温度降低的效果。又如应力状态的影响也可以用这个方法得到解释。图 7-22 示出了相互正交的单轴拉伸所产生的切应力状态，可以看出两者的方向恰好相反，如果同时有两组或三组相互正交的拉伸应力作用在试样上（如三向拉应力状态），由于切应力抵消而使滑移面上的有效应力值减少了，对于滑移很不利，有缺口试样在拉伸时，就是这种情况。这是因为在有缺口的情况下，缺口部分截面积小，拉伸时，首先在此处发生变形，这与单向拉伸时发生缩颈类似，在缺口的截面上产生了三向拉应力状态（见图 7-23）。若使材料屈服，其最大的切应力必须达到某一临界值。而由于处于三向拉应力状态时，滑移面上的有效切应力值减少了。为了使材料屈服，必须使轴向拉应力增加 q 倍（q 称为塑性约束因素，$q>1$，极大值约为 3），从而使试样整体的屈服强度提高为原来的 q 倍，相应地，屈服强度与断裂强度这两条曲线相交在更高的温度（见图 7-24），因此使具有缺口试样拉伸的屈服强度高于无缺口试样的屈服强度，从而提高了缺口试样的脆性转变温度。缺口越深越尖锐，三向拉应力状态越强，试验表明，三向拉应力状态越强，材料的脆性转变温度越高，脆性趋势越大。

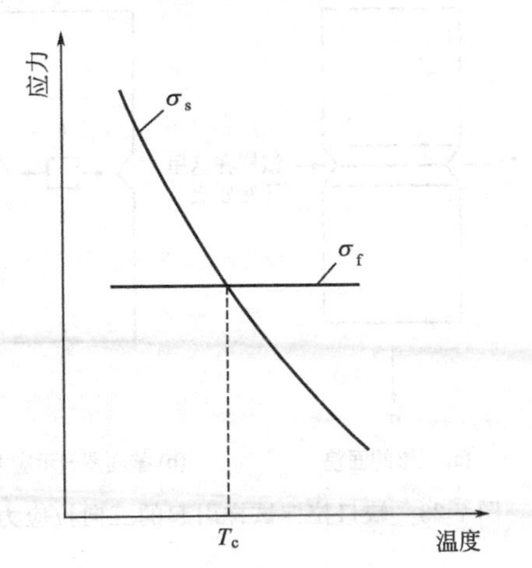

图 7-21　屈服强度（σ_s）和断裂强度（σ_f）与温度的关系

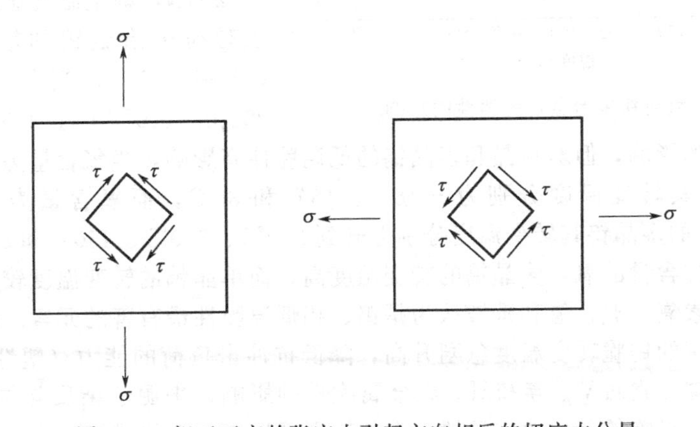

图 7-22　相互正交的张应力引起方向相反的切应力分量

如果试样在流体静压力作用下拉伸，情况就会不同，在这种场合，外加的拉伸应力所引起的切应力和两个压缩应力的切应力分量具有相同的方向，使滑移面上的有效切应力值增加，因而对于滑移有利，这可以解释许多脆性材料在高压下进行拉伸表现出塑性特征。

上述阐述的温度、变形速度、应力状态等对金属的韧性-脆性转变的影响是从影响金属断裂行为的外部因素的角度进行的，事实上金属的韧性-脆性转变也取决于金属本身的内在

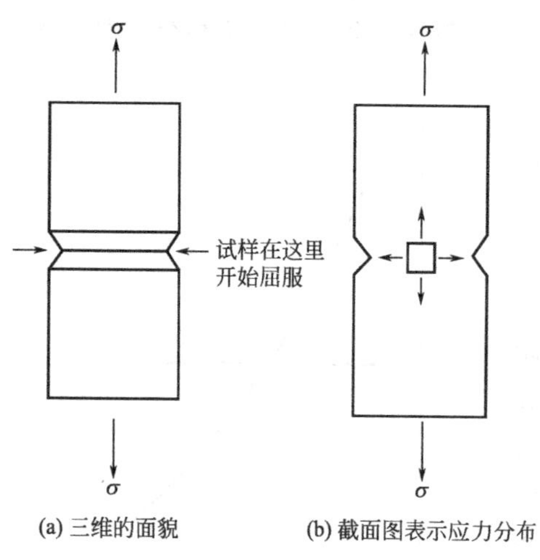

图 7-23 缺口拉伸试样引起的三向拉应力状态

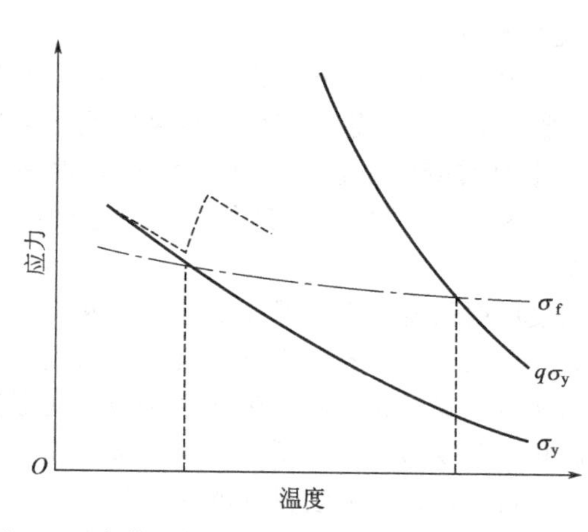

图 7-24 有缺口与无缺口试样对韧脆转变温度的影响

因素，即金属的组织结构和化学成分。通常除 fcc 结构金属不显示韧性-脆性转变现象外，其他金属都具有韧性-脆性转变特征，晶体结构愈复杂，对称性愈差，则位错运动时晶格阻力愈高，且随温度的变化也愈敏感，韧性-脆性转变特征愈明显。金属中夹杂物将提高韧脆转变温度。例如，超高纯铁在－270℃时韧性仍很高，对工业纯铁，则在－100℃就显示脆性，铁中加入间隙元素 P 和 O_2 则使韧脆转变温度升高，加入置换元素（如 Si 和 Cr）一般也使韧脆转变温度升高，但也有例外，如铁中加 Ni 和 Mn 使韧脆转变温度下降。纯 Cr 没有韧脆转变现象，但加入 0.02%N，则室温就显示脆性。又如以氧对粉末冶金钨的塑性的影响为例（见图 7-25），当氧的含量波动在 20ppm（10^{-6}）上下时，对钨的低温塑性不起决定性的影响，但对单晶和多晶钨的低温脆性有影响，当氧含量为 2ppm、10ppm、20ppm 的单晶钨其转变温度分别为－18℃、16℃和 35℃，而氧含量为 4ppm、10ppm、30ppm 和 50ppm 的多晶钨其转变温度分别上升到 230℃、360℃、450℃和 550℃，从图（7-25）中看出，同样含量的氧，多晶钨的转变温度高，而单晶钨的转变温度较低，可见晶界影响很大。间隙元素氧、氮、氢和碳被认为是钨、钼低温脆性最有害的元素。随着这些杂质含量的增加，使金属的韧脆转变温度急剧升高，降低抗冲击负荷的能力（塑性），使金属的强韧性能变坏。间隙元素对 V_A 族和 VI_A 族金属脆性的影响，来源于杂质与位错的交互作用。这些间隙元素由于点阵的尺寸效应习惯于在位错周围聚集，把位错钉扎住，因而增加材料的屈服强度，当它等于或超过材料的断裂强度时，就发生没有塑性变形的脆断，这就是使材料韧脆转变温度上升的主要原因。

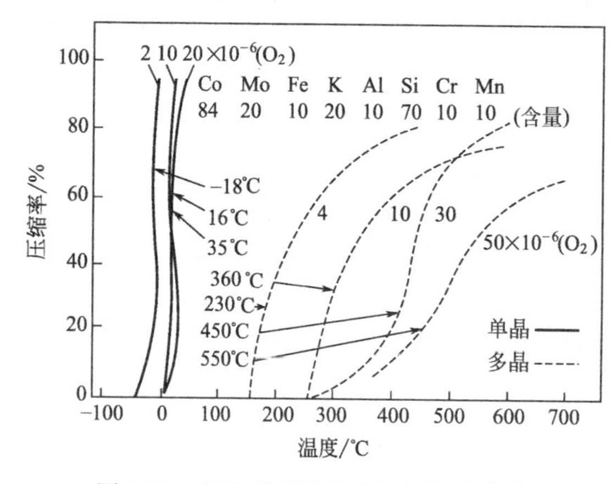

图 7-25 氧对粉末冶金钨的塑性的影响

关于晶粒度对金属韧性-脆性转变现象的影响，一般来说，晶粒愈细，韧脆转变温度愈低，因为屈服强度和断裂强度均和晶粒直径的平方根成反比，其数学表达式分别为：

$$\sigma_s=\sigma_0+k_y d^{-\frac{1}{2}} \tag{7-15}$$

$$\sigma_f=\sigma_0+k_f d^{-\frac{1}{2}} \tag{7-16}$$

式中，σ_s 和 σ_f 分别为屈服强度和断裂强度；d 为晶粒直径；其余参数为常数，但 $k_f > k_y$。

因此，当 d 减小时，σ_f 的增量就大于 σ_s 的增量，从而使细晶粒金属的断裂强度与屈服强度的交点温度低于粗晶粒金属的断裂强度与屈服强度的交点温度。即晶粒愈细，韧脆转变温度愈低，金属韧性愈好。为了提高金属的强韧性能，通常采用加入某些元素，控制合金晶粒度的办法来降低金属的低温脆性；也可加入一些和碳、氮、氧的亲和力较大的元素，作为一种净化剂，使基体点阵中的间隙元素生成稳定的化合物，呈弥散分布，以降低间隙元素对基体脆性的有害影响。

1. 简述裂纹的萌生与扩展的机理。
2. 什么是金属的理论断裂强度？
3. 简述断裂的基本类型。
4. 什么是宏观断口三要素？
5. 什么是韧性断裂？简述杯锥韧性断裂的断裂过程。
6. 简述韧性断裂与脆性断裂的区别。为什么脆性断裂最危险？
7. 什么是解理断裂？简述解理断裂的断口形貌特征。
8. 什么是韧性-脆性转变温度有哪些影响因素？

第8章

金属塑性加工过程中的强韧性控制

金属的强韧化处理就是在保证金属的强化的同时，尽量提高金属的韧性。金属强韧化理论是20世纪末断裂力学理论及其应用发展的一个主要方向，金属材料在应用过程中，都涉及材料的变形与断裂、材料的强度和韧性、材料的疲劳等，这些都与金属的强韧化是密不可分的。通过强韧化处理，可以优化金属的力学性能指标，充分挖掘金属的性能潜力，提高使用寿命。因此，金属的强韧化问题一直是结构材料研究和开发的主题。对于结构材料，最重要的性能指标是强度和韧性。提高材料的强度和韧性，可以节约材料，降低成本，增加材料在使用过程中的可靠性和延长服役寿命，因此人们在利用材料的力学性能时，总是希望所使用的材料既有足够的强度，又有较好的韧性，通常的材料二者不可兼得。理解材料强韧化机理，掌握材料强韧化现象的物理本质，是合理运用和发展材料强韧化方法从而挖掘材料性能潜力的基础。

8.1 金属强度

8.1.1 强度的概念

金属的强度是指金属在外力作用下抵抗永久变形和断裂的能力，是衡量金属材料本身承载能力（即抵抗失效能力）的重要指标，是首先应该满足的基本要求。

强度问题有狭义和广义两种涵义。狭义的强度问题指各种断裂和塑性变形过大的问题，广义的强度问题包括强度、刚度和稳定性问题，有时还包括机械振动问题。强度要求是机械设计的一个基本要求。

8.1.2 强度的分类

① 按所抵抗外力的作用形式可分为抵抗静态外力的静强度、抵抗冲击外力的冲击强度和抵抗交变外力的疲劳强度等。

② 按环境条件可分为常温下抵抗外力的常温强度和高温或低温下抵抗外力的热（高温）强度或冷（低温）强度以及腐蚀强度等。

③ 按外力作用的性质不同，主要有屈服强度、抗拉强度、抗压强度、抗弯强度和抗剪强度等，工程常用的是屈服强度和抗拉强度，这两个强度指标可通过拉伸试验测出：

a. 针对脆性材料强度：铸铁等脆性材料受载后断裂比较突然，几乎没有塑性变形。脆性材料以其强度极限为计算强度的标准。强度极限有两种：拉伸试件断裂前承受过的最大名义应力称为材料的抗拉强度极限，压缩试件的最大名义应力称为抗压强度极限。

b. 针对塑性材料强度：软钢、铝合金等塑性材料断裂前有较大的塑性变形。塑性材料以其屈服极限为计算强度的标准。材料的屈服极限是拉伸试件发生屈服现象时的应力。对于

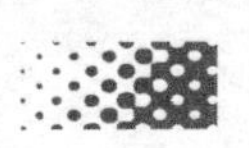

没有屈服现象的塑性材料，通常取与0.2%的塑性变形相对应的应力为名义屈服极限，用 $\sigma_{0.2}$ 表示。

8.1.3 工程意义上的强度及其意义

一般而言，工程上常用的某种金属的强度是用这种金属制成的标准试件做单向载荷（拉伸、压缩、剪切等）试验确定，从开始加载到破坏的整个过程中，试件截面所经受的最大应力就反映出金属的强度，通常称为金属的极限强度。具有复杂几何形状的结构，例如杆系、板、壳体、薄壁系统等工程结构以及自然界中的生物体结构等，它们的强度是指这些结构的极限承载能力，这种能力不仅与结构的材料强度有关，而且与结构的几何形状、外力的作用形式等有关。

强度问题十分重要，许多房屋、桥梁、堤坝等的倒塌，飞机、航天飞船的坠毁都是由于强度不够而造成的，所以在工程设计中，强度问题常列为最重要的问题之一。为了确保强度满足要求，必须在给定的环境（如外力和温度）下对结构进行强度计算或强度试验。强度计算是指计算出材料或结构在给定环境下的应力和应变，并根据强度理论确定材料或结构是否破坏；强度试验是指在模拟环境中检验材料或结构是否破坏，强度试验研究是综合性的研究，主要是通过其应力状态来研究零部件的受力状况以及预测破坏失效的条件和时机。

8.1.4 理论上提高强度的方式

金属的强度受多种因素影响，这些影响因素包括材料的化学成分、加工工艺、热处理制度、应力状态、载荷性质、加载速率、温度和介质等。从理论上讲，提高金属材料强度有两个方式：

① 完全消除内部的位错和其他缺陷，使它的强度接近于理论强度，目前虽然能够制出无位错的高强度金属晶须，但实际应用它还存在困难，因为这样获得的高强度是不稳定的，对操作效应和表面情况非常敏感，而且位错一旦产生后，强度就大大下降。

② 在生产实践中主要采用另一条途径来强化金属，即在金属中引入大量的缺陷，以阻碍位错的运动，例如变形强化、固溶强化、细晶强化、第二相强化等。综合运用这些强化手段，也可以从另一方面接近理论强度。将在8.3节中进一步讨论。

8.2 金属的塑性变形与屈服现象

8.2.1 塑性变形

金属的塑性变形是指金属材料在外力作用下产生变形而在外力去除后不能恢复的那部分变形。金属在外力作用下产生应力和应变（即变形），当应力超过材料的弹性极限，则产生的变形在外力去除后不能全部恢复，而残留一部分变形，材料不能恢复到原来的形状，这种残留的变形是不可逆的塑性变形。利用塑性变形而使金属成形的加工方法，统称为金属塑性加工。

1）金属材料常见的塑性变形方式——滑移和孪生

① 滑移是金属材料在切应力作用下，沿滑移面和滑移方向进行的切变过程。通常，滑移面是原子最密排晶面，而滑移方向是原子最密排方向。由滑移面和滑移方向组合而成的滑移系愈多，金属塑性一般愈好，但滑移系数目不是决定金属塑性的唯一因素，因为在塑性变形时，金属中固有滑移系并不同时开动，只有滑移系上的分切应力达到临界值才会滑移，即所谓的有效滑移系，才能对金属塑性起作用，有效滑移系也决定于滑移面的原子密排程度和

滑移方向的数目等因素。例如，fcc 金属（如 Al、Cu）的滑移系虽然比 bcc 金属（如 α-Fe）的少，但因 fcc 金属原子密排程度大，位错宽度大，晶格阻力低，滑移方向多，位错容易运动（fcc 金属塑性变形主要由刃位错运动决定，bcc 金属塑性变形主要由螺位错运动决定，在相同情况下，螺位错运动速度比刃位错慢很多，有文献报道至少慢了 25 倍以上，这是因为螺位错是非平面位错芯结构，具有很高的点阵阻力），故塑性优于 bcc 金属。

② 孪生也是金属材料在切应力作用下的一种塑性变形方式。fcc、bcc、hcp 三类金属材料都能以孪生方式产生塑性变形，但 fcc 金属只在很低的温度下才能产生孪生变形，bcc 金属如 α-Fe 在冲击载荷下或低温下也常发生孪生变形，hcp 金属滑移系少，更易产生孪生变形。孪生本身的变形量很小，如 Cd 孪生变形只有 7.4%的变形度，而滑移变形度则可达 300%。孪生变形可以调整滑移面的方向，促使新的滑移系启动，间接对塑性变形有贡献。孪生变形也是沿特定晶面和特定晶向进行的。

2）多晶体金属的塑性变形特点

工程上使用的金属绝大部分是多晶体。多晶体中每个晶粒的变形基本方式与单晶体相同。但由于多晶体金属中，各个晶粒位向不同，且存在许多晶界，因此变形要复杂得多，因而塑性变形具有如下一些特点：

① 各晶粒变形的不同时性和不均匀性。

多晶体由于各晶粒取向不同，在受外力时，某些取向有利的晶粒先开始滑移变形，而那些取向不利的晶粒可能仍处于弹性变形状态，只有继续增加外力才能使滑移不断传播下去，从而产生宏观可见的塑性变形。因此多晶体变形时晶粒分批地逐步地变形，变形分散在各处。如果金属材料是多相合金，那么由于各相晶粒彼此之间的力学性能的差异，以及各晶粒之间应力状态的不同（因各晶粒取向不同所致），那些位向有利或产生应力集中的晶粒将首先产生塑性变形。显然，金属组织愈不均匀，起始塑性变形不同时性就愈明显。

变形的不同时性和不均匀性常常是相互联系的，这种变形的不同时性实际上也反映了变形量的不均匀性。这种不均匀性存在于各晶粒之间、基体金属晶粒与第二相晶粒之间、甚至同一晶粒内部，这是由于各晶粒取向及应力状态不同、基体与第二相性质不同等原因引起的。结果，当宏观塑性变形量不大情况下，个别晶粒或晶粒局部区域的塑性变形量可能已达到极限值，由于塑性耗尽，加上变形不均匀产生较大的内应力，就有可能在此处形成裂纹，从而导致金属材料的早期断裂。

② 各晶粒变形的相互协调性。

多晶体金属作为一个连续的整体，不允许各个晶粒在任一滑移系中自由变形，否则将造成晶界开裂，这就要求各晶粒之间协调变形。因此，每个晶粒必须能同时沿几个滑移系进行滑移，或在滑移同时进行孪生变形，研究表明，至少必须有 5 个独立的滑移系同时开动。对 hcp 金属，由于滑移系少，变形不易协调，故其塑性极差。

③ 晶粒细化对强韧性能的作用。

多晶体金属中，由于晶界上原子排列不很规则，阻碍位错的运动，使变形抗力增大。金属晶粒越细，晶界越多，变形抗力越大，金属的强度就越大。晶粒越细，金属的变形越分散，减少了应力集中，推迟裂纹的形成和发展，使金属在断裂之前可发生较大的塑性变形，因此使金属的塑性提高。由于细晶粒金属的强度较高，塑性较好，所以断裂时需要消耗较大的功，因而韧性也较好。因此，细晶强化是金属的一种很重要的强韧化手段，将在 8.5 节中进一步阐述。

④ 引起应变硬化，产生内应力，以及导致一些物理性能和化学性能的变化，如密度降低、电阻和矫顽力增加、化学活性增大以及抗腐蚀性能降低等。

8.2.2 屈服现象

1）屈服现象特征

研究退火低碳钢的力-拉伸曲线时发现，这类材料从弹性变形阶段向塑性变形阶段过渡是明显的，表现在实验过程中产生屈服现象。金属材料在拉伸试验时产生的屈服现象是其开始产生宏观塑性变形的一种标志。在屈服过程中产生的伸长叫做屈服伸长，屈服伸长对应的水平线段或曲折线段称为屈服平台。屈服伸长变形是不均匀的，外力从上屈服点下降到下屈服点时，在试样局部区域开始形成与拉伸轴约成45°的所谓吕德斯带或屈服线，随后再沿试样长度方向逐渐扩展，当屈服线布满整个试样长度时，屈服伸长结束，试样开始进入均匀塑性变形阶段。屈服现象给工业生产带来一些问题。如退火低碳钢薄板在深冲加工时，因局部屈服产生不均匀变形，使工件表面产生粗糙不平带状皱褶（吕德斯带），如图8-1所示。若将钢板预先在1%～2%压下量（超过屈服伸长量）下预轧一次，然后再进行冲压变形，可解决此问题，使工件表面平整光洁。

2）产生屈服现象的原因

屈服现象在退火、正火、调质的中、低碳钢和低合金钢中最为常见。通常认为退火低碳钢的屈服与位错和溶质原子的交互作用有关。低碳钢中的C、N原子与刃位错交互作用形成柯垂尔气团，使位错被钉扎，只有在较大应力作用下，位错才能脱离溶质原子的钉扎，表现为应力-应变曲线上的上屈服点；当位错继续滑移时，就不需要开始时那么大的应力，表现为应力-应变曲线上的下屈服点；当继续变形时，因应变硬化作用，应力又出现升高的现象。因此形成屈服现象。

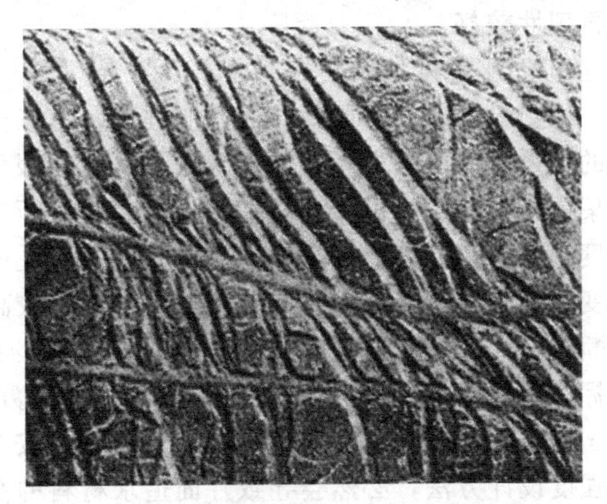

图8-1 低碳钢表面产生的吕德斯带
(Metals Handbook. eighth ed. Vol 7. ASM，1972)

尽管溶质原子与位错交互作用的柯氏气团（围绕位错而形成的溶质原子聚集物）理论，可解释大部分晶体中出现的屈服现象。但研究发现，一些无位错晶体、离子晶体或者一些共价晶体，如铜晶须、LiF、硅等中都发现了屈服现象，上述理论无法进行解释。此时，产生屈服现象的原因可用位错理论进行解释。

金属材料塑性变形的应变速率 $\dot{\varepsilon}$ 与晶体中可动位错密度 ρ、位错运动速率 $\bar{v}$ 及柏氏矢量 $\boldsymbol{b}$ 成正比，即：

$$\dot{\varepsilon}=\boldsymbol{b}\rho\bar{v} \tag{8-1}$$

因变形前 ρ 值小，为满足一定应变速率（夹头移动速率），须增大位错运动速率 $\bar{v}$，而 $\bar{v}$ 又与应力 τ 相关，即

$$\bar{v}=(\tau/\tau_0)^{m'} \tag{8-2}$$

式中，τ 为沿滑移面上的切应力；τ_0 为位错以单位速率运动所需切应力；m' 与材料有关，称为位错运动速率应力敏感指数。

欲提高 $\bar{v}$，就需有较高的应力 τ，即出现上屈服点。一旦塑性变形产生，位错大量增殖，位错密度 ρ 增加，位错运动速率 $\bar{v}$ 必然下降，相应的应力也就突然降低，即产生下屈服点，从而出现了所谓的屈服现象。

可见，具有明显屈服现象的材料应具备条件：

① 开始变形前，晶体中可动位错密度 ρ 较低；

② 随着塑性变形的发生，位错能够迅速增殖；

③ 位错运动速率应力敏感指数 m'较低，m'值越低，则为使位错运动速率变化所需要的应力变化越大，屈服现象越明显；反之屈服现象就不明显。

bcc 金属的 m'值较低（<20），屈服现象明显；fcc 金属的 m'值约为 100～200，屈服现象不明显。

3）屈服失效和屈服点

各种工件在实际服役过程中大都处于弹性变形状态，不允许产生微量塑性变形，因此，出现屈服现象就标志着产生了过量塑性变形失效，即产生了屈服失效。为了防止工件产生此种失效，要求在设计或选材中，提出一个衡量材料屈服失效抗力的力学性能指标，该指标也表征材料对微量塑性变形的抗力，它就是用应力表示的屈服点或下屈服点。选用下屈服点的理由是：上屈服点波动性很大，对实验条件的变化很敏感，而在正常实验条件下，下屈服点的再现性较好。

4）屈服强度的意义

很明显，提高金属材料的屈服强度，可以提高金属对起始塑性变形的抗力，可以减轻工件的重量，并不易产生塑性变形失效，但屈服强度与抗拉强度的比值增大，又不利于某些应力集中部位的应力重新分布，极易引起脆性断裂。对于具体的工件，应选择多大数值的屈服强度的材料，原则上根据工件的形状及其所受的应力状态、应变速率等决定，若工件截面形状变化较大，所受应力状态较硬，应变速率较高，则金属的屈服强度应取较低数值，以防脆性断裂。因此，屈服强度的工程意义：传统的强度设计方法，对塑性材料，以屈服强度 σ_s 为标准，规定许用应力 $[\sigma]=\sigma_s/n$，安全系数 n 一般取 2 或更大；对脆性材料，以抗拉强度 σ_b 为标准，规定许用应力 $[\sigma]=\sigma_b/n$，安全系数 n 一般取 6。需要注意的是，按照传统的强度设计方法，必然会导致片面追求材料的高屈服强度，但是随着材料屈服强度的提高，材料的抗脆断强度在降低，材料的脆断危险性增加了。屈服强度不仅有直接的使用意义，在工程上也是材料的某些力学行为和工艺性能的大致度量。例如材料屈服强度增高，对应力腐蚀和氢脆就敏感；材料屈服强度低，冷加工成形性能和焊接性能就好，等等。因此，屈服强度是材料性能中不可缺少的重要指标。

8.2.3 影响屈服强度的因素

分析影响金属屈服强度的因素，必须注意以下两点：一是金属材料的屈服变形是位错增殖和运动的结果，各种外界因素通过影响位错运动而影响屈服强度，凡是影响位错增殖和运动的各种因素，必然要影响金属材料的屈服强度；二是实际金属材料中单个晶粒的力学行为并不能决定整个材料的力学行为，要考虑晶界、相邻晶粒的约束、材料的化学成分、第二相粒子等因素的影响。从内、外两方面因素进行分析如下。

1）内在因素

主要包括金属本性及晶格类型、晶粒大小和亚结构、溶质原子、第二相等因素。

通常金属的塑性变形主要沿基体相进行，这表明位错也主要分布在基体相中。如果不计合金成分的影响，那么一个基体相相当于纯金属，其屈服强度从理论上是使位错开动的临界切应力，它是由位错运动所受的各种阻力决定的。不同金属和晶格类型，位错运动所受各种阻力并不相同。这些阻力有晶格阻力（派-纳力）和位错间交互产生的阻力等。

① 晶格阻力，即派-纳力，是在理想晶体中，仅存在一个位错运动时所需克服的阻力，

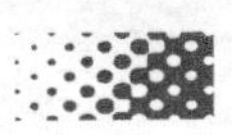

与位错宽度及柏氏矢量有关，两者又都与晶体结构有关。

$$\tau_{p\text{-}n}=\frac{2G}{1-\upsilon}e^{-\frac{2\pi a}{b(1-\nu)}}=\frac{2G}{1-\upsilon}e^{-\frac{2\pi\omega}{b}} \tag{8-3}$$

式中，$\tau_{p\text{-}n}$ 为派-纳力；G 为切变模量；υ 为泊松比；a 为滑移面的晶面间距；b 为柏氏矢量的模长；ω 为位错宽度，$\omega=\frac{a}{1-\upsilon}$，为滑移面内原子位移大于 $50\%b$ 区域的宽度。

由式（8-3）可知，派-纳力 τ_{p-n} 与位错宽度 ω 及柏氏矢量 b 有关，都与晶体结构有关。位错宽度大时，因位错周围的原子偏离平衡位置不大，晶格畸变小，位错易于移动，因此 $\tau_{p\text{-}n}$ 小，如 fcc 金属；而 bcc 金属则反之。滑移面的面间距最大，滑移方向上原子间距最小，所以其 $\tau_{p\text{-}n}$ 小，位错最易运动。不同的金属材料，其滑移面的晶面间距与滑移方向上的原子间距是不同的，所以 $\tau_{p\text{-}n}$ 不同。此外，$\tau_{p\text{-}n}$ 也与切变模量 G 有关。

② 位错间交互产生的阻力。

位错间交互产生的阻力 τ 包括平行位错间交互作用产生的阻力和运动位错与林位错交互作用产生的阻力。这些阻力都正比于 Gb，而反比于位错间距离 L，因位错密度 ρ 与 $1/L^2$ 成正比，则有：

$$\tau=\alpha Gb/\mathrm{L}=\alpha Gb\rho^{1/2} \tag{8-4}$$

式中，α 为比例系数，与晶体本性、位错结构及分布有关，如 fcc 金属 $\alpha\approx0.2$；bcc 金属 $\alpha\approx0.4$。在平行位错情况下，ρ 为主滑移面中位错的密度；在林位错情况下，ρ 为林位错的密度。

由式（8-4）可见，位错密度 ρ 增加，τ 也增加，所以屈服强度也提高。剧烈冷变形位错密度增加 4～5 个数量级，即产生所谓的变形强化。

③ 纯金属单晶体中位错运动所受的阻力还有位错与点缺陷交互作用、阻碍性割阶产生的阻力等，都对晶体屈服强度有一定贡献。

④ 晶粒大小和亚结构、溶质原子、第二相等因素对屈服强度的影响将在 8.3 节中进行阐述。

2）外在因素

主要有温度、应变速率和应力状态等因素。

（1）温度的影响

通常，温度提高，位错运动容易，材料的屈服强度降低，但会因金属的结构不同，其变化趋势不同，如图 8-2 所示。

由图 8-2 可见，bcc 金属的屈服强度具有强烈的温度效应，温度下降，屈服强度急剧升高。如 Fe 从室温降到－196℃，屈服强度提高 4 倍；而 fcc 金属的屈服强度温度效应则较小，Ni 由室温降到－196℃，屈服强度只升高 0.4 倍；hcp 金属的屈服强度温度效应与 fcc 金属类似。这是因为屈服强度是由晶体内位错运动所受的各种阻力决定的。bcc 金属的派-纳力较 fcc 金属高很多，而派-纳力在屈服强度中占有较大比例，且属短程力，对温度十分敏感。因此，bcc 金属的屈服强度具有强烈的温度效应可能是派-纳力起主要作用的结果。这也是大多数常用结构钢（bcc 金属）的屈服强度具有强烈的温度效应，易于低温变脆的原因。

（2）应变速率的影响

应变速率提高，金属材料的强度增加，且屈服强度随应变速率的变化较抗拉强度的变化剧烈得多，如图 8-3 所示。通常静拉伸试验使用的应变速率约为 $10^{-3}s^{-1}$，对于许多工程金属材料，应变速率按此值变化一个数量级，它们的 σ-ε 曲线不发生显著变化，但当应变速率

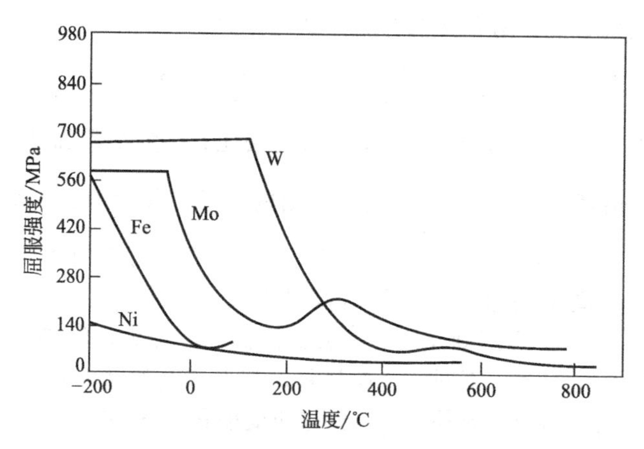

图 8-2 W、Mo、Fe、Ni 的屈服强度和温度的关系

过高时，如冷轧、拉丝，应变速率可达 $10^3 s^{-1}$，此时金属材料的屈服强度和抗拉强度将明显增加。所以，在测定金属材料屈服强度时，应按国家标准规定的伸长速率进行试验，才可以得到具有可比性的屈服强度。

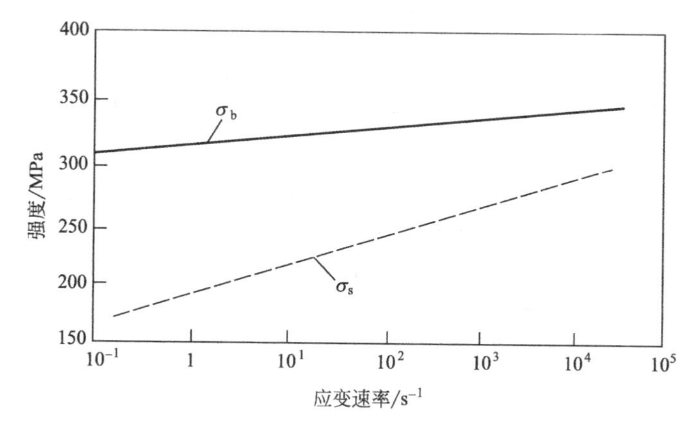

图 8-3 屈服强度和抗拉强度与应变速率的关系

在一定的应变量和温度下，流变应力与应变速率关系可用如下公式表示：

$$\sigma_{\varepsilon,t}=C_1\ (\dot{\varepsilon})^m \tag{8-5}$$

式中，$\sigma_{\varepsilon,t}$ 为一定应变量和温度下的流变应力；C_1 在一定应力状态下为常数；$\dot{\varepsilon}$ 为应变速率；m 为应变速率敏感指数。其中 C_1 和 m 与试验温度及晶粒大小有关。

金属材料室温下 m 很低（<0.1），一般钢 $m=0.2$，对超塑性金属 m 较高（>3）。金属拉伸时能否产生缩颈现象也与 m 值有关，m 值高，不容易产生缩颈现象。

（3）应力状态的影响

切应力分量愈大，越有利于塑性变形，屈服强度愈低，所以扭转比拉伸的屈服强度低，拉伸比弯曲的屈服强度低，但三向不等拉伸下的屈服强度为最高。需注意，不同应力状态下金属材料的屈服强度不同，并非材料性质变化，而是材料在不同条件下表现的力学行为不同而已。

总之，金属材料的屈服强度既受各种内在因素影响，又因外在条件不同而变化，因而可以根据需求予以改变，这在工件设计、选材、拟订加工工艺和使用时都必须考虑周详。

8.3　金属的强化机制与途径

金属的强韧性能包括强度、塑性和韧性，它们之间是互相牵连又是相互矛盾的，很难使其中的某一项性能单独地发生变化。高强韧性是金属的发展方向，因此，强韧化控制是金属的研究和生产中最重要的一环。金属材料的强化机制主要包括有变形强化、细晶强化、固溶强化、第二相强化、相变强化和织构强化等多种强化方式。不同的强化机制可以通过不同的控制手段加以实现。

8.3.1　变形强化

变形强化即加工硬化，指的是在金属材料的整个变形过程中，当外力超过屈服强度后，要塑性变形继续进行必须不断增加外力，从而在真实应力-应变曲线上表现为应力不断上升的现象。这说明金属有一种阻止继续塑性变形的抗力，即所谓的应变硬化性能。一般而言，金属材料的塑性变形可以导致金属的变形强化（屈服强度、抗拉强度、硬度提高）的同时，也会使别的力学性能、物理及化学性能发生改变，即随着变形程度的增加，屈服强度、抗拉强度、硬度都将增加，塑性指标下降，电阻增加，抗腐蚀性和导热性下降。

1）变形强化的意义

变形强化在生产中具有十分重要的意义，主要表现在如下几个方面：

① 变形强化可使金属工件具有一定的抗偶然过载能力，保证工件安全。工件在使用过程中，某些薄弱部位因偶然过载会产生局部塑性变形，如果金属没有变形强化能力，则变形会一直继续，而且因变形使截面积减小，过载应力越来越高，最后导致缩颈而断裂，但由于金属具有变形强化特征，会阻止塑性变形继续发展，使过载部位的塑性变形只能发展至一定程度即停止下来，从而保证了工件安全服役。

② 变形强化和塑性变形适当配合可使金属进行均匀塑性变形，保证冷变形工艺顺利实施。金属塑性变形是不均匀的，时间也有先后，由于金属有变形强化能力，哪个位置有变形就在该处阻止变形继续进行，并将变形转移到别的部位，这样变形和强化交替重复就构成了均匀塑性变形，从而获得合格的冷变形加工的金属产品。

③ 变形强化是强化金属的重要工艺手段之一。这种方法可以单独使用，也可以和其他强化方法联合使用，对多种金属材料进行强化，尤其对于那些不能热处理强化的金属材料，变形强化尤为重要。喷丸和表面滚压属于金属表面强化或硬化工艺，可以有效地提高强度和疲劳抗力。

④ 变形强化可以降低塑性，改善低碳钢的切削加工性能。通常低碳钢切削时易产生粘刀现象，表面加工质量差，利用冷变形降低塑性，使切削容易脆断和脱落，改善切削加工性能。

2）变形强化的机理

变形强化（也称为加工硬化、应变硬化）的机理是金属在塑性变形过程中位错密度不断增加，使弹性应力场不断增大，位错之间的交互作用不断增强，因而位错运动越来越困难，从而使金属的强度不断提高。因此，变形强化通常又称为位错强化。

影响加工硬化行为的因素很多，内部因素有晶体结构、晶体取向或织构、层错能、化学成分、晶粒形状/尺寸、位错亚结构等，如 fcc 金属的应变硬化指数和其层错能密切相关，如图 8-4 所示。外部因素有温度、应变速率、变形模式、预变形历史、试样形状/尺寸/表面与体积的比值等。尽管影响因素很多，但加工硬化现象却是一样的，这也可以从上述几种晶体的应力-应变曲线中看出。在此讨论加工硬化的一般行为。

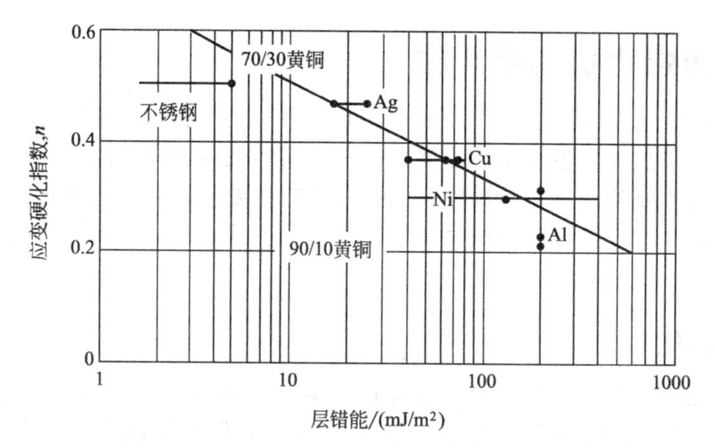

图 8-4　应变硬化指数 n 和层错能（SFE）的关系曲线

加工硬化是金属中的一个既古老又普遍的现象，但至今对它的了解还是很不够的，因此加工硬化的理论仍在发展中。自从晶体的变形与位错的运动相联系后，人们很自然地就把加工硬化理解成位错运动的阻力随着变形的增加而增大的结果所致。实验也证实，除了位错以外，像空位和间隙原子这种类型的晶格缺陷本身对金属的流变应力是没有贡献的。作为决定加工硬化根源的位错阻力原则上又可分为两类：一类为长程的，另一类为短程的。

加工硬化理论主要有：早期的 Tsylor、Mott 和 Friedel 理论以及位错偶硬化理论、位错碎屑（dislocation　debris）理论、Kuhlmann-Wilsdorf 硬化理论等，最近有 Schwink 和 Gottler 硬化理论。在此将介绍影响较大的四种理论。

（1）林位错理论

这个理论的要点是认为滑移面上的位错与林位错直接交互作用的结果是加工硬化的主要机制。晶体变形时，通常都可以在多组滑移面上产生滑移，因此，一个滑移面上的位错必定会和其他滑移面上的位错相切割。也就是说，一个滑移面上的位错会切割别的面的位错林（穿过滑移面的位错称为“位错林”，位错林中的单个位错称为“林位错”）。位错切割林位错产生一定长度的割阶，这是需要能量的，因此，林位错便能阻碍滑移面上的位错运动。位错林的密度越大，阻力就越大。当多族滑移面上的位错数目增加时，晶体就硬化。该理论认为第Ⅱ阶段硬化开始时，原滑移系中位错塞积产生的长程应力导致次滑移系的激活，产生了大量林位错。此时流变应力（即屈服以后的任一应力）即取决于运动位错与林位错交截所产生的弹性相互作用，增加位错运动的阻力。流变应力可由下式表示：

$$\tau=\alpha Gb\rho_{\mathrm{f}}^{1/2} \tag{8-6}$$

式中，α 为常数，G 为剪切模量，b 为柏氏矢量，ρ_f 为林位错密度。

（2）割阶理论

该理论认为第Ⅱ阶段硬化开始时，由于林位错的滑移使得原来的滑移系中的 F-R 源必须要产生大量的割阶，带割阶的位错运动阻力加大。流变应力可由下式表示：

$$\tau=\alpha Gbfm \tag{8-7}$$

式中，α 为常数，G 为剪切模量，b 为柏氏矢量，f 表示位错源上不可动割阶（即空位割阶）为总割阶的 f 倍，m 为位错源上割阶密度。

（3）Hersch 理论

Hersch 认为：①第Ⅰ硬化阶段末，在塞积了平行于滑移面间的位错所产生的应力和外加应力的共同作用下，此时次滑移系上的分切应力超过该系的临界切应力后，便导致第二滑

 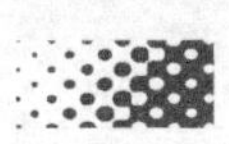

移系的激活，形成复杂的位错组态，对以后的滑移起障碍作用。

②新滑移线受阻于上述障碍，并对以后的滑移起障碍作用。

③位错源的移动仍然是一触即发过程，设位错胞的线大小为 l，则位错源的体密度为 $1/l^3=N$，由于激活位错源的应力 $\tau\propto 1/l$，所以 $N=k'\tau^3$，因此可由任一变形度下的位错密度求得相应的流变应力。

④由局部应力场（短程交互作用）引起硬化。

(4) Seeger 理论

Seeger 认为：第Ⅰ阶段基本上是单系滑移，第Ⅱ阶段出现了多系滑移，第Ⅲ阶段出现交滑移。

第Ⅰ阶段：产生位错偶及共轭滑移系中形成 Lomer-Cottrell 位错（L-C 位错）。但第Ⅰ阶段的硬化来自单个位错间的长程应力场，此时位错偶及 Lomer-Cottrell 位错并未形成滑移有效的障碍。第Ⅱ阶段：位错偶越来越短，Lomer-Cottrell 位错也越来越多，而成为位错塞积的有效障碍。形成的 L-C 不动位错增大了变形的抗力。第Ⅲ阶段：局部应力的增加促使交滑移的大量进行，加工硬化率 $\theta_{\text{Ⅲ}}$ 随之下降。Seeger 理论的定量描述见有关文献。

对有关加工硬化的机制曾提出不同的理论，然而，最终的表达形式基本相同，即流变应力是位错密度的平方根的线性函数，这已被许多实验证实。因此，塑性变形过程中的位错密度的增加及其所产生的钉扎作用是导致加工硬化的决定性因素。

3) 应变硬化指数

(1) 应变硬化指数的概念

在金属材料拉伸真应力-真应变曲线上的均匀塑性变形阶段，应力与应变之间符合 Hollomon 关系式：

$$S=Ke^n \tag{8-8}$$

式中，S 为真实应力；e 为真实应变；n 为应变硬化指数；K 为硬化系数，是真实应变等于 1 时的真实应力。

应变硬化指数 n 反映了材料抵抗继续塑性变形的能力，是表征材料应变硬化行为的性能指标。在极限情况下，$n=1$，为完全理想的弹性体，应力 S 与应变 e 成正比；$n=0$，为理想塑性材料，无应变硬化能力，此时 $S=K=$常数。大多金属材料的 n 值在 0.1～0.5 之间。

(2) 影响应变硬化指数的因素

应变硬化指数 n 值随层错能降低而增加。当金属材料层错能较低时，不易产生交滑移，位错在障碍附近产生的应力集中水平要高于层错能高的金属材料，这表明层错能低的材料应变硬化程度大。

此外，应变硬化指数 n 对材料结构、组分与状态变化也很敏感。通常，退火态金属的 n 值比较大，冷加工态金属的 n 值比较小；并且随金属材料强度等级的降低而 n 值增大，研究表明，与材料的屈服强度 σ_s 大致成反比关系，即 $n\sigma_s=$常数；一般也随合金中溶质原子含量的增加，而 n 值增大；随晶粒尺寸变粗，n 值提高。

(3) 缩颈判据

缩颈即拉伸失稳的判据应为 $dF=0$。在任一瞬间，拉伸力 F 为真实应力与试样瞬时横截面积 A 之积，即 $F=SA$。对 F 全微分，并令其等于零，有

$$dF=A\,dS+S\,dA=0$$

所以

$$\frac{dA}{A}=-\frac{dS}{S} \tag{8-9}$$

根据塑性变形体积不变条件，即 $dV=0$

因 $V=AL$

所以

$$A\,dL+L\,dA=0$$

即：
$$\frac{dA}{A}=-\frac{dL}{L}=-de \tag{8-10}$$

联立求解式（8-9）和式（8-10）得：

$$S=\frac{dS}{de} \tag{8-11}$$

式（8-11）即为缩颈判据。

由式（8-8）和式（8-11），在拉伸失稳点 B 处，有

$$e_B=n \tag{8-12}$$

可见，当真应力-真应变曲线上某点的斜率（应变硬化速率）等于该点的真实应力（流变应力，即屈服后继续塑性变形并随之升高的抗力）时，缩颈产生，如图 8-5 所示，图中 e_B 为试样在均匀塑性变形阶段的最大真实应变，其值数值上等于应变硬化指数 n。

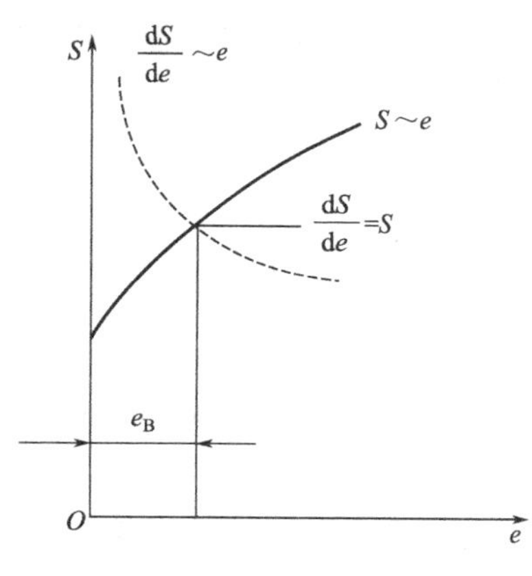

图 8-5　缩颈发生判据图解

（4）应变硬化指数的工程意义

①应变硬化指数 n 反映材料屈服后继续变形时应变硬化行为。材料 n 值越大，承受偶然过载能力增加，可阻止机件在某薄弱部位继续塑变，保证机件安全。

②n 值数值上等于材料拉伸缩颈时的真实均匀应变量 e_B。这对冷变形工艺有重要影响，材料 n 值越大，冲压性能越好，因具应变硬化效应，变形均匀，极限变形程度提高，机件不易产生裂纹。

③材料 n 值越大，应变硬化效果越高。

4）控制变形强化的因素

① 调整金属的化学成分、减少金属中的杂质都可以降低变形强化效果，从而提高钢的塑性和韧性。

② 调整变形温度和变形程度的大小，改变加工硬化程度。

③ 控制应变速率的大小，应变速率的提高会使变形强化加剧，但是当其超过临界值后，由于变形热效应的作用，变形强化作用反而减弱。

8.3.2　细晶强化

1）细晶强化的机理

细晶强化就是通过细化晶粒而使金属材料力学性能提高的方法，也称为晶界强化，在工业上常通过细化晶粒以提高金属强度。晶粒越细小，单位体积晶界面积越大，晶界对位错的阻碍作用越强，材料强度越高。

2）霍尔-佩奇关系式

许多金属与合金的屈服强度 σ_s 与晶粒大小的关系，通常用霍尔-佩奇（Hall-Petch）公式表示：

$$\sigma_s=\sigma_i+k_y d^{-\frac{1}{2}} \tag{8-13}$$

式中，σ_i 为位错滑移的阻力，又称为内摩擦阻力，决定于晶体结构和位错密度；k_y 一

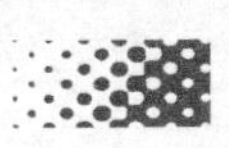

般理解为晶界强化系数，度量晶界对强化贡献大小的钉扎常数，或表示滑移带端部的应力集中系数；d 为晶粒平均直径；σ_i 和 k_y 在一定的实验温度和应变速率下均为材料常数。

霍尔-佩奇公式中，晶粒尺寸范围从几纳米到几百微米之间都符合，但也有研究发现在纳米尺寸晶粒范围内，出现了反霍尔-佩奇效应的现象，即强度随着晶粒尺寸的减小反而降低。

但需注意的是，细晶强化常常指的是在常温情况下的强化手段，在高温时，晶界滑动成为金属变形的重要组成部分，这就导致了在高温下，细晶材料比粗晶材料软，与常温时的细晶强化效应相反。

3）亚晶强化

亚晶界的作用与晶界类似。金属塑性变形后，晶内形成亚晶粒，这些亚晶粒具有很高的位错密度，亚晶界本身形成了位错墙，亚晶晶粒细小，一些亚晶间的位向差较大，也如晶界一样阻止着位错运动，从而造成了亚晶强化。研究表明，亚晶强化可以用类似的霍尔-佩奇公式的关系式进行描述，

$$\sigma_{s,g}=Ck_s d^{-\frac{1}{2}} \tag{8-14}$$

式中，$\sigma_{s,g}$ 为亚晶强化对屈服强度的增加量；C 为含有亚晶的晶粒占全部晶粒的比例系数；k_s 为亚晶界的强化因子，将有亚晶的与无亚晶的同一材料相比，其值为式（8-13）中的 k_y 值的 1/5～1/2；d 为亚晶粒的直径。另外，在亚晶界上产生屈服变形所需的应力对亚晶间的取向差不是很敏感的。

4）细晶/亚晶强化的工艺控制（以钢为例）

（1）细晶强化的工艺控制要点

① 细化钢的奥氏体（γ）晶粒，采用控制轧制工艺，在钢的奥氏体再结晶温度区域内使钢坯经过多次变形再结晶达到奥氏体晶粒细化的目的。

② 在钢的奥氏体未再结晶温度区域内给予较大的变形量，造成奥氏体晶界面积增加，晶内形成亚晶（或亚结构）和变形带，增加相变铁素体（α）形核率，达到相变细化铁素体晶粒的目的。

③ 也可以将变形延伸到（γ+α）两相区，进一步细化铁素体晶粒。

④ 在不出现上贝氏体组织的前提下，提高钢材轧后冷却速度，也可以进一步细化铁素体晶粒，达到钢材强韧化的目的。

（2）亚晶强化的工艺控制要点

① 钢在奥氏体变形时产生的亚晶在随后的淬火过程中可以被其低温产物所继承，具有强化作用。

② 在（γ+α）两相区和 α 区变形时，在铁素体中形成的亚晶将保留在室温组织之中，具有强烈的强化作用。

③ 亚晶强化的效果与亚晶尺寸和亚晶数量有关；变形温度越低和变形量越大，形成的亚晶数量越多，亚晶尺寸也越细。

8.3.3 固溶强化

1）固溶强化的概念

固溶强化是利用点缺陷对位错运动的阻力使金属基体获得强化的一种方法。具体的手段是通过在金属基体中溶入一种或数种溶质元素形成固溶体而使金属强度、硬度升高，但其韧性和塑性却有所下降。

2）固溶强化的机理和方式

固溶强化的本质是点缺陷对位错运动的阻力使金属基体获得强化。溶质原子在基体金属晶格中占据的位置分为间隙型和置换型两种不同方式。间隙固溶体的强化机理是碳、氮等间隙式溶质原子嵌入金属基体的晶格间隙中，使晶格产生不对称畸变造成的强化效应以及间隙式原子在基体中与刃位错和螺位错产生弹性交互作用，使金属获得强化；而在置换固溶体中溶质原子在基体晶格中造成的畸变大都是球面对称的，因而通常间隙固溶体的强化效果大于置换固溶体。

以低碳铁素体中固溶强化效果为例，如图 8-6 所示，图中横坐标为元素的质量分数，C、N、P 等间隙型溶质原子的强化效果明显大于 Ni、Mo、Mn 等置换型原子的强化效果。

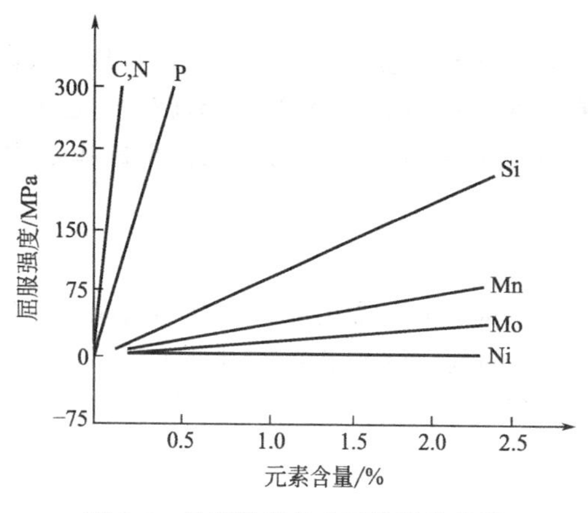

图 8-6　低碳铁素体中固溶强化效果

空位引起的晶格局部畸变类似于由置换型原子所引起的晶格畸变。因此，任何金属材料若其中含有过量的淬火空位或辐照空位，将比具有平衡浓度空位的相同合金屈服强度高。

3）固溶强化的影响因素

① 溶质原子的原子分数越高，强化作用也越大，特别是当原子分数很低时，强化作用更为显著。

② 溶质原子与基体金属的原子尺寸相差越大，原始晶体结构受到的干扰就越大，位错滑移就越困难，强化作用也越大。

③ 间隙式原子比置换式原子具有较大的固溶强化效果，且由于间隙式原子在体心立方晶体中的点阵畸变属非对称性的，故其强化作用大于面心立方晶体的；但间隙式原子的固溶度很有限，故实际强化效果也有限。

④ 溶质原子与基体金属的价电子数目相差越大，固溶强化效果越明显，即固溶体的屈服强度随着价电子浓度的增加而提高。

8.3.4　第二相强化

1）第二相强化的概念

金属材料，一般除基体相以外，还有第二相存在。当第二相以细小弥散的微粒均匀分布于基体相中时，将会产生显著的强化作用，这种强化作用称为第二相强化。第二相强化的主要原因是它们与位错间的交互作用，阻碍了位错运动，提高了金属材料的变形抗力。对于一般金属材料而言，第二相强化比固溶强化的效果更为显著。因获得第二相粒子的工艺不同，第二相强化有不同的名称，通过相变热处理获得的，称为析出硬化、沉淀强化或时效强化；而通过粉末烧结或内氧化获得的，称为弥散强化。但在工程应用中，往往不加区别混称为弥散析出强化。

2）第二相强化的类型及其机制

由于第二相在成分、结构、有序度等方面不同于基体，因此第二相粒子的强度、体积分数、间距、粒子的形状和分布等都对强化效果有影响。按粒子的大小和变形特性，可将粒子分成两类：一类是不易变形的粒子，包括弥散强化的粒子以及沉淀强化的大尺寸粒子；另一类是易变形的粒子，如沉淀强化的小尺寸粒子。相应地，有不可变形第二相的强化作用和可变形第二相的强化作用，这两类粒子的强化作用因其与位错交互作用不同，而有明显的差异。

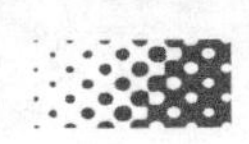

(1) 位错绕过不易变形的粒子

位错绕过不易变形的粒子时，其强化机制如图 8-7 所示。图中表明，由于不易变形粒子对位错的斥力足够大，运动位错线在粒子前受阻、弯曲。随着外加切应力的增加，使位错以继续弯曲方式向前运动，直到在 A、B 处相遇。因为位错线方向相反的 A、B 相遇抵消，留下围绕粒子的位错环，实现位错增殖。其余位错线绕过粒子，恢复原态，继续向前滑移。这种绕过机制通常称为奥罗万机制。

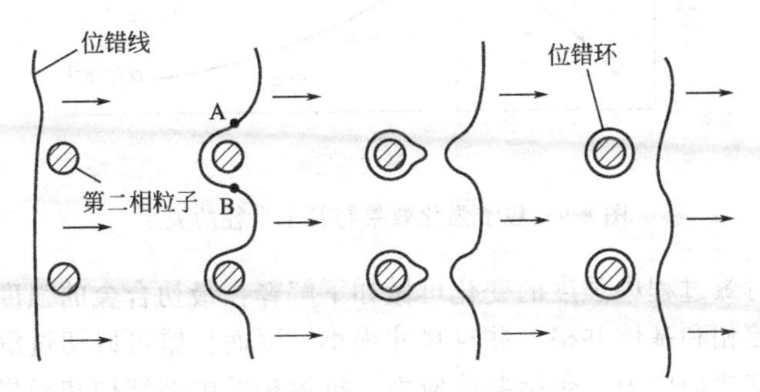

图 8-7 位错绕过第二相粒子示意图

粒子半径或粒子间距减小，强化效应增大；当粒子尺寸一定时，粒子体积分数越大，强化效果亦越好。位错每绕过粒子一次留下一个位错环，位错环的存在，相当于使粒子间距减小，后续位错绕过粒子更加困难，致使流变应力迅速提高。

(2) 位错切过易变形的粒子

对于易变形第二相粒子，位错可以切过（见图 8-8），使之同基体一起产生变形，由此提高屈服强度。这是由于质点与基体间晶格错排及位错切过第二相质点产生新的界面需要做功等原因造成的。当粒子的体积分数一定时，粒子尺寸越大，强化效果越显著；当粒子尺寸一定时，体积分数越大，强化效果越高。

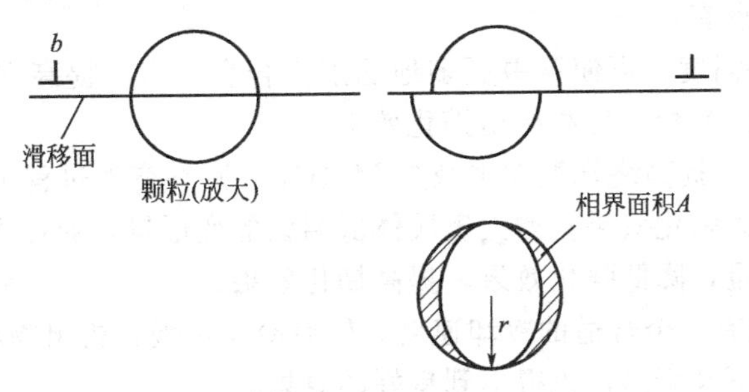

图 8-8 位错切过第二相粒子示意图

3) 第二相强化的粒子半径最佳值

综合考虑切过、绕过两种机制，存在第二相粒子强化的最佳粒子半径。如图 8-9 所示，当位错绕过粒子时，切应力增量的变化规律按图中曲线 A 所示，从理论上讲，随第二相粒子半径减小，$\Delta\tau_{绕}$增加，直到理论临界切应力；而当位错切过粒子时，切应力增量的变化规律按图中曲线 B 所示。图中实线，是优先发生的过程，可以看出，当粒子较小时，位错以切割粒子的方式（所需临界切应力较低）移动，随着粒子半径增大，强化效果增大，增大到曲线 A 和曲线 B 的交点 P 所对应的粒子半径，位错线不再切割粒子，而是采取绕过粒子的方式移动，因为位错绕过粒子所需要的临界切应力比切割粒子所需要的低，随着粒子的长大，强化效果降低。

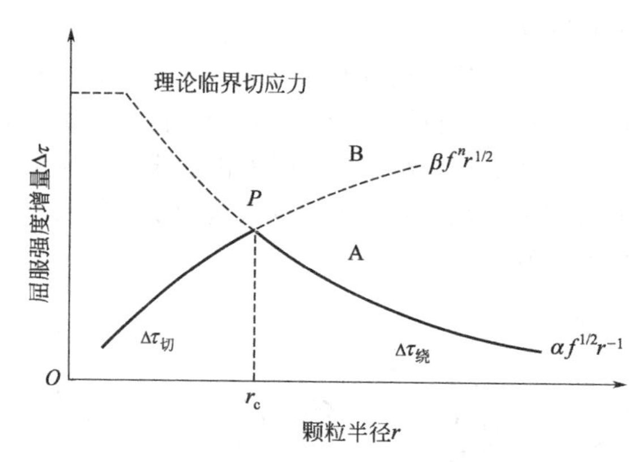

图 8-9　粒子强化效果与粒子半径的关系

对时效合金在时效过程中强度的变化可做如下解释：最初合金的强度相当于过饱和固溶体，开始阶段的沉淀相和基体共格，并且尺寸很小，因而位错可以切过沉淀相，屈服应力决定于切过沉淀相所需要的应力，包括共格应力、沉淀相的内部结构和相界面的效应等；当沉淀相体积含量增加，切割粒子所需要的应力加大，最终位错绕过粒子所需要的应力会小于切割粒子；此后，Orowan 绕过机制起作用，屈服应力将随粒子间距的增加而减小。

4）第二相强化的工艺控制（以钢为例）

加热过程中固溶到钢中的合金元素，在随后的热轧变形过程中，由于溶解度积的不断降低，以 M（C，N）形式从奥氏体中沉淀析出出来。从奥氏体中析出 M（C，N）是以在奥氏体晶界上形核的方式进行的。析出的 M（C，N）有效地阻碍了奥氏体晶界的迁移，使奥氏体晶粒细化，并使晶界变得平直，大大地增加了单位体积中的奥氏体晶界面积，给以后的相变铁素体形核提供了大量的理想位置，最终使铁素体细化，最后残留在铁素体中的 M（C，N）将在铁素体中析出，引起铁素体的附加强化。

第二相强化的要点有：

① 提高钢材加热温度，可使钢中更多地固溶入合金元素，提高它们在随后的热变形及轧后冷却过程中的析出数量，提高析出强化效果。

② 变形工艺控制，提高终轧温度将减少 M（C，N）在变形过程中的析出量，增加轧后冷却时的析出量，增大强化效果。增大奥氏体低温区的变形量，变形诱导析出增多，减少了轧后冷却过程的析出量，降低强化效果，提高韧化效果。

③ 对于析出强化有一个合适的冷却速度，轧后冷速过慢，析出物粗大，降低强化效果；冷速过快，第二相来不及析出，也得不到良好的效果。

5）多相结构中的第二相强化

以上是第二相质点以粒子弥散形式分布情况的强化方式，也是通常意义上的第二相强化。但第二相还可能与基体晶粒尺寸同一数量级的块状，如奥氏体不锈钢中的 δ 相、碳钢及低合金钢中的珠光体、（α+β）两相黄铜中的 β 相等，一般认为，块状第二相阻止滑移使基体产生不均匀塑性变形，由于局部塑性约束而导致强化，这种强化方式也可认为是广义上的第二相强化。经验表明，这类两相组织的强度，可以使用形式是两相体积比的幂函数的混合律进行估测，这样便突出了占有较大体积比的相的作用。例如，对于铁素体-珠光体组织的屈服强度 σ_s 有：

$$\sigma_s = f_\alpha^{1/3}\sigma_{s\alpha} + (1-f_\alpha^{1/3})\ \sigma_{s(\alpha+FeC)} \tag{8-15}$$

式中，f_α 为铁素体的休积比；$\sigma_{s\alpha}$ 为铁素体的屈服强度；$\sigma_{s(\alpha+FeC)}$ 为珠光体的屈服强度。

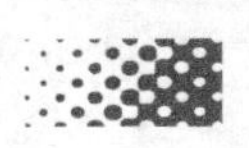

对于两相混合物中的各相的屈服强度，可以分别按霍尔-佩奇公式进行计算。因此，对铁素体-珠光体组织，珠光体片层越薄，其强度越高，所以索氏体的屈服强度高于珠光体。

第二相的强化效果还与其尺寸、形状、数量和分布以及第二相与基体的强度、塑性和应变硬化特性、两相之间的晶体学配合和界面能等因素有关。在第二相体积比相同情况下，长形质点显著影响位错运动，因而具有此种组织的金属材料，其屈服强度就比具有球状的高，例如，在钢中 Fe_3C 体积比相同条件下，片状珠光体比球状珠光体屈服强度高。通常，第二相都是硬脆相，它们的分布对金属材料的力学性能也有很大影响，当第二相沿晶界网状分布时，金属材料比较脆，若以弥散形式均匀分布于软体基体上，脆性会得到极大改善，钢一般需经调质处理得到回火索氏体就是这样的情况。

8.3.5 其他强化方式

金属材料强化方式除了上述的四种典型强化方式，即变形强化、细晶强化、固溶强化、第二相强化，还有相变强化和织构强化等强化方式。下面以钢为例，分别对相变强化和织构强化进行简单阐述。

1）相变强化

钢的室温组织为铁素体和珠光体时，如果考虑到韧性和焊接性能，抗拉强度为 600MPa 就是它的极限。既不损害这些性能，又可以获得高的强度的方法之一就是通过控制奥氏体的相变过程，使之形成有贝氏体、马氏体、针状铁素体及其复合组织等低温相变产物组织来达到提高钢材的强韧性目的，这就是相变强化。含铌微合金钢中添加 Mn 和 Mo，采用控制轧制工艺生产时，会使其奥氏体在比通常贝氏体相变稍高的针状铁素体区发生相变，除了生成多边形铁素体之外，还生成针状铁素体组织；此外，还有贝氏体、马氏体岛和残余奥氏体。钢中由于存在由变形诱导相变生成的多边形铁素体，因此，可以谋求获得铁素体晶粒自身的韧性和低温相变组织的细化与致密化，所以其韧性的改善程度大于完全单相组织的钢材。对能产生回火贝氏体（B）的钢进行控制轧制时，通过降低加热温度和加大奥氏体低温区的变形量，促进 $\gamma\rightarrow\alpha$ 相变向高温短时侧移动、$\gamma\rightarrow\beta$ 相变向低温长时侧移动，则造成两相分离型相变，室温组织为多边形铁素体与少量的贝氏体或马氏体。由于后者相变温度很低，形成硬质组织，所以在获得良好的塑性与韧性的同时还具有良好的强度。

2）织构强化

在钢的奥氏体再结晶温度区域内轧制再结晶奥氏体晶粒时，其取向一般是不规则的，因此 $\gamma\rightarrow\alpha$ 相变后生成的铁素体取向也是不规则的。在奥氏体未再结晶区轧制时，织构发达，并以 K-S（库尔久莫夫-萨克斯）关系或 N（西山）关系在 $\gamma\rightarrow\alpha$ 相变后的铁素体中继承下来。如果在（$\gamma\rightarrow\alpha$）两相温度区轧制，由于铁素体直接承受变形，因此出现不同的织构重叠。织构的产生对钢材的强度和韧性的影响存在着明显的各向异性：垂直于轧制方向的织构，强度最高，韧性居中；平行于轧制方向的，韧性最好，强度居中；与轧制方向成 45°的，强度最低，而且韧性也最差。

8.3.6 强化方式控制的应用

综上所述，变形强化有助于提高金属材料的强度，从而使韧性下降，因此，以韧性为主要指标的金属材料生产过程应适当消除变形强化带来的不利影响。细晶强化可以同时提高钢材的强度和韧性，是理想的强韧化手段，应当在金属材料生产中充分利用。第二相强化也是有助于提高金属材料强度，而不利于提高韧性的手段，因此，在追求金属材料韧性指标时尽量不要采用。相变强化可以同时达到提高金属材料强韧性的目的，在有可能实现的生产工艺中也可采用。织构强化只在对金属材料有特殊性能要求时才加以利用。

金属材料生产过程中，通过工艺条件对其强韧性进行控制是个很复杂的问题，多种因素交织在一起，多种强韧化规律同时发生，金属材料的强度是多种强化方式共同作用的结果。因此，必须运用上述各种基本规律，首先从产品的性能要求出发，根据组织与性能的关系，确定其生产工艺，达到强韧化控制的目的。

8.4 金属的韧性和对韧性的评价

8.4.1 金属的韧性

历史上，各种工程结构，如桥梁、船艇、飞机、电站设备、压力容器、输气管道等，都曾出现过不少低于金属材料屈服强度下重大的脆性断裂事故，这些脆断事故促使人们认识到片面追求提高金属材料强度，而忽视韧性的做法是片面的。为了满足高新技术发展的需求，对于金属材料不仅要设法提高其强度，而且也需要提高其韧性。

所谓韧性，是指金属材料在塑性变形和断裂过程中吸收能量的能力。韧性越好，则发生脆性断裂的可能性越小。因此，韧性是断裂过程的能量参量，是金属材料强度和塑性的综合表现。当不考虑外因时，断裂过程包括裂纹的萌生和扩展，通常以裂纹萌生和扩展的能量消耗或裂纹扩展抗力来标示金属材料的韧性。

人们从长期积累的实践经验中，总结出减少发生断裂可能性的重要措施之一就是选取韧性好的材料。通常，韧性好的材料比较柔软，它的拉伸断裂伸长率、抗冲击强度较大，表现为韧性断裂特征。

8.4.2 韧性的评价

1）缺口韧性或冲击韧性

在断裂力学理论建立之前，关于金属材料韧性的好坏，是由缺口试样在冲击载荷下破断试验得到的缺口韧性值进行衡量的。缺口韧性被定义为缺口材料破断时所能够吸收能量的能力，换句话说，就是反映金属材料在外来冲击负荷作用下抵抗变形和断裂的能力，缺口韧性也就是人们通常所说的冲击韧性。主要的缺口试验有U形缺口和夏比（Charpy）V形缺口试验，测得的缺口韧性分别由冲击韧性值（α_k）和冲击功（A_k）表示，具有功的单位，即其单位分别为J/cm^2和J（焦耳）。其中V形缺口试验更有意义，工程上广为采用，由它测得的A_k与断裂力学中起重要作用的材料断裂韧性可以建立经验性互化关系式。

一般把冲击韧性值低的材料称为脆性材料，冲击韧性值高的材料称为韧性材料。冲击韧性值取决于材料及其状态，同时与试样的形状、尺寸有很大关系。冲击韧性值对材料的内部结构缺陷、显微组织的变化很敏感，如夹杂物、偏析、气泡、内部裂纹、钢的回火脆性、晶粒粗化等都会使冲击韧性值明显降低；同种材料的试样，缺口越深、越尖锐，缺口处应力集中程度越大，越容易变形和断裂，冲击功越小，材料表现出来的脆性越高。因此不同类型和尺寸的试样，其冲击韧性值一般不能直接比较。材料的冲击韧性值随温度的降低而减小，且在某一温度范围内，冲击韧性值发生急剧降低，即发生韧脆转变，因此冲击韧性指标的实际意义也在于揭示金属材料的变脆倾向。

2）断裂韧性

上述传统的材料韧性指标在历史上起过很大作用，在一定程度上降低了发生断裂事故的可能性。但事实也表明，它并不总是有效的，因为传统的韧性指标都是参照性对照指标，还

是属于定性的、经验性的。只有在近代断裂力学理论建立之后，能够定量地确定断裂发生的条件，才能有效地控制断裂的发生。从断裂力学引出的断裂韧性，使人们对材料的韧性有了更深刻的认识。

所谓断裂韧性，就是指表征材料阻止宏观裂纹失稳扩展或抵抗断裂的能力，也是材料抵抗脆性破坏的韧性参数，是度量材料韧性好坏的一个定量指标，是材料的固有性能，和裂纹本身的大小、形状及外加应力大小无关，是材料固有的特性，只与材料本身、热处理及加工工艺有关。它是应力强度因子的临界值。常用断裂前物体吸收的能量或外界对物体所做的功表示，例如应力-应变曲线下的面积。韧性材料因具有大的断裂伸长值，所以有较大的断裂韧性，而脆性材料一般断裂韧性较小。断裂韧性的提出，摆脱了传统韧性指标所依据的经验关系，对韧性这个过去感到含糊不清的概念，给予了科学的定义，并具有重要的实用性，能够定量地预测一种新材料使用的安全可靠性，可以建立相应安全或质量检验标准，对发展新材料、新工艺有推动作用。

值得指出的是，并不是有了断裂力学的断裂韧性，原先的缺口韧性就不再使用了，而是作为断裂韧性的补充参量仍然发挥着重要作用。这一方面是因为它们作为传统的参量来使用已经积累了大量的经验，并已体现在各种工程领域的设计规范和标准中，这些规范和标准现今还在发挥着作用；另一方面，由于缺口冲击试验试样小，加工方便，试验简单，且可以找出冲击韧性和断裂韧性之间的转化关系，所以对于要求快速的质量评定是很有意义的。

8.5 韧化原理及工艺

增加断裂过程中能量消耗的措施都可以提高断裂韧性。同时，韧性是材料的一项力学性能指标，是材料的成分和组织结构在应力和其他外界条件作用下的表现，在外界条件不变时，只有改变材料的成分和组织结构，材料的韧性才能提高。

8.5.1 影响韧性的因素

1）结构特征

（1）结合键的特征

一般来说，金属键韧性好，而共价键和离子键晶体则显示脆性。当两种金属形成金属间化合物时原子键存在明显的方向性，这是导致脆性的一个重要原因。

（2）电子结构

早期认为原子中不成对电子愈多（如 Cr），则脆性愈大，但并不能解释一些反常现象，因为根据这个观点，加合金后一般将减少不成对电子数目，应该降低脆性，但 Cr 中合金元素均使脆性升高。

有人认为金属间化合物的脆性和组元电负性之差有关，电负性相差愈大，脆性也愈明显。然而，也有人并不同意这个观点。用量子力学对 FeAl、CoAl、NiAl 的计算表明，形成化合物时，Al 的自由电子向 Fe、Co、Ni 转移量极少，且这种电子转移和脆性无关。由此可知，用电负性差不能完全解释金属间化合物的脆性。

（3）晶体结构

一般而言，fcc 结构金属或合金的韧性比 bcc 或 hcp 结构金属的要高。结构很复杂的晶体则往往显示脆性。

（4）组织结构

裂纹在金属材料内扩展，因而组织结构的特征显然会影响裂纹扩展途径，从而改变金属材料的韧性，影响到材料的整体断裂行为。

以钢材为例，在相同硬度下，通常回火马氏体韧性最高，其次是贝氏体（下贝氏体优于上贝氏体），而铁素体＋珠光体组织韧性最低。

2）晶界和晶粒度

由于晶界两边的晶粒取向不同，因而晶界是原子排列紊乱的区域，当变形由一个晶粒穿过晶界达到邻近晶粒时，在穿过晶界时比较困难，穿过后，滑移方向要改变，这种变形过程要消耗较大的能量，因而起了强化和韧化的作用。晶粒愈小，则晶界面积愈大，这种强化和韧化作用也愈大。此外，因为晶粒越细小，变形量可分散在更多的晶粒中进行，产生较均匀的塑性变形，不至于造成较大的应力集中，可以避免裂纹的产生，从而提高材料的韧性。

细化晶粒是达到韧化目的的有效措施，例如，将 En24 钢的奥氏体晶粒度由 5～6 级细化到 12～13 级，断裂韧性值则由 $141\text{MPa}\cdot\text{m}^{1/2}$ 提高到 $266\text{MPa}\cdot\text{m}^{1/2}$。

当合金钢处于回火脆性状态时，虽然由于晶界偏聚了杂质，降低了界面能，使断裂易于沿晶进行。但通过晶粒细化，增加了单位体积内晶界面积，则在杂质含量相同的情况下，单位晶界面积偏聚的杂质含量相应减少，从而减少脆性，所以细化晶粒也是对于韧性有益的。

3）滑移特征

（1）滑移系数目

对多晶体材料，为了能够使位错越过晶界自由变形，至少需要 5 个独立的动作滑移系。某些 hcp 金属或合金（如 Ti_3Al）当滑移限于基面时就只有 3 个独立滑移系，变形受限制就显示脆性。

（2）交滑移的可能

一般认为，位错运动到达障碍，如果不能通过交滑移而越过障碍，就会塞积在障碍处，当塞积群的集中应力等于原子键合力时就会使微裂纹萌生，因此韧性就可能降低。

（3）滑移的均匀性

一般来说，如果滑移不均匀，应变集中在少数滑移带内，这种应变集中就会造成局部应力集中，当应力集中等于原子键合力时就会导致微裂纹萌生，直至断裂，因此韧性降低。例如，TiAl 随温度升高，滑移线均匀分布，从而韧性升高。

（4）加工硬化率

加工硬化率愈高，继续变形的阻力愈大，位错愈容易塞积。在低的应变下塞积群前端的应力集中就可等于原子键合力，使微裂纹形核，因而材料的加工硬化率和脆性有一定的联系。高的加工硬化率是脆性金属间化合物室温脆性的一个原因。

4）杂质和第二相

（1）杂质

金属材料中的杂质元素（如钢中的 S、P、As、Sb、Bi、Sn、Pb 等）是导致韧性降低的重要因素，特别是杂质元素偏聚在晶界时（如在回火脆性条件），能极大地降低晶界结合能，导致沿晶断裂。金属材料中合金元素的影响则较为复杂，Mn、Zn、Mg、Cu 等偏聚在晶界促进沿晶断裂，而 W、Nb、Mo、V、Zr 等则抑制沿晶断裂。

（2）脆性第二相

脆性相因其大小、形态和分布等因素对材料韧性的影响很复杂，概括如下：

① 少量的塑性变形若能使脆性相断裂或与基体分开，则会产生裂纹，降低断裂强度，脆性相愈大，降低愈多。

② 晶界沉淀的脆性相，可以阻止晶界区的塑性松弛，起到硬化作用。这种硬化可以通过位错塞积机理在晶界产生裂纹而降低韧性。

③ 晶内脆性相，如排列较密，则可缩短位错塞积距离，使解理断裂不易发生，从而可

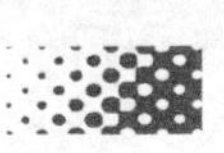

提高解理断裂强度，也可阻止裂纹扩展，并使裂纹尺寸限于颗粒间距，从而提高解理断裂强度。

脆性相也可通过影响晶粒度而间接地影响韧性，脆性相大小对于晶粒度有不同的影响

关于脆性相各种几何学参量对韧性的影响，主要有以下几点：

① 含量（f_v）。一般说来，f_v 愈高，则塑性和韧性越低。

② 大小（D）。D 愈大，韧性下降愈多。

③ 间距（λ）。韧性断裂时，λ 愈大，则韧性愈高，解理断裂时则相反，λ 愈小，韧性反而愈高

④ 形状。球形时，韧性最高，尖角状时材料的韧性下降较多，夹杂物沿纵向的总长度愈大，则横向韧性愈差。

⑤ 类型。塑性较好而与基体结合又较弱的脆性相（如 MnS）在变形过程中较早地沿脆性相与基体的界面开裂，塑性较差而与基体结合又较强的脆性相（如钢中 TiC）在变形过程中，应力集中到一定程度可使其发生解理或破碎，使韧性降低。

(3) 韧性第二相

在研究脆性第二相对于韧性的影响的同时，人们也在研究引入韧性第二相或韧性部件阻止裂纹扩展从而提高韧性的问题。从裂纹扩展的途径及能量角度分析，韧性第二相可有如下的作用：

① 裂纹扩展遇到韧性第二相，由于韧性第二相不易解理断裂，而塑性变形又要消耗较大能量，因而裂纹伸展受到阻止。

② 裂纹扩展到韧性第二相，由于直接前进受阻，被迫改向阻力较小及危害性较小的方向，例如分层，从而松弛能量，提高韧性。

③ 复合结构例如多层板，可以使各组元在平面应力状态下分别承担负荷。平面应力下的断裂韧性比平面应变下的断裂韧性高。

5) 试验条件

(1) 环境

一些金属间化合物（如 Ni_3Al、Ni_3Si、Fe_3Al、FeAl、Co_3Ti 等）在空气中拉伸时塑性和韧性极低，但若在真空中拉伸，则塑性和韧性明显升高，这是因为这些化合物中的 Al（或 Si，Ti）和空气中的 H_2O 反应生成 H，进入试样引起氢脆。

(2) 加载条件

① 加载温度　通常，温度在一定程度上影响材料的韧性，但会因金属的结构不同，其变化趋势不同。bcc 金属的屈服强度具有强烈的温度效应，温度下降到韧脆转变温度附近，韧性急剧下降；而 fcc 金属的韧性温度效应则较小。

此外，金属（如结构钢）在某些温度范围内，冲击吸收功急剧下降。碳钢和某些合金钢在 230～370℃范围内拉伸时，强度升高，塑性降低出现脆性，这种脆性是变形时效加速进行的结果，当温度升高到某一适当温度时，碳、氮原子扩散速率增加，易于在位错附近偏聚形成柯垂尔气团。

② 加载速率　提高加载速率如同降低温度，使金属材料脆性增大，韧脆转变温度提高。加载速率对钢的脆性的影响和钢的强度水平有关。一般，中、低强度钢的韧脆转变温度对加载速率比较敏感，而高强度钢的韧脆转变温度则对加载速率的敏感性较小。

③试样尺寸和形状　三向压缩状态韧性明显高于单向拉伸状态和三向拉伸状态。当存在缺口时，出现三向拉应力状态，材料脆性倾向增大。即使对于缺口试样，韧性也与试样厚度有关。当不改变缺口尺寸而增加试样宽度（或厚度）或试样各部分尺寸按比例增加时，韧脆

转变温度升高。缺口尖锐度增加，韧脆转变温度也显著升高，因此，V形缺口试样的韧脆转变温度高于U形缺口试样的韧脆转变温度。

8.5.2 改善金属材料韧性的途径

提高金属材料的韧性可以采用以下方法：

① 细化——细化晶粒或各种显微组织。

② 纯化——尽量降低材料中有害杂质的含量。

③ 球化——球化脆性第二相粒子，减少应力集中系数。

④ 复化——引入韧性较好的不连续组元，控制韧性相与脆性相的比例、分布，对于裂纹扩展，可以起到如下一些有益的作用：裂纹遇到韧性相，由于韧性相不易解理断裂，而塑性变形又要消耗较大能量，因而阻止了裂纹扩展；裂纹遇到韧性相，由于直接前进受阻，被迫转向，消耗能量，提高韧性；复合结构，如多层板，可以使各层在平面应力下工作，从而提高韧性。

8.5.3 韧化工艺

1）冶炼铸造与合金化

冶炼铸造：在冶炼时通过加入变质剂以及合适的工艺，可得细晶粒的铸造组织，从而影响最终组织的韧性。

成分控制：在很多情况下加入合金元素能够提高材料的韧性。原因如下：

（1）改变晶体结构

钢中加入稳定奥氏体的元素（如Ni，Mn等）就可从bcc的铁素体或马氏体转变为fcc的奥氏体，从而可使材料韧性提高。

（2）形成第二相

（3）改变组织结构

低碳钢中加入合金元素，提高淬透性，防止先共析铁素体和珠光体在淬火时析出，促进马氏体或贝氏体形成，回火后韧性提高。

（4）改变滑移系特征

添加合金元素有可能升高脆性材料的滑移系数目，从而改善韧性，例如hcp的Ti_3Al在室温时独立滑移系只有3个（限于基面），加入Nb、Mo、V可使棱柱滑移面动作。奥氏体钢中加入Ni、Cr、Mn、Mo可使层错能升高，易发生交滑移，从而使韧性提高。

（5）细化晶粒

钢中用Al脱氧，细小的Al_2O_3可以起细化晶粒作用，一般认为钢中加入Nb、Ti等能够明显细化晶粒，从而改善韧性。

（6）纯净化

从材料设计的角度考虑，要求合金成分控制精确，但在实际生产中，总希望合金中需要控制的合金元素及杂质含量范围尽可能地宽。从冶炼设备和原材料的实际情况来看，成分波动和存在一定的杂质是不可避免的，从提高韧性出发，提高合金纯度是有效的途径。

对于金属材料的韧性而言，控制气体（H、N、O）和夹杂物（主要是氧化物和硫化物等）以及有害元素（S、P、Sn、As、Pb、Sb）是冶炼和铸造工艺的重要问题。

① H是有害的气体，引起白点和氢脆，材料强度愈高，其危害性愈大。

② N易于引起低碳钢的蓝脆，是一种有害气体；但在普通低合金钢中，若有钒存在形成氮化物，则能提高强度；在奥氏体不锈钢中，它能够代替一部分镍，氮是有益的合金

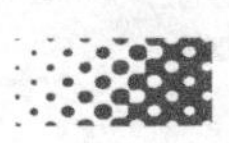

元素。

③ O主要以氧化物类型的夹杂物存在，使韧性降低。

④ 夹杂物是脆性相，一般夹杂物含量愈多，则韧性愈低。

⑤ S、P、Sn、As、Pb、Sb等是有害元素，能够极大地降低韧性。

2）压力加工和细化晶粒

压力加工不仅用来改变金属形状，而且改变金属性能。压力加工是细化晶粒的重要手段，如依靠压力加工控制晶粒大小和取向，可改变材料韧性。细化晶粒是重要的韧化措施，热加工时，变形和再结晶同时进行，终轧温度和终轧后冷却速度会影响晶粒大小。通常，低温（开轧、终轧温度及停止时间尽量低）、快速（快速冷却）及大变形量热加工，以及高磁场中加工或热处理是细化晶粒和组织的有效手段。

以钢材为例，有以下几条规律：

① 在较低温度，连续而较快地施加大变形量，可以获得细晶。

② 高温停留时间愈长，则奥氏体晶粒愈大。

③ 快速通过Ar_3～Ar_1两相区，可获得较细的铁素体晶粒。

④ 快速冷却，可防止铁素体晶粒长大。

近年来，为了不断提高热轧钢板的强度和韧性，采用愈来愈低的终轧温度，如在Ar_3以上、γ+α区及低于Ar_1温度连续轧制，由于晶粒细化和位错胞块细小而使强度和韧性提高。并且，连续轧制时，终轧温度愈低及变形量愈大，则板材的{111}〈110〉织构愈强，韧性愈高。

3）热处理

热处理是改变金属材料结构，控制性能的重要工艺。以淬火、回火和时效以及形变热处理为例，讨论提高韧性的一些概念和思路。

（1）超高温淬火　对于中碳合金结构钢，采用比一般淬火温度高300℃以上的1200～1255℃超高温奥氏体化处理，虽然奥氏体晶粒从7～8级提高到1～0级，但K_{1C}却提高70%～125%，原因可能是由于合金碳化物完全溶解，减少了第二相在晶界的形核，减少了脆性，提高了韧性。

（2）临界区淬火　当钢加热到A_{c1}～A_{c3}临界区，淬火回火后可以得到较好的韧性，这种热处理称为临界区热处理，或部分奥氏体化处理。临界区热处理的作用：

① 组织和晶粒细化：临界区热处理时，在原始奥氏体晶界上形成细小奥氏体晶粒，并且复相区内形成的α/γ界面比一般热处理的奥氏体晶界面积大10～50倍，较大的晶界及相界面使杂质偏析程度减小。

② 杂质元素在α及γ晶粒的分配：P（Sn、Sb）等杂质可富集在α晶粒，α晶粒这种清除杂质的作用，对于降低回火脆性有利。

③ 碳化物形态：临界区热处理后的碳化物要比一般热处理的粗大，如V_4C_3的沉淀析出可作为回火时形核中心，从而减少晶界碳化物的沉淀。

（3）回火　通过对钢铁淬火得到的马氏体组织进行回火，可以得到韧性较高的回火组织。但需注意合金结构钢有两种回火脆性，即高温回火脆性和低温回火脆性。高温回火脆性是由于Sb、Sn、As、P等杂质偏聚在奥氏体晶界引起的。因此，选用Sb、Sn和As低的原材料炼钢和降低钢中P量，以及添加抑制回火脆性的合金元素，可以降低回火脆性倾向。提高钢的纯度，控制碳化物析出，可以降低低温回火脆性。如Si含量增加使Fe_3C开始形成温度上升，减少了脆化倾向；Mn、Cr能大量溶于Fe_3C中，增加Fe_3C的稳定性，增加脆化倾向。

(4) 形变热处理　将压力加工和热处理两种工艺巧妙结合起来的形变热处理可以进一步提高材料的韧性。如使结构钢在亚稳定奥氏体区变形，不仅可提高强度，还可同时提高韧性。提高强度主要是由于变形增加位错密度和加速合金元素的扩散，因而促进了合金碳化物的沉淀；而塑性的提高也正是由于这种细化弥散的沉淀，降低了奥氏体中的碳及合金元素含量，淬火时形成没有孪生的、界面不规则的细马氏体片，回火时马氏体片间的沉淀物也较小。

8.6 金属材料的强韧化实践

8.6.1 钢铁材料的强韧化

1) 细晶强化

根据细晶强化的原理，在热处理工艺方法上发展了采用超细化热处理的新工艺，即细化奥氏体晶粒或碳化物相，使晶粒度细化到十级以上。由于超细化作用，使晶界面积增大，从而对金属塑性变形的抗力增加，反映在力学性能方面其金属强韧性大大提高。为达此目的，现代发展的热处理新技术方法有以下三种：

① 利用极高加热速度的能量密度进行快速加热的热处理　由于极高的加热能量密度，使加热速度大大提高，在 10^{-2}～1s 的时间内，钢件便可加热到奥氏体状态，此时奥氏体的起始晶粒度很小，继之以自冷淬火（冷速达 100℃/s 以上），可得极细的马氏体组织，与一般高频淬火比较，硬度可高出 HV50，而变形只有高频淬火的 1/4～1/5，寿命可提高 1.2～4 倍。

② 利用奥氏体的逆转变　钢件加热到奥氏体后，淬火成马氏体，然后快速（约 20s）重新加热到奥氏体状态，如此反复 3～4 次，晶粒可细化到 13～14 级。

③ 采用亚温淬火　采用亚温淬火，即在奥氏体-铁素体两相区加热淬火，可使 A/F 相界面积大大增加，因而使奥氏体形核率大大增多，晶粒也就越细化，淬火后回火，提高材料强韧性的同时显著降低临界脆化温度，抑制回火脆性。

2) 固溶强化

C 原子在 fcc 晶格中造成的畸变呈球面对称，所以 C 在奥氏体中的间隙强化作用属于弱硬化。置换原子在 fcc 中的强化作用比 C 原子更小。固溶强化在钢铁材料的实践应用中，其基本内容可归纳为两点：

① 间隙式固溶强化对铁素体基体（包括马氏体）的强化效果最大，但对韧性、塑性的削弱也很显著。

② 置换式固溶强化对铁素体强化作用虽然比较小，却不削弱基体的塑性和韧性。

3) 变形强化

① 通过冷加工变形，使位错增殖，强度、硬度大大提高，而韧性却下降。生产上对低 C 钢、纯铁、Cr-Ni 不锈钢、防锈钢等可用冷轧、拔、挤等工艺来达到强化效果。

② 通过控制轧制（从轧前的加热到最后轧制道次结束为止的整个轧制过程）实现最佳控制，由三个阶段组成，即奥氏体再结晶区轧制、奥氏体未再结晶区轧制、（奥氏体＋铁素体）两相区轧制，优化组织，使钢材获得良好的强韧性能。轧制工艺参数控制主要有：温度参数（加热温度、轧制开始和终止温度、冷却开始和终了温度），速度参数（变形速度、冷却速度），变形程度参数（总变形程度、道次变形程度尤其是终轧道次变形程度），以及时间参数（道次间的间隙时间、变形终了到开始急冷的时间）。

4) 第二相强化

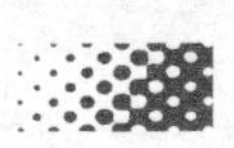

目前在钢铁许多热处理和热加工工艺中就是基于第二相强化达到强化效果。

① 马氏体回火析出ε、π、θ等碳化物的过程也称脱溶分解过程，如奥氏体-马氏体沉淀硬化不锈钢，马氏体沉淀硬化不锈钢都是在最后形成马氏体的基础上经过时效处理，在马氏体基体上析出金属间化合物相，产生沉淀强化的。

② 在钢铁的控制轧制过程中，第二相的固溶和析出对组织的细化有很重要的作用，提高强度和韧性。

8.6.2 铝合金材料的强韧化

1）细晶强化

① 通过变质处理，减少枝晶距及元素偏析，细化晶粒。

常见的变质剂有 B、Ti、Zr、RE（La、Ce、Pr、Nd、Sc、Er）等。例如，微量 Sc 和 Zr 添加到 Al-Mg-Mn 合金中，因显著细化合金的铸态晶拉，热轧态合金的拉伸强度和屈服强度分别提高了 75～90MPa 和 90～94MPa，而延伸率仍保持在 11%～12%。

② 通过快速凝固+变形处理，细化晶粒。

原理：在高温下进行加工，以极快速度瞬间完成凝固-变形-部分再结晶过程，从而获得细小组织。例如，相对于常规铸轧的板材，超常铸轧技术，以铸轧速度 15m/min（常规为 1m/min），铸轧厚度 $h=1.8$～2mm（常规铸轧厚度 $h=6$～7mm）的连铸连轧，得到晶粒显著细化而性能指标明显提高。

2）热处理强化

(1) 形变热处理　常用于 Al-Cu 系、Al-Li 系和 Al-Mg-Si 系等合金。对固溶处理后的 Al-Li 合金在时效前进行适当冷变形，可在合金中形成密布的位错或位错缠结，成为 S′、T1 等相非均匀形核的位置，从而增大位错不能切割的沉淀相的体积分数，减少合金的共面滑移及晶界应力集中。同时，还可使沉淀相更细小均匀的分布增多，抑制晶界平衡相的形成。

(2) 分级时效处理　先低温时效使析出相在基体内大量形核，然后在较高温度短时间时效，使析出质点长大。这样既可以抑制晶界有害相的形成，又不降低合金强度，提高合金的强韧性。例如，对 Al-Li 合金，先低温后高温的时效处理能促进大量 S′相弥散、细小、均匀的形核，并阻止粗大平衡相沿晶界析出和在晶界形成 PFZ（无析出物区），使合金中出现较多的 Al_3Li 和 Al_3Zr 复合粒子，从而达到改善合金强韧性的目的。

3）第二相粒子强化

(1) 外来添加　增强相形式可以为颗粒、晶须或纤维，而增强相材质可以为陶瓷相（SiC、TiB_2），纳米碳管。例如，用粉末冶金法制备的亚微米 SiC 颗粒增强 15% SiC (150nm) /AlMMC（铝基复合材料），拉伸强度和屈服强度分别为 342.3MPa 和 272.4MPa，比纯铝分别提高了 89.0%和 117.9%。

(2) 原位合成　合成物可以为金属间化合物（Al_3Zr、Al_3Ti、Al_3Ni、Al_3Fe）和陶瓷（ZrB_2、AlN、Al_2O_3、TiC、SiC、TiB_2），强化机制为沉淀/弥散强化、细晶强化和变形强化，通过分别或联合加入 Ti、V、Cr、Mn 和 Zr 等过渡族元素，在铸态均匀化和热加工时从过饱和固溶体分解，析出弥散的 $TiAl_3$、VAl_3、$CrAl_7$、$MnAl_6$ 和 $ZnAl_3$ 等 0.5μm 以下的小质点。以 Al-Mg-Si 系合金为例，加入不同量的过渡族元素可使强度增加 6%～29%，屈服强度最多达 52%。

8.6.3 镁合金材料的强韧化

1）细晶强化

（1）合金化技术

加入晶粒细化剂如 RE、Zr、Ca、Sr、B、$FeCl_3$ 等进行晶粒细化。例如，镧的加入对细化 AZ91D 镁合金具有比较明显的作用，加入 $La_2(CO)_3$ 量达 0.4%时，其冲击韧性将提高 4 倍；在 MB15（美国 ZK60A）合金的基础上添加富钇混合稀土元素开发出了 MB26 稀土镁合金，与不含钇的 MB15 相比，具有更好的超塑性，最大延伸率达到 1450%以上，流变应力仅为 11MPa，而且最佳超塑性温度提高了 100K 左右，最佳应变速率提高了 1 个数量级；其他还有铈、钪、钕、钐、钆等 RE 变质剂也能够起到相似的效果。RE 晶粒细化原因在于：一是 RE 为表面活性元素，可以降低金属流体的表面张力，从而降低形成晶界尺寸晶核所需的功，增加结晶的核心；二是 RE 与镁形成一系列化合物 Mg_xRE_y，可阻止晶粒长大，使铸态枝晶变得更细小，分布更弥散。同时，这些化合物的析出会起到固溶强化的作用。

（2）快速凝固技术

快速凝固（RS）技术具有细化组织、增加固溶度极限、形成亚稳相、减少偏析等一系列优点，是提高镁合金强韧性的另一种非常有效的方法。例如美国 Allied Signal 公司通过平面流铸法制备了快速凝固 Mg-Al-Zn 基 EA55RS 变形镁合金型材。其挤压制品拉伸屈服强度为 343MPa，压缩屈服强度为 84MPa，极限抗拉强度为 423MPa，延伸率为 13%，均高于许多先进的轻质变形合金材料的性能；日本学者采用 RS/PM 方法，研制出了高强度纳米结晶 $Mg_{97}Zn_1Y_2$ 镁合金，该合金以 α-Mg 相为基，在晶界处分布有少许的 $Mg_{24}Y_5$ 化合物，其平均晶粒半径为 100～200nm，室温抗拉强度高达 610MPa，伸长率为 5%。

（3）非晶晶化技术

通过一定的热处理工艺来制备非晶晶化/部分晶化的纳米晶镁基合金，预计会显著提高合金力学性能（尤其是强韧性），这是镁合金发展的一个可行性的研究方向和热点。例如，Spassov 通过对非晶 $Mg_{83}Ni_{17}$ 合金的热处理，得到了初始结晶的 Mg_6Ni 亚稳相（平均晶粒尺寸大约在 30nm）后，最终能形成稳定的 α（Mg）和 Mg_2Ni 相。如果用一定量的 Y 取代合金中的 Ni 制得 $Mg_{83}Ni_{9.5}Y_{7.5}$ 非晶态镁基合金，则可以结晶形成超细的纳米微观结构（5～6nm），大大提高合金的性能。

（4）热变形工艺

主要原理是通过大挤压比挤压，使合金发生动态再结晶，或变形后进行静态再结晶。例如，对 AZ91 合金在 400～480℃进行热挤压，获得了 7.6～66.1μm 的细晶，发现增大应变速率或应力、降低变形温度（在 T_n 以上）都能细化晶粒，而且初始晶粒尺寸越小，通过热挤压获得的晶粒也越小。Mg、Mg-Al、Mg-Al-Zn、Mg-Zn-Zr 等都可通过类似的热变形工艺细化晶粒。

2）第二相强化

（1）热处理析出强化

热处理主要有：完全退火，淬火＋时效，热变形＋人工时效，淬火＋冷变形＋人工时效。例如，对 Mg-1.3Nd 和 Mg-1.3Ce 两种合金的热处理工艺研究表明：在较低的温度下，有共格 GP 区出现，形貌为片状；在较高温度下，大多数 Mg-RE 合金析出半共格的 β′沉淀相，如 Mg_3Nd；过时效则产生富 Mg 的非共格脱溶产物。Mg-Zn 系合金具有典型的时效动力学特征，时效序列为：α→GP→β′→β（MgZn），在 α-Mg 晶界上析出具有类似于 $MgZn_2$ 的 Laves 相晶体 β′（MgZn），析出相是 Mg-Zn 合金时效强化的主要原因，当合金中加入 Zr 时，热加工之后，进行人工时效，强度大大提高。

（2）外来添加强化

通过添加 SiC、B_4C、ZrO_2 等进行强化，但由于润湿性差，制备困难，效果有限。

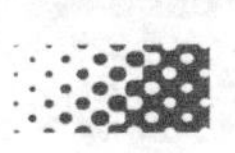

(3) 原位合成

采用原位合成可以制备镁基复合材料，其强度相比基体合金有了明显提高，但塑性稍微降低。例如，上海交大采用重熔稀释法原位制备了不同质量分数的 TiC 颗粒增强的镁基复合材料。镁基复合材料强度的增加主要是因为位错强化、弥散强化和细晶强化协调作用的结果。

8.6.4 铜合金材料的强韧化

1) 固溶强化

合金元素在铜基体中的浓度直接影响着合金的强度，固溶在基体中的异类原子越多，强化效果越明显；但另一方面又破坏了晶体点阵的完整性，增加对电子波的散射作用，使材料导电性直线下降。Ti、P、Fe、Co 对导电率的影响最大；Be、Mg、Si、Cr、Sb、Sn 次之；Ni、Ag、Zn、Zr 影响最小。通过严格控制合金元素的种类及添加数量，并同时借助于变形强化来协同提高铜的强度。例如，Cu-1.0Cd 经 40%冷变形后，强度提高，而电导率仍保持在 90%IACS。铜中加入 0.2%～1%Ag 后，电导率仍保持在 100%IACS。

2) 细晶强化

细化晶粒能够提高强度和改善韧性，并且由于晶体的传导性能与结晶取向无关，晶粒细化仅使晶界增多，因而对铜的导电性能影响也很小。例如，加 RE 和 B 能有效地细化晶粒，提高强度，改善韧性，而对铜的导电性影响很小。对 Cu_2Zr 系合金将 Zr 含量由 0.1%增加到 1.15%，由于 Cu_3Zr 析出，固溶处理后晶粒由 430μm 减小至 20μm，使材料硬度提高 15HV，而电导率仅下降 10%。

3) 变形强化

变形使铜内部位错大量增殖，位错在运动中彼此交截，形成割阶，使位错的可动性减小，许多位错交互作用后，缠结在一起形成位错缠结，使位错运动变得十分困难，从而使铜强化。变形产生的位错、空位等缺陷会对电子波产生散射，从而使导电性下降，但下降很少。单一的变形强化对强度提高的贡献有限，因而常与其他强化方式联合使用。例如，一般充分退火态的位错密度 10^{10}～$10^{12}m^{-2}$，而经过剧烈塑性变形后位错密度可达 10^{15}～$10^{16}m^{-2}$，强、硬度明显提高。纯铜冷变形后强度达 350MPa 以上。

4) 析出沉淀强化

用低固溶度的合金元素加入铜中，通过高温固溶处理，合金元素在铜中形成过饱和固溶体，造成铜晶格严重畸变，强度提高，导电率恶化。时效处理后，大部分的合金元素从固溶体中析出，形成弥散分布的沉淀相，有效地阻止了晶界和位错的移动，因而仍保持较高的强度，根据导电理论，固溶在铜基体中的原子引起的点阵畸变对电子的散射作用比第二相引起的散射作用强得多，因而沉淀强化对铜的导电导热性影响较少，电导率迅速提高。

产生沉淀强化的合金元素应具有的条件：一是高温和低温时在铜中的固溶度相差较大，以产生足够的弥散相；二是室温时在铜中的固溶度极小，以保持基体高的导电性。例如，铜铬锆合金在时效过程中首先形成 $CrCu_2$（Zr_1Mg），然后分解成 Cr 和 Cu_3Zr 粒子，由于析出的 Cr 和 Cu_3Zr 粒子量多而细密，可使其抗拉强度达到 610MPa，电导率为 82.7%IACS。

5) 复合材料法

(1) 人工复合材料法

人工复合材料法就是人为加入第二相颗粒、晶须或纤维对铜基体强化，或依靠强化相本身强度增大材料强度的方法。增强相选择原则：热力学和化学的高温稳定性；不与基体互溶并且扩散系数要小；两相界面的界面能要高；有最佳的粒径或长径比；体积分数要小，分布均匀。增强相种类主要有：难熔金属（W、Mo、Ta）；氧化物陶瓷（Al_2O_3、ZrO_2、Y_2O_3）；硼化物陶瓷（TiB_2、B_4C、BN）；碳化物陶瓷（TiC、WC、TaC、SiC）；氮化物陶瓷（TiN）。制备方法主要有：粉末冶金法；机械合金化法；复合铸造法；复合电沉积法。其强化机理和沉淀强化型铜合金类似，但其第二相颗粒高温性能稳定，抗高温软化能力优良。例如，铜中加入氧化铝微粒，能使强度达到 600MPa 以上，800℃时也不软化，电导率高于 80%IACS。

（2）自生复合材料法

自生复合材料法是向铜中加入一定量合金元素，通过一定工艺，使铜内部原位生成增强相，而不是加工前就存在增强体与基体铜两种材料。主要方法有：塑性变形复合法；原位反应复合法；原位生长复合法。

① 塑性变形复合法指向铜中加入适量合金元素（Cr、Fe 等）制成两相复合体，再进行大量拉伸变形，使合金元素由枝晶状结构转变为纤维结构，从而生成纤维增强型复合材料。例如，铸态 Cu-20Nb 拉拔时抗拉强度接近 2000MPa。

② 原位反应复合法是在铜中通过元素间或元素与化合物间发生放热反应生成增强体复合材料。例如，德国 Sauer 用机械合金化的方法研究了 Cu-Ti-C 体系原位生成纳米 TiC 的强化纳米铜材料。其 TiC 颗粒为 10～50nm，基体晶粒为 100～300nm，含 3%～10%（体积分数）TiC 的合金材料，其室温显微维氏硬度达 315HV，拉伸强度达 1100MPa，延伸率为 10%，电导率为 80%IACS。

③ 原位生长复合法是指利用共晶合金的定向凝固，在基体中形成定向排列纤维状增强体的复合材料方法。

1. 什么是金属的屈服现象？影响金属屈服强度的因素有哪些？
2. 简述金属常见的强化机制。
3. 什么是变形强化？简述金属变形强化的机理。
4. 什么是金属的韧性？简述金属韧性的评价方法。
5. 简述影响金属韧性的因素与改善韧性的途径。
6. 钢铁与铝合金的强韧化有何异同？

参考文献

[1] Dieter G E. Mechanical Metallurgy [M]. Maryland: McGraw Hill Companies, 1988.

[2] William D Callister. Materials Science and Engineering—An Introduction [M]. Uath: Jr John Wiley & Sons Inc, 2007.

[3] 中国材料研究会. 材料科学学科发展研究报告 [R]. 北京: 中国科学技术出版社, 2006.

[4] William F Hosford. Mechanical Behavior of Materials [M]. Cambridge: Cambridge University Press, 2005.

[5] Marc André Meyers, Krishan Kumar Chawla. Mechanical Behavior of Materials [M]. Cambridge: Cambridge University Press, 2009.

[6] 杨觉先. 金属塑性变形物理基础 [M]. 北京:冶金工业出版社, 1988.

[7] 余永宁. 金属学原理 [M]. 北京:冶金工业出版社, 2007.

[8] William F. Hosford, Robertm Caddell. Metal Forming: Mechanics and Metallurgy [M]. Cambridge: Cambridge University Press, 2007.

[9] Michael J Zehetbauer, Yuntian Theodore Zhu. Bulk Nanostructured Materials [M]. Weinheim: WILEY-VCH Verlag GmbH & Co KGaA, 2009.

[10] 田荣璋. 金属热处理 [M]. 北京:冶金工业出版社, 2003.

[11] Reid C N Deformation Geometry for Materials Scientists [M] London: Pergamon Press, 1973.

[12] 冯端. 金属物理学 (第三卷) [M]. 北京: 科学出版社, 1999.

[13] 彭大署. 金属塑性加工原理 [M]. 长沙: 中南大学出版社, 2015.

[14] Wang Y N, Huang J C. Texture analysis in hexagonal materials [J]. Materials Chemistry and Physics, 2003, 81 (1): 11-26.

[15] Biswas S, Suwas S, Sikand R, et al. Analysis of texture evolution in pure magnesium and the magnesium alloy AM30 during rod and tube extrusion [J]. Materials Science and Engineering: A, 2011, 528 (10-11): 3722-3729.

[16] 毛卫民,张新明. 晶体材料织构定量分析 [M],北京: 冶金工业出版社, 1993.

[17] [美] Backofen W A. 金属压力加工学 [M] 孙梁等译. 北京: 冶金工业出版社, 1988.

[18] 王占学. 塑性加工金属学 [M]. 北京: 冶金工业出版社, 1999.

[19] 曹乃光. 金属塑性加工原理 [M]. 北京: 冶金工业出版社, 1982.

[20] 赵振铎,邵明志,张召铎,王家安. 金属塑性成形中的摩擦与润滑 [M]. 北京: 化学工业出版社, 2004.

[21] Hauk V. Structural and residual stress analysis by nondestructive methods [M]. Amsterdam: Elsevier Science, 1997.

[22] Firouzdor V, Nejati E, Khomamizadeh F. Effect of deep cryogenic treatment on wear resistance and tool life of M2 HSS drill [J]. Journal of Materials Processing Technology, 2007, 22: 474-480.

[23] Michael B Prime, Michael R Hill. Residual stress, stress relief, and inhomogeneity in aluminum plate [J]. Scripta Materialia, 2002, 46: 77-82.

[24] Schneider L C R, Hainsworth S V, Cocks A C F, et al. Neutron diffraction measurements of residual stress in a powder metallurgy component [J]. Scripta Materialia, 2005, 52: 917-921.

[25] Mathar J. Determination of initial stress by measuring the deformation around drilled holes [J]. Transaction ASME, 1934, 56 (4): 249-254.

[26] ASTM E837-01 Standard test method for determining residual stresses by the hole-drilling strain-gauge method [S].

[27] CB3395-92, 残余应力测试方法——钻孔应力释放法 [S].

[28] Milbradt K P. Ring-method determination of residual stress [J]. Proceedings SESA, 1951: 63-74.

[29] JB/T 8888—1999 环芯法测量汽轮机、汽轮发电机转子锻件残余应力的试验方法 [S].

[30] PrimeM B, V C Prantil, P Rangaswamy, F P Garcia. Residual stress measurement and prediction in a hardened steel ring [J]. Materials Science Forum, 2000, 347: 223-228.

[31] Chen X, Yah J, Karlsson A M. On the determaination of residual stress and mechanical properties by indentation [J]. Mater Sci Eng A, 2006, 41 (6) : 139.

[32] Yah J, Karlsson A M, Chen X. Determining plastic properties of a material with residual stress by using conical indentation [J]. Int J SoLids Struct, 2007, 44: 3720.

[33] 汪大年. 金属塑性成形原理 [M]. 北京: 机械工业出版社, 1986.

[34] 万胜狄. 金属塑性成形原理 [M]. 北京: 机械工业出版社, 1995.

[35] 王祖唐. 金属塑性成形原理 [M]. 北京: 机械工业出版社, 1989.

[36] 郑子樵. 材料科学基础 [M]. 长沙: 中南大学出版社, 2005.

[37] 褚武扬,乔利杰,陈奇志,高克玮. 断裂与环境断裂 [M]. 北京: 科学出版社, 2000.

[38] 李洪升,周承芳. 工程断裂力学 [M]. 大连: 大连理工大学出版社, 1990.

[39] 哈宽富. 断裂物理基础 [M]. 北京: 科学出版社, 2000.

[40] 束德林. 金属力学性能 [M]. 北京: 机械工业出版社, 1995.